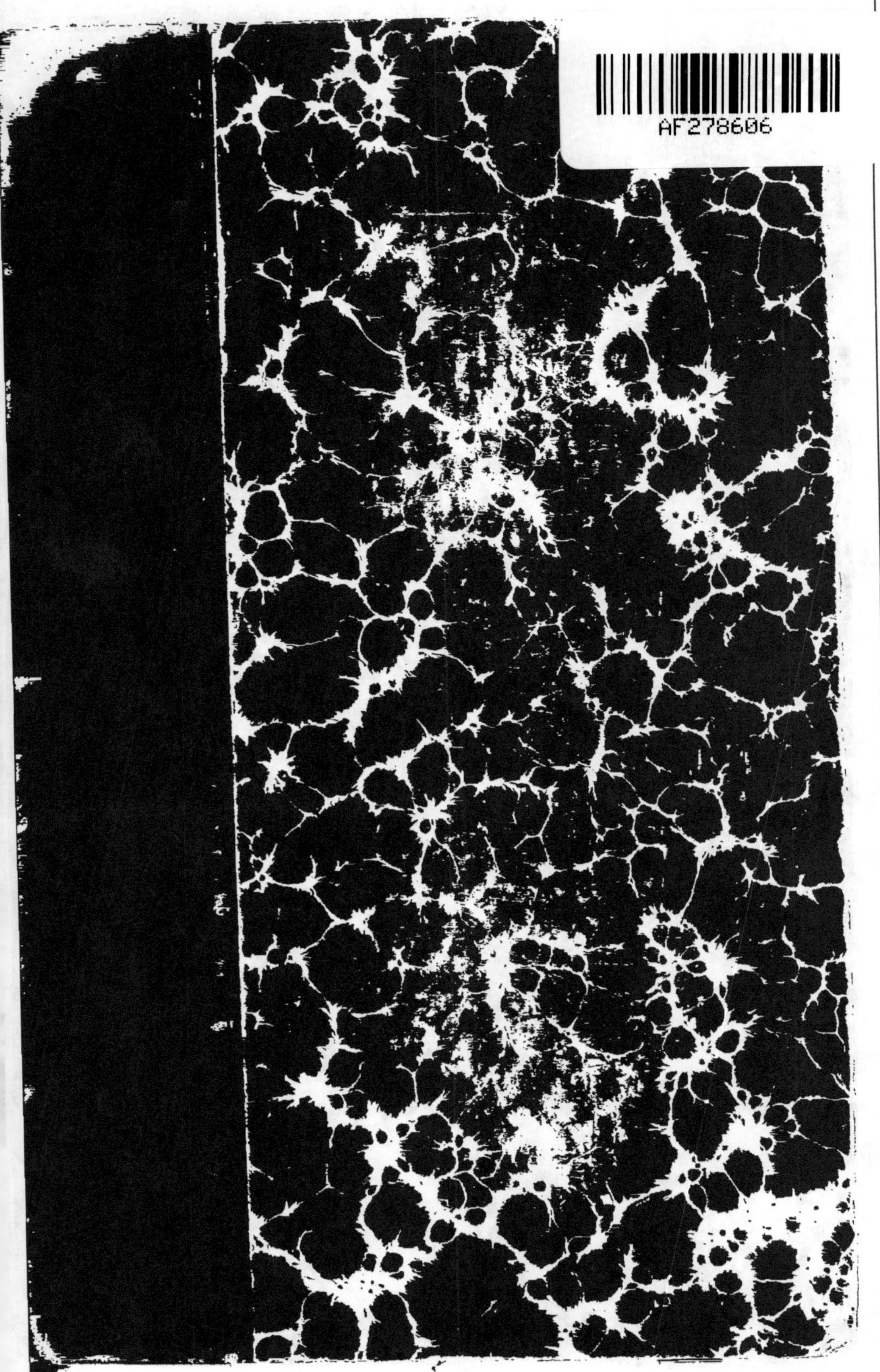
AF278606

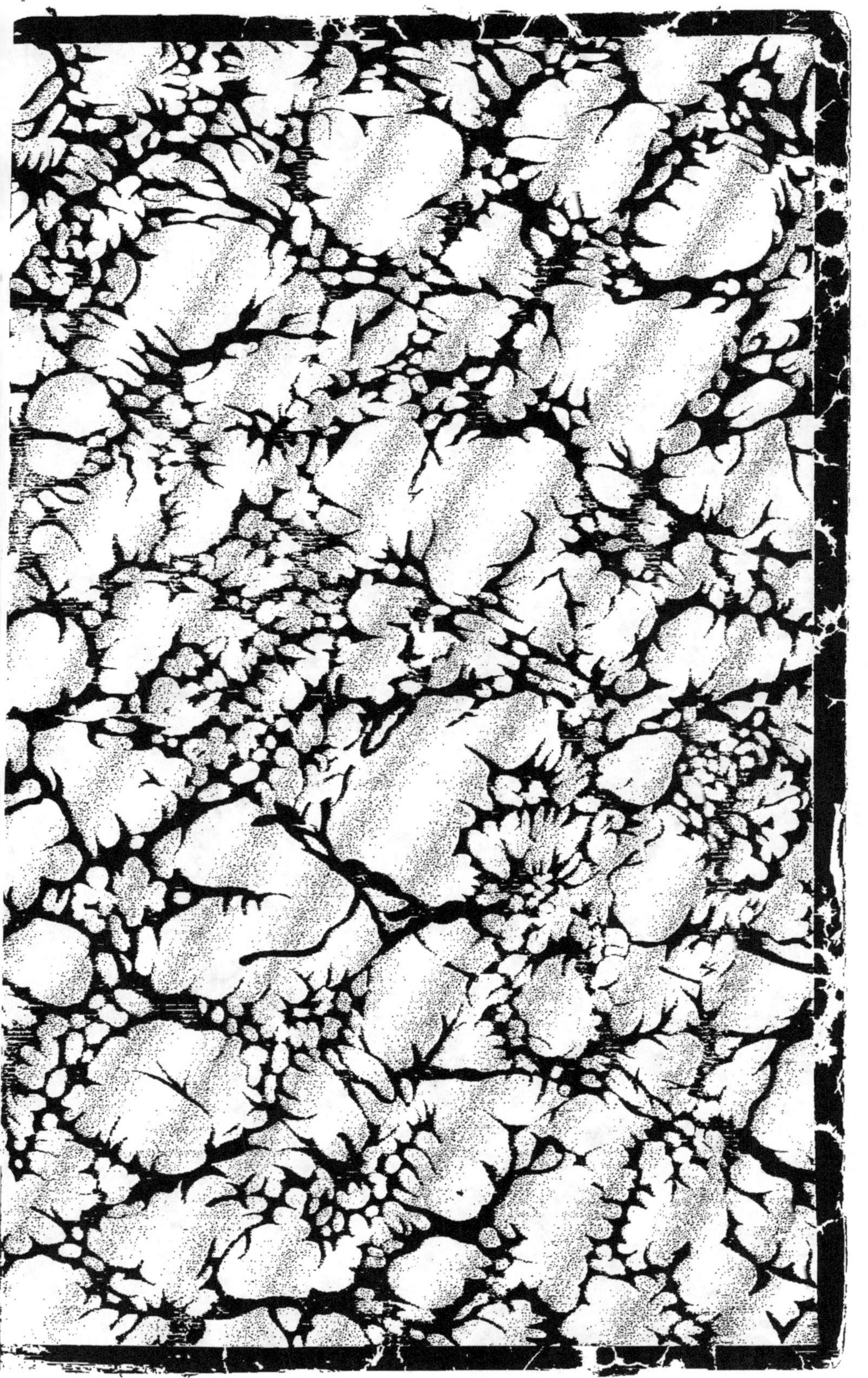

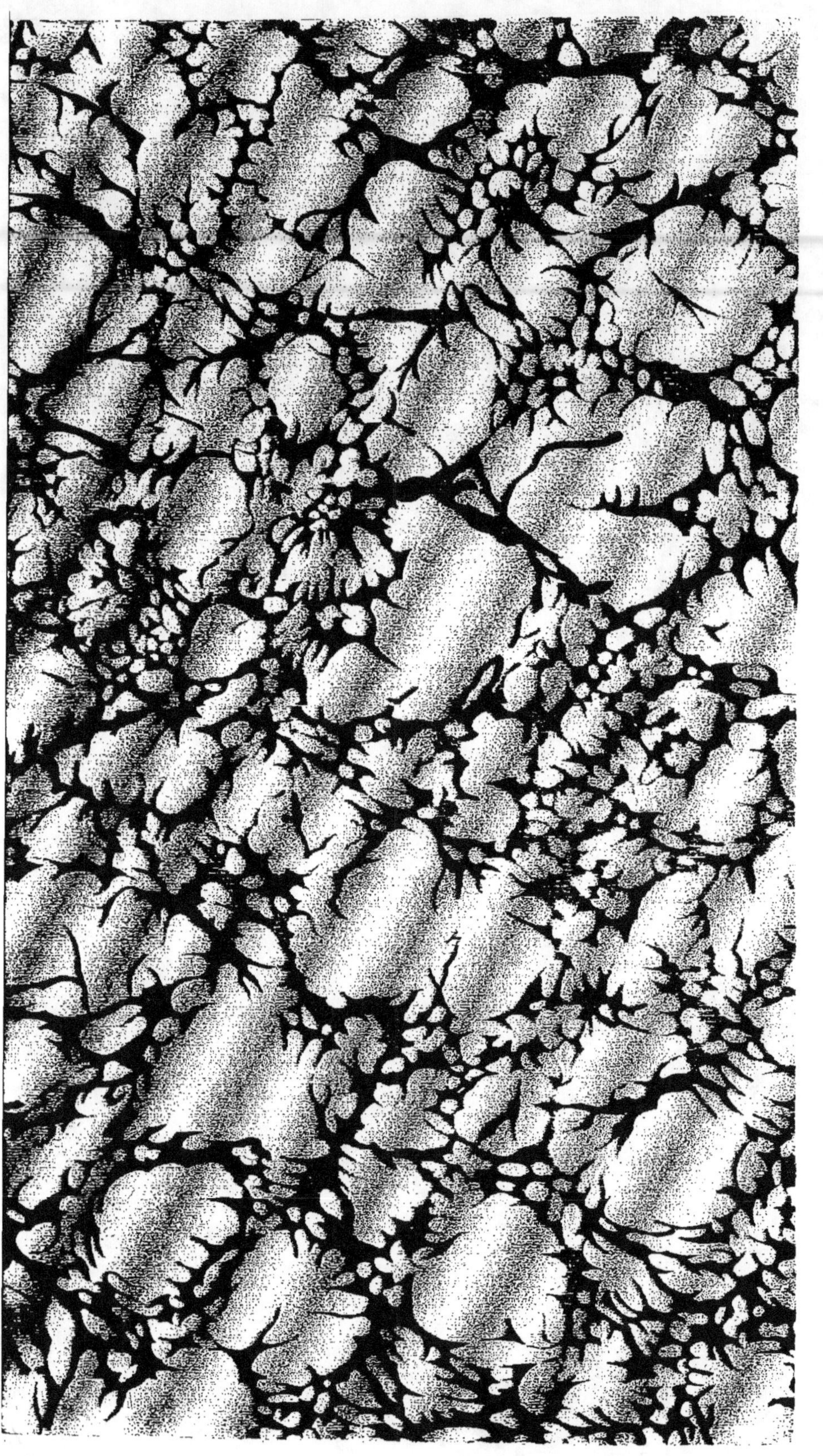

COURS DE PHYSIOLOGIE GÉNÉRALE
DU MUSÉUM D'HISTOIRE NATURELLE

LEÇONS

SUR LES

PHÉNOMÈNES DE LA VIE

COMMUNS

AUX ANIMAUX ET AUX VÉGÉTAUX

PAR

CLAUDE BERNARD

Membre de l'Institut (Académie des sciences et Académie française)
Professeur au Collége de France et au Muséum d'histoire naturelle

TOME DEUXIÈME

AVEC 3 PLANCHES ET 5 FIGURES INTERCALÉES
DANS LE TEXTE

PARIS

LIBRAIRIE J.-B. BAILLIÈRE ET FILS
Rue Hautefeuille, 19, près le boulevard Saint-Germain.

Madrid
C. BAILLY-BAILLIÈRE.

1879

LEÇONS

SUR LES

PHÉNOMÈNES DE LA VIE

COMMUNS AUX ANIMAUX ET AUX VÉGÉTAUX

II

COURS DE PHYSIOLOGIE GÉNÉRALE
DU MUSÉUM D'HISTOIRE NATURELLE

LEÇONS

SUR LES

PHÉNOMÈNES DE LA VIE

COMMUNS

AUX ANIMAUX ET AUX VÉGÉTAUX

PAR

CLAUDE BERNARD

Membre de l'Institut (Académie des sciences et Académie française)
Professeur au Collége de France et au Muséum d'histoire naturelle

TOME DEUXIÈME

AVEC 3 PLANCHES ET 5 FIGURES INTERCALÉES
DANS LE TEXTE

PARIS

LIBRAIRIE J.-B. BAILLIÈRE et FILS

Rue Hautefeuille, 19, près le boulevard Saint-Germain.

Londres	**Madrid**
BAILLIÈRE, TINDALL AND COX.	C. BAILLY-BAILLIÈRE.

1879

AVANT-PROPOS

L'enseignement et la carrière scientifique de Claude Bernard comprennent deux parties.

Une part considérable de cette vie si pleine et si féconde s'est écoulée au Collége de France.

A celle-là se rattachent les découvertes principales qui ont illustré le nom du célèbre physiologiste. Ces découvertes ont été consignées dans la série des leçons publiées, sous le titre de *Cours de médecine expérimentale* (1), entre les années 1854 et 1878.

(1) *Cours de médecine du Collége de France :*
Leçons de physiologie expérimentale appliquée à la médecine. Paris, 1854-1855, 2 vol. in-8.
Leçons sur les effets des substances toxiques et médicamenteuses. Paris, 1857, 1 vol. in-8.
Leçons sur la physiologie et la pathologie du système nerveux. Paris, 1858, 2 vol. in-8.
Leçons sur les propriétés physiologiques et les altérations pathologiques des liquides de l'organisme. Paris, 1859, 2 vol. in-8.
Leçons de pathologie expérimentale. Paris, 1871, 1 vol. in-8.
Leçons sur les anesthésiques et sur l'asphyxie. Paris, 1875, 1 vol. in-8.
Leçons sur la chaleur animale, sur les effets de la chaleur et de la fièvre. Paris, 1876, 1 vol. in-8.
Leçons sur le diabète et la glycogenèse animale. Paris, 1877, 1 vol. in-8.
Leçons de physiologie opératoire. Paris, 1879, 1 vol. in-8.

L'idée qui se dégage de ce brillant enseignement, celle qui l'a inspiré et qui en forme
le lien, est une idée médicale. En suivant la
voie physiologique, Cl. Bernard avait la ferme
conviction de travailler au perfectionnement de
la médecine ; le développement progressif de
la physiologie était à ses yeux la condition
rationnelle et méthodique du développement
de la médecine : chercher, par l'expérimentation, l'explication des phénomènes de la santé
(physiologie normale), de la maladie (physiologie pathologique), et en déduire les moyens
d'action (thérapeutique), c'était poser le problème physiologique ; c'était poser également le
problème médical. Cette prétention, combattue
comme utopique par l'École médicale contemporaine, par l'École clinique, est le centre
vers lequel viennent converger tous les ensei-
gnements donnés par Cl. Bernard au Collége
de France. Le rôle du célèbre physiologiste,
dans cette première phase de son existence
scientifique, peut s'exprimer d'un mot, en
disant qu'il s'est efforcé de fonder la *médecine
expérimentale*.

Il y a une seconde part dans la carrière
physiologique de Cl. Bernard : celle dans la-

quelle il s'est efforcé de fonder la *physiologie générale*.

Celle-là, commencée à Sorbonne, s'est écoulée au Muséum d'histoire naturelle (1).

A la physiologie générale se rattachent les belles recherches originales sur la formation de la matière glycogène, sur la nutrition, sur les anesthésiques.

La moisson de découvertes est moins riche dans cette seconde période que dans la première. Mais si l'invention est ici moins abondante, la doctrine et la critique sont plus puissantes. Ce n'est qu'après de nombreux tâtonnements, après des essais qui ont duré sept ans, de 1869 à 1876, que les idées de Cl. Bernard parvinrent à se fixer et à prendre une forme définitive. C'est seulement dans le Cours du Muséum de 1876 que, revenant sur le chemin parcouru, il y recueille les matériaux de ce qu'il appelait la *physiologie générale*, et les assemble par une synthèse puissante pour en faire un monument complet.

Ce cours de 1876, chronologiquement le

(1) *Cours de physiologie générale du Muséum d'histoire naturelle :
Leçons sur les phénomènes de la vie communs aux animaux et aux végétaux.* Paris, 1878-1879, 2 vol. in-8.

dernier de ceux qui aient été professés au
Muséum, était logiquement le premier, en ce
sens qu'il résumait et synthétisait les enseigne-
ments précédents ; il devait leur servir d'introduction doctrinale, il posait les principes,
traçait le programme et le plan de la physiologie
générale. Il a été publié l'année dernière.

Quant aux leçons antérieures, elles ont
paru (1) au fur et à mesure, disposées d'après
un ordre purement provisoire, dans la *Revue
des cours scientifiques*, sous le titre de : « Le-
» çons sur les phénomènes de la vie communs
» aux animaux et aux végétaux. » Claude
Bernard se proposait de les reprendre en
sous-œuvre, de les compléter par des recherches originales, et d'en faire le développement magistral et dogmatique du programme
de 1876.

La mort l'a interrompu au milieu de ses
projets.

Nous avons cru rendre un pieux hommage
à la mémoire de notre maître en recueillant ses
indications, tout incomplètes qu'elles fussent,

_____

(1) Il faut faire une exception pour les leçons sur la respiration, qui forment la seconde section du présent volume et qui sont entièrement originales.

et en rassemblant les matériaux épars de son enseignement dans l'ordre assigné.

Voici quel était cet ordre.

Cl. Bernard avait été amené à reconnaître dans la diversité des phénomènes de la vie deux types primitifs : les *phénomènes fonctionnels* ou de *destruction vitale* d'une part ; les phénomènes plastiques ou de *synthèse organique* d'autre part.

La vie ne se soutient que par l'enchaînement de ces deux ordres de phénomènes, indissolublement unis, constamment associés et réciproquement causés. Cette affirmation constitue l'axiome de la physiologie générale, c'est-à-dire de l'étude générale des propriétés de la vie.

Cette vérité était méconnue par les théories qui rompaient la connexité nécessaire des deux ordres de faits inverses. La théorie de la dualité vitale en particulier, qui attribue les phénomènes de synthèse aux végétaux et la destruction fonctionnelle, aux animaux est donc fausse, au point de vue physiologique.

Les premiers efforts de Cl. Bernard devaient tendre à la renverser et à lui substituer la théorie de l'unité vitale, tant anatomique

que physiologique : la première partie de son œuvre est donc consacrée à légitimer sa classification des phénomènes de la vie, et le fondement même de la systématisation qu'il tentait en Biologie.

Ainsi justifiée, cette systématisation fournit à la Physiologie générale un cadre tout naturel. Cette science comprend trois parties :

Dans la première partie, on étudie les phénomènes de la vie communs aux animaux et aux plantes. On établit par là l'*Unité de la vie* et l'Unité de la structure anatomique chez tous les êtres vivants.

La seconde partie doit être consacrée à l'examen des phénomènes de *Destruction vitale*, à savoir, les fermentations, les combustions, la putréfaction, considérés en eux-mêmes et dans leurs rapports avec les formes fonctionnelles qu'ils revêtent.

Dans une troisième section trouvera place l'étude difficile des phénomènes de *Synthèse*, tant chimique que morphologique.

Dans le livre que nous publions, la première partie de ce programme a seule reçu un développement suffisant. La communauté des phénomènes de la vitalité dans les deux Règnes a été mise en pleine lumière par la considération successive de la formation des Principes immédiats, de la Digestion et de la Respiration. L'ouvrage est complété par un chapitre consacré à la Doctrine qui se dégage des études précédentes; cette Doctrine (Vitalisme physico-chimique), sorte de compromis entre le vitalisme et le mécanicisme, condamne ce qu'il y a d'absolu et de contraire à l'expérience dans ces deux hypothèses.

L'état actuel de la science n'eût pas permis à Cl. Bernard de développer, au même degré, les deux autres parties de la Physiologie générale, la *Destruction vitale* et la *Synthèse organique*. Il ne voulait que tracer le plan des recherches à entreprendre et marquer les rapports de chacune d'elles avec les autres et avec l'ensemble : c'est ce qui a été fait tant dans le premier volume que dans celui-ci. L'exécution d'un plan si vaste appartient à l'avenir; c'est l'œuvre d'une science achevée et non d'une science en construction.

Ayant rédigé, sous l'inspiration de Claude Bernard, l'ensemble de ses leçons au Muséum, et ayant été initié à ses vastes desseins, j'ai plus qu'un autre conscience de l'imperfection de l'œuvre que MM. J.-B. Baillière et fils livrent au public ; mais l'influence considérable que ces fragments avaient déjà exercée en biologie, attestée de tous côtés par les emprunts qu'on leur a faits, justifie la nécessité et l'avantage de la publication actuelle.

10 février 1879.

DASTRE.

Des nécessités d'exécution matérielle pendant la confection de ce volume nous ont amené à placer à la fin trois notes dont nous n'essayerons pas de justifier autrement la présence. Nous ajouterons seulement qu'elles ont été faites à propos du Cours de M. Bernard pour la vérification de quelques points de détail, sous ses yeux et par son conseil. Ce sera leur seule excuse.

D.

COURS DE PHYSIOLOGIE GÉNÉRALE

LEÇON D'OUVERTURE

SOMMAIRE. — Les manifestations vitales résultent d'un conflit entre deux facteurs : la substance organisée vivante, et le milieu. — Distinction du milieu extérieur et du milieu intérieur. — Conditions extrinsèques, générales, que doit remplir ce milieu. Ces conditions sont au nombre de quatre : humidité, aération, chaleur, constitution chimique. — Examen rapide de chacune de ces conditions.

On a accordé de tout temps les attributs généraux de la vie aux animaux et aux végétaux. Cependant, dès les premiers moments où ces études attirèrent les méditations des naturalistes, la science des phénomènes de la vie se divisa en deux branches : l'une comprit les plantes, l'autre les animaux. Devenues ainsi distinctes, la physiologie végétale et la physiologie animale se développèrent séparément. Avec les premiers progrès l'isolement originel s'accentua davantage, les différences apparurent de plus en plus profondes. et l'on put croire que la vie avait deux modes différents et même opposés; qu'il y avait deux manières d'être, l'une pour les animaux, l'autre pour les végétaux, une *vie animale* et une *vie végétative*. Une connaissance plus approfondie a permis d'envisager les choses sous un jour plus exact et plus conforme à leur essence : après les différences, les analogies eurent leur tour et la préoccupation fut de les mettre en relief. Aujourd'hui la physiologie générale, embrassant la physiologie des plantes et celle des animaux, recherche ce qu'il y a de commun dans leurs propriétés et dans leurs fonctions : elle proclame qu'aucune différence essentielle n'existe entre les manifestations vitales des éléments organiques, animaux ou végétaux. Elle étudie, pour ainsi dire, les propriétés vitales, indépendamment des accessoires qui les masquent. Elle envisage les fonctions de la vie comme réductibles à des actions élémentaires qui s'ajoutent pour produire un effet complexe. Un organisme vivant est constitué par des appareils formés d'organes qui se décomposent eux-mêmes en tissus : ceux-ci résultant de l'association de parties dernières, les éléments anatomiques. C'est donc, en dernière analyse, un échafaudage d'éléments anatomiques. Chacun de ces éléments a son existence propre, son évolution, son commencement et sa fin; et la vie totale n'est que la somme de ces vies individuelles associées et harmonisées. La physiologie générale est la science qui étudie les propriétés de ces éléments derniers, siége des manifestations simples, universelles, qui sont le fond commun de la vie.

Cette vue s'applique aux végétaux comme aux animaux. Chez les uns et chez les autres, cette vie élémentaire, base et fondement de toute leur histoire physiologique, a des conditions communes et des caractères identiques.

Dans la série des leçons qui va suivre, nous aurons à fixer ce domaine commun; mais en affirmant par avance l'existence de ce fonds vital identique, nous affirmons par cela même que la distinction des règnes n'est pas inscrite aussi profondément qu'on le croit dans l'organisation des êtres : elle peut être fondée sur la différence morphologique des phénomènes, mais non sur une différence essentielle.

Les manifestations de la vie exigent un concours de circonstances extérieures convenablement fixées et sensiblement identiques pour toute la série des êtres végétaux et animaux. Ces conditions du milieu ambiant, *conditions extrinsèques*, sont tout aussi nécessaires que les *conditions intrinsèques* de la substance vivante, c'est-à-dire que celles qui sont résumées dans le mot d'*organisation*. L'absence de l'un ou de l'autre de ces deux facteurs, l'organisation d'une part, les conditions de *milieu* de l'autre, a la même conséquence qui est d'empêcher tout phénomène vital. La vie est donc le résultat d'une collaboration étroite, ou en d'autres termes d'un conflit, entre deux facteurs, l'un extérieur, l'autre interne, dont il est illusoire de chercher à fixer l'importance relative, puisqu'ils sont également impuissants l'un sans l'autre. Cette vérité aujourd'hui bien établie a porté un coup mortel aux anciennes théories vitalistes, qui ne voyaient dans les phénomènes de la vie que l'action d'un principe tout intérieur entravé plutôt qu'aidé par les forces universelles de la nature.

Quelles sont ces conditions extrinsèques? — dans quelle mesure sont-elles constantes ou variables? — où sont-elles réalisées? — Voilà les premières questions qui se présentent à notre examen.

Ces conditions doivent être réalisées dans le milieu qui entoure immédiatement la particule vivante, organisée, et qui doit entrer en conflit avec elle. Ici s'introduit une première distinction. Il y a des êtres simples, des organismes réduits à un seul élément anatomique ou à un petit nombre, des êtres unicellulaires, des infusoires et des êtres placés plus haut dans l'échelle animale, qui entrent directement en relation avec le monde ambiant. Pour ceux-là le véritable milieu qui doit présenter les conditions vitales, est ce *milieu extérieur* dans lequel ils sont immédiatement plongés.

Les êtres plus élevés en organisation, formés par des assemblages d'organismes élémentaires, d'éléments histologiques, n'entrent pas directement en relation avec l'extérieur. Les particules vivantes profondément situées, abritées du milieu cosmique, doivent trouver ces mêmes circonstances indispensables réunies autour d'eux dans la profondeur où ils siégent. Il y a un véritable *milieu intérieur* qui sert d'intermédiaire entre le milieu cosmique et la substance vivante.

C'est qu'en effet, pour les êtres de ce genre, ce que nous appelons le monde ambiant n'est pas le lieu véritable où s'accomplit immédiatement leur existence. Pas plus que les autres animaux aériens, l'homme ne vit dans l'air; il n'a pas en réalité de contact direct avec l'atmosphère. Ses parties élémentaires essentielles, ses éléments constitutifs véritablement doués de vie, ses cellules histologiques ne sont pas abandonnées nues dans le monde ambiant. Elles baignent dans un *milieu intérieur* qui les enveloppe, les sépare du dehors et sert

d'intermédiaire entre elles et le milieu cosmique. Qu'est-
ce que ce milieu intérieur? C'est le sang; non pas à la
vérité le sang tout entier, mais la partie fluide du sang,
le plasma sanguin, ensemble de tous les liquides interstitiels, source et confluent de tous les échanges élémentaires. Il est donc bien vrai de dire que l'animal
aérien ne vit pas, en réalité, dans l'air atmosphérique,
le poisson dans les eaux, le ver terricole dans le sable.
L'atmosphère, les eaux, la terre, sont une seconde enveloppe autour du substratum de la vie protégé déjà par
le liquide sanguin qui circule partout et forme une
première enceinte autour de toutes les particules vivantes. Ce n'est donc pas directement que les conditions
extérieures influencent ces êtres compliqués, comme
elles influencent les êtres bruts ou les êtres vivants
plus simples. Il y a pour eux un introducteur forcé qui
interpose son ministère entre l'agent physique et l'élément anatomique des tissus. Aussi est-ce dans le *milieu
intérieur* que résident les conditions physiques de la vie.

La nature plus ou moins étroite des relations du milieu extérieur avec le milieu intérieur, et par suite avec
l'animal est très-importante à considérer. Elle fournit une première classification des différentes formes
d'existence des organismes vivants. Chez les plus inférieurs, animaux, ou plantes, il n'y a point de milieu
intérieur; chez d'autres ce milieu n'a aucune indépendance; dans les deux cas, l'être est immédiatement soumis au milieu extérieur : lorsque celui-ci présente les
conditions convenables, la vie suit son cours régulier;
lorsqu'il cesse de présenter ces conditions, la vie se sus-

pend d'une manière provisoire ou définitive, et l'être tombe dans l'état de vie latente, ou bien il meurt. Les graines, les spores des végétaux cryptogames, beaucoup d'infusoires, les kolpodes entre autres, des animaux plus élevés, les rotifères, les tardigrades, les anguillules du blé niellé, les ferments figurés, présentent cette condition vitale particulière qui s'exprime par le nom de *vie latente*.

Dans un second groupe se rangent les êtres chez qui le milieu intérieur est dans une dépendance moins étroite du milieu cosmique, de telle sorte que les oscillations de celui-ci se répercutent sur l'animal lui-même, de manière à atténuer ou à exalter dans une large mesure le mouvement vital sans jamais le supprimer absolument. Toutes les plantes sont dans le cas : la végétation est diminuée, obscure pendant l'hiver. Tous les invertébrés, les vertébrés à sang froid, les mammifères hibernants rentrent dans cette catégorie d'êtres à *vie oscillante*.

Enfin la *vie constante* ou libre est la troisième forme de la vie, celle qui appartient aux mammifères supérieurs. L'être paraît libre : sa vie s'écoule d'un cours constant, affranchie des alternatives du milieu cosmique. C'est qu'un mécanisme compensateur très-compliqué maintient constant le milieu intérieur qui enveloppe les éléments des tissus, de telle sorte que ceux-ci sont, quelles que soient les vicissitudes cosmiques, dans une atmosphère identique, dans une véritable serre chaude.

Pour en revenir aux *conditions extrinsèques*, nous comprenons par ce qui précède qu'elles devront être réalisées, soit dans le milieu extérieur, soit dans le milieu intérieur; dans tous les cas, dans le milieu qui entoure immédiatement la substance vivante et qui entre en relation d'échange avec elle.

Ces conditions extrinsèques qui doivent être réalisées pour permettre à chaque élément vivant de fonctionner suivant sa nature, sont très-nombreuses, très-délicates et très-variables si l'on veut les préciser absolument dans le dernier détail. Il faudrait faire l'histoire de chaque individu cellulaire pour arriver à les connaître. Si l'on était réduit à cette série de monographies, la tâche du physiologiste deviendrait écrasante, illusoire. Tel n'est pas le cas. Les conditions extrinsèques essentielles, au lieu d'être infiniment variées, sont au contraire très-peu nombreuses : elles sont les mêmes pour toutes les cellules animales ou végétales. C'est un fait capital et sur lequel on ne saurait trop insister. Rien ne démontre mieux l'unité vitale, c'est-à-dire l'identité de la vie d'une extrémité à l'autre de l'échelle des êtres, que cette uniformité des conditions nécessaires à ses manifestations. Ces conditions sont : 1° l'humidité; 2° l'air; 3° la chaleur; 4° une certaine constitution chimique du milieu.

Pour vivre, toute cellule exige la réunion de ces conditions. Il lui faut de l'eau, de l'oxygène, une température convenable, certains principes chimiques : tout cela dans des proportions très-sensiblement constantes.

I. — L'eau est un élément indispensable à la constitution du milieu où évoluent et fonctionnent les éléments ou les êtres vivants. La substance vivante a besoin d'une atmosphère humide : son activité est à ce prix; de sorte qu'il est exact de dire que le monde vivant ne nous présente qu'une immense multitude d'êtres aquatiques, les uns, les plus simples, baignant dans les eaux douces, saumâtres ou salées, les autres plongés dans la lymphe ou le sang.

Le rôle que joue l'eau dans les organismes est multiple. Elle entre comme élément constituant dans la composition des éléments anatomiques et de la substance vivante. En second lieu elle est le dissolvant ou le véhicule des autres substances du milieu extérieur ou intérieur : elle favorise par elle-même ou permet un grand nombre de réactions chimiques de l'organisme.

Les variations de la quantité d'eau du milieu ont une influence extrêmement marquée sur la vitalité. Des variations très-étendues sont compatibles avec le maintien de la vie chez les animaux inférieurs. Lorsque la quantité d'eau devient insuffisante, la substance des organismes se dessèche et perd ses propriétés, la vie se suspend. La dessiccation est le plus sûr moyen de mettre les organismes inférieurs dans la condition de la vie latente. Les limites entre lesquelles peut osciller l'eau du milieu intérieur sont bien plus étroites : dans le sang des mammifères par exemple, les proportions extrêmes sont de 70 à 90 pour 100. Lorsque, ainsi que l'a fait Chossat, on crée expérimentalement des conditions dans lesquelles la proportion d'eau s'abaisse notablement au-dessous de la moyenne normale, on provoque des accidents qui deviennent rapidement mortels. Chossat opérait sur des grenouilles qu'il *anhydrisait*, suivant son expression, en les plaçant sous une cloche de verre avec du chlorure de calcium. La respiration, la circulation éprouvaient des troubles profonds, la sensibilité diminuait, et l'on voyait apparaître des contractions tétaniques; enfin, la mort survenait lorsque l'animal avait perdu 35 pour 100 de son poids.

Moi-même j'ai fait une expérience inverse, pour ainsi dire, de la précédente, en accroissant dans une notable mesure la quantité d'eau du milieu intérieur. J'ai injecté, chez un chien en digestion, une grande quantité d'eau dans le système sanguin, et j'ai vu survenir des convulsions vives, tétaniques, bientôt suivies d'un arrêt respiratoire qui peut entraîner la mort.

Ce n'est pas ici le lieu de revenir sur le détail de ces phénomènes. Nous avons exposé ailleurs les faits relatifs à l'action exercée par la dessiccation sur les animaux réviviscents (1).

Chez les animaux supérieurs, la constance relative de la quantité d'eau qui baigne les éléments est assurée par un mécanisme qui rétablit continuellement l'équilibre entre les apports et les dépenses et qui est gouverné par le système nerveux. Les pertes se font par la voie des sécrétions (urine, sueur), par la respiration, par la perspiration cutanée; les gains, par l'introduction des liquides alimentaires et chez quelques animaux par l'absorption cutanée.

II. — L'oxygène, c'est-à-dire la partie active de l'air, est également nécessaire au plus grand nombre des êtres vivants. Cette nécessité de l'oxigène dans le milieu inté-

---

(1) Voy. *Leçons sur les phénomènes de la vie communs aux animaux et aux végétaux*, 1878, tome I, p. 114.

rieur n'est plus en question : depuis longtemps c'est un axiome incontesté, que l'air entretient la vie et mérite le nom de *pabulum vitæ* que lui ont attribué les physiologistes.

Cette conclusion n'a jamais été sérieusement contredite, en ce qui concerne les animaux supérieurs; elle avait cessé de l'être en ce qui concerne les organismes inférieurs. Tel était l'état des choses, lorsque M. Pasteur a annoncé, il y a quelques années, qu'il y a des êtres *anaérobies*, c'est-à-dire qui vivent à l'abri de l'air; qu'il y en a d'autres qui, suivant les circonstances, vivent au contact ou à l'abri de l'air, c'est-à-dire sont aérobies ou anaérobies. D'autre part, M. Bert montrait que l'oxygène pur était un poison comparable à la strychnine, quant à son action sur l'organisme.

Ces faits, parfaitement exacts, loin d'infirmer la vérité de la loi précédente, ne font qu'en étendre la généralité. Les cas exceptionnels rentrent dans la règle commune, si au lieu de considérer seulement l'oxygène libre, on tient compte de ce que certains êtres peuvent s'emparer de l'oxygène combiné; et lorsque l'organisme ne puise à aucune de ces deux sources, il emprunte d'une autre origine la force vive que la combustion par l'oxygène est capable de développer.

L'oxygène n'est pas le seul gaz qui intervienne dans la constitution du milieu nécessaire à l'accomplissement des actes vitaux.

D'autres gaz sont dissous dans les liquides du milieu intérieur animal aussi bien que du milieu intérieur végétal. Ce sont les gaz de l'air, l'acide carbonique, l'azote ; mais ils ne sont pas également distribués dans l'organisme. L'oxygène est en plus grande abondance et prédomine de beaucoup sur l'acide carbonique dans le sang artériel ; au contraire, l'acide carbonique est en plus grande abondance et prédomine de beaucoup sur l'oxygène dans la lymphe. Or, c'est dans la lymphe que vivent en réalité les éléments organiques, et l'on pourrait dire qu'un milieu saturé d'acide carbonique leur est nécessaire, tandis qu'un milieu saturé d'oxygène leur serait nuisible.

Nous devons ajouter que l'altération de l'air, mesurée par la quantité d'oxygène disparue et d'acide carbonique formé au sein de l'organisme, est en rapport avec l'intensité des phénomènes vitaux, et cela aussi bien chez les végétaux que chez les animaux. C'est pourquoi, au moment de la pleine activité vitale chez un animal à sang chaud, le sang veineux général est noir et chargé d'acide carbonique, tandis que chez un animal hibernant ou chez un animal à sang froid, pendant l'engourdissement, le sang veineux conserve sa coloration rouge et ne renferme que des traces d'acide carbonique. Il en est de même pour les végétaux. Dans les plantes, la végétation est suspendue durant l'hiver. L'analyse des sucs nourriciers, au point de vue des gaz dissous, ne montre rien autre chose que l'azote et l'oxygène dans les proportions de l'air pur avec quelques traces seulement d'acide carbonique. Pendant l'été la situation est différente : l'acide carbonique augmente, tandis que l'oxygène diminue. J'ai prié M. Gréhant de faire l'analyse des sucs d'une plante végétale : il a trouvé dans un pavot en pleine activité végétative une quantité considérable d'acide carbonique, 40 pour 100, et au contraire l'oxygène n'était qu'à l'état de faibles traces; en sorte, soit dit en passant, que la séve descendante n'est pas comparable au sang veineux, lequel contient encore une forte proportion d'oxygène, mais plutôt à la lymphe et aux liquides interstitiels.

III. — La chaleur fournit la troisième condition qui intervient dans le développement des phénomènes vitaux.

Pour les végétaux, le fait a été bien mis en évidence, et l'on sait que chaque fonction ne peut s'exercer qu'entre des limites de température étroitement déterminées. Sachs (1), qui, en 1864, a fait une étude spéciale de l'influence des températures élevées sur la végétation, est arrivé à cette conclusion :

« Toute fonction ne commence à s'accomplir que
» lorsque la température de la plante, ou de la partie
» de plante considérée, atteint un degré déterminé
» au-dessus du point de congélation des sucs cellu-
» laires, et elle cesse dès que la température dépasse
» un autre degré également déterminé, qui semble ne
» pouvoir jamais s'élever d'une façon durable au delà
» de 50 degrés. »

La solidification de l'eau a lieu à la température de 0 degré, mais les solutions salines peuvent se solidifier à une température notablement inférieure à celle de l'eau pure. Il doit en être de même des liquides végétaux intra-cellulaires et interstitiels : de plus, les espaces

(1) Sachs., p. 852.

capillaires dans lesquels sont compris ces liquides interviennent encore pour abaisser le point de solidification.

Un botaniste étranger, M. Uloth (1871), a observé ce fait curieux que des graines d'*Acer platanoides* et de *Triticum* tombées dans une glacière, et compris entre des fragments de glace, y avaient germé et avaient développé des racines qui pénétraient dans l'épaisseur des blocs. On sait d'autre part que le *Protococcus nivalis* prospère sur des terrains glacés. La germination du blé et de l'orge ne commence qu'au-dessus de 5 degrés, celle du haricot et du maïs seulement à 9°,5. M. Boussingault a montré que les feuilles du mélèze commençaient déjà à decomposer l'acide carbonique à une température de 0°,5 à 2°,5. Voilà pour les températures basses.

Quant aux températures élevées, leur influence dépend des conditions dans lesquelles elles interviennent, et en particulier de la quantité d'eau contenue dans les tissus. Si le tissu a été préalablement desséché avec précaution et lenteur, il pourra, sans être détruit définitivement, supporter une élévation de température assez considérable. On a fait germer des grains de blé qui avaient été chauffés, secs, pendant une heure à 70 degrés ; s'ils étaient humides, ils ne résistaient pas à une température de 55 degrés. Sans que l'altération soit aussi grande pour une température moins élevée, elle est cependant capable d'arrêter le fonctionnement vital. Le résultat est le même si la température est trop basse. La levûre de bière ne se développe pas aux basses températures ; les chimistes savent que la fermentation alcoolique (phénomène vital de la végétation du champignon de la levûre) n'a pas lieu à la température de 0 degré et ne commence même qu'assez haut au-dessus de ce point.

Il y a donc, pour chaque organisme végétal élémentaire ou complexe, des limites de température entre lesquelles ses fonctions sont possibles. Mais entre ces limites mêmes il y a une température fixe où l'activité vitale est dans tout son plein, tandis qu'en deçà et au delà elle s'amoindrit progressivement jusqu'à s'éteindre.

Cet arrêt, d'ailleurs, peut être définitif, selon la rapidité des changements survenus et les qualités de la plante, ou bien il peut être temporaire. L'abaissement prolongé de la température a pour conséquence un amoindrissement de l'activité vitale, un véritable état hibernal de la plante, bien étudié par M. Kraus.

L'influence de la température sur la vie animale est très-remarquable. On sait qu'il y a pour chaque animal un point moyen qui correspond au maximum d'énergie vitale. Et cela est vrai, non-seulement des êtres arrivés à l'état adulte, mais de l'œuf et de l'embryon. Les œufs de poisson se développent dans l'eau entre 5 et 8 degrés; l'œuf des batraciens exige environ 12 degrés, et s'accommode le mieux de 20 à 25 degrés. Cependant, pour ces animaux, les oscillations sont assez étendues et, entre les limites physiologiques, le degré thermique n'a pas d'autre effet que de modifier la durée de l'évolution. L'œuf de poule exige une température comprise entre 38 et 42 degrés. Des excursions thermométriques plus étendues sont incompatibles avec le développement.

Pour les animaux supérieurs, tels que les mammifères, la température compatible avec la vie est à peu près fixée. Ces êtres sont à une température invariable ; non que le milieu extérieur n'éprouve des oscillations considérables, mais le milieu intérieur dans lequel vivent véritablement les éléments anatomiques, le sang, en un mot, présente un degré thermique déterminé et extrêmement peu variable.

Ces animaux sont dits à *température constante*, par opposition aux reptiles batraciens et poissons, qui sont dits à *température variable*. Chez les premiers, il existe un ensemble de mécanismes gouvernés par le système nerveux et qui ont pour but de maintenir la constance de la température, sans laquelle les fonctions vitales ne sauraient s'exécuter. On peut, en intervenant sur quelqu'un de ces rouages, modifier le résultat, abaisser ou élever la température de l'animal, et faire d'un animal à sang chaud, comme le lapin, un animal à sang froid, comme la grenouille.

Faisons observer ici que les adaptations pour être possibles doivent remplir une condition d'exécution invariable : elles doivent être lentes et graduées. Grâce à cette précaution opératoire, on peut modifier les circonstances de la vie animale et faire qu'un être contenu entre certaines barrières thermiques les dépasse sans cesser de vivre. Cela est une remarque générale, applicable non-seulement aux variations thermiques, mais encore aux variations de toute espèce et, par exemple, aux variations hygrométriques. M. Balbiani a fait à ce propos une curieuse observation. On sait qu'il existe des anguillules aquatiques qui ne sont point réviviscentes; si on les dessèche, on ne les voit pas se ranimer ensuite par l'humectation. Cependant, si au lieu d'opérer brusquement on procède avec beaucoup de lenteur et que d'abord on ne pousse pas trop loin la dessiccation, les anguillules résistent et peuvent acquérir la faculté de réviviscence. On peut donc, par des épreuves lentes, échelonnées avec précaution, conférer une habitude physiologique qui n'existait pas spontanément.

IV. — Outre les conditions d'humidité, de chaleur et d'aération convenable du milieu, il faut que l'élément vivant rencontre autour de lui une quatrième condition. Il faut que l'atmosphère liquide qui le baigne contienne certaines substances sans lesquelles il ne saurait se nourrir. On a cru pendant longtemps que la composition de cette atmosphère était totalement différente lorsque l'on passait des animaux aux plantes, qu'elle variait infiniment d'un organisme à l'autre de manière à échapper à toute systématisation. Mais, dans la réalité, cette composition est beaucoup mieux déterminée qu'il ne semblait : elle présente des caractères universels, communs à tous les êtres vivants, uniformes, que des recherches récentes permettent d'entrevoir.

Le milieu propre à la nutrition doit contenir des substances azotées, — des substances ternaires (sucre, graisse, etc.), — des substances minérales (phosphates, chaux).

Il faut que chacun de ces trois groupes soit repré-

senté dans le milieu où baignent les éléments anatomiques. Quant aux espèces de chaque groupe qui sont
nécessaires et aux proportions suivant lesquelles elles
doivent participer à la composition du milieu, elles
varient selon les cas. Ce sont là des nuances fort déli-
cates et par cela même difficiles à préciser. Le seul
fait général, c'est la nécessité des unes et des autres,
abstraction faite des quantités et des formes qu'elles
doivent présenter.

C'est par la connaissance approfondie de cette nécessité que l'on est arrivé à constituer artificiellement des
milieux appropriés à la vie de certains organismes relativement simples. M. Pasteur a créé un milieu artificiel
se prêtant parfaitement au fonctionnement vital de la
levûre de bière (*Saccharomyces cerevisiæ*), en formant
une solution de carbonate d'ammoniaque, de phosphate
de chaux et de sucre. La levûre se développe et prospère dans un pareil milieu. Un des élèves de M. Pasteur,
M. Raulin, a constitué également des milieux convenables au développement de certains champignons
inférieurs et suivi les modifications apportées par l'introduction de différentes substances. F. Cohn et Balbiani ont constitué des milieux favorables au développement de certaines bactéries. Une méthode nouvelle
a été créée ainsi pour l'étude des phénomènes de nutrition, sous le nom de méthode des *cultures artificielles;*
M. Pasteur a la plus grande part dans le développement
de cette méthode féconde.

Les formes sous lesquelles interviennent les éléments
de chacun des groupes précédemment indiqués sont

nécessairement variables d'un organisme à l'autre. Cependant cette variation n'est pas illimitée, et il est possible d'entrevoir des rapports d'équivalence entre un petit nombre de substances susceptibles de se remplacer. Si l'on considère, par exemple, l'élément azoté, on voit que chez les végétaux, tant supérieurs qu'inférieurs, l'azote doit intervenir sous forme d'azotate ou engagé dans une combinaison ammoniacale : azotate ou ammoniaque sont deux ordres de substances sensiblement équivalentes au point de vue de la nutrition. Les mucédinées, les *Pénicillium* en particulier, peuvent prospérer dans un milieu où l'azote est engagé dans une combinaison plus complexe, dans une ammoniaque composée, l'éthylamine. Pour le *Torula* de la fermentation ammoniacale, la combinaison azotée la plus favorable est, ainsi que l'a montré M. Van Tieghem, l'urée ou l'acide hippurique. Enfin, pour les vertébrés et les mammifères, l'azote du milieu intérieur est engagé sous la forme plus compliquée encore des substances albuminoïdes, lesquelles seraient, d'après Schützenberger, des associations définies d'acides amidés correspondant aux formules $C^nH^{2n+2}AzO^{\times 2}$ et $C^nH^{2n+2}AzO^4$.

Les substances du second groupe ont pour type le sucre de glycose. Cette substance indispensable à l'existence de l'être adulte, remplit, ainsi que je l'ai montré, un rôle essentiel dans le développement fœtal. Mais le sucre peut avoir des équivalents dans quelques substances ternaires favorables au développement de certains organismes. Le tannin remplit le même office, d'après M. Van Tieghem, pour la nutrition de certaines mucédinées. Les expériences de Jodin tendent à établir que, dans d'autres cas, la glycérine, l'acide tartrique, l'acide succinique, l'acide lactique, l'acide acétique, l'acide oxalique, pourraient avoir une action sensiblement identique.

Enfin, les éléments essentiels du groupe minéral comprennent la potasse et l'acide phosphorique, engagés suivant les circonstances dans des combinaisons plus ou moins différentes. C'est **M.** Pasteur qui a montré la nécessité absolue des phosphates alcalins pour la nutrition du *Saccharomyces cerevisiæ*.

Ces indications générales suffisent à mettre en lumière le principe que nous énoncions au début de cette leçon, à savoir, que les manifestations de la vie exigent des conditions générales sensiblement identiques chez tous les êtres. Nous n'ajouterons qu'une observation relativement à la manière dont se constitue ce milieu favorable à la vie des éléments. L'être lui-même intervient dans cette constitution, et le milieu est en quelque sorte l'œuvre à laquelle contribuent les éléments eux-mêmes.

L'organisme, en effet, n'est pas exclusivement constitué par des éléments anatomiques. Il y a, à côté des *parties organisées* et vivantes, des *parties organiques* sans vitalité et qui sont simplement les produits de l'activité des cellules vivantes. Ces productions sont les *principes immédiats*, végétaux ou animaux. Un grand nombre de ces principes sont destinés à être rejeté de l'organisme comme un déchet inutile ou désormais nuisible; mais d'autres, en plus grand nombre, sont destinés à être utilisés et constituent en attendant une réserve ou un approvisionnement pour les besoins du fonctionnement vital. Témoins et conséquences de l'activité cellulaire, ces substances jouent un rôle essentiel dans le milieu intérieur; c'est par leur formation que l'élément vivant intervient lui-même dans la constitution de son milieu. L'activité cellulaire s'exerce sur les matériaux que lui fournit le monde ambiant, matériaux ou conditions que nous avons énumérés, eau, chaleur, oxygène, substances azotées, ternaires et salines.

Avec ces matières premières, les éléments vivants fabriquent des principes immédiats, chacun selon sa nature. Le sang est ainsi formé aux dépens des matériaux alimentaires; mais ce serait une erreur de penser, comme les anciens chimistes, que le sang n'est qu'une dissolution des aliments : c'est en réalité une sécrétion de l'organisme à laquelle l'alimentation n'a fourni que la matière première mise en œuvre par l'activité de la cellule vivante.

Dans une des leçons suivantes nous aurons à revenir, à propos de la nutrition, sur ce rôle des éléments dans la constitution de leur milieu. Nous montrerons que la nutrition n'est pas directe, c'est-à-dire qu'elle ne s'excerce pas sur les matériaux fournis tels quels par l'alimentation; mais qu'elle exige au contraire une élaboration préalable de ces matériaux par l'activité cellulaire.

PREMIÈRE PARTIE

LES PRINCIPES IMMÉDIATS

LEÇON PREMIÈRE

Formation des principes immédiats.

SOMMAIRE. — Deux types de phénomènes vitaux : destruction organique : synthèse organique. Ils constituent les deux phases du travail vital chez tous les êtres vivants. Erreur de la doctrine de la dualité vitale qui attribue la destruction organique aux animaux et la synthèse organique aux végétaux, en tant qu'il s'agit des principes immédiats La synthèse de ces principes se fait chez les uns et les autres.

Corps gras. — Leur origine chez les animaux. Opinion de MM. Dumas, Boussingault, Payen, Liebig, Person, Milne Edwards, Würtz, Berthelot. Conclusion. *Sucres.* — Leurs variétés, glycose, saccharose. Différence physiologique de ces deux espèces. La saccharose est une réserve impropre à la nutrition et qui doit être transformée en glycose. La glycose est un élément essentiel dans les échanges vitaux : elle existe normalement dans l'organisme animal, elle y prend naissance.

Nous avons établi dans la leçon précédente que les phénomènes vitaux résultaient d'une sorte de conflit entre la substance vivante et un milieu d'une composition relativement définie; en sorte qu'il serait permis de considérer la vie comme la réaction du monde ambiant sur la substance organisée, et de faire de l'organisation le réactif de ce milieu défini.

Après avoir acquis cette vue sur les phénomènes vitaux, il s'agit d'en aborder l'étude. Nous nous trouvons ici en présence d'une classification tout à fait générale.

On peut distinguer deux ordres de phénomènes :

1° Les phénomènes de fonctionnement, ou encore d'usure ou de *destruction vitale;*

2° Les phénomènes de formation, ou de création vitale, ou encore de *synthèse organique.*

Cette systématisation, à laquelle j'ai été conduit par un examen approfondi, m'a paru la plus conforme à la réelle nature des choses, à la fois compréhensive et féconde : elle se fonde uniquement sur les propriétés universelles de l'élément vivant, abstraction faite des moules spécifiques dans lesquels la substance vivante est engagée.

Les deux types ne sont jamais isolés : ils sont indissolublement connexes, et la vie de quelque être que ce soit est caractérisée précisément par leur réunion et leur enchaînement : ils représentent les deux phases du travail vital.

Cette vérité constitue, ainsi que nous l'avons dit ailleurs, l'axiome de la physiologie générale. On peut être assuré que toute doctrine qui serait directement ou indirectement en contradiction avec cette donnée fondamentale est fausse, et que le principe de l'erreur est précisément dans cette contradiction. Des doctrines de ce genre se sont pourtant produites et ont pris pendant longtemps possession du champ physiologique. Une théorie a longtemps régné dans la science qui partageait les deux facteurs vitaux entre les deux règnes végétal et animal, attribuant exclusivement à chacun d'eux un des types phénoménaux, aux animaux la destruction vitale, aux végétaux la synthèse organique. A cette doctrine, que nous appellerons doctrine de la *Dualité vitale*, nous opposons la doctrine de l'*Unité vitale*, qui revendique pour tous les êtres vivants l'accomplissement des deux ordres de phénomènes de destruction et de synthèse.

Les phénomènes de *destruction organique* ont pour expression même les manifestations vitales. *Toute manifestation vitale est nécessairement liée à une destruction organique*. La destruction des organes qui accompagne leur fonctionnement a été signalée, pour ainsi dire, de tout temps; on a vu que le muscle qui se contracte, la glande qui sécrète, s'usent matériellement et ne pourraient soutenir leur activité si une régénération incessante ne les rétablissait à chaque instant. Les actes les plus délicats de l'organisme, les manifestations cérébrales, les impressions sensorielles, n'échappent pas à cette loi universelle; des travaux récents (Byasson, Mosler, Hodges Wood) ont prouvé la destruction correspondante au travail nerveux, par l'observation de la chaleur produite dans ce travail même ou par l'élimination des matériaux qu'il a détruits.

Il y a plus. La destruction matérielle est non-seulement liée à l'activité fonctionnelle, on peut dire qu'elle en est la *mesure* et l'*expression*. En un mot, le phénomène qui apparaît (exemple, la contraction musculaire) est la traduction même de la destruction que le muscle subit. Ce n'est pas une coïncidence, c'est une transformation d'énergie. Ici, comme dans les phénomènes physiques, on rencontre la même loi générale : l'apparition d'un phénomène est liée à la disparition d'un autre ; la destruction n'est qu'un changement de forme. Fick et Wislicenus, Hirn, Helmholtz, ont cherché à établir que le travail du muscle était exactement représenté par la destruction (combustion) qu'il subit. On voit ainsi l'application du principe de la *corrélation des forces* ou de la *conservation de l'énergie* dans le monde vivant comme dans le monde physique.

Les phénomènes plastiques ou de *synthèse* régénèrent les tissus, réparent les pertes, rassemblent les matériaux qui devront être dépensés de nouveau. C'est un travail intérieur, silencieux, caché, sans expression phénoménale évidente, travail d'une nature plus spéciale, plus vitale en quelque sorte, car il n'a pas d'analogue en dehors des organismes. Cet acte de réparation vitale est identique, si l'on veut aller au fond des choses, aux actes de génération, de rédintégration, de cicatrisation, par lesquels l'organisme se constitue ou se reconstitue. Il y a dans cette synthèse des organes deux degrés, ou, pour parler autrement, deux phases : une *synthèse chimique*, qui forme les principes organiques, les réserves, et une synthèse *morphologique*, qui réunit et rassemble ces éléments de la matière vivante sous une forme et une figure déterminées, qui sont la forme et la figure de l'élément anatomique, du tissu, de l'être individuel.

Il résulte de ce que nous venons de dire que tous les êtres vivants doivent former des principes immédiats, puisque l'acte de synthèse organique appartient à tous et non pas à quelques-uns seulement. C'est cette vérité qui a été méconnue par la doctrine qui attribuait un rôle nutritif différent aux animaux et aux végétaux, vérité qu'il faut actuellement mettre en lumière. Nous aurons pour cela à étudier la formation des principes immédiats, c'est-à-dire des composés organiques fabriqués par les végétaux et les animaux. Nous devrons rechercher les circonstances de leur production à la fois dans les tissus vivants de l'animal et dans ceux de la plante.

On a voulu opposer à cet égard la vie animale à la vie végétale. Il reste encore aujourd'hui bien des traces de cette doctrine dualiste qui voulait que les végétaux fussent exclusivement des appareils de formation, tandis que les animaux seraient exclusivement des appareils de destruction.

Dans les idées de cette école, les animaux ne devaient être considérés comme les créateurs de leur propre sang que sous le rapport de la forme; quant aux éléments, fibrine, albumine..., dont il est composé, ceux-ci lui viendraient des plantes. Les plantes créeraient donc dans leur organisme le sang de tous les animaux; à proprement parler, les carnivores ne consommeraient dans la chair des herbivores que les substances végétales dont ceux-ci s'étaient nourris. La fibrine et l'albumine végétales prendraient dans l'estomac de l'herbivore absolument la même forme que reçoivent dans l'estomac du carnivore la fibrine et l'albumine animales. S'il en était ainsi, si l'animal ne pouvait vraiment que recevoir des principes complexes, sans avoir la faculté de les transformer pour se les approprier; si tous ceux qui existent dans son sang et dans ses tissus provenaient des plantes et de ses aliments, on pourrait dire que l'aliment végétal va directement se fixer dans le tissu animal. On pourrait dire que la graisse du cheval, du bœuf, du mouton est exactement contenue dans leur ration de foin, et que le beurre du lait de la vache est renfermé dans l'herbe qu'elle broute. Lors d'une discussion mémorable qui occupa l'Académie des sciences de 1843 à 1847, relativement à l'engraissement des animaux, quelques chimistes ne reculèrent pas devant cette conclusion (1).

Mais les idées que l'on avait sur la graisse, on les soutenait également pour le sucre, et l'on admettait que cette matière ne pouvait pas se rencontrer dans le corps animal si elle ne lui avait été apportée toute faite par le végétal.

Nous avons démontré, pour notre part, qu'il en est autrement, et nous nous proposerons, dans le cours de ces leçons, de prouver expérimentalement qu'il y a identité chez les animaux et les végétaux au point de vue de la production de ce principe et de son rôle dans la vie de l'être.

CORPS GRAS. — Nous rappellerons d'abord brièvement l'état de la question en ce qui concerne la formation de la graisse chez les animaux et les végétaux.

Le débat célèbre auquel cette question a donné lieu a été ouvert devant l'Académie, en 1843, par MM. Dumas, Boussingault et Payen, à propos de l'engraissement des bestiaux et de la formation du lait (2).

---

(1) *Comptes rendus de l'Académie*, t. XVI.
(2) *Ibid.*, 13 février 1843.

Dans son mémoire, Payen cherchait à établir que les matières grasses, qui existent en plus ou moins grande abondance dans tous les êtres vivants, ne se forment que dans les plantes et qu'elles passent toutes formées dans les animaux.

Dans cette opinion, les matières grasses étaient un produit d'origine exclusivement végétale, apparaissant surtout dans les feuilles vertes à l'état de matière cireuse. Les feuilles devenant l'aliment des herbivores, la cire qu'elles contiennent passait dans le sang de ces animaux et y subissait une oxydation qui la transformait en stéarine et en oléine. Ces dernières substances, en arrivant aux carnivores par l'alimentation, subissaient de nouvelles oxydations, à la suite de quoi elles donnaient naissance à la margarine, qui caractérise la graisse de ces animaux, ou encore elles fournissaient les acides gras volatils, acides caproïque, caprique, hircique et butyrique, qui apparaissent dans le sang et dans la sueur. La matière grasse toute faite était donc, d'après Payen, le principal produit, sinon le seul, à l'aide duquel les animaux peuvent régénérer la substance adipeuse de leurs organes ou fournir le beurre de leur lait.

Pour établir ces vues, Payen s'appuyait sur deux ordres de faits. D'abord il signalait l'existence à peu près constante des matières grasses dans les végétaux; et ces matières, d'après le savant chimiste, existaient en proportions suffisantes pour expliquer l'engraissement du bétail et la formation du lait. Il y aurait 8 pour 100 de matière grasse dans le maïs, plus des deux tiers en poids du cotylédon. Boussingault faisait remarquer que, pour produire 67 kilogrammes de beurre, une vache mange une quantité de foin qui renferme au moins 69 kilogrammes, et probablement 76, de matière grasse. L'analyse indique donc dans l'aliment une quantité de graisse plus que suffisante pour représenter celle que renferme le beurre.

La seconde considération que faisait valoir M. Payen était la résistance que présentent les graisses à toute espèce d'altération, résistance qui leur permet de subsister après les fermentations et les décompositions de toute espèce, et d'émigrer sans changement du végétal jusque dans le sang et les tissus de l'animal.

M. Dumas avait donné une formule plus absolue encore en énonçant cette règle générale : « Les animaux, » quels qu'ils soient, ne font ni graisse, ni aucune matière » organique alimentaire ; ils empruntent tous leurs ali- » ments, qu'ils soient sucrés, amylacés, gras ou azotés, au » règne végétal. »

En regard de cette opinion, quelques chimistes prétendaient au contraire que les matières grasses se formaient aussi bien dans les animaux que dans les plantes, par des mécanismes identiques. Chez les animaux en particulier, ce serait au moyen de la fibrine, de l'albumine, du sucre, de la gomme. Au nombre de ces adversaires de la théorie nouvelle se trouvait Liebig. Liebig faisait observer que « ni l'herbe, ni les racines » mangées par les vaches ne renferment de beurre ; que » le fourrage donné aux bestiaux ne renferme pas de » graisse de bœuf, que les épluchures de pommes de terre

» dont on nourrit les porcs et les graines mangées par
» la volaille de nos basses-cours ne renferment pas de
» graisse d'oie ou de chapon ». Ces arguments sont parfaitement valables, mais Liebig ne s'y tint pas, et la discussion s'égara dans une comparaison des graisses avec
les cires. Il essaya aussi, mais sans y réussir absolument,
de montrer que la quantité de graisse entreposée dans
les tissus de l'animal ou rejetée au dehors était, dans certaines circonstances, supérieure à celle qui était introduite par les aliments. La thèse du célèbre chimiste de
Giessen valait donc mieux que ses arguments. D'ailleurs
Liebig se combattait lui-même lorsqu'il s'agissait d'autres substances que les graisses. Il admettait par exemple
« un rapport nécessaire entre les aliments azotés des
» plantes et les principes azotés du sang et des tissus, —
» entre les substances alimentaires non azotées des
» plantes et les parties non azotées de l'organisme ani-
» mal ».

Théoriquement, deux procédés s'offraient pour résoudre la question et trancher le débat. Le premier eût
consisté à juger de l'engraissement d'un animal alimenté
avec des matériaux dont la teneur en matières grasses fût
connue. Si la quantité de graisse produite eût été supérieure à celle qui était ingérée, il est clair que la théorie
de la préexistence de la graisse dans l'aliment végétal
eût été renversée. C'est par ce moyen que Liebig avait
essayé d'attaquer la théorie. Persoz (1844-46) reprit les
indications de Liebig et fit une étude attentive de l'engraissement des oies. En nourrissant ces animaux avec
du maïs dosé, il s'assura que la quantité de graisse était

supérieure de moitié à celle qui se trouvait dans le maïs.

Le second procédé consistait à supprimer les aliments gras à un animal et à lui faire un régime composé d'une autre substance parfaitement déterminée, et de voir alors si l'animal engraissait. — Les expérimentateurs eurent recours surtout au régime du *sucre*.

C'est une expérience de ce genre que Huber avait autrefois exécutée. Huber avait annoncé que les abeilles nourries avec du miel ou même avec du sucre possédaient la propriété de fournir de la cire pendant longtemps. Cette observation paraissait bien établir la réalité de la conversion du sucre en cire. Mais, Payen ayant objecté que cette cire était peut-être anciennement accumulée dans les tissus et non pas formée aux dépens du sucre, Milne Edwards et Dumas reprirent l'expérience avec attention : ils vérifièrent le résultat annoncé par Huber et mirent hors de doute le fait de la formation de la cire avec un régime de sucre et de miel. Flourens rappela l'expérience de Frédéric Cuvier sur l'engraissement de deux ours nourris exclusivement avec du pain. Chossat fit connaître les résultats variables de l'alimentation sucrée exclusive.

En tout état de cause, ces recherches et ces discussions mirent en évidence la fausseté de l'adage vulgaire que « *la graisse fait la graisse, la chair fait la chair* ». Il n'y a point simplement transposition de l'aliment dans les tissus, il y a une modification beaucoup plus profonde. Le débat ne peut rouler que sur les limites de cette faculté modificatrice. Milne Edwards était disposé à penser avec Thenard que c'étaient les aliments d'un même groupe qui seuls pouvaient se suppléer, mais que d'un groupe à l'autre il y avait impossibilité de transformation. Liebig, au contraire, pensait que ces barrières n'existaient pas, et que la graisse, par exemple, pourrait provenir aussi bien de la décomposition de l'albumine, de la fibrine, de l'amidon, du sucre, de la gomme. D'ailleurs, au point de vue chimique, M. Würtz montrait qu'il pouvait se former de l'acide butyrique aux dépens de la fibrine par l'action de la chaleur (160-180 degrés) en présence de la chaux potassée ou par la putréfaction.

La portée de la réfutation fut exagérée, et l'on peut penser aujourd'hui que si la théorie du passage de l'aliment dans le tissu est faux, la transformation directe d'un aliment en une des substances de ce tissu, du sucre en graisse, par exemple, n'est pas vraie davantage. Nous aurons l'occasion de revenir sur ce sujet, et de montrer que la nutrition n'est pas une opération qui porte directement sur l'aliment, mais sur des produits plus compliqués dont l'aliment ne fournit que la matière première.

Quoi qu'il en soit, et pour nous en tenir à la question des corps gras, je dois rappeler que M. Berthelot et moi avons repris, par une voie détournée, et par un troisième procédé, le problème de l'évolution des aliments gras dans l'organisme.

Je commençais par inanitier un chien de manière à faire disparaître toute surcharge graisseuse et à réduire la quantité de matière adipeuse au strict minimum. Je nourrissais alors l'animal abondamment en mêlant à son régime une graisse chimiquement reconnaissable que M. Berthelot préparait. C'était une graisse chlorée dans laquelle il y avait substitution partielle du chlore à l'hydrogène. Lorsque après quelque temps de ce régime je sacrifiais l'animal, je recueillais le tissu adipeux. M. Berthelot n'y a point retrouvé, par l'analyse, la substance grasse chlorée avec laquelle l'animal avait été nourri. Il n'y a donc point simple mise en place de l'aliment gras, et l'animal ne s'engraisse point directement par l'alimentation. Il fabrique lui-même sa matière grasse. Quant à celle qu'on lui fournit, il commence par la détruire : il la digère, l'émulsionne et la dédouble par saponification. Qu'il utilise les éléments de ce dédoublement aussi bien et peut-être mieux que d'autres, pour en former la graisse nouvelle, cela est possible mais nullement démontré.

Si nous voulons résumer le débat, nous dirons que rien n'autorise à penser que les animaux et les végétaux se comportent différemment en ce qui concerne la formation des principes gras. Il est inexact que les plantes soient seules en état de fabriquer ce principe immédiat ; l'expérience prouve, tout au contraire, que les animaux travaillent eux-mêmes par des procédés dont le mécanisme n'est pas encore dévoilé à la préparation de ces substances.

La conclusion que nous venons de rappeler relativement à la faculté que possèdent les animaux de former les principes immédiats nécessaires à leur nutrition respective a surtout été mise hors de doute par l'étude de l'un de ces principes, le sucre. Les recherches que j'ai poursuivies depuis plus de vingt ans me paraissent établir de la façon la plus nette que la formation du sucre, la *glycogenèse*, doit être considérée comme une fonction constante et nécessaire à la vie animale, et non pas seulement comme un acte de la vie végétale.

Sucre. — La matière sucrée se rencontre dans la nature sous un grand nombre de formes. Elles ont leur origine dans les êtres vivants, surtout dans les végétaux. Leur production synthétique au moyen des éléments minéraux n'a pu être encore réalisée. M. Berthelot fait bien remarquer que ces principes semblent dérivés des composés propyliques doublés, et il pense qu'ils pourront être quelque jour engendrés au moyen de l'hydrure d'hexylène $C^{12}H^{14}$; mais ce n'est là qu'une espérance, et les faits ne l'ont point encore confirmée.

On trouve, dans les plantes, un premier groupe de sucres surhydrogénés : la *mannite* et la *dulcite*, qui ont pour formule $C^{12}H^{14}O^{12}$; la *pinite* et la *quercite*, qui ont pour formule $C^{12}H^{14}O^{10}$. La mannite se retire surtout de la *manne*, exsudation du *Fraxinus rotundifolia;* sous l'influence de la végétation elle se produit encore dans diverses autres espèces de frênes, dans les feuilles d'olivier, dans des champignons, dans des algues, comme le *Protococcus vulgaris,* où elle est connue sous le nom de *phycite*. La dulcite s'extrait du *Melampyrum nemorosum ;* la pinite du *Pinus lambertiana*. La quercite est contenue dans le gland du chêne.

Nous n'avons qu'à mentionner ces substances, puisqu'elles n'existent que chez les végétaux et ne peuvent donner lieu à aucune étude comparative ; nous n'avons pas à nous en occuper autrement.

La même observation s'applique en partie à quelques-unes des substances sucrées qu'il nous reste à mentionner. Les chimistes distinguent deux principaux groupes de sucres, et nous verrons que cette distinction subsiste également au point de vue physiologique. Il y a les *glycoses* et les *saccharoses*.

Les glycoses ont pour formule $C^{12}H^{12}O^{12}$. Elles comprennent la *glycose ordinaire* ou *sucre de raisin*; la *lévulose*, qui existe dans le raisin, la cerise, la groseille, la fraise, dans la plupart des fruits mûrs et acides ; la *galactose*, qui vient indirectement des gommes ou du lait; l'*eucalyne*, qui est également un produit de réaction; la *sorbine*, qui vient du jus du sorbier; et enfin l'*inosine*, qui doit nous intéresser davantage, car en même temps qu'on la rencontre dans certains végétaux, comme les haricots verts, on la rencontre aussi chez les animaux, dans les muscles, les poumons, les reins, la rate, le foie et quelquefois dans les urines.

Les saccharoses ont pour formule $C^{12}H^{11}O^{11}$, ou plutôt le multiple $C^{24}H^{22}O^{22}$. Elles comprennent la *saccharose* ou sucre de canne; la *mélitose*, que l'on tire de la manne d'Australie, exsudation de certains *eucalyptus*; la *tréhalose*, qui provient aussi d'une manne particulière; la *mélézitose*, qui s'extrait du *Pinus larix*; la *lactose*, ou sucre du lait des mammifères.

Mais de tous ces produits qui pourront peut-être donner lieu plus tard à une étude intéressante, les plus importants de beaucoup, sont la saccharose, ou sucre de canne, et la glycose ou sucre de raisin.

La glycose est extrêmement répandue dans les organismes vivants. Elle constitue la matière sucrée des raisins secs; on la rencontre dans le miel et dans les fruits. On peut la former artificiellement par l'action de l'acide sulfurique étendu sur l'amidon, le ligneux, la tunicine, la chitine et le glycogène hépatique, comme nous le verrons. Nous ne parlons ici que des dépôts où la glycose s'accumule et d'où elle peut être retirée, car envisagée d'un point de vue plus élevé, elle ne doit pas être considérée comme un produit spécial à telle ou telle plante, mais comme un élément général de nutrition, comme une condition nécessaire des échanges vitaux. Les substances amylacées et cellulosiques ne peuvent prendre part au mouvement nutritif qu'autant qu'elles deviennent solubles et sont transformées momentanément en glycose.

La saccharose $C^{12}H^{11}O^{11}$ est le sucre ordinaire que nous employons pour les usages domestiques : c'est le sucre de canne, le sucre de betterave. Il existe d'ailleurs dans le maïs, le sorgho, dans la séve de l'érable et du palmier de Java, dans l'ananas, la citrouille, la châtaigne, la carotte, etc., dans la plupart des fruits.

Beaucoup d'opérations, dans les plantes, peuvent changer le sucre ordinaire en glycose. C'est là un fait très-important. En effet, le sucre de raisin ou glycose est un véritable aliment pour les végétaux ; c'est une substance qu'ils sont capables de mettre en œuvre pour leur développement. Au contraire, le sucre de canne, le sucre ordinaire, est en lui-même un corps impossible à utiliser pour l'organisme végétal. Il ne peut servir à la nutrition, au développement de la plante, qu'à la condition d'être changé préalablement en glycose.

Il y a donc, au point de vue physiologique, une distinction frappante entre ces deux sucres. Leur rôle est très-différent. Le sucre de raisin est un des facteurs les plus énergiques de la nutrition. Le sucre de canne est un dépôt, une réserve qui ne peut pas entrer directement dans le mouvement nutritif. Il forme des accumulations de matière qui s'emmagasinent dans la racine de la carotte ou de la betterave, pendant la première période de la végétation. C'est à ce moment-là qu'on peut le retirer de ces sortes de réservoirs naturels. Plus tard, lorsque la plante entrera dans sa deuxième période de végétation, lorsqu'elle devra fructifier, les provisions de matériaux accumulés en vue de cette évolution disparaîtront, ils serviront au développement.

Beaucoup de plantes présentent, comme la betterave, deux périodes de végétation séparées par un intervalle de repos : la première période est simplement végétative, il se fait dans certaines parties de la plante des accumulations, des provisions de matériaux ; la deuxième période est la période de fructification, pendant laquelle les réserves emmagasinées sont reprises et dépensées. L'intervalle de repos est ordinairement la saison d'hiver, et les plantes dont nous parlons sont, pour cette raison, appelées bisannuelles, leur développement complet exigeant deux années. Mais il n'en est pas nécessairement ainsi : la période de repos peut être moindre que la durée d'un hiver, comme cela se voit chez quelques crucifères ; ou plus considérable, comme cela se voit chez l'aloès. Aussi les botanistes préfèrent-ils la désignation de *dicarpiennes*, qui ne préjuge rien sur la durée du repos, à celle de *bisannuelles*, pour caractériser ces plantes. Cette périodicité, ou mieux cette alternance dans les deux ordres des phénomènes, caractérise d'une manière essentielle les manifestations de la vie, aussi bien dans le règne animal que dans le règne végétal. On peut même dire d'une manière générale que c'est le caractère vital par excellence. Il y a deux termes dans la vie : le repos, qui correspond à la concentration des matériaux et des forces ; le travail, qui correspond à la dépense de ces mêmes forces et de ces mêmes matériaux.

Revenons aux sucres de canne et de raisin. Nous considérons le sucre de canne comme un produit en réserve ; il ne se rencontre chez les végétaux que pendant cet intervalle de repos où la végétation est suspendue, ou bien dans les fruits dont l'évolution organique est terminée. C'est qu'en effet cette matière sucrée est impropre aux échanges ; mais elle y devient propre, ainsi que nous l'avons déjà dit, en subissant une transformation qui la fait passer à l'état de glycose.

La différence fondamentale des deux sucres, au point de vue de leurs aptitudes nutritives, se retrouve dans les animaux comme dans les végétaux. Prenez une dissolution de sucre de canne, injectez-la dans les veines d'un animal, la substance sera éliminée par les émonctoires : elle passera tout entière dans les urines sans avoir servi à la nutrition. Autrefois j'ai fait un grand nombre d'expériences à ce sujet, voulant distinguer par leur élimination du sang les substances qui pouvaient être alimentaires de celles qui ne l'étaient pas. J'ai vu qu'en injectant dans la veine jugulaire d'un chien ou d'un lapin une très-faible quantité de sucre de canne, 5 centigrammes par exemple, on en retrouve la présence dans les urines, tandis qu'on peut injecter jusqu'à 5 décigrammes ou 1 gramme de glycose sans constater son élimination, preuve évidente que le premier sucre ne se détruit pas dans le sang d'une manière appréciable, tandis que le second y disparaît rapidement. Si maintenant on fait l'injection avec un mélange des deux sucres, on ne retrouve dans l'urine que le sucre de canne. J'ai une fois, sur un chien, injecté de la mélasse, mélange incristallisable du jus de betterave, renfermant les deux espèces de sucre devenues inséparables par les moyens chimiques connus : l'organisme a opéré cette séparation, car il a détruit la glycose à son passage dans le sang, et le sucre de canne isolé s'est retrouvé dans l'urine. Cette différence de destructibilité des deux sucres est un fait qui dès à présent mérite de fixer notre attention d'une manière spéciale. En effet, voilà deux corps qui, au point de vue chimique, sont semblables, car il n'y a entre eux qu'une différence d'hydratation, l'un possédant 1 équivalent d'eau en plus que l'autre ; et cependant, au point de vue physiologique, leur différence est radicale, puisque l'un est une matière excrémentitielle, et l'autre est une matière nutritive. M. Pasteur n'a-t-il pas montré d'ailleurs que des deux acides tartriques droit et gauche, identiques chimiquement, l'un fermente, tandis que l'autre est réfractaire ? Ce sont là des faits qui

sont bien de nature à faire comprendre toute la délicatesse des phénomènes nutritifs, et toutes les difficultés
qu'on peut rencontrer dans leur étude.

Est-ce à dire, d'après tout ce qui précède, que le
sucre ordinaire ne doive pas être considéré comme un
aliment? Non sans doute. Introduit par une autre voie
que celle que nous venons d'employer, ingéré avec les
substances de l'alimentation, il éprouvera dans le tube
digestif une transformation qui le fera passer à l'état de
glycose et lui permettra d'intervenir dans les échanges
nutritifs.

Ainsi le sucre ordinaire, impropre à la vie végétale
ou animale, éprouve dans la plante ou dans l'intestin de
l'animal une transformation en glycose qui lui confère
les aptitudes alimentaires qu'il ne possédait pas auparavant. Ce changement de l'un des sucres dans l'autre, qui
s'accomplit sous l'influence de la végétation pendant la
seconde période d'activité bisannuelle de la plante, qui
s'accomplit sous l'influence de la digestion dans l'intestin des animaux, peut être reproduit artificiellement de
bien des manières par des agents minéraux ; ce qui
prouve que les actions chimiques qui s'accomplissent
dans les êtres vivants ne leur sont pas spéciales et peuvent être réalisées en dehors d'eux.

Il ne sera peut-être pas inutile de rappeler brièvement par quelle suite d'idées je fus amené à entreprendre
l'étude des formations nutritives de la matière sucrée.

Les travaux qui, dans le premier quart de ce siècle,
ont éclairé la physiologie de la digestion, ceux de
Tiedemann et Gmelin, de Leuret et Lassaigne, avaient

établi un fait qui, dans la question, est capital : c'est à savoir que le sucre est un produit normal de la digestion des matières amylacées; il peut exister comme un produit naturel, normal, physiologique, de la digestion.

Plus tard, le fait fut expliqué, et l'on trouva que l'empois d'amidon hydraté, mis en présence de la salive mixte, et surtout du suc pancréatique, ne tardait pas à disparaître en se transformant en dextrine, puis enfin en sucre.

On trouva enfin que cette même faculté transformatrice existe dans beaucoup de liquides organiques. Dans le règne végétal, on avait également reconnu que pendant la germination comme pendant la digestion, l'amidon de la graine se change en dextrine et en sucre. MM. Persoz et Payen avaient constaté que cette action était due à une matière jouant le rôle de ferment qu'ils avaient isolée sous le nom de *diastase végétale*. Il fut également établi que dans certains liquides animaux dont nous parlerons plus loin, liquides jouissant de la propriété de transformer l'amidon en sucre, il existe une matière analogue, jouant le rôle de ferment, et qu'on a isolée sous le nom de *diastase animale*.

Tel était l'état de la question lorsque, vers 1843, je m'occupai de ce sujet. J'avais été amené à cette conviction que les phénomènes de la nutrition ne devaient pas être considérés par le physiologiste du même point de vue que par le chimiste. Tandis que celui-ci cherche à faire le bilan nutritif, c'est-à-dire à établir la

balance entre les substances introduites et les substances rejetées, le physiologiste doit se proposer de les
suivre dans leur trajet, pas à pas, et d'étudier toutes
leurs transformations successives au sein même de l'organisme. Je me proposai d'appliquer cette méthode à
toutes les substances successivement : aux albuminoïdes,
aux matières sucrées, aux matières grasses. Je com-
mençai par les matières sucrées, qui me paraissaient
d'une étude plus facile.

Le plan que je m'étais tracé était bien trop vaste ; car
aujourd'hui, après trente années de travaux dont les
résultats n'ont cependant pas été stériles, j'en suis encore
à l'étude des matières sucrées.

Je me proposai d'abord de savoir ce que devenait le
sucre introduit directement dans l'appareil circulatoire.
Je fis alors les expériences dont j'ai indiqué plus haut
les résultats. Je pris du sucre dissous dans un peu d'eau
et je l'injectai, ce qui est sans inconvénient, dans le
sang chez un chien et un lapin. Après quelque temps,
le sucre avait traversé l'organisme sans être détruit et
avait été éliminé en totalité : on le retrouvait dans l'u-
rine. Il s'agissait ici du sucre ordinaire, du sucre de
canne. Le sucre de canne, introduit par injection dans
le système sanguin, n'est donc pas assimilé ; il est éliminé, rejeté de l'organisme comme un corps étranger.
Cependant nous faisons, dans notre alimentation, grand
usage du sucre de canne. Il est introduit non plus
directement par les veines, mais comme le reste des
aliments par le tube digestif ; il ne s'agit plus de quantités infinitésimales, mais de quantités parfaitement

appréciables. Or, puisqu'on ne retrouve pas ce sucre éliminé par les urines, il disparaît donc dans l'organisme.

Comment expliquer cette différence? Évidemment les sucs digestifs avaient agi sur le sucre alimentaire et lui avaient fait subir quelque modification. Pour savoir de quelle nature était cette modification, je recueillis le liquide digestif, le suc gastrique; je fis une dissolution de sucre non plus dans l'eau, comme tout à l'heure, mais dans le suc gastrique, et je poussai la solution dans les veines. Le sucre, cette fois, fut assimilé; il n'apparut plus dans les urines.

Ainsi le sucre est modifié par le suc gastrique : je crus d'abord que cette modification préalable était la condition de son absorption ultérieure. Je reconnus plus tard que la transformation digestive n'est pas physiologiquement le résultat de l'intervention du suc gastrique, mais d'un autre liquide, le suc intestinal. L'action exercée par le suc gastrique est un phénomène purement chimique que d'autres agents minéraux sont capables de réaliser. Il n'en restait pas moins vrai que, sous l'influence des sucs digestifs, le sucre de canne $C^{12}H^{11}O^{11}$ se transforme en une substance différente quoique voisine par ses propriétés : c'est le sucre de raisin $C^{12}H^{12}O^{12}$.

La question n'en était qu'à son début. J'avais appris que le sucre de canne se transforme dans le tube digestif en sucre de raisin. Mais que devient celui-ci? Comment disparaît-il et où va-t-il se rendre? Il fallait, pour répondre à ces *desiderata*, suivre le sucre dans son évolution, et posséder, par conséquent, un moyen de le déceler partout où il existe.

Précisément à cette époque la chimie découvrait ce moyen. Barreswil en France, Trommer en Allemagne, indiquaient un caractère commode et très-délicat.

J'ai fait ailleurs, à un point de vue particulier, l'histoire critique des moyens que l'on peut employer pour déceler et doser les sucres, en tant que ces moyens sont applicables à la physiologie. Pratiquement, ils se réduisent à deux : la fermentation alcoolique, l'emploi du réactif de Fehling ou de Barreswil. Je supposerais mes auditeurs assez au courant des conditions dans lesquelles ces méthodes doivent être employées, pour être dispensé d'en recommencer l'histoire.

Je rappellerai seulement que, malgré sa grande sensibilité, le procédé de Barreswil et de Trommer est passible de quelques reproches. C'est un caractère empirique, très-délicat sans doute, mais par cela même un peu incertain. La véritable manière de prouver l'existence d'un corps, c'est de l'extraire, de le préparer, de le montrer en nature. Si la preuve est indirecte, si elle consiste en une réaction chimique, on peut craindre qu'elle ne soit pas exclusive à la substance pour laquelle on l'applique ; que d'autres substances, des circonstances différentes la manifestent également.

Pour éviter cette cause d'erreur, j'ai toujours opéré par des expériences comparatives. En physiologie je ne saurais trop recommander l'emploi de la méthode comparative. Les conditions dans lesquelles se débat l'expérimentateur sont tellement complexes, qu'il est impossible d'en tenir compte, et de démêler directement dans un résultat expérimental la part qui revient à chacune. Aussi est-il infiniment utile de ne faire varier qu'une seule condition parmi celles qui régissent le phénomène, en laissant toutes les autres identiques. Celle-là devient alors le point de mire de l'observation, et l'on rapporte à son influence les modifications survenues dans la marche du phénomène.

C'est ainsi que j'opérai. Pour suivre les transformations des matières sucrées alimentaires dans l'organisme, je pris des chiens, qui étant omnivores se prêtent plus facilement à un régime déterminé. Je les divisai en deux catégories, donnant aux uns et aux autres la même alimentation, sauf une substance, le sucre. Les uns recevaient de la viande cuite seule; les autres, la même viande additionnée de sucre ou de pain. Il n'y avait donc pas d'autre différence entre eux que celle-ci : les uns étaient soumis à un régime dans lequel il y avait des matières sucrées, les autres à un régime qui n'en comportait pas.

J'ouvris l'un des chiens soumis au régime avec addition de sucre : je trouvai du sucre dans l'intestin, j'en trouvai dans le sang. Ce résultat n'avait rien que de prévu, puisque l'animal avait mangé du sucre.

Je fis la même épreuve sur un chien soumis au régime exclusif de la viande cuite, et je ne fus pas médiocrement étonné de rencontrer chez lui, comme chez le premier, du sucre en abondance dans le sang, quoique je n'en pusse déceler aucune trace dans l'intestin. Je répétai l'expérience de toutes les manières; toujours le résultat se présenta le même.

Je pensai alors à soumettre l'animal à un régime plus sévère. Je mis l'animal à jeun; son estomac était complétement vide d'aliments, et cependant je continuai à trouver du sucre dans son sang total. Alors je résolus de rechercher le sucre dans les diverses parties du système sanguin. Au sortir de l'intestin je ne trouvai pas de sucre dans le sang de la veine porte, quand je prenais exclusivement le sang venant de l'intestin après avoir lié la veine à l'entrée du foie pour empêcher le reflux. Au contraire, en aval du foie, dans les veines sus-hépatiques, dans la veine cave inférieure, dans le cœur droit et au delà, le sucre apparaissait d'une façon manifeste. Je le répète, c'est le sang qui sort du foie, qui paraissait s'être chargé de matière sucrée. L'examen du tissu hépatique me prouva en effet que cet organe contenait une grande quantité de sucre de raisin (glycose). Les autres organes du corps, rein, rate, poumon, muscles, traités de la même manière que le foie, ne me donnèrent rien de pareil.

C'est ainsi que je découvris ce que j'ai appelé la fonction glycogénique du foie; c'est ainsi que j'ai établi l'existence normale du sucre dans l'organisme et le mécanisme de la formation glycogénésique. Je cherchais les transformations que subissait le sucre dans l'économie animale, je cherchais le lieu de sa destruction, et j'ai trouvé tout autre chose, j'ai découvert le lieu de sa formation.

C'est que l'événement ne vérifie pas toujours les prévisions de l'esprit. Il arrive souvent que l'on ne trouve rien, que l'on trouve autre chose que ce que l'on cherche, quelquefois le contraire de ce que l'on cherche ; mais ce qui est certain, c'est que l'on trouve seulement dans la direction où l'on cherche.

En effet, comment se fait-il que la présence du sucre, qu'il est si facile de constater dans le tissu hépatique, n'ait jamais été signalée avant moi, quoique le foie ait été analysé par beaucoup de chimistes habiles? C'est qu'on n'avait pas eu la pensée d'y chercher le sucre. Quand on expérimente, il ne suffit donc pas de tenir un bon instrument dans la main, mais il faut encore avoir une idée directrice dans l'esprit.

Les expériences précédentes avaient donc établi les deux faits qui servent de fondement à l'histoire de la production du sucre chez les animaux, à savoir :

1° Le sucre de glycose existe normalement dans le sang ;

2° La présence de ce sucre est indépendante de l'alimentation animale ou végétale.

Le sucre se forme donc dans l'organisme. J'arrivais à montrer que le siége de cette production est dans le foie.

Si nous nous proposions seulement d'établir que la production de la substance sucrée, gratuitement attribuée au règne végétal, appartient aussi aux animaux, notre tâche serait terminée.

Mais nous voulons aller plus loin et montrer que le mécanisme de la formation et le rôle de cette substance sont identiques dans les deux règnes. Ce sera un rappro-

chement nouveau et capital entre la vie animale et la vie
végétale, que la démonstration de l'identité dans l'une
et l'autre du seul processus nutritif qui soit à peu près
connu.

Dans les végétaux, le sucre se forme par la nutrition ;
il apparaît dans la graine pendant la germination, dans
les feuilles et les fleurs pendant leur développement.
Nous savons qu'il est le produit de transformation d'une
matière extrêmement répandue dans les végétaux, l'a-
midon. L'amidon est insoluble, et pour prendre part
aux échanges nutritifs il doit préalablement se transformer en une substance isomère, la dextrine, soluble à un
haut degré. C'est le premier pas dans une voie de modifications qui conduit à la production de la glycose,
puis à des produits ultérieurs. Cette transformation de
l'amidon en glycose s'accomplit sous l'influence d'un
ferment spécial, la diastase. Pour les animaux le mécanisme était inconnu.

Après que la formation du sucre dans le foie avait
été mise hors de doute, il s'agissait de savoir le comment
de cette formation. Diverses théories furent proposées.
Lehmann supposa que la matière qui donne naissance
au sucre était un élément du sang, la fibrine ou l'héma-
tosine. Frerichs admit également que c'était une substance albuminoïde du sang ; Schmidt (de Dorpat) pré-
tendit que c'étaient les matières grasses. L'expérience
du *foie lavé*, dans lequel je voyais reparaître la substance
sucrée, un certain temps après avoir enlevé par l'eau
toute celle qu'il contenait déjà, m'apprit que la substance génératrice du sucre n'était pas un élément du

sang, mais une matière incorporée au tissu du foie
assez fortement pour que l'eau froide ne pût l'en arracher. Pour ne rien préjuger sur sa nature, je l'appelai
substance *glycogène*. — Ce ne fut qu'après deux ans
d'efforts et de recherches, en 1857, que je parvins à
isoler cette matière. Je décrivis ses caractères physico-
chimiques qui étaient tout à fait analogues à ceux de
l'amidon végétal.

LEÇON II

L'amidon dans les deux règnes.

Sommaire. — La glycose se forme dans l'organisme animal et dans l'organisme végétal par le même procédé. — Transformation du glycogène, transformation de l'amidon. — Comparaison et identité de ces deux substances.

Il est de la plus haute importance pour la physiologie générale d'insister sur les analogies entre le règne animal et le règne végétal, qui ressortent des faits précédemment indiqués.

Nous savons, d'après ces faits, que le sucre de glycose existe chez les animaux aussi bien que chez les végétaux, non pas à l'état de produit accidentel, mais comme produit nécessaire, constant, lié à l'accomplissement des fonctions nutritives. La glycose existe dans l'organisme animal, indépendamment de l'alimentation : au lieu d'être apportée du dehors, comme on l'avait cru anciennement, au lieu de provenir exclusivement des plantes pour passer dans les herbivores et de là dans les carnivores elle est véritablement fabriquée dans l'organisme animal, comme elle est fabriquée dans la plante elle-même. Elle existe au même titre dans les deux règnes.

Les analogies ne s'arrêtent pas là.

Le mécanisme de la formation du sucre est encore le

même. Dans les animaux et dans les végétaux il existe antérieurement à la formation du sucre une substance glycogène ou amylacée qui, sous l'influence des ferments, se transforme en dextrine et en sucre.

Ces analogies sont complétées par la comparaison chimique du glycogène et de l'amidon.

L'amidon est une substance extrêmement répandue dans le règne végétal. Il n'y a pas de plante qui n'en contienne dans quelqu'une de ses parties, au moins à l'époque de sa végétation annuelle. Dans beaucoup de cas il s'accumule dans certains organes et constitue des réserves pour le moment où une nutrition énergique devra l'utiliser. C'est dans ces espèces de réservoirs naturels, ménagés par la nature pour être ultérieurement mis à contribution, que l'homme va chercher la matière amylacée qui occupe une si grande place dans son alimentation.

On désigne la matière amylacée presque indifféremment sous les noms d'amidon et de fécule. Le nom de fécule s'applique plus généralement lorsqu'elle provient des parties souterraines et des tiges, le nom d'amidon lorsqu'elle provient des graines. La fécule se prépare par lavage; l'amidon se prépare aussi par lavage, mais quelquefois par une sorte de fermentation.

La matière amylacée est insoluble et par conséquent incapable de prendre part, sous sa forme actuelle, aux échanges nutritifs auxquels elle est cependant destinée. Aussi la partie la plus importante de son histoire physiologique est celle qui rend compte des transformations qu'elle subit pour devenir soluble.

Sous certaines influences chimiques ou physiologiques, l'amidon, qui a pour formule $C^{12}H^{10}O^{10}$, se transforme en une substance isomérique, soluble, la *dextrine*, qui est le lien entre l'amidon et la glycose, car en continuant l'action, la substance s'hydrate davantage et passe à la glycose $C^{12}H^{12}O^{12}$.

Les agents qui peuvent ainsi faire passer l'amidon à l'état de dextrine d'abord et de glycose ensuite sont les acides étendus, azotique, sulfurique, chlorhydrique, et la vapeur d'eau fortement chauffée. Ce sont là des moyens artificiels, quelques-uns même industriels.

Dans la nature vivante, le même but est atteint par d'autres moyens. Lorsque la graine va germer, l'amidon doit se métamorphoser pour servir au développement des organes rudimentaires de la nouvelle plante. Aussi, à cette époque, voit-on apparaître dans la semence une matière qui est l'agent de la métamorphose : c'est la *diastase*, découverte par MM. Payen et Persoz en 1840 dans l'orge en germination. La place qu'occupe ce ferment dans la plante rend son rôle évident. Dans les semences germées de blé, d'avoine, d'orge, la diastase est localisée dans le germe même où se trouve une accumulation d'amidon à liquéfier et non dans les radicelles. Chez la pomme de terre, la diastase se trouve exclusivement dans le tubercule et non dans les pousses. C'est une matière azotée qui jouit de la propriété fondamentale de transformer par simple contact environ deux mille fois son poids d'amidon en dextrine, puis en glycose.

L'analyse de la matière glycogène a montré qu'à

l'état de pureté elle ne contenait point d'azote. Sa composition élémentaire correspond, d'après M. Pelouze,
aux nombres suivants :

Carbone	39,10
Hydrogène	5,10
Oxygène	54,10
	100,00

Symboliquement, la formule serait $C^{12}H^{12}O^{12}$ ou
$C^{12}H^{10}O^{10}$, 2HO. A un équivalent près, c'est la formule
de l'amidon $C^{12}H^{10}O^{10}$, qui aurait subi les mêmes traitements que la matière glycogène et fixé par là deux
équivalents d'eau $C^{12}H^{10}O^{10} + 2HO$. Cette teneur en
eau lui assigne dans la série des composés glyciques une
place intermédiaire à la dextrine et à la glycose. On
aurait, par exemple, la succession suivante :

Cellulose	$C^{12}H^{10}O^{10}$
Amidon	$C^{12}H^{10}O^{10}$
Dextrine	$C^{12}H^{10}O^{10} + Aq$
Matière glycogène	$C^{12}H^{10}O^{10} + 2HO$
Sucre de cannes	$C^{12}H^{11}O^{11}$
Glycose	$C^{12}H^{12}O^{12}$

Les acides qui peuvent faire passer le glycogène à
l'état de dextrine d'abord et de glycose ensuite sont, de
même que pour l'amidon, les acides étendus azotique,
chlorhydrique, sulfurique, et la vapeur d'eau surchauffée. Mais dans l'organisme animal le même but est
atteint par des moyens chimico-physiologiques d'une
autre nature. Nous savons qu'il existe un ferment hépatique dont nous trouvons l'équivalent dans le fluide

salivaire, le suc pancréatique et quelques autres liquides animaux.

L'action de ces substances a fait conclure à l'existence d'une diastase animale parallèle à la diastase végétale. Quoi qu'il en soit, le fait certain, c'est que les liquides dont nous venons de parler sont capables de faire subir à l'amidon aussi bien qu'au glycogène une fermentation qui l'amène à l'état de glycose.

Ainsi les mêmes agents font passer le glycogène à l'état de glycose par une fermentation de même espèce que celle que nous observons dans le règne végétal.

Nous avons encore à citer d'autres traits de ressemblance entre le glycogène animal et l'amidon végétal.

L'acide azotique concentré a une action spéciale sur l'amidon : il le convertit en une substance explosible, le *pyroxam* ou *xyloïdine*. C'est un congénère du coton-poudre qui est très-instable. Ce serait, d'après Pelouze, de l'amidon mononitré ($C^{12}H^9O^9AzO^5$).

Or, l'acide azotique concentré agit de la même manière sur la matière glycogène. Pelouze a obtenu une xyloïdine animale ayant les mêmes caractères que la xyloïdine végétale : elle déflagre de la même manière lorsqu'on la chauffe sur une lame de platine.

Ces combinaisons azotées avaient, à un moment donné, vivement attiré l'attention des chimistes et des physiologistes. Elles contenaient, en effet, tous les éléments essentiels des matières organiques et par suite des aliments complets. On avait espéré constituer ainsi, par des procédés artificiels, l'équivalent de substances alimentaires telles que la viande. Les tentatives

faites dans cette direction par MM. Pelouze et Liebig
devaient échouer. Les congénères du coton-poudre, la
xyloïdine animale ou végétale, introduites dans le tube
digestif, ne sont pas emportées par l'absorption : elles
restent dans le tube digestif, le traversent sans modification et sont expulsées avec les excréments. Cela
peut être manifesté par une expérience bizarre qui
consiste à approcher un corps enflammé des excréments préalablement desséchés. On voit ceux-ci prendre
feu.

Enfin l'amidon présente, lorsqu'il est mis en contact
avec l'iode, une réaction très-importante qui sert à
reconnaître la présence de l'un ou l'autre des deux
corps. La matière étant broyée et introduite dans un
tube avec de l'eau, la moindre addition d'iode fait
apparaître une coloration bleue intense. Il suffit de
1/500 de milligramme d'iode pour produire la réaction
lorsqu'on emploie les précautions convenables.

On suppose l'existence d'un composé, l'iodure d'amidon, quoiqu'il ne soit nullement prouvé qu'il y ait là
une combinaison à proportions définies. Une élévation
de température jusqu'à 66 degrés fait disparaître la
coloration : elle reparaît par le refroidissement. La coloration bleue en présence de l'iode constitue le caractère
principal qui dans les analyses sert à reconnaître l'amidon. La dextrine présente des réactions un peu différentes, suivant qu'elle a été préparée par la diastase,
par l'acide sulfurique ou la torréfaction. Elle prend sous
l'influence de l'iode, dans ces deux derniers cas, non
plus une coloration bleue, mais une coloration rouge.

C'est d'après des réactions de ce genre que Mülder s'était décidé à reconnaître trois variétés de dextrine.

Le glycogène, sous ce point de vue, participe des caractères de l'amidon et de la dextrine. Éprouvé par l'iode, il donne non pas une coloration franchement bleue comme la matière amylacée, ou nettement rouge comme la dextrine sulfurique, mais intermédiaire à l'une et à l'autre, d'un violet rougeâtre. L'influence de la chaleur est du reste la même sur cet iodure de glycogène que sur l'iodure d'amidon ; dans les deux cas, la teinte disparaît ; elle reparaît par le refroidissement.

Il est donc établi maintenant par les preuves les plus répétées que l'analogie la plus parfaite existe au point de vue chimique entre l'amidon et le glycogène.

En résumé, le glycogène est une espèce d'amidon, moins fixe, moins stable que l'amidon ordinaire : il est plus facilement transformé en sucre ; ses caractères participent de ceux de l'amidon et de la dextrine, c'est-à-dire d'une substance intermédiaire à la fécule et à la glycose et en marche pour passer à celle-ci.

Quant à la fonction physiologique, elle est la même dans les deux règnes. Le glycogène comme l'amidon est une réserve qui attend plus ou moins longtemps la transformation en sucre qui lui permettra de participer au mouvement de la nutrition. Dans le tubercule de la pomme de terre, la fécule attend pendant une année d'être utilisée ; elle attend le retour des conditions favorables à la germination. Dans les animaux, et surtout dans les animaux supérieurs, où la vie est plus active et où elle ne subit pas d'interruption, l'amidon animal n'attend sa mise en œuvre que pendant quelques instants, quelques heures ou au plus quelques jours. De là les nuances qui séparent les deux matières et qui se résument dans une stabilité moindre de la matière animale, dans une fixité plus grande de la matière végétale.

LEÇON III

La glycogenèse chez les mammifères pendant la vie embryonnaire. — La glycogenèse chez les oiseaux.

SOMMAIRE. — Diffusion de la fonction glycogénique. — Glycogène dans les annexes : Placenta du lapin ; plaques et villosités de l'amnios chez les ruminants. — Glycogène dans les tissus fœtaux : Muscles. — Oiseaux : Glycogène dans la cicatricule, dans la vésicule ombilicale ; ses variations pendant le développement.

Jusqu'à présent nous avons examiné la fonction glycogénique surtout chez les animaux supérieurs. Nous avons dit, en effet, que notre méthode en physiologie générale était de pousser aussi loin que possible l'analyse d'une fonction vitale chez l'animal élevé où tout est mieux spécialisé et plus facile à distinguer. Cette analyse, bien que dans l'état actuel de la science elle ne puisse encore être que très-imparfaite, nous permet cependant de mieux nous reconnaître dans l'étude de la même fonction chez les animaux inférieurs ; car chez ceux-ci les choses sont, non pas plus simples, mais seulement plus indistinctes.

Nous devons donc étendre notre sujet et embrasser la fonction glycogénique dans l'ensemble des êtres vivants.

I. MAMMIFÈRES. — Le premier pas que nous ayons à faire dans cette voie, c'est de passer de l'état adulte des animaux supérieurs à leur état fœtal. C'est un acheminement tout naturel vers un état inférieur. Et, sous ce rapport, il est philosophiquement très-juste de dire que les animaux supérieurs représentent dans leur évolution les gradations successives de la série zoologique.

Après avoir étudié (1) les phénomènes tels qu'ils se présentent à l'âge adulte alors que tous les organes ont atteint leur développement, il importe de savoir comment les choses se passent pendant la durée du développement lui-même.

Une première difficulté se présente ici. En effet, comme le fœtus des mammifères reste en communication avec l'organisme maternel par le placenta, on peut croire que les substances décelées dans ses tissus, au lieu d'être le produit de l'activité fœtale, proviennent de la mère.

Cette objection doit être levée avant tout. Elle n'est d'ailleurs pas seulement applicable à la matière glycogène. A la vérité, l'embryon des mammifères n'est pas libre comme celui des oiseaux, qui se développe isolément ; mais, d'autre part, la relation de dépendance avec l'organisme maternel n'est pas aussi étroite qu'on l'avait pensé autrefois. On a admis en effet, pendant longtemps, qu'il y avait abouchement direct du système vasculaire de la mère avec celui du fœtus, et que le même sang les nourrissait l'un et l'autre. Il a fallu plus tard reconnaître que cette manière de voir était inexacte. Les globules du sang du fœtus ne sont pas les mêmes qui

(1) Voyez *Leçons sur le Diabète*, 1874.

circulent dans les vaisseaux de la mère; ils se distinguent par leur volume et par l'existence d'un noyau des globules maternels. Une foule d'autres preuves démontrent encore l'indépendance relative dont jouit l'organisme fœtal. Chez beaucoup de mammifères, particulièrement chez les ruminants, on peut séparer le placenta cotylédonaire de l'embryon du placenta maternel, sans rupture ni déchirure, par simple décollement; on ne produit aucune hémorrhagie, comme cela devrait avoir lieu si, au lieu d'une simple contiguïté, il y avait une continuité véritable entre les organismes. Les substances liquides seules peuvent passer de la mère au fœtus par diffusion et endosmose, tandis que les corps solides, les éléments figurés, sont arrêtés à la limite des deux placentas. Ainsi en est-il des hématozoaires ou parasites du sang, qui, comme les globules eux-mêmes, ne passent point dans le fœtus. Les poisons solides ou figurés sont également retenus et ne peuvent communiquer leur action nocive au sang fœtal. La maladie du *charbon* ou *sang de rate*, qui est déterminée par la prolifération de certains organismes ou ferments figurés, décrits par mon ami M. le docteur Davaine (1) comme des bactéries ou baractéridies, cette maladie, disons-nous, lorsqu'elle infecte la mère, ne se propage pas au fœtus. Il en serait sans doute de même pour le virus vaccinal, dont l'activité réside, d'après les travaux de M. Chauveau, dans des particules solides flottantes au sein du liquide de la pustule.

(1) Davaine, *Études sur la contagion du charbon sur les animaux* (*Bull. de l'Académie de médecine*. Paris, 1870, t. XXV, p. 215).

Sans multiplier davantage ces exemples, nous pouvons en tirer la conclusion qu'ils comportent, à savoir : que le fœtus ne reçoit de la mère que des matériaux liquides dissous dans le plasma sanguin ; et comme nous savons que la matière glycogène est incorporée chez la mère à des éléments figurés solides, à des cellules glycogéniques, nous n'admettons pas qu'elle puisse passer dans le fœtus. D'ailleurs, s'il en était ainsi, on devrait la trouver dans tous les tissus également vascularisés, tandis qu'elle n'existe que dans quelques-uns.

Nos recherches ont établi que la production glycogénique, condition indispensable au développement, existe, soit dans le fœtus lui-même, où elle est diffuse avant de se localiser définitivement dans le foie, soit dans les organes embryonnaires transitoires, dont le rôle est terminé au moment de la naissance.

§ 1. *Glycogenèse dans les annexes de l'embryon.* — Chez les oiseaux, c'est dans la vésicule ombilicale que nous trouverons l'organe principal de cette fonction, la vésicule allantoïde n'y contribuant en aucune façon.

Chez les mammifères, nous savons que la vésicule ombilicale n'a qu'un rôle physiologique très-restreint ; elle n'atteint qu'un faible développement, elle disparaît de bonne heure, et elle est suppléée dans ses fonctions par la vésicule allantoïde sortie de la même origine qu'elle, c'est-à-dire du feuillet interne du blastoderme. L'allantoïde cumule ici les fonctions nutritive et respiratoire : c'est par elle que le fœtus puise dans l'organisme maternel, au moyen du placenta, les éléments gazeux et liquides qui lui sont nécessaires. C'est donc là que nous devons trouver la source de celui de ces éléments qui n'est pas le moins indispensable, le *glycogène*.

Mes recherches (1) m'ont en effet permis d'établir que c'est le *placenta* qui est le siége de la production glycogénique pendant les premiers temps de la vie fœtale.

Nous aurons à examiner successivement la question chez les rongeurs, les carnivores et les ruminants, sur lesquels nos expériences ont particulièrement été instituées.

Les *rongeurs* ont, comme tous les quadrumanes, les cheiroptères et les insectivores, un placenta discoïde. Les ramifications des vaisseaux allantoïdiens se mettent en simple rapport de contiguïté avec les ramifications des vaisseaux internes qui constituent le placenta maternel.

Chez le cobaye, la muqueuse utérine ou caduque forme autour de l'œuf une chambre embryonnaire complète. Quelques ramifications des vaisseaux omphalo-mésentériques appartenant à la vésicule ombilicale se répandent sur le chorion au point opposé au pôle placentaire, entrent en rapport avec la portion correspondante de la caduque et peuvent jouer ainsi quelque rôle dans le travail nutritif du fœtus. Le placenta occupe une sorte de calotte sur la sphère du chorion. Si l'on vient à séparer le disque placentaire du fœtus du disque maternel, on trouve entre les deux une sorte de couche blanchâtre

(1) Cl. Bernard, *Comptes rendus de l'Académie des sciences*, t. XLVIII, p. 77, janvier 1859.

formée par des cellules épithéliales ou glandulaires agglomérées. Ces cellules sont remplies de matière glycogène. La masse qu'elles forment ne présente pas le même développement à tous les âges : elle paraît s'accroître jusqu'au milieu de la gestation (qui est de trois semaines), puis s'atrophier ensuite à mesure que le fœtus approche du moment de sa naissance.

Chez le lapin, on constate des faits analogues. Toutefois la muqueuse utérine ne forme qu'une poche incomplète autour de l'embryon. Le placenta discoïde est bien limité et la vascularisation du chorion se trouve restreinte à l'étendue qu'il occupe. La matière glycogène est distribuée de la même manière, et subit les mêmes oscillations que nous avons signalées chez le cobaye pendant la durée de la vie intra-utérine qui est ici de quatre semaines. La matière glycogène est abondante dans le pourtour de la portion maternelle du placenta, et elle paraît s'enfoncer en forme de radiation dans la portion fœtale.

Nous voyons, en résumé, que chez les lapins et les cochons d'Inde, le placenta est formé de deux portions ayant des fonctions distinctes : l'une vasculaire et permanente jusqu'à la naissance, l'autre glandulaire préparant la matière glycogène et ayant une durée plus restreinte. — Il importe de placer ici une observation. J'ai quelquefois rencontré sur la muqueuse utérine chez le lapin des masses cotylédonaires, des placentas véritables, isolés, en face desquels n'existait aucun placenta fœtal. Or, le placenta maternel, ainsi indépendant, présentait à sa surface une couche considérable de cellules blanchâtres glycogéniques. Il semblerait donc que la production glycogénique doive son origine à la mère. D'ailleurs cette conclusion reçoit un nouvel appui, si l'on considère que dans l'œuf de poule, par exemple, la cicatricule renferme de la matière glycogène avant tout travail embryogénique, alors même que la fécondation n'a pas eu lieu.

Carnivores. — Notre examen a également porté sur les carnivores et particulièrement sur le chien et le chat. Chez ces animaux le placenta est *zonaire*; il forme une bande circulaire autour du sac ovoïde constitué par l'expansion de la vésicule vitelline, qui atteint ici des dimensions considérables. La muqueuse utérine donne naissance à un placenta maternel de même forme : sur les bords du placenta maternel la muqueuse présente un épaississement hypertrophique appelé *sérotine*, creusé de nombreux sinus sanguins. Cette bande présente une coloration d'un vert intense qui la déborde plus ou moins complétement, suivant les cas. Breschet a comparé cette matière colorante à celle de la bile ou même à la chlorophylle ; et Meckel, qui l'a étudiée d'une manière spéciale, lui a donné le nom d'*hématochlorine*.

L'examen de ces parties nous a permis d'y reconnaître l'existence de la matière glycogène dans l'épaisseur même du placenta et particulièrement sur les bords de la zone placentaire. Il nous a paru également que cette production éprouvait des changements aux différentes époques de la gestation dont la durée est de huit semaines chez le chat et de neuf semaines chez le chien. Dans les derniers temps de la vie intra-utérine, à mesure que les organes fœtaux, et le foie particulièrement, approchent de leur constitution complète, la production glycogénique tend à disparaître des annexes.

Ruminants. — Lorsque j'ai voulu examiner les phénomènes de la glycogenèse chez l'embryon des ruminants, j'ai rencontré les plus grandes difficultés. J'observai infructueusement un très-grand nombre d'embryons de veaux et de moutons pris à tous les âges de la vie intra-utérine, et il me fut impossible de trouver jamais aucune partie du placenta de ces animaux qui contînt de la matière glycogène. Une circonstance aggravait cet insuccès et aurait pu me détourner du but auquel ont abouti mes recherches, c'est que j'avais précisément commencé mes expériences par les ruminants sans avoir encore vérifié les vues qui me guidaient par l'examen des carnivores et des rongeurs.

Les ruminants présentent une disposition qui est exceptionnelle, en apparence seulement, car au fond elle rentre dans la loi générale et la confirme même de la manière la plus inattendue. La portion glycogénique du placenta des ruminants présente une simple variété de disposition. Les parties vasculaire et glandulaire du placenta, confondues chez les rongeurs, se distinguent chez les ruminants et facilitent par cette disposition l'observation isolée de leur évolution respective. Tandis que la portion vasculaire du placenta, représenté ici par des cotylédons multiples (fig. 1), accompagne l'allantoïde et s'étale à sa face externe, la portion glandulaire glycogénique s'en sépare et accompagne quelques vaisseaux allantoïdiens dans leur trajet récurrent sur la face externe de l'amnios (fig. 1, *a*). Nous voyons alors la portion glycogénique, formée de cellules glycogéniques attachées à l'amnios, grandir dans les premiers temps de la gestation, atteindre du quatrième au sixième

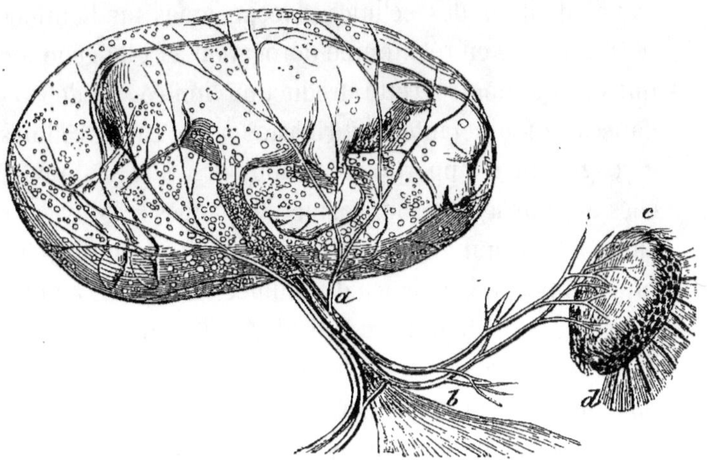

FIG. 1. — Fœtus du veau dans l'amnios. — On voit par transparence les plaques disséminées à la surface interne.

a. Ramification sur l'amnios des vaisseaux ombilicaux représentant la partie glandulaire du placenta.

b. Pédicule de l'allantoïde.

c, d. Cotylédons représentant la partie vasculaire du placenta.

c. Partie fœtale. *d.* Partie maternelle.

mois de la vie intra-utérine, chez la vache, son summum de développement, puis disparaître peu à peu en passant par des formes variées d'atrophie et de dégénérescence; de sorte qu'à la naissance il n'existe plus de traces de cette portion temporaire du placenta. Le balancement qui existe entre la présence du glycogène dans les organes transitoires et dans le corps de l'embryon est ici bien évident : le maximum du développement glycogénique sur l'amnios correspond à peu près au moment où ni le foie ni les autres tissus ne possèdent encore de matière glycogène; sa décroissance commence et s'exagère à mesure que le corps de l'embryon se développe.

La situation des cellules glycogéniques sur l'amnios n'est donc pas en réalité une dérogation à la loi générale qui nous a montré cette production limitée aux dépendances du feuillet interne du blastoderme; car les cellules glycogéniques appartiennent toujours à l'allantoïde, elles accompagnent sous forme de plaques les vaisseaux allantoïdiens qui viennent accidentellement se réfléchir sur l'amnios, dépendance du feuillet externe. L'amnios n'est que le soutien de ces vaisseaux : il n'intervient que pour servir de support à une formation qui n'émane nullement de la même origine que lui-même, et qui n'entre à aucun degré dans sa constitution.

Les plaques glycogéniques de l'amnios des ruminants se montrent dès les premiers temps de la vie embryonnaire. Elles disparaissent à la fin de la vie intra-utérine, fait qui avait échappé aux observateurs, particulièrement aux vétérinaires qui les ont signalées. Ceux-ci ayant vu ces productions augmenter peu à peu dans les premières périodes de la gestation avaient supposé que le mouvement d'accroissement se continuait jusqu'à la naissance : dans les descriptions anatomiques, cette supposition inexacte était présentée comme un fait. L'exemple actuel montre une fois de plus ce que valent ces déductions anatomiques quand elles sont séparées de l'observation physiologique.

Les plaques amniotiques se développent d'abord sur

la face interne de l'amnios dont elles troublent la transparence; elles recouvrent le cordon ombilical jusqu'au point où une ligne bien nette sépare le tégument cutané de l'amnios. Elles s'étendent ensuite avec les vaisseaux sanguins sur les portions avoisinantes, en affectant la forme de villosités. Presque transparentes à l'origine, elles s'opacifient de plus en plus à mesure qu'elles s'accroissent : elles se groupent, se rassemblent en certains points, de manière à devenir confluentes. Déjà très-visibles à l'œil nu, on les rend évidentes en imbibant la surface d'une solution concentrée d'iode : elles deviennent alors d'un rouge brun qui ne tarde pas à virer au noir, tandis que les portions environnantes de la membrane deviennent jaunes par la même influence de l'iode.

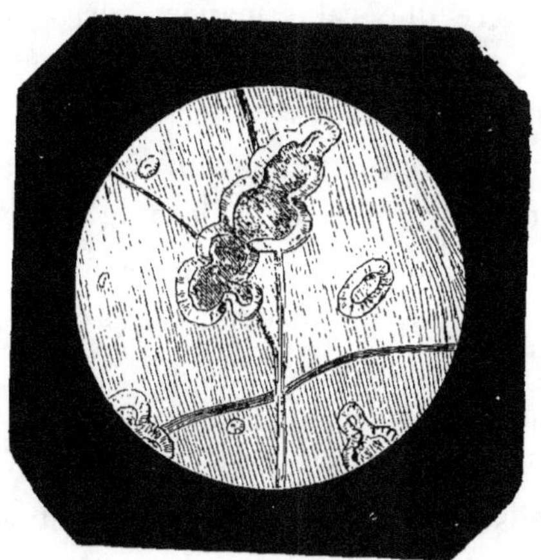

Fig. 2. — Plaque amniotique d'un développement très-avancé.

A leur maximum de développement, les plaques amniotiques (voy. fig. 2, et pl. I, fig. 1 et 2) présentent une épaisseur de 3 à 4 millimètres. A partir de ce moment, elles commencent à décroître et à se résorber. Elles deviennent jaunâtres, d'apparence graisseuse; quelques-unes se détachent de la membrane qui leur sert de support et tombent dans le liquide amniotique en laissant une cicatrice qui disparaît plus tard. D'autres fois la disparition se fait par résorption *in loco :* si la dégénérescence graisseuse a été rapide, il reste à la naissance du fœtus une masse de graisse assez considérable; d'autres fois encore, la destruction par oxydation ayant été poussée à un degré plus avancé, on trouve des cristaux octaédriques d'oxalate de chaux qui rendent compte des transformations subies par la matière glycogène.

Nous vous avons montré dans nos séances pratiques de laboratoire que cette matière glycogène peut se déceler par les deux ordres de procédés dont nous disposons, chimiquement et par le microscope. Elle se dissout dans l'eau en lui communiquant une apparence laiteuse; elle se précipite par l'alcool et l'acide acétique cristallisable; elle se colore en rouge vineux par l'iode, et cette coloration, qui disparaît par la chaleur, reparaît par le refroidissement.

L'examen microscopique, de son côté, permet de constater l'existence de la matière en question, sa distribution dans les cellules glycogéniques et les diverses phases de son évolution.

Au début, la membrane amniotique examinée chez le veau semble constituée uniquement d'un feutrage de fibres élastiques avec des noyaux de tissu conjonctif, sans épithélium. L'épithélium apparaît par plaques isolées, au centre desquelles certaines cellules se distinguent des cellules avoisinantes par leur forme et par la teinte rouge vineux qu'elles prennent, sous l'action de l'iode acidulé avec l'a-cide acétique. Ces plaques s'accrois-sant affectent bien-tôt la forme de pa-pilles, surtout sur la partie de mem-brane qui tapisse le cordon ombili-cal (fig. 3).

Les cellules gly-cogéniques compo-sant ces amas ont le caractère des cellules jeunes des glandes. Elles pré-sentent un noyau et un nucléole bien distincts, et des granulations qui sont formées de glycogène pur. Celles-ci peuvent être isolées et séparées du corps cellulaire par la macéra-tion dans la solution alcoolique de potasse caustique : tandis que toutes les autres parties s'y dissolvent, les granulations restent insolubles et se précipitent en for-mant un dépôt dans le fond du vase.

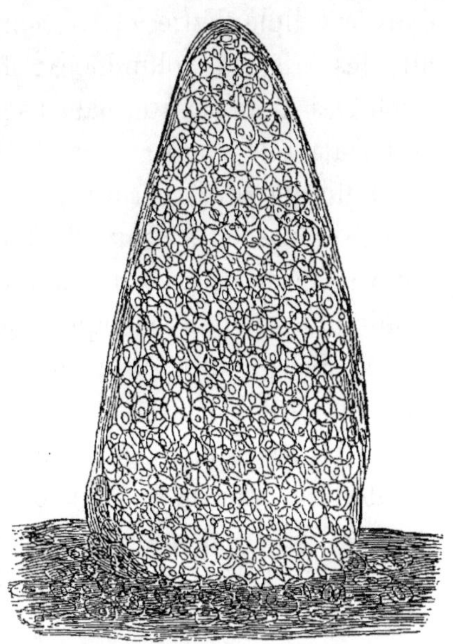

Fig. 3. — Papille de l'amnios complétement développée. (Gros. 150/1.)

L'état que nous venons de décrire est celui des cel-lules glycogéniques à leur entier développement. Un peu plus tard la dégénérescence commence à se manifester.

Le noyau s'efface : les granulations disparaissent en même temps, et avec elles les caractères de la matière glycogène. Des gouttelettes graisseuses se montrent dans la cellule flétrie, et souvent, comme nous l'avons dit, des cristaux volumineux, de forme octaédrique, insolubles dans l'eau et dans l'acide acétique, qui sont de l'oxalate de chaux.

Tandis que sur la paroi des annexes et dans son épaisseur se dépose et s'accumule la matière glycogène, on trouve dans le contenu de ces annexes, dans le liquide amniotique et dans le liquide allantoïdien, la matière sucrée. J'ai pu dire, avec vérité, que le fœtus nageait dans un véritable sirop.

M. Dastre a étudié comparativement chez le fœtus du mouton les variations, aux différents âges, du sucre dans le liquide allantoïdien et dans le liquide amniotique. Voici les résultats qu'il indique (1) :

FŒTUS DE MOUTON.			LIQUIDE ALLANTOÏDIEN.	LIQUIDE AMNIOTIQUE.
Age.	Longueur.	Poids.	Glycose p. 1000.	Glycose p. 1000.
	c.	gr.		
4e semaine......	2,5	2	2,6	1
5e semaine......	»	»	2,4	0,6 (Majewsky).
6e semaine......	6,5	16	2,6	0,6
7e semaine......	»	»	4,4	1 (Majewsky).
8e semaine......	11,5	77	»	1
9e semaine......	14	110	3,8	0,7
10e semaine......	16	178	2,6	0,6
11e semaine......	20,5	326	2,8	1,3
12e semaine,.....	27	757	3	2,7
13e semaine......	28	1040	3,3	2,9
14e semaine......	30,5	1100	3,7	3,7
17e semaine......	37	2010	2,9	3

(1) Dastre, *L'allantoïde et le chorion des mammifères*, thèse de doctorat ès sciences naturelles. Paris, 1871.

Ce tableau montre que la teneur du liquide allantoïdien en sucre varie peu dans le cours de la gestation.
La proportion du sucre augmente au contraire d'une
manière continue dans le liquide amniotique, si bien
qu'à la fin du quatrième mois elle est triple de ce qu'elle
était à la fin du premier.

La fonction glycogénique se manifeste donc d'abord
dans les annexes de l'embryon, qui sont organisées avant
l'embryon lui-même. C'est là que se montrent en premier lieu les phénomènes de nutrition, et c'est là que
nous trouvons d'abord la matière glycogène. Plus tard,
dans la vie libre ou extra-utérine, d'autres organes serviront à cette production, qui ne doit point s'arrêter tant
que dure la vie.

On voit, en résumé, qu'avec des ressources variées,
par des mécanismes différents, se trouve réalisée sans
interruption cette fonction permanente de la production
du glycogène et ultérieurement du sucre, qui paraît également indispensable à la nutrition et au développement
des animaux et des plantes.

§ 2. *Glycogenèse dans les corps de l'embryon des
mammifères*. — Dans les animaux comme dans les végétaux, la matière glycogène et la matière amylacée,
sources de la matière sucrée, sont des principes indispensables pour l'évolution organique. La matière glycogène, localisée d'abord dans les organes annexes et
temporaires du fœtus, se répand bientôt dans les tissus
fœtaux, puis dans le foie, où elle reste particulièrement
fixée pendant toute l'existence de l'être vivant.

Il s'agit maintenant de savoir si cette diffusion est

bien réellement générale, ou, au contraire, si elle se restreint à certains organes, à certains tissus spéciaux.

Il a fallu un grand nombre d'expériences pour déterminer exactement le siége de la production en question et pour saisir la loi qui préside à la répartition de la matière glycogénique.

Le premier résultat général auquel nous soyons parvenu, c'est que tous les tissus de nature épithéliale et tous leurs dérivés renferment de la matière glycogène pendant leur évolution intra-utérine. Nous examinerons successivement à ce point de vue la peau, le revêtement des muqueuses intestinale, respiratoire et génito-urinaire (1).

Peau. — La distribution de la matière glycogène dans la peau est plus ou moins facile à observer, suivant que l'on s'adresse à tel ou tel animal. Le veau, le chat, le lapin sont moins favorables que le porc pour cette constatation; en tout cas, la recherche doit être exécutée sur des embryons très-frais, à cause de la facilité avec laquelle la substance s'altère.

En portant sous la lentille du microscope une portion de la surface détachée de la peau, on aperçoit des cellules granuleuses dont les granulations se colorent par l'iode acidulé, et qui ont conséquemment le caractère des cellules glycogéniques.

On peut se demander, au point de vue histologique, quelle est la véritable nature de ces cellules que nous avons jusqu'à présent caractérisées par la particularité

(1) Cl. Bernard, *Comptes rendus de l'Académie des sciences*, t. XLVIII, 4 avril 1859.

la plus essentielle qu'elles présentent, à savoir la production de glycogène. Nous n'avons pas en réalité à
rechercher si ce sont des productions spéciales, ou bien
si ce sont des cellules épithéliales ordinaires qui se
seraient chargées d'une substance particulière. La situation de ces cellules au milieu des éléments épithéliaux,
leur apparition sur la membrane muqueuse des cornes
utérines en dehors des insertions placentaires, leur forme
même et leur rôle transitoire, les rapprochent singulièrement des éléments épithéliaux. Mais, d'autre part, leur
disparition au moment où se constitue l'épithélium définitif et leur contenu spécial les différencient nettement,
et il me paraît que cette différenciation physiologique,
basée sur la diversité des produits d'activité, est la plus
importante de leurs caractères distinctifs.

Quoi qu'il en soit, l'observation microscopique fait
reconnaître nettement la matière glycogène à un certain
moment du développement embryonnaire de la surface
cutanée. L'examen chimique pratiqué, soit avec le
charbon, soit avec le liquide de Brücke, confirme ces
résultats. Il faut remarquer seulement, quand on opère
avec le charbon, que celui-ci ne retient pas la gélatine
provenant de l'ébullition des tissus épidermiques. Aussi
faut-il avoir soin d'opérer d'abord à froid, afin de retenir
les substances qui seraient capables de se changer en
gélatine. On obtient une solution opaline dépourvue de
gélatine, mais qui permet de constater tous les caractères de la substance glycogène.

La matière glycogène se montre également dans les
annexes du système cutané pendant leur développement;

il est bien facile de constater qu'elle disparaît dès que l'organisation est achevée, et cette circonstance éclaire d'une lumière très-vive le rôle qu'elle joue dans l'évolution.

Chez les fœtus de veau, de mouton, de porc, la corne des pieds, molle, jaunâtre, se prête facilement à l'exécution de coupes minces qui permettent l'examen microscopique (voy. pl. I, fig. 3). Ces parties renferment des granulations glycogéniques avec leurs apparences ordinaires; les portions plus dures et arrêtées dans leur développement cessent d'en laisser apercevoir aucune trace.

La matière glycogène disparaît de l'appareil cutané dès le troisième et le quatrième mois de la vie intra-utérine sur les veaux de 25 à 30 centimètres. Elle persiste plus longtemps dans les parties cornées et dans l'épiderme des orifices cutanés, bouche, anus. En tout cas, alors même qu'elle a disparu des cellules épidermiques, elle persiste encore à se montrer plus ou moins longtemps dans l'épaisseur de la peau, à l'état d'infiltration.

Surfaces muqueuses. — En détachant des portions de membrane muqueuse chez des jeunes embryons de veau, de mouton ou de porc, de 3 à 6 centimètres, et en les traitant par la solution d'iode acidulé, on reconnaît l'existence des cellules glycogéniques. Leur disposition est remarquable dans l'intestin : elles forment, en effet, le revêtement le plus extérieur des papilles intestinales (voy. pl. II, fig. 14 et 15).

Quoique les glandes ne renferment jamais de matière

glycogène, l'épithélium de leurs conduits excréteurs, continuation manifeste de la muqueuse intestinale, en contient presque constamment.

La muqueuse des voies respiratoires fournit des résultats identiques. On trouve les cellules glycogéniques le long des bronches, dans les culs-de-sac glandulaires qui sont encore encombrés de cellules : on en trouve jusque dans les fosses nasales (voy. pl. II, fig. 11 à 15).

La muqueuse de l'utérus, des trompes, de la vessie, de l'uretère et même des canalicules des reins, présente également des cellules glycogéniques. Mais cette production persiste moins longtemps, parce que l'épithélium définitif commence à apparaître de bonne heure.

En résumé, les surfaces limitantes extérieures offrent toutes, dans leur développement embryogénique, le caractère d'être fortement chargées de matière glycogène. Il est remarquable que les surfaces des cavités closes et des séreuses ne se comportent point de la même manière. Cette différence me paraît bien propre à confirmer la distinction que les histologistes ont récemment établie entre les deux espèces de revêtements épithéliaux : les uns constituant l'*épithélium*, les autres formant l'*endothélium*, distinction basée d'ailleurs sur la structure, sur l'origine embryonnaire, et nous pouvons ajouter de plus ici, sur la nature du produit.

La vessie urinaire du fœtus contient toujours du sucre, et l'on peut dire d'une manière générale que le fœtus est diabétique. Ainsi le diabète, état physiologique accidentel, qui devient pathologique chez l'adulte en devenant permanent, peut être considéré d'autre part comme un état normal de l'embryon.

Après les tissus de nature épithéliale, j'ai examiné le tissu nerveux, le tissu osseux, le tissu glandulaire et les muscles.

Je n'ai point trouvé de matière glycogène dans les glandes salivaires, dans le pancréas, dans les glandes de Lieberkühn, dans la rate ni dans les ganglions lymphatiques. Je n'en ai point trouvé davantage dans le cerveau, dans la moelle épinière, dans les nerfs à aucune époque de leur développement, non plus que dans les os.

Les résultats précédents n'ont paru offrir aucune exception, à la condition de considérer à part et en dehors des organes glandulaires le foie, qui se comporte, à ce point de vue, d'une manière tout à fait spéciale. Au début, rien ne le distingue des autres organes glanduleux ; il ne renferme point de matière glycogène. Mais vers le milieu de la vie intra-utérine, son développement histologique se complète, et il commence à fonctionner à la fois comme organe glycogénique et comme organe biliaire. Alors la matière glycogène tend à disparaître de tous les autres points de l'organisme où elle s'était montrée jusqu'alors ; en sorte que le foie semble destiné à continuer dans l'adulte une fonction fœtale qui était primitivement localisée d'une manière plus ou moins nette, soit dans le placenta, soit dans d'autres organes temporaires qui précèdent la formation des organes définitifs.

Dans tous ces tissus où nous avons rencontré la matière glycogène, son évolution et son rôle peuvent être considérés comme bien déterminés. On la voit se transformer en sucre, et dans quelques cas on peut suivre les transformations ultérieures que celui-ci subit par oxydation.

Muscles. — Le *tissu musculaire*, qu'il nous reste à examiner, se comporte d'une manière toute différente. Nous pouvons y déceler la matière glycogène en assez grande quantité. D'autre part, malgré les procédés les plus variés, nous n'avons jamais pu y déceler le sucre. Nous sommes même convaincu à cet égard que les auteurs qui ont cru trouver du sucre dans les muscles ont été dupes d'une erreur dont il est difficile de se défendre, si l'on ignore que certaines matières albuminoïdes ou azotées contenues dans le muscle et encore mal déterminées peuvent agir sur le réactif cuprique à la façon de la glycose. Mais si l'on fait en sorte d'éviter cette cause d'erreur en traitant par le sulfate de soude, puis en reprenant par l'alcool absolu ; si l'on ne prend point pour du sucre une substance qui ne présente qu'une seule réaction commune avec lui, et d'autre part si l'on veille à ne point en former aux dépens de la matière glycogène dont l'existence est indubitable, dans ces circonstances, disons-nous, on n'en trouve jamais les moindres traces.

On est donc obligé de supposer que, dans les muscles, la matière glycogène subit une évolution différente de celle que nous connaissons jusqu'à présent, en ce qu'elle ne s'arrêterait pas à l'état intermédiaire de sucre, et passerait peut-être directement aux états les plus avancés de l'oxydation. J'ai montré depuis longtemps qu'il se

produit dans ce cas une fermentation lactique instantanée qui doit être attribuée à un autre agent que le
ferment lactique ordinaire organisé, et cet agent serait
développé là pour donner naissance à la réaction.

Quoi qu'il en soit de ces questions qui sont encore
pendantes, nous devons indiquer brièvement les résultats
positifs de nos observations.

Si l'on examine de très-jeunes embryons de veau
et de mouton dont les dimensions ne dépassent point
4 centimètres, on peut assister aux débuts de la formation musculaire. On voit les muscles constitués par des
files de cellules embryonnaires qui n'offrent point les
réactions de la matière glycogène (voy. pl. I, fig. 3, 4
et 5).

Un peu plus tard, lorsque le fœtus a atteint des dimensions trois ou quatre fois plus considérables, les éléments
histologiques commencent à se différencier, et dans le
tube musculaire rempli de noyaux on voit des granulations intercalées qui ne sont autre chose que de la
matière glycogène. On s'en assure au moyen de l'iode
acidulé que l'on doit toujours préparer au moment
d'en faire usage par le mélange à parties égales de
teinture alcoolique saturée et d'acide acétique cristallisable.

J'ai trouvé la disposition la plus nette dans les fibres
musculaires du fœtus de chat. Le tube musculaire renfermait des noyaux très-régulièrement espacés, entre
lesquels se trouvait distribuée la substance glycogénique
en granulations.

Peu à peu cette matière glycogène se dissout et elle

finit par ne plus exister qu'à l'état d'imbibition à mesure que la fibre musculaire acquiert sa constitution complète par la disparition et l'émigration des noyaux et l'apparition des stries.

Une autre particularité remarquable offerte par les muscles résulte de la description que nous venons de donner. Ainsi, tandis que la matière glycogène s'est toujours présentée à nous au début comme une production cellulaire, ici nous la voyons apparaître librement en granulations isolées dès le début.

Les recherches relatives aux muscles lisses présentent plus de difficultés, parce que les fibres s'isolent mal : néanmoins, par les procédés chimiques ordinaires, il est possible de mettre hors de doute l'existence du glycogène, sinon à l'état de granulations, au moins à l'état d'infiltration. La matière est demi-fluide, mais elle se dissout très-facilement dans l'eau et elle se coagule par l'alcool et d'autres réactifs.

La matière glycogène paraît exister jusqu'au moment de la naissance, et disparaît bientôt sous l'influence des premiers mouvements musculaires et respiratoires. Un petit chat que j'ai examiné au moment même de la parturition m'a présenté une très-grande quantité de glycogène, tandis qu'un des petits de la même portée, sacrifié le lendemain après avoir tété et accompli différents mouvements de respiration ou de locomotion, n'en manifestait plus de traces.

Toutes nos recherches montrent que la matière glycogène est liée d'une manière très-étroite au développement organique dans l'embryon, de même que chez l'adulte elle est liée directement à l'accomplissement de la nutrition. Ces faits établissent donc une relation évidente entre l'évolution organique et l'évolution nutritive qui n'en serait que la continuation.

Nous venons de constater chez les mammifères une véritable *évolution glycogénique*, c'est-à-dire que la matière glycogène, dont le rôle est essentiellement lié aux phénomènes de nutrition et de développement organique, subit comme eux des oscillations qui caractérisent son histoire physiologique.

Jusqu'ici, il n'a été question que de l'embryon ; mais les phénomènes de réparation, de rédintégration, soit physiologiques, soit pathologiques, qui se passent chez l'adulte sont analogues aux phénomènes du développement primitif. Ainsi les plumes, les cornes, se reproduisent lors de la mue chez l'adulte, avec le secours de la matière glycogène, comme chez l'embryon. Il est cependant des cas où il n'en est pas ainsi; les plaies ne contiennent pas de matière glycogène, mais la matière sucrée n'y fait pas défaut; si même la formation du sucre est arrêtée chez l'individu, la cicatrisation n'a pas lieu.

De tous ces faits, de tous ces exemples, surtout de ceux qui ont trait à l'embryon, nous devons conclure que la matière amylacée chez les animaux comme chez les végétaux est indispensable à la synthèse histologique et que sa présence dans certains tissus est liée à l'évolution des éléments cellulaires qui les composent.

II. Oiseaux. — Les oiseaux nous offrent les phénomènes déjà observés chez les mammifères. Le sucre

existe dans le sang ; il existe dans le foie, où il est précédé par la matière glycogène, qui possède les mêmes
propriétés et subit les mêmes transformations.

L'influence du régime n'est pas autre que ce que nous
l'avons vu être dans les mammifères. J'ai répété sur les
oiseaux carnassiers des expériences tout à fait parallèles à celles que j'avais faites sur les carnivores mammifères, sur les chiens en particulier. Les résultats ont
été identiques : il n'y a rien à changer à leur énoncé.
J'ai nourri pendant longtemps des hiboux avec de la
viande et j'ai comparé les conditions glycogéniques avec
celles que présentaient les poulets, les pigeons et autres
granivores. Les phénomènes sont la répétition exacte de
ceux qui ont été signalés à propos des mammifères; je
n'y insisterai par conséquent pas : je me borne à les
indiquer.

Les oiseaux adultes ne fournissent donc aucune particularité remarquable relativement à la question qui
nous occupe. Mais les conditions de la vie embryonnaire se présentent ici avec un caractère tout nouveau.
Elle s'accomplit en dehors de la mère, dans l'œuf. De là
une facilité spéciale à observer les phénomènes du développement chez l'oiseau. Les matériaux de la nutrition
qui, chez les mammifères, sont apportés par le sang,
grâce aux connexions qui unissent le fœtus à la mère,
forment ici une provision accumulée dans l'œuf autour
de l'embryon.

Pour analyser la quantité de glycose contenue dans
l'œuf, voici comment nous avons procédé :

On prend l'œuf et on le pèse. Puis on brise la coquille

et l'on jette le contenu dans une capsule de porcelaine tarée d'avance : on rétablit l'équilibre et l'on connaît par là le poids d'œuf sur lequel on va opérer. On ajoute un poids égal de sulfate de soude cristallisé, additionné de quelques gouttes d'acide acétique dans le but de précipiter aussi complétement que possible toutes les matières albuminoïdes. Le tout est chauffé jusqu'à ébullition, et comme l'évaporation entraîne toujours une petite quantité d'eau, on compense cette perte en ajoutant un peu d'eau de façon à rétablir le poids. On filtre la bouillie qui résulte de ce traitement sur la pipette de Mohr. Le sulfate de soude sucré qui remplit la pipette est ensuite analysé par le même procédé qui sert pour toutes les liqueurs sucrées, c'est-à-dire que l'on fait tomber goutte à goutte le contenu de la pipette dans un ballon chauffé. Ce ballon contient avec de l'eau et de la soude 1 centimètre cube de liqueur de Fehling, préparée par la méthode de Peligot : il faut 5 milligrammes de sucre de glycose pour décolorer cette quantité de liqueur d'épreuve.

En versant avec précaution le liquide sucré, on arrive à déterminer avec une très-grande précision le moment exact de la décoloration. Il est bon de donner à l'appareil les dispositions très-simples que nous avons adoptées (1) et qui facilitent singulièrement les opérations. Dans ces conditions, une analyse complète n'exige pas plus de cinq minutes.

On connaît par ce moyen la teneur en sucre du sulfate

(1) Voy. *Leçons sur le diabète,* passim.

de soude sucré que renferme la pipette de Mohr. Si l'on connaissait la quantité totale de ce liquide que le traitement de l'œuf est capable de fournir, on aurait immédiatement la quantité de sucre de l'œuf. Malheureusement il n'est pas facile de connaître exactement cette quantité, car une partie de la liqueur reste sur le filtre, imbibant la masse albuminoïde coagulée.

Dans les cas de ce genre, on suppose ordinairement que le liquide exprimé occuperait un nombre de centimètres cubes égal au nombre de grammes que pèsent l'œuf et le sulfate de soude primitivement employés.

En acceptant cette convention, la quantité de sucre (pour 1000 grammes) est fournie par la formule suivante :

$$Q^{gr}/mgr = \frac{10\,000}{n},$$

dans laquelle n représente le nombre de centimètres cubes lus sur la pipette.

Mais la convention qui conduit à ce résultat n'est évidemment pas exacte. Et si l'on peut négliger l'erreur ainsi commise lorsqu'on ne recherche que des résultats comparatifs, on n'est plus fondé à agir ainsi pour la détermination des nombres absolus.

J'ai prié l'un de mes aides, M. Dastre, de corriger le procédé, de manière à éliminer cette inexactitude. Cette correction a été faite en déterminant directement la quantité de liquide sucré que peut fournir, dans notre façon d'opérer, un poids d'œuf déterminé. Pour cela,

après avoir chauffé le mélange d'œuf et de sulfate de
soude et avoir rétabli le poids, nous versons le tout,
liquide et coagulum, dans une éprouvette graduée. Nous
lisons le nombre de centimètres cubes : l'opération est
facilitée en lavant la capsule avec une certaine quantité
d'eau distillée dont on tient compte. Ce nombre de centimètres cubes n'exprime pas absolument le volume du
liquide sucré, car les parties solides du coagulum viennent indûment accroître ce volume. Il faut donc retran-
cher de la lecture que l'on vient de faire le volume des
parties solides. Pour cela on filtre, on lave le coagulum,
on le dessèche à l'étuve, et par le volume liquide qu'il
déplace ensuite ou par son poids on connaît son volume.
En le retranchant de la lecture précédente, on a le
nombre exact de centimètres cubes du sulfate de soude
sucré fourni par l'œuf. On connaît donc facilement la
quantité totale de sucre contenue dans l'œuf.

Une opération si laborieuse ne serait point praticable
si l'on devait la répéter à chaque nouvelle épreuve. Mais
cela n'est point nécessaire. L'expérience apprend que la
correction à exécuter est toujours la même : il suffit de
multiplier le nombre approché de la formule non corrigée
par le facteur $\dfrac{7}{10}$ pour tenir compte de la correction.

La formule corrigée

$$S^{\text{mmg}} = \frac{10\,000}{n}\,\frac{7}{10}$$

exprime donc le nombre de milligrammes de sucre qui
seraient contenus dans 1000 grammes d'œuf; ou d'une

façon plus simple, en exprimant le poids de sucre en grammes,

$$\text{Sgr} = \frac{7}{n},$$

n étant le nombre des divisions de la pipette de Mohr que l'on a dû verser pour arriver à la décoloration.

Le procédé étant fixé, nous l'avons appliqué à la détermination comparative de la quantité de sucre contenue dans l'œuf avant et pendant le cours de l'incubation.

Avant l'incubation, nous avons trouvé une quantité de sucre constante pour tous les œufs. Cette constance est tout à fait remarquable, étant donnée la variété des conditions dans lesquelles l'œuf peut s'être formé. Elle prouve déjà l'importance considérable d'un élément dont les proportions sont si rigoureusement déterminées.

La moyenne est de $3^{gr},70$ pour 1000 grammes d'œuf.

Les oscillations autour de ce nombre moyen peuvent être considérées comme tout à fait insignifiantes. Ce chiffre est indépendant de l'alimentation de la poule pendant la formation de l'œuf, et de toutes les autres circonstances variables à l'influence desquelles elle peut être soumise.

Il y a plus, l'analyse des œufs de quelques oiseaux carnassiers, particulièrement du vautour fauve, que nous avons pu nous procurer, grâce à l'obligeance de notre collègue M. Milne Edwards, a conduit à un chiffre sensiblement identique avec celui de l'œuf de poule.

Si l'œuf n'est pas soumis à l'incubation, s'il reste sans s'altérer à l'air, cette quantité de sucre ne varie pas

sensiblement. S'il est placé dans le même appareil à
incubation que les autres, mais sans avoir été fécondé,
on constate que la quantité de sucre reste invariable
tant qu'il ne se produit point d'altération. Au contraire,
toutes les fois qu'il est survenu quelque altération, le
sucre a disparu sans se reproduire : on n'en distingue
plus de trace.

Nous avons cherché comment le sucre se comportait
aux différentes périodes de l'incubation, en analysant
des œufs jour par jour.

Le tableau suivant rend compte du résultat de nos
recherches.

Quantité de sucre pour 1000 grammes d'œuf.

Après	1 jour d'incubation	3ᵍʳ 80
—	2 jours	3 69
—	3 jours	2 07
—	5 jours	2 01
—	6 jours	1 90
—	7 jours	1 30
—	9 jours	1 00
—	10 jours	0 88
—	13 jours	1 30
—	15 jours	1 40
—	16 jours	1 48
—	18 jours	1 80
—	19 jours	2 05

L'examen attentif de ce tableau nous conduit à des
remarques pleines d'intérêt.

Nous voyons la quantité de sucre du premier jour
diminuer progressivement jusqu'au onzième jour et se
relever ensuite jusqu'à la fin de l'incubation. De 3 à 4
pour 1000, cette quantité tombe à moins de 1 pour 1000 ;
elle remonte ensuite jusqu'aux environs de son niveau

primitif. Deux faits sont donc incontestables : la destruction de la matière sucrée par suite de la nutrition ; d'autre part, la reformation de cette matière. Ainsi le sucre se détruit pour servir à l'évolution de l'être nouveau, car lorsque l'être ne se développe point, le sucre reste stationnaire. En second lieu, le sucre se reforme, puisque au moment de la naissance il est plus abondant qu'au onzième jour. Cette formation est un exemple de synthèse d'un principe immédiat ; c'est le début de la fonction glycogénique. Elle continue à partir de la naissance, constituant une fonction qui ne s'interrompra plus jusqu'à la mort. Ici nous assistons à la naissance de cette fonction essentielle.

Le fait que nous venons de signaler dans le développement du jeune animal se produit également dans la croissance du jeune végétal. Il se fait pendant la germination une abondante production de sucre qui est utilisé pour la constitution de la plante, et qui se renouvelle constamment pour constamment se détruire.

Pour en revenir à l'embryon, nous voyons qu'il se comporte comme l'adulte ; le sucre est un élément indispensable à son existence. A la rigueur on pourrait imaginer qu'il y eût au milieu de la masse alimentaire vitelline une quantité de cette substance sucrée suffisante pour conduire jusqu'au bout l'évolution de l'œuf. Mais il n'en est pas ainsi : ce procédé ne serait pas conforme à la loi physiologique qui nous montre les éléments anatomiques de l'organisme constituant eux-mêmes leur aliment par synthèse, en même temps qu'ils le décomposent par un procédé d'analyse. Nous reviendrons prochainement sur ce préjugé, qui consiste à considérer la préparation des aliments, la digestion, comme une sorte de dissolution simple qui introduit ceux-ci en nature dans le sang, pour être ensuite utilisés dans les différentes circonscriptions de l'organisme où ils arrivent. Les choses ne se passent nullement de cette façon : si elles avaient lieu comme on l'imagine, la composition du sang, véritable provision nutritive, serait variable avec l'alimentation, tandis qu'elle est constante, à très-peu de chose près identique chez les carnivores et les herbivores. Le sang se prépare donc autrement que par une sorte de dissolution passive ; il se prépare au moyen d'une élaboration active, d'une sorte de sécrétion véritable qui utilise les matériaux digestifs mais qui les utilise en les décomposant d'abord, afin d'en retirer des produits toujours les mêmes.

Ces considérations ont leur application ici, puisque nous voyons l'organisme embryonnaire faire, aux dépens des matériaux mis à sa disposition, le sucre qui lui est indispensable et qu'il détruira à un autre moment.

Le poulet ne pouvant rien emprunter au dehors, et constituant une sorte de monde fermé, doit puiser en lui-même les ressources qui lui serviront à créer de la glycose par un phénomène vital de synthèse. Il y a une véritable *fonction glycogénésique* que nous devrons examiner avec tous les détails que comporte une question si importante.

Il importerait maintenant de compléter notre étude en cherchant comment le sucre se détruit et comment il se forme.

La destruction du sucre peut se comprendre comme un résultat de la respiration de l'embryon. C'est une oxydation continuelle qui s'exercerait sur cette matière et qui la ferait disparaître au sein de la liqueur alcaline qui baigne l'embryon tout entier.

En même temps que le sucre se détruit et s'oxyde, il s'échappe de la coquille, comme du poumon de l'adulte, une certaine quantité d'acide carbonique. Il est naturel d'établir entre ces faits concomitants une relation de cause à effet.

Il serait possible, et c'est à cette idée que semblent nous conduire nos travaux, que tel fût le rôle principal de la substance sucrée. Pour bien nous faire comprendre, nous dirions que la matière sucrée est la phase ultime de l'évolution chimique que devraient subir toutes les substances de l'organisme pour servir à la respiration.

Il est facile de comprendre en quoi cette vue diffère de celle des chimistes. Ceux-ci imaginent que les matières amylacées, hydrocarbonées, sont les plus propres à la combustion respiratoire : nous, nous établissons que ces matières passent préalablement et nécessairement par l'une d'elles, la glycose, avant de servir aux actes vitaux.

A défaut des matières amylacées, les chimistes pensent que les substances grasses pourraient subir directement les mêmes changements que le sucre ou l'amidon et servir directement à la respiration. Nos travaux nous obligent au contraire à penser que les substances grasses et albuminoïdes doivent, en vertu de la fonction glycogénésique, donner les matériaux du sucre, qui pourrait être, seul, utilisé directement. Nous voyons, dès lors, que le terme d'*évolution chimique* est exact dans toute sa rigueur, puisque les matériaux de l'organisme doivent passer en partie par un chemin tracé d'avance, dont la formation sucrée ou glycosique est une étape nécessaire.

Les faits précédemment exposés montrent qu'il se forme dans l'œuf de la matière sucrée, ou glycose. Il nous reste à déterminer le mécanisme de cette formation.

J'ai commencé par chercher la matière glycogène dans l'œuf de la poule. Pour cela, deux procédés peuvent être mis en usage : le procédé histologique et le procédé chimique. Le procédé chimique consiste à employer les moyens convenables pour extraire en nature la matière glycogène. Il est le plus certain et doit être employé toutes les fois qu'il est applicable. Nous avons dit comment on pouvait extraire le glycogène du foie et des tissus en général. La *préparation au charbon* consiste à faire macérer dans l'eau bouillante les tissus broyés ; on ajoute du charbon animal et l'on filtre le liquide. Celui-ci présente une couleur opaline due à la solution de matière glycogène. L'alcool absolu précipite la substance que l'on peut séparer et sécher. On peut encore préparer la matière glycogène par une solution d'iodure rouge de mercure dans l'iodure de potassium. On fait bouillir avec de l'eau le tissu broyé ; on exprime le liquide et l'on y verse alternativement de l'acide chlorhydrique par petites portions et de l'iodure mercurique. On précipite ainsi les matières albuminoïdes, et la filtration dans l'alcool permet, comme précédemment, de recueillir la matière glycogène.

Mais ces procédés ne sont applicables qu'autant qu'il existe une quantité assez considérable de matière glycogène. Lorsque l'on a à sa disposition des quantités très-petites de tissu, on y décèle le glycogène à l'examen microscopique, par la coloration rouge vineux, violacée ou rouge acajou que cette substance prend sous l'influence de l'iode. D'ailleurs cette recherche offre par elle-même un grand intérêt, en faisant connaître la distribution et la forme anatomique qu'affecte la substance dans les organes. Cette substance est généralement sous forme de granulations demi-fluides qui se diffusent peu à peu après la mort dans les liquides aqueux, mais qui se coagulent au contraire par l'alcool et par l'acide acétique cristallisable, etc. Il suffit quelquefois de traiter directement par l'iode une coupe mince du tissu de la membrane que l'on veut examiner pour y déceler la matière glycogène sous la forme précédemment indiquée ; mais le plus souvent il faut employer des procédés particuliers de préparation. On déshydrate les tissus en les plongeant dans l'alcool absolu auquel on ajoute un fragment de potasse caustique, ou d'autres fois quelques gouttes d'acide. Après un certain temps d'immersion, on lave la pièce dans l'éther, le chloroforme ou le sulfure de carbone, pour la durcir et lui enlever les matières grasses qui gênent les réactions. La pièce ainsi préparée est baignée dans l'alcool iodé, ou le chloroforme, ou le sulfure de carbone, ou l'éther iodés, — lavée dans l'essence de térébenthine, puis conservée dans du vernis à

l'essence. La préparation peut se conserver très-long-
temps : il faut cependant prendre soin de ne pas la clore
complétement. A l'abri de l'air elle se décolorerait rapidement.

Tels sont, d'une façon générale, les procédés qui
peuvent servir à la recherche de la matière glycogène,
et que nous devons employer pour essayer de la déceler
dans l'œuf et pour y suivre les oscillations qu'elle subit
dans sa marche évolutive.

Disons d'abord qu'avant tout développement, que
l'œuf soit fécondé ou non, on trouve dans la cicatricule
de l'œuf de poule des granulations de glycogène, soit
libres, soit incluses à l'intérieur de cellules (1).
Dans tout le reste du jaune, on n'en trouve point de
traces : la substance est donc exclusivement limitée à la
partie germinative qui doit former l'animal et ses tissus.
Il n'en existe, par conséquent, qu'une proportion insignifiante en valeur absolue ; et comme nous verrons plus
tard la proportion augmenter, il faudra bien que ce soit
en vertu d'une production d'une prolifération, d'une
formation synthétique nouvelle.

En examinant la cicatricule élargie, au début de l'incubation, dans la teinture d'iode acidulée d'acide
acétique, avant qu'aucun vaisseau soit visible, on
discerne les granulations et les cellules glycogéniques,
qui se distinguent par une couleur rougeâtre.

En suivant des œufs à divers degrés d'incubation, on
voit les cellules glycogéniques se montrer d'abord très-

---

(1) Cl. Bernard, *Comptes rendus de l'Acad. des sc,*, t. XLV, p. 55.

évidentes sur le champ envahi par les vaisseaux, sur l'*area vasculosa* : elles sont disposées en amas le long du trajet des veines. Cependant, on en trouve aussi des

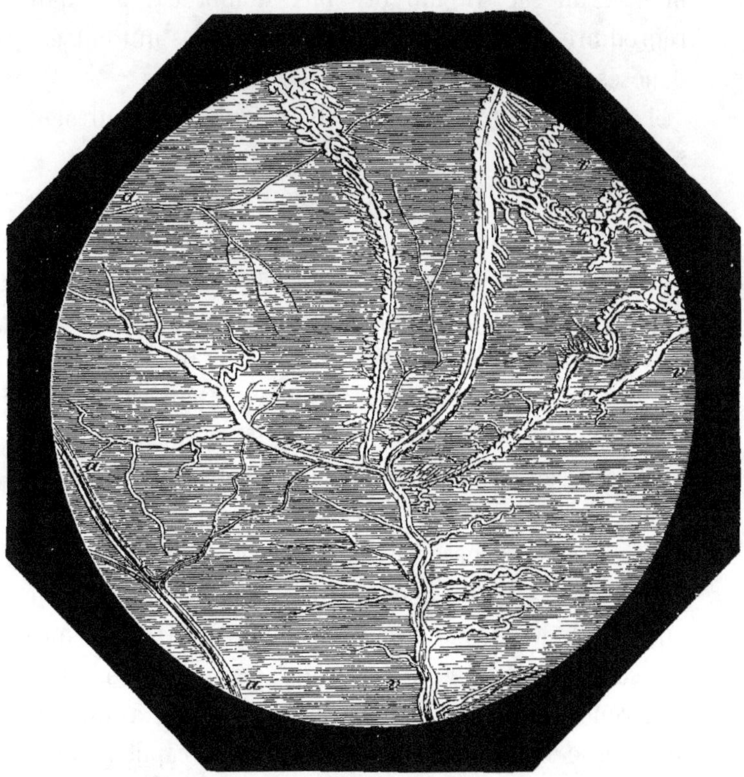

Fig. 4. — Vaisseaux de la membrane vitelline d'un fœtus de poulet de treize jours (gross. 6/1), montrant les villosités glycogéniques. — *a*, artères ; *v*, veines.

amas qui ne sont point en rapport avec les vaisseaux, car elles sont situées en des points où la vascularisation n'a pas encore pénétré (fig. 4).

Vers le huitième jour, les extrémités des veines vitellines forment de véritables villosités glycogéniques flottantes dans la substance du jaune, qui à ce moment est très-fluide. Ces villosités, amas de cellules qui présentent toutes le même caractère, forment à la surface interne du sac vitellin des plis nombreux. J'ai fait reproduire ces dispositions dans des dessins qui ont été déposés à l'Académie (voy. pl. II, fig. 77).

La conclusion des observations qui précèdent peut s'énoncer ainsi :

« L'évolution glycogénique dans l'œuf des oiseaux » part de la cicatricule; elle s'étend peu à peu dans le » feuillet moyen ou vasculaire du blastoderme, à mesure » que celui-ci s'élargit et se développe. Dans leur proli- » fération, les cellules glycogéniques se rangent d'abord » sur le trajet des veines omphalo-mésentériques qui » ramènent vers l'embryon le sang hématosé (1). »

Il est à remarquer que dans les premiers temps, alors que les masses glycogéniques sont disposées sur le trajet des veines vitellines, on n'en trouve point le long des artères. Ce fait est d'accord avec notre manière de voir sur le rôle de la matière glycogène, qui est transformée en sucre et destinée à disparaître par oxydation, rôle qui rend inutile sa présence dans le sang avant que celui-ci se soit chargé d'oxygène dans les capillaires des annexes.

Les granulations de glycogène sont arrondies et distribuées dans les cellules blastodermiques comme les granulations d'amidon dans les cellules végétales. Nous savons que l'amidon animal se distingue de l'amidon

---

(1) Cl. Bernard, *Comptes rendus de l'Acad. des sc.*, t. XLV, p. 55.

végétal par une moindre fixité et par des réactions qui
le rapprochent de la dextrine, telles, par exemple, que
la couleur rouge vineux que lui donne l'iode, et sa solubilité dans l'eau qui prend une teinte opaline. L'amidon
du blastoderme présente donc ces mêmes caractères
d'instabilité, mais peut-être à un moindre degré que
le glycogène d'autres organes de l'adulte, du foie par
exemple.

Après avoir décelé la matière glycogène par le microscope de la façon que nous avons indiquée, nous
l'avons séparée par les procédés chimiques et représentée en nature ; nous avons traité, soit par le charbon, soit par la solution d'iodure rouge de mercure, le
contenu de la vésicule ombilicale et isolé la substance
en suivant la marche dont nous avons parlé plus haut.

Ajoutons que la même observation que j'ai faite pour
l'œuf de poule, je l'ai étendue à d'autres animaux, à des
œufs d'insectes et à des œufs de mollusques. M. Balbiani
a fait des observations qui conduisent à la même conclusion sur les aranéides.

La matière glycogène destinée à se transformer en
sucre joue un rôle essentiel dans le développement du
germe et la constitution de l'embryon. L'importance
de ce rôle justifie l'importance croissante de cette substance à mesure que le champ du travail plastique
s'étend davantage.

Glycogène dans l'embryon du poulet. — Nous avons
cherché à saisir dans l'embryon lui-même, dès qu'il
commence à se constituer, l'existence de la matière
glycogène, afin de voir les origines de cette fonction

glycogénésique, qui, chez l'adulte, est dévolue à un seul organe, le foie.

En remontant aussi loin que possible, on voit apparaître d'abord les conditions glycogéniques caractéristiques dans le cœur, qui est le [premier tissu musculaire qui entre en fonction. Puis on les voit apparaître d'une manière diffuse dans une foule de tissus, particulièrement dans les tissus épithéliaux et ceux qui en dérivent. On retrouve ces granulations dans l'épithélium cutané, jusqu'à la constitution de l'épithélium définitif : dans les bulbes pileux, dans les matières cornées, dans le bec, où l'on voit la partie la plus molle renfermer de la matière glycogène, tandis que les parties déjà organisées n'en renferment plus ; dans les griffes, dans les plumes surtout, il est facile de la mettre en évidence. Enfin il est possible encore de manifester sa présence dans l'épithélium des muqueuses digestive et respiratoire.

Mais, à mesure que le développement approche de son terme, cette diffusion tend à cesser, et la matière glycogène commence à apparaître dans le foie, qui, comme toutes les autres glandes, n'en renfermait point au début. Enfin, quand l'éclosion arrive, la division physiologique du travail est devenue complète, et le foie est exclusivement chargé de la production de matière glycogène indispensable à la nutrition générale et à ce que l'on pourrait appeler l'*évolution d'entretien*. Il reste l'organe glycogénique unique.

En résumé, la matière glycogène s'étend d'abord de la cicatricule à toute l'aire germinative du blastoderme ;

elle existe à un degré très-considérable dans une annexe de l'embryon, dépendance du feuillet interne, la vésicule ombilicale ; puis, diffuse dans les tissus mêmes des fœtus pendant leur croissance, elle se rassemble finalement dans le foie, qui, pendant le reste de la vie libre, sera chargé de sa production (1).

En résumé, chez les oiseaux comme chez les mammifères, le sucre et la matière glycogène se montrent dans l'organisme dès les premiers moments de la vie embryonnaire ; à l'état adulte, c'est le foie qui devient le centre ou le foyer de cette formation glycogénique. Or, chez l'oiseau, à quelle époque le foie contient-il du glycogène ? Sans avoir encore précisé au juste, je puis dire que, vers les cinq ou six derniers jours de l'incubation, on trouve du glycogène dans le foie des petits poulets, bien qu'il en persiste encore dans le sac vitellin, qui, ainsi qu'on le sait, se trouve, à la naissance, à peu près complétement renfermé dans l'abdomen, où il finit par se résorber peu à peu. Nous avons vu que, chez les fœtus de mammifères, le glycogène se rencontrait, non-seulement dans des organes embryonnaires transitoires, mais encore dans certains tissus du fœtus, tels que les muscles, par exemple. Chez les oiseaux (poulets), je n'ai pas trouvé de matière glycogène dans les muscles. C'est là un fait dont il faudra rechercher l'explication, mais qui ne change rien à la loi générale.

(1) Voy. note I à la fin du présent volume.

LEÇON IV

La glycogenèse chez les vertébrés à sang froid.

SOMMAIRE. — Poissons. — Le sucre existe dans le foie. Précautions à prendre : Perturbations apportées par l'état asphyxique. — Grenouilles, tortues. — Sucre et glycogène dans le foie en dehors de la période d'hibernation.

III. Poissons. — La recherche du sucre dans le groupe des poissons à l'état adulte nous a fourni des résultats très-intéressants. La diversité des faits, leurs apparentes contradictions, rendent nécessaire une interprétation qui mette en lumière l'importance des conditions physiologiques dans lesquelles l'animal est placé.

Nous allons vous rapporter à ce sujet les résultats dont nous avons rendu témoins les personnes qui suivent nos expériences et nos séances de laboratoire. Nous avons opéré sur trois carpes. La première était morte pendant le transport au laboratoire, une heure environ avant d'être soumise à l'épreuve expérimentale. Nous n'avons trouvé ni glycogène ni sucre dans le foie. Était-ce donc là une exception que nous rencontrions à cette loi générale qui veut que le foie des animaux adultes possède la propriété glycogénique? De nombreux cas de ce genre s'étaient présentés à moi quand au commencement de ces études j'opérais sur des foies de poissons morts achetés aux halles.

Dans la seconde expérience, l'animal était dans d'autres conditions. Il avait été apporté du marché, mais n'était pas mort en route; en arrivant, on l'avait replacé quelques instants dans l'eau, où il s'était remis et respirait à son aise. Nous avons ouvert le corps, extrait le foie et fait subir à cet organe le traitement ordinaire pour la recherche du sucre. Chez cette carpe nous avons eu le même résultat : il n'y avait ni glycogène ni sucre, ou du moins la quantité en était si faible, que son existence pouvait laisser des doutes sérieux dans l'esprit.

Enfin, pour la troisième expérience, nous avons fait prendre dans le bassin de notre laboratoire une grosse carpe apportée depuis dix à douze jours et qui était gardée et nourrie en vue d'autres recherches. La carpe était vigoureuse et vivace. On l'a sacrifiée immédiatement après l'avoir retirée de l'eau. L'investigation a fourni cette fois une quantité énorme de matière glycogène. Il y avait aussi du sucre, mais en faible proportion.

Voici donc trois résultats différents. Dans le premier cas, point de glycogène ni de sucre; dans le second cas, des traces douteuses; dans le troisième cas des quantités énormes.

Est-ce l'occasion de conclure que les phénomènes physiologiques n'obéissent à aucune loi et varient à l'infini, ou bien faut-il faire de la statistique sur le nombre de cas de présence du glycogène et du sucre dans le foie des carpes?

Je me suis élevé souvent contre une pareille façon de

traduire des résultats physiologiques qu'on ne comprend pas. La statistique n'est que l'empirisme érigé en loi ; elle est déplacée dans les questions vraiment scientifiques : les moyennes entre des résultats contraires, entre des affirmations opposées, ne peuvent avoir ni valeur ni signification. Si les observations aboutissent à des conclusions différentes, c'est que de l'une à l'autre il y a eu intervention de circonstances nouvelles qui ont changé le sens du phénomène, et dont il faut tenir compte sous peine de ne pas comprendre la réalité des choses. Il faut savoir se placer dans des situations identiques, et, lorsqu'on fait varier la situation, savoir à quel élément doit être attribuée l'influence perturbatrice.

Dans le cas qui nous occupe, la condition variable était évidemment un trouble fonctionnel survenu dans la glycogénie par suite des circonstances dans lesquelles s'étaient trouvés les animaux. La première fois, il était complétement asphyxié, la seconde fois, en demi-asphyxie, la troisième fois, en santé parfaite.

Les carpes retirées de l'eau s'asphyxient avec une grande rapidité. Elles présentent assez peu de résistance, tandis que les tanches et surtout les anguilles, supportent plus longtemps un séjour de quelque durée hors de l'eau. L'asphyxie est d'autant plus prompte que l'animal est pris à un moment où l'activité vitale est plus exaltée et la respiration plus nécessaire. La saison chaude rend très-grave pour l'animal un accident de cette nature, qu'il pourrait supporter presque impunément pendant l'engourdissement de l'hiver. Le poisson, pendant les chaleurs, use plus rapidement l'oxygène de son sang et meurt plus vite.

D'ordinaire, chez les animaux à sang-froid, l'asphyxie est lente, parce que la respiration elle-même est lente, et les manifestations vitales peu énergiques. La disparition du sucre est la conséquence de cette asphyxie lente et prolongée.

Des trois carpes que nous avons examinées, une seule pouvait être considérée comme en état de respiration normale, c'était la troisième ; et chez celle-là nous avons trouvé, conformément à la loi générale, une grande quantité de glycogène et du sucre dans le foie.

IV. REPTILES. — *Tortues, grenouilles*. — Parmi les autres animaux à sang froid, j'ai encore expérimenté sur des tortues et des grenouilles. Les grenouilles présentent des conditions dont il faut bien tenir compte dans les recherches physiologiques, si l'on ne veut pas s'exposer à de nombreuses erreurs. En réalité, les grenouilles sont des animaux soumis à l'hibernation ou tout au moins à l'engourdissement hibernal. La nutrition et par conséquent la production du glycogène et du sucre y subit des intermittences,, de véritables oscillations Pendant l'hibernation, les animaux dépensent les provisions de matières alibiles qu'ils ont accumulées dans leurs tissus. La nutrition, en effet, est une fonction constante qui jamais ne peut chômer. C'est une erreur, erreur de mots sûrement, qu'a commise Cuvier, lorsqu'il a dit que la nutrition était une fonction intermittente. Il voulait certainement parler de la digestion. Si, en effet, la digestion est intermittente, si la recette ne se produit qu'à intervalles plus ou moins éloignés, la dépense est continue, constante. Elle se fait aux dépens des réserves accumulées antérieurement.

Pendant l'hibernation la recette est suspendue. Néanmoins l'animal vit et respire. Regnault et Reiset ont analysé les gaz de la respiration chez les marmottes engourdies; Valentin a étudié et décrit leurs mouvements respiratoires. L'animal consomme sa propre substance : il vit de lui-même. Au moment de tomber dans le sommeil hibernal, il avait emmagasiné dans différents organes, par exemple dans le foie, de grandes quantités de glycogène; dans les épiploons de grandes quantités de graisse : tous les tissus étaient, à la suite du régime substantiel de l'automne, surchargés de matériaux de nutrition.

Les loirs ont un sommeil moins prolongé que les marmottes : ils se réveillent de temps en temps pendant la durée des froids, et tirent leur nourriture de quelque cachette, que leur prévoyance a ménagée.

Parmi les matières qui doivent servir à la nutrition permanente de l'animal engourdi, il existe toujours une grande quantité de matière glycogène. Les grenouilles nous présentent le même fait. Au printemps, l'activité vitale s'éveille, la nutrition longtemps engourdie se ranime. Aussi, à ce moment des rénovations organiques, la matière du foie se consomme; l'organe est alors très-petit, noirâtre, et contient peu de glycogène et de sucre. C'est à la fin de la saison, vers l'automne, que l'animal se trouve arrivé au plus haut degré de vigueur, et que la vie atteint, chez lui, toute son intensité.

C'est à ce moment-là qu'il faut examiner le foie de l'animal. Le foie contient alors du sucre et beaucoup de matière glycogène.

De nos expériences nous pouvons conclure que le glycogène hépatique existe chez les vertébrés à sang froid comme chez les animaux à sang chaud. Chez les reptiles, les poissons adultes, les tortues, les grenouilles, le foie contient du glycogène et du sucre. Si la quantité de sucre est relativement faible, c'est que la transformation du glycogène suit l'énergie vitale et se trouve atténuée comme celle-ci chez les animaux à sang froid.

Relativement à la glycogenèse pendant l'état fœtal chez les animaux à sang froid, nous n'avons que peu de chose à dire. Cependant j'ai observé que chez les larves de batraciens, les têtards de grenouilles, la matière glycogène est diffuse et n'existe pas encore dans le foie. Chez de jeunes poissons, j'ai constaté que la fonction biliaire apparaît avant la fonction glycogénique. On peut sous le microscope apercevoir la coloration verte de la bile dans l'intestin, alors que les granulations de glycogène ne sont pas encore visibles très-nettement dans le foie.

Ainsi, à l'état adulte aussi bien qu'à l'état fœtal, nous retrouvons encore chez les vertébrés à sang froid les mêmes faits que chez les animaux à sang chaud. Le mécanisme de la formation glycogénique est le même. L'analogie se poursuit dans toutes ses conséquences. On connaît, à propos des mammifères, l'influence du système nerveux sur la production du sucre. En piquant au point convenable le plancher du quatrième ventricule,

on peut rendre l'animal diabétique. L'excitation nerveuse transmise par la moelle et les splanchniques dilate
les vaisseaux, précipite le cours du sang, et en exaltant
la circulation de l'organe, favorise les échanges nutritifs
et la production du glycogène. On peut rendre des
grenouilles diabétiques en opérant de la même façon.
Schiff et Kühne ont publié des recherches sur le diabète
des grenouilles. C'est vers l'automne, au moment du
plus grand épanouissement vital, qu'il faut faire l'expérience. On prend un certain nombre de grenouilles, on
pique la moelle allongée, et afin de pouvoir examiner
les urines, on jette les animaux dans un entonnoir pour
rassembler les liquides expulsés. La sécrétion urinaire
est très-augmentée, la polyurie étant, on le sait, un sym-
ptôme du diabète. La quantité recueillie est bientôt assez
considérable pour se prêter à l'épreuve; on y constate
alors l'existence d'une grande quantité de sucre. C'est
bien du foie que provient le sucre qui circule avec le
sang et dont le surplus s'échappe par l'excrétion urinaire. Schiff l'a démontré par une expérience. Il pique
une grenouille à la partie postérieure de la moelle allongée, et en opérant comme précédemment, il constate la présence du sucre dans les urines. Une ligature
est alors posée sur les vaisseaux de façon à interrompre
la circulation dans le foie. Bientôt le diabète a disparu.
On enlève la ligature et l'animal redevient diabétique.
Cette expérience montre bien que l'influence du système
nerveux s'exerce par l'intermédiaire de la circulation,
et que l'activité glycogénique est dans un rapport étroit
avec l'activité circulatoire. Lorsqu'on veut mettre en

évidence la matière glycogène, on n'est pas obligé, chez les animaux à sang froid, aux mêmes précautions qu'avec les animaux à sang chaud. Chez ces derniers, il fallait, pour ainsi dire, saisir le foie encore vivant et le jeter dans l'alcool, afin d'arrêter la matière glycogène dans ses transformations. Avec les animaux à sang froid, on peut opérer plus à loisir. Leur matière glycogène paraît être plus fixe, moins instable, moins mobile.

De plus, l'étude microscopique montre toujours cette substance sous forme de granulations, au sein des cellules hépatiques. Les granulations sont en général plus volumineuses; elles présentent des dimensions supérieures à celles des mammifères. Elles se comportent, en cela, comme les globules de sang, qui sont beaucoup plus gros chez ces animaux à sang froid que chez les animaux plus élevés.

Les granulations amylacées des végétaux présentent du reste, dans leurs dimensions, des variations encore plus grandes. C'est ainsi que dans les graines du *Chenopodium quinoa* les granules d'amidon ont seulement 2 millièmes de millimètre ; ils ont 4 millièmes dans les graines de betterave, 7 millièmes dans le panais, 10 millièmes dans le millet, 30 millièmes dans les haricots, maïs, sorgho ; 45 millièmes dans le blé, patate, gros pois ; 70 millièmes dans les grosses fèves, sagou, lentilles, et enfin 160 millièmes dans la fécule de pomme de terre.

On ne fait donc que retrouver chez les animaux un fait connu chez les végétaux, ce qui est encore une nouvelle analogie à ajouter à tant d'autres.

LEÇON V

La glycogenèse chez les invertébrés.

Sommaire. — Matière glycogène chez les *Mollusques* : Gastéropodes, Acéphales. — Foie biliaire et foie glycogénique. — Bourrelet embryonnaire des Huîtres. — *Crustacés :* relation de la glycogenèse avec le phénomène de la mue. — *Insectes.* — Glycogène chez les larves de mouches, chez les chenilles. — Sucre chez les chrysalides.

Jusqu'à présent, dans nos études sur les vertébrés, nous avons rencontré chez les animaux adultes la production glycogénique localisée dans un organe particulier, le foie. Chez les animaux embryonnaires, la même propriété physiologique appartenait à des organes transitoires, aux annexes de l'embryon ; elle était diffuse dans tout l'organisme.

Nous retrouvons chez les invertébrés les caractères des animaux embryonnaires vertébrés : la matière glycogène souvent abondante, diversement localisée dans des points où le sucre ne se rencontre pas. Ces animaux présentent d'ailleurs toutes les conditions physiologiques des animaux à sang froid. Les variations de la température ont la plus grande influence sur l'activité de leur nutrition. Enfin le plus grand nombre ne possèdent pas d'organe hépatique.

Nous n'avons ici d'autre intention que de faire une revue rapide et abrégée des groupes inférieurs, et

de présenter un conspectus général des phénomènes.

V. Mollusques. — J'ai fait un grand nombre d'expériences sur les mollusques, et constaté, chez tous, la matière glycogène en proportions considérables. Voici des
gastéropodes, hélix, aryon, etc., des colimaçons ; voici des
acéphales, huîtres, moules, pectens ou coquilles de Saint-
Jacques ; partout j'ai rencontré la matière glycogène.
Dans notre dernière leçon du laboratoire, nous avons exécuté les expériences ; vous en voyez ici les résultats principaux. Il faut seulement avoir soin d'opérer sur les animaux vivants, et non sur des échantillons malades, épuisés
et sur le point de périr ; encore moins sur des mollusques
morts depuis longtemps. En ce cas, on ne rencontrerait pas
de matière glycogène. Toutefois il en serait autrement si
l'animal mourait très-vite ; c'est ce qui est arrivé, par
exemple, pour ces coquilles de Saint-Jacques, qui, sous
l'influence de l'extrême chaleur, sont mortes rapidement ;
elles contiennent abondamment encore du glycogène.

Quant au siége de la matière glycogène chez les mollusques, il peut donner lieu à une remarque importante. En considérant les fonctions du foie chez les
animaux supérieurs, on avait été tenté d'y voir deux
appareils distincts servant à des usages physiologiques
différents : une glande biliaire et une glande sanguine ou
glycogénique. Les vérifications anatomiques ont manqué
à cette manière de voir, malgré le mérite des histologistes qui l'ont soutenue. Les recherches exécutées sur
les animaux supérieurs étant restées sans résultats,
l'anatomie comparative pourrait être invoquée, et peut-

être trouverait-on, en descendant plus bas dans l'échelle, des éclaircissements précieux.

La matière glycogène se rencontre, avons-nous dit, dans le foie des mollusques. Or le foie, chez eux, est constitué bien nettement par une série de tubes, tubes glandulaires qui sécrètent un liquide semblable à la bile, et c'est autour de ces tubes, ou dans leurs interstices, que se trouve précisément accumulée la matière glycogène. La séparation anatomique existerait donc ici. Il y aurait chez les mollusques deux foies : un foie biliaire en communication avec l'intestin, un foie glycogénique entourant l'autre et entrant en communication avec le système circulatoire.

Mais il faut ajouter que ce n'est pas seulement dans le foie que se rencontre le glycogène. Il imprègne beaucoup d'autres tissus. C'est ainsi que les huîtres, dites huîtres grasses, renferment une quantité énorme, non pas de graisse proprement dite, mais de matière glycogène.

Les huîtres présentent, dans les premiers temps de leur développement, les mêmes phénomènes que nous avons déjà observés chez d'autres embryons, c'est-à-dire que la matière glycogène, à l'époque où le foie n'existe pas encore, se trouve rassemblée dans des organes transitoires qu'on peut appeler les annexes de l'embryon. Nous savons que pendant l'été, parmi les huîtres fixées aux rochers, on en rencontre auxquelles on donne le nom d'huîtres laiteuses. Cette apparence est due à une multitude de petites huîtres qui troublent le liquide, et dont les premiers développements se sont accomplis dans une chambre incubatrice formée par les branchies de la mère. Le jeune animal, une fois formé, est mobile : il se déplace dans le liquide. Ces déplacements son rendus possibles grâce à une couronne de cils vibratiles qui garnit une espèce de disque ou de bourrelet existant dans le jeune individu et faisant en quelque sorte hernie entre les deux valves. C'est là un véritable organe de locomotion ; mais à un moment donné le bourrelet se détache, l'huître perd la faculté de se mouvoir dans le liquide ; elle tombe et se fixe sur un rocher où elle achève ses évolutions sans se déplacer désormais.

Dans ce bourrelet, organe transitoire, nous rencontrons la matière glycogène en très-grande quantité, et, à ce point de vue, on pourrait peut-être le considérer comme un véritable placenta vitellin, fournissant à l'huître embryonnaire la substance amylacée nécessaire à son développement.

Si dans les mollusques la matière glycogène est en grande abondance, le sucre, au contraire, est souvent difficile à déceler : cela tiendrait-il à ce que la transformation de la matière glycogène étant très-lente, le sucre n'aurait pas le temps de s'accumuler et dès sa formation serait utilisé ? Il semble qu'à mesure que l'on descend l'échelle animale, la quantité et l'énergie du ferment transformateur diminuent de plus en plus. J'ajouterai que cette absence de sucre coïncide avec une réaction alcaline que présentent les tissus de ces animaux, tandis que ceux chez lesquels le sucre est en grande proportion offrent une réaction acide.

Chez les gastéropodes, la disposition de la matière glycogène offre des particularités intéressantes. Chez la limace (*Limax flav.*), on voit les canaux biliaires se rendre dans l'intestin, tandis que les cellules à matière glycogène se trouvent rangées en grappes sur le trajet des vaisseaux. Elles rappellent d'une manière frappante la disposition glycogénique du blastoderme chez les oiseaux. La matière glycogène présente encore des granulations volumineuses renfermées dans des cellules ou parfois déposées dans les espaces interstitiels des éléments anatomiques. Quant au foie, on y rencontre très-distinctement deux sortes de granules : les uns se colorant en rouge vineux par l'iode et appartenant aux cellules glycogéniques, les autres se colorant en jaune par l'iode et appartenant aux cellules biliaires.

VI. Articulés. — Si, des mollusques, nous passons aux articulés, nous verrons que ceux-ci, au point de vue de la formation du glycogène, présentent des particularités tout à fait remarquables et imprévues.

Crustacés. — En opérant autrefois sur des écrevisses et divers crustacés, je me trouvai en face des plus grandes contradictions : tantôt je trouvais du glycogène dans leur foie, tantôt je n'en trouvais pas; quelquefois j'en rencontrais des quantités très-faibles; d'autres fois, des quantités considérables.

A quoi tenait cette diversité? Quelle en était la raison, la condition déterminante? Je l'ai cherchée longtemps avant de la saisir. Cette condition tout à fait nouvelle, sans rapport avec aucune des circonstances que nous

ayons encore rencontrées, réside dans les renouvelle-
ments périodiques que l'animal éprouve dans son enveloppe tégumentaire. C'est le phénomène de la *mue* qui
est ici en connexion étroite avec l'évolution et l'apparition du glycogène.

Les crustacés ne font pas leur croissance comme les
autres animaux à enveloppe molle; enfermés dans une
carapace inextensible, le développement ne devient possible qu'à la condition que cet obstacle tombera périodiquement. Ils croissent donc par à-coups, au moment
où l'enveloppe trop étroite est tombée pour faire place
à une autre. De là le phénomène de la mue, d'autant
plus fréquent que l'animal est à une époque d'évolution
plus active et plus rapide; c'est pendant le jeune âge
que les intervalles des mues sont plus rapprochés.

Si l'on examine le foie ou les autres tissus du crabe,
du tourteau, du homard, de l'écrevisse, pendant ces
intervalles, on n'y rencontre pas de matière glycogène.
Au contraire, dans le voisinage de ces époques, on en
rencontre de grandes quantités. Le foie de ces animaux
est composé de tubes en cul-de-sac, qui vont se déverser
dans l'intestin. Le tube contient l'élément anatomique
de la sécrétion biliaire; il existe seul dans l'intervalle
des mues. C'est seulement à l'époque de la mue que la
partie glycogénique entre en activité. Du reste, ce travail de formation glycogénique, qui m'a semblé chez
quelques-uns de ces animaux avoir son point de départ
dans le foie, étend son action beaucoup plus loin. Tout
autour du corps, au-dessous de la carapace, on rencontre
une couche très-nette de matière glycogène, renfermée

dans des cellules volumineuses, et constituant ainsi une assise nutritive qui mériterait véritablement le nom de blastoderme.

D'ailleurs, le glycogène chez les crustacés ne se localise pas exclusivement à la superficie du corps ; les autres tissus, et particulièrement le tissu musculaire, en sont également imprégnés.

Nous retrouvons donc chez les crustacés un nouvel exemple, et très-convaincant, de la relation qui existe entre l'activité de la nutrition et l'apparition du glycogène. Le travail de préparation commence, chez l'écrevisse, vingt à vingt-cinq jours environ avant la mue. Le foie augmente de volume et se charge de matière glycogène, qui va s'accroissant en quantité ; puis, qui plus tard diminue. Cette formation de glycogène marche parallèlement avec la formation d'une concrétion calcaire que l'on observe auprès de l'estomac, et que l'on appelle improprement *œil* d'écrevisse. Cette concrétion disparaît avec la formation de la nouvelle carapace. Alors aussi le glycogène disparaît et l'animal retombe dans l'arrêt de développement qui entraîne l'arrêt de la production glycogénique.

Quant à l'évolution ultérieure de cette matière glycogène, nous n'en savons, d'une façon précise, rien de plus dans ce cas que dans tous les autres. Cependant certains auteurs, entre autres M. Schmidt (de Dorpat), et M. Berthelot, ont montré que la carapace des crustacés contient un principe appartenant au même groupe que la cellulose et le ligneux, qui, sous certaines influences, peut, comme le ligneux, se transformer en sucre. Sans trop forcer la métaphore, on pourrait dire que les crustacés sont enveloppés d'une carapace de bois. Il est possible que la matière amylacée qui a précédé cette enveloppe, le glycogène en un mot, ait fourni des éléments de formation à cette carapace en même temps qu'il aurait fourni des éléments à la nutrition d'autres tissus.

En résumé, l'appareil glycogénique est, chez les crustacés, un organe temporaire, embryonnaire, n'existant que dans l'intervalle de deux mues.

Poursuivons toujours nos investigations et voyons parmi les invertébrés qui sont dépourvus d'organe hépatique, sous quelle forme nous retrouvons la fonction glycogénique, en tant qu'elle soit, ainsi que nous l'avons dit, une fonction générale partout où il y a nutrition, c'est-à-dire partout où il y a vie.

Insectes. — Voyons d'abord ce qui se passe chez les insectes, soità l'état de larve, soit à l'état parfait.

Nous n'avons pas fait une étude complète et méthodique de tous les ordres et de tous les groupes. Nous nous sommes contentés d'opérer, un peu au hasard, sur tous les êtres que nous pouvions facilement nous procurer. Les recherches ont d'abord porté sur un grand nombre d'insectes, surtout à l'état de chenille ou de larve. Les plus faciles à trouver sont les larves de mouche commune ou asticots. Il suffit de laisser corrompre de la viande dans un vase, en y ajoutant un peu d'ammoniaque : les mouches arrivent en foule pour déposer leurs œufs au milieu de la matière en putréfaction. On peut les prendre et s'en procurer ainsi un grand nombre

pour les examiner au point de vue du sucre et du glycogène : le développement des œufs donne ensuite des
larves abondantes.

On peut dire, sans exagération, que ces larves sont
de véritables sacs à glycogène. C'est lui qui constitue à
peu près entièrement ce qu'on a appelé le *corps adipeux*
de l'animal : sauf la peau, tous les tissus en renferment
des proportions considérables. Seulement, avec cette
masse de substance glycogène, on ne trouve pas du tout
de sucre. C'est là un fait que nous avons déjà signalé
pour les animaux inférieurs; mais ici il présente un cas
particulier. Si l'on examine les insectes à l'état parfait,
les mouches, le résultat sera différent. On y trouvera
non-seulement du glycogène, mais une quantité notable
de sucre. Il y a même une époque précise ou le sucre
apparaît, c'est pendant que l'animal est à l'état de chrysalide. J'ai suivi sous ce rapport les mêmes larves de
mouches; d'abord elles avaient beaucoup de glycogène et pas de traces de sucre, avec réaction alcaline
des tissus; plus tard, à l'état de chrysalide, dès que le
travail de la formation en insecte parfait avait commencé, on voyait apparaître le sucre avec réaction
acide des tissus; puis enfin la mouche continuait de
présenter du sucre et de la matière glycogène à la
fois. Je n'ai pas cherché à localiser les foyers de ces
substances; j'ai opéré en masse. On prend des mouches
en nombre suffisant, on les jette dans l'eau bouillante,
on lave, on filtre. La décoction obtenue est essayée
directement par les réactifs. On peut constater ainsi la

présence du sucre et de la matière glycogène avec leurs caractères habituels.

Des investigations de la même nature ont porté sur des chenilles de toute espèce. Il y en a d'herbivores, il y en a de carnassières. Chez les unes et chez les autres le résultat a toujours été le même. Là comme chez les animaux supérieurs, le glycogène est donc indépendant du genre d'alimentation. C'est bien une formation autochtone, due à l'organisme animal.

Cette observation a été déjà mise plusieurs fois en relief : les faits que nous citons aujourd'hui lui apportent une nouvelle vérification. Il est en effet très-facile de démontrer que la matière glycogène des larves de mouche ne peut pas venir du règne végétal ; on les nourrit avec de la matière animale, de la viande analysée exactement, et dans laquelle on ne trouve pas trace de la substance qui remplit ensuite tout le corps de l'insecte. C'est l'expérience la plus démonstrative qu'on puisse choisir.

VII. Vers. — Dans le groupe des lombricoïdes, chez les vers de terre par exemple, les résultats sont encore les mêmes, conformes à ceux qu'ont offerts les larves d'insectes.

On prend des vers de terre, on les écrase dans le mortier, en les mélangeant avec du charbon animal pour faire disparaître les albuminoïdes. On chauffe et l'on filtre. La liqueur présente la teinte opaline des solutions de glycogène. Pour n'avoir aucun doute sur sa véritable nature, il suffira d'ajouter à la liqueur le ferment qui le transforme en sucre.

J'ai encore constaté la matière glycogène dans les entozoaires, les tænias, dans les cysticerques, les douves du foie, etc.

Nous ne poursuivrons pas plus loin cette revue. Nous considérerons les faits précédents comme suffisants à établir l'universalité de la fonction glycogénique et sa nécessité dans la nutrition générale aussi bien pour les animaux que pour les plantes.

LEÇON VI

Origine de la glycose dans les animaux et les végétaux.

SOMMAIRE. — Les sources principales de la glycose sont l'amidon animal ou végétal ou la saccharose, changés en glycose par les ferments glycosique et inversif. — La *lactose* est transformée en glycose par le suc pancréatique. — L'*amygdaline* fournit de la glycose sous l'influence de l'émulsine.— La *salicine* est aussi une source de glycose,— de même les tannins, — de même aussi la gélatine d'après Gehrardt. — Transformation inverse de la glycose en amidon. — L'amidon peut être à la fois un aliment plastique et respiratoire. — Relation entre le glycogène et la nutrition du système musculaire.

Après avoir esquissé d'une manière rapide l'histoire de l'accumulation, de l'emmagasinement des matières amylacées dans les animaux, il resterait à parler du mécanisme de leur métamorphose, et de leur destruction par suite des phénomènes nutritifs.

Nous avons insisté sur le rôle universel que le sucre remplit dans la nutrition des animaux et des plantes. Il s'agit, bien entendu, du sucre de raisin ou glycose qui correspond à la formule $C^{12}H^{12}O^{12}$. D'autres matières sucrées, d'autres substances voisines de la glycose par leur composition, ne pourraient pas la suppléer. L'amidon, les corps de la série glycique, le sucre de canne lui-même, qui ne diffère du sucre de raisin que par un ou plusieurs équivalents d'eau de constitution, seraient impuissants à remplir la même fonction. De ce fait, nous avons fourni bien des exemples. Nous avons montré que les substances amylacées ou le sucre de canne ne pouvaient être utilisées par les plantes sous leur forme actuelle ; qu'au moment où les phénomènes du développement prenaient toute leur intensité, une transformation préalable en glycose s'accomplissait, qui permettait à ces réserves d'entrer en ligne et de prendre part au mouvement vital.

Les animaux présentent des conditions tout à fait parallèles. Une expérience concluante nous en a donné la preuve : quand nous avons injecté dans les veines d'un chien une petite quantité de sucre de canne, ce sucre a été éliminé par la sécrétion urinaire. N'ayant pas trouvé dans le milieu où il circulait l'agent qui devait permettre sa conversion en glycose, il est resté comme un produit étranger, inerte, dont la dépuration excrémentitielle a débarrassé l'organisme.

Les phénomènes de cette nature sont bien faits pour inspirer des réflexions intéressantes sur les conditions de l'assimilation. Ils prouvent la nécessité de l'élaboration particulière que la digestion fait subir aux aliments ingérés, et qui est le préparatif nécessaire aux échanges nutritifs ultérieurs. Il ne suffit pas que deux substances soient chimiquement analogues pour qu'elles suivent la même évolution au sein des tissus. Entre des composés presque identiques, comme la glycose et la saccharose, l'organisme perçoit des différences, telles que l'un puisse servir à sa reconstitution, tandis que l'autre devra lui rester étranger. Ce n'est pas le seul cas de produits analogues ayant une influence différente sur les animaux. Rappelons seulement combien sont inégales au point de vue toxique les actions de deux corps absolument identiques en composition, la variété amorphe et la variété ordinaire du phosphore par exemple.

Nous connaissons le procédé par lequel la matière amylacée accumulée dans les organes animaux et végétaux se métamorphose en glycose pour servir aux échanges nutritifs. L'amidon pas plus que le glycogène ne se transformerait en glycose, si un agent chimique de la nature des ferments n'intervenait à un moment donné pour opérer cette transformation en quelque sorte instantanément.

Dans les végétaux par exemple, au moment où les provisions de substance féculente deviennent nécessaires à l'évolution de la plante, il se produit la diastase qu'on peut isoler dans l'orge en germination. Nous n'avons pas à rappeler ici sa préparation.

Chez les animaux, le phénomène par lequel le glycogène se change en dextrine et en glycose est absolument identique. Il existe dans le foie, comme dans beaucoup d'autres parties de l'économie, une *diastase animale* tout à fait semblable à la diastase végétale et se préparant exactement par le même procédé.

Nous pouvons donc conclure que dans les animaux comme dans les végétaux les matières amylacées se transforment en dextrine et en glycose par une véritable *fermentation glycosique*.

Mais ce n'est pas seulement l'amidon qui est appelé à se changer en glycose pour les besoins de la nutrition. Le sucre de canne chez les végétaux et le sucre de lait dans les animaux ont eux aussi besoin de subir cette même transformation. Or, c'est encore par le moyen de ferments spéciaux que ces modifications ont lieu. De même qu'il existe un ferment glycosique destiné à changer l'amidon en glycose, de même il y a un *autre ferment glycosique* ou *inversif* destiné à changer la saccharose en glycose. Ce ferment existe dans la betterave au moment où la plante, venant à fleurir et à fructifier, a besoin de consommer le sucre accumulé dans sa racine. Dans les graines dépourvues d'amidon, telles que les amandes, les noix, il y a du sucre de canne qui se change en glycose au moment de la germination. J'ai constaté que c'est dans les enveloppes de ces graines que réside ou que se forme le ferment glycosique inversif, de même aussi que c'est dans l'écorce de la pomme de terre ou de la graine amylacée que se fera le ferment destiné à changer l'amidon en glycose.

Le sucre de canne exige pour fermenter une modification préalable qui le fasse passer à l'état de glycose. M. Dubrunfaut avait depuis longtemps établi qu'il y a deux temps dans la fermentation du sucre de canne. Dans le premier temps, la saccharose est changée en glycose; dans le second temps, la glycose se dédouble en alcool et acide carbonique. Or, la levûre de bière proprement dite, élément figuré, organisé, cellule formée d'une enveloppe avec noyau, est l'agent véritable de dédoublement en alcool et acide carbonique; c'est le *ferment alcoolique.* Indépendamment de cela, il existe un ferment liquide, soluble, dans lequel nagent les cellules de levûre. C'est à ce ferment soluble que revient le rôle de convertir la saccharose en glycose. Il y a donc, en résumé, dans la levûre deux parties à distinguer : la partie solide, organisée, cellulaire, le *saccharomyces cerevisiæ*, actuellement regardé comme le véritable *ferment alcoolique ;* la partie liquide non figurée, véritable *ferment glycosique inversif.* La filtration suffit à séparer ces deux ferments. On peut constater que le liquide qui a passé à la filtration possède bien la propriété de transformer le sucre de canne en sucre de raisin, mais est incapable de pousser plus loin le phénomène. C'est alors que commence le rôle des globules de levûre. On peut même, comme l'a montré M. Berthelot, séparer complétement le ferment soluble. Celui-ci, en effet, jouit, comme la diastase et les autres ferments solubles, de la propriété de se redissoudre dans l'eau après avoir été précipité par l'alcool. Après avoir séparé par le filtrage le liquide de la levûre, on traite par l'alcool. Il se fait un coagulum dans lequel est compris le ferment glycosique. On reprend par l'eau qui dissout ce corps et le sépare des matières étrangères. On pourrait alors précipiter à nouveau par l'alcool si l'on voulait avoir le ferment isolé et desséché.

Le mode de préparation est copié sur celui qui donne la diastase ; mais l'analogie s'arrête là. Les deux substances ont leurs qualités distinctes, et elles ne peuvent se suppléer. Le ferment inversif existe partout où le sucre de canne doit être utilisé pour la nutrition. Il existe dans la racine de la betterave, dans les graines où l'amidon absent est remplacé par la saccharose, par exemple dans les noix. Dans le cas des graines, ainsi que je l'ai déjà dit, ce sont les enveloppes qui renferment le ferment; on peut l'en extraire par infusion ou macération.

Le lait renferme une substance appelée *sucre de lait* ou lactose, et répondant à la formule $C^{12}H^{11}O^{11}$ ou à son multiple $C^{24}H^{22}O^{22}$. Dans le lait de la femme il en existe de 3 à 6 pour 100. Ce sucre réduit le réactif cupro-potassique comme fait la glycose, et il a pour caractère spécial de fermenter très-difficilement. Cependant il est susceptible d'éprouver la fermentation alcoolique, la fermentation lactique lorsque le lait s'aigrit, et la fermentation butyrique. C'est la fermentation alcoolique qui fournit les liqueurs enivrantes que les Kalmoucks préparent avec le lait de leurs juments. De ces boissons appelées *koumiss* on retire par distillation l'eau-de-vie appelée *rack*. J'ai constaté que le ferment pancréatique possède la propriété d'opérer facilement la transformation de la lactose en glycose ; c'est donc à cet agent que doit être attribuée la digestion du sucre de lait dans le canal intestinal.

Jusqu'à présent les sources de glycose que nous avons rencontrées dans les animaux et les végétaux sont au nombre de trois : 1° la matière amylacée ; 2° la saccharose ; 3° la lactose. Mais il y en a encore d'autres qui nous restent à examiner.

Il existe dans un grand nombre de fruits à noyau, dans les fleurs de pêcher, dans les feuilles de laurier-cerise, dans les jeunes pousses de certaines espèces de *Prunus* et de *Sorbus*, un principe spécial, l'*amygdaline*, qui répond à la formule $C^{40}H^{27}AzO^{22}$. Ce corps peut être une source de glycose ; il peut se dédoubler en effet en sucre, essence d'amandes amères, acide cyanhydrique, sous l'action de différents agents chimiques, et en particulier d'un ferment, l'*émulsine*, qui lui est associé le plus ordinairement. Il y a donc, dans les amandes amères en particulier, deux substances distinctes : une substance fermentescible, l'amygdaline ; un ferment, l'émulsine. Lorsque ces deux corps se trouvent en présence, la réaction s'opère suivant l'équation :

$$\underbrace{C^{40}H^{27}AzO^{22}}_{\text{Amygdaline.}} + 2H^2O^2 = \underbrace{2C^{12}H^{12}O^{12}}_{\text{Glycose.}} + \underbrace{C^{14}H^6O^2}_{\substack{\text{Essence}\\\text{d'amandes}\\\text{amères.}}} + \underbrace{C^2AzH}_{\substack{\text{Acide}\\\text{cyanhydrique.}}}$$

L'odeur très-caractéristique de l'acide cyanhydrique avertit que la réaction s'est produite. Les amandes amères d'où l'on retire l'amygdaline, en contiennent de 1 à 9 pour 100. Dans les amandes douces ce produit est remplacé par la glycose.

Pour préparer l'amygdaline, on prend le tourteau d'amandes amères, d'où l'on a extrait l'huile par pression entre deux plaques chaudes. On fait bouillir ce tourteau avec l'alcool, qui dissout l'amygdaline : on réduit par distillation ; puis on précipite par l'éther. On recueille ainsi un corps blanc, cristallisé en belles aiguilles.

Pour préparer l'émulsine, on peut avoir recours, soit aux amandes amères, soit aux amandes douces. On prend les amandes douces, on les divise en morceaux et on les laisse macérer dans l'eau à la température ordinaire. Cette eau devient laiteuse, par suite de l'émulsion d'huile qui s'y produit. On filtre, et la liqueur plus ou moins limpide contient le ferment émulsine.

Dans l'amande amère, les deux principes existent, mais séparés, confinés dans des cellules spéciales, comme des réactifs que contiendraient des bocaux différents. Mais que les bocaux ou les cellules viennent à être brisés, et les liqueurs mélangées, aussitôt l'action chimique se développera. C'est ce qui arrive lorsqu'on écrase les amandes ou lorsqu'on les broie entre les dents : le goût amer du fruit fait place à une sensation de matière sucrée, et l'odeur caractéristique de l'acide prussique se répand immédiatement. Nous répétons l'expérience en écrasant les amandes dans un mortier : la liqueur contient de la glycose. Le réactif cupro-potassique vire au rouge-brique. Nous pouvons opérer encore autrement : essayer l'amygdaline et constater qu'elle est sans influence sur la liqueur cupro-potassique, constater le même fait pour l'émulsine; et après le mélange nous obtiendrons, au contraire, une précipitation caractéristique du réactif.

L'écorce du saule, différentes espèces de peupliers et de trembles, le castoréum, contiennent un principe amer et cristallisable, la *salicine*, qui répond à la formule brute $C^{26}H^{18}O^{14}$, ou à la double formule systématique $C^{12}H^{10}O^{10}$ ($C^{14}H^8O^4$), qui montre le dédoublement que peut éprouver cette substance, par fixation d'eau, en $C^{12}H^{12}O^{12}$ ou glycose, et $C^{14}H^8O^4$ ou *saligénine*.

$$\underbrace{C^{12}H^{10}O^{10}(C^{14}H^8C^{42})}_{\text{Salicine.}} + H^2O^2 = \underbrace{O^4H^{12}O^{12}}_{\text{Glycose.}} + \underbrace{C^{14}H^8O^4}_{\text{Saligénine.}}$$

C'est probablement ainsi que les choses se passent

dans le saule ; la glycose nécessaire à la végétation provient de ce dédoublement.

Nous n'avons pas la prétention d'avoir indiqué toutes les sources de glycose qui existent dans le règne végétal. Nous n'avons même pas indiqué toutes celles qui sont connues. On sait, par exemple, que les tannins peuvent se dédoubler en acide gallique et en glycose, et que beaucoup d'autres corps appelés glycosides sont susceptibles de donner naissance à la glycose. Mais, en nous engageant dans cette voie, nous serions obligé de quitter les points de vue généraux pour entrer dans des histoires particulières, et nous nous éloignerions ainsi du but que nous poursuivons ; nous rencontrerions de plus beaucoup d'obscurités, car cette partie de la science est encore en voie de formation. Les questions, même moins récentes, donnent lieu à des débats entre les botanistes. C'est ainsi que l'accord ne s'est pas établi relativement à la véritable constitution de l'*aleurone*, qui est une de ces substances productives de sucre dont nous avons parlé. Pour M. Hartig, qui le premier l'a signalée en 1855, c'est une substance albuminoïde complexe, contenant de la fibrine, de l'albumine, de la gliadine, de la légumine, de la gomme et du sucre. Pour M. Trécul, il y aurait une aleurone albumineuse et une oléagineuse. Pour M. Gris, l'aleurone serait formée d'un mélange de matière grasse et protéique, etc.

Enfin un chimiste distingué, Gerhardt, avait prétendu autrefois avoir obtenu de la glycose au moyen de la gélatine convenablement traitée par les acides. Depuis lors, bien des chimistes ont essayé sans succès de reproduire cette expérience. D'autre part, M. Berthelot a transformé la chondrine en glycose par l'action de l'acide chlorhydrique : la glycose ainsi obtenue est lévogyre et difficilement cristallisable. Les expériences de ce genre ont un grand intérêt, parce qu'elles montrent la possibilité d'obtenir la matière sucrée aux dépens de certaines substances abondamment répandues dans l'organisme. Dès lors il est possible de supposer que les circonstances nécessaires à ces transformations artificielles se réalisent aussi dans la nature vivante.

Revenant maintenant à la source principale de la glycose, c'est-à-dire à la matière amylacée ou glycogène, on peut se demander d'où provient à son tour cette substance. Cela est difficile à savoir positivement. On peut tout au plus risquer aujourd'hui à ce sujet quelques hypothèses plus ou moins plausibles, fondées sur des expériences encore bien incomplètes.

Beaucoup de botanistes ont pensé et pensent encore que les matières sucrées pourraient donner naissance à la matière amylacée. En un mot, on a considéré comme possible et comme réelle la transformation inverse de celle qui nous est connue. Dans cette manière de voir, les corps de la série glycique, depuis la cellulose jusqu'au sucre, seraient susceptibles de se convertir les uns dans les autres, non pas seulement en suivant la série des hydratations croissantes, mais aussi en descendant l'échelle de façon à passer des plus hydratés à ceux qui le sont moins. C'est là une hypothèse, à l'appui de laquelle on cite un certain nombre de faits. On sait qu'il y a des graines qui, riches en sucre jusqu'à un certain moment de leur développement, deviennent tout à coup féculentes, la disparition du sucre coïncidant d'une manière assez exacte avec l'apparition de la fécule. Tels sont les petits pois. On dit même que, recueillis trop jeunes, alors qu'ils sont encore très-sucrés, les pois germent beaucoup plus facilement, mais se conservent moins bien, parce que la matière sucrée ne présente pas la stabilité et la résistance de l'amidon.

De même, lorsqu'on examine une pomme de terre en germination, on sait que le développement de la tige et la multiplication des granulations amylacées que contiennent ses cellules correspond à la métamorphose en sucre de l'amidon accumulé dans le tubercule. Il n'est pas possible de supposer que les grains d'amidon de la tige proviennent directement de l'amidon du tubercule, car entre les deux parties il existe une couche intermédiaire dans laquelle il semble impossible de déceler une trace de substance féculente, soit en dépôt, soit en migration. Voilà donc un second cas dans lequel nous voyons l'apparition de la fécule correspondre à la disparition de la glycose. On a pensé que le changement de l'amidon en sucre soluble était la condition qui permettait à la matière féculente de se transporter d'une partie à l'autre, du tubercule dans la tige : une fois le déplacement accompli, la substance reprendrait par une transformation inverse sa forme primitive plus stable.

On a encore émis l'opinion que la glycose serait formée dans le parenchyme des feuilles par l'action de la chlorophylle. Cette glycose se transformerait ensuite en matière amylacée dans les diverses parties du végétal.

On pourrait faire à l'égard des animaux les mêmes hypothèses que pour les végétaux, et admettre que la matière sucrée est chez eux l'origine de la matière glycogène. Je dois dire cependant que mes expériences personnelles m'ont conduit à des résultats différents. J'ai soumis des chiens à jeun à des alimentations diverses et exclusives, pour voir celle qui amenait dans le foie la plus grande proportion de glycogène. Celles qui m'ont paru les plus favorables à la formation de la matière glycogène n'ont pas été les matières amylacées, mais au contraire les matières albuminoïdes, et particulièrement la gélatine. Toutes mes expériences sont encore bien insuffisantes pour juger une question aussi obscure et aussi difficile ; cependant ce fait pourrait se rattacher aux idées précédentes et à l'affirmation de Gerhardt, citée plus haut, que la gélatine serait, sous certaines influences, une source de glycose.

Si les opinions précédentes se vérifiaient par l'expérience, nous serions amené à considérer la glycose comme le pivot de toute la glycogénie. En effet, ce serait la substance primitive et la substance finale; elle aurait à la fois une évolution ascendante et descendante et serait susceptible de subir des reculs, des arrêts dans sa marche. La glycose incessamment et originellement formée dans l'organisme pour les besoins de la nutrition, pourrait y servir immédiatement ou après délai. Dans ce dernier cas la glycose devrait être mise en réserve.

Mais son altérabilité s'opposant à sa conservation, elle prendrait une forme plus stable, amylacée, glycogénique ou saccharosique. Puis, lorsque les besoins nutritifs exigeraient la transformation de cette matière de réserve, la glycose se manifesterait par les mécanismes que nous avons précédemment indiqués.

On avait autrefois, avec Liébig, divisé les aliments en deux classes, d'après le rôle qu'on leur attribuait dans l'économie animale. Les uns servaient uniquement à la respiration : ils étaient immédiatement brûlés et ne prenaient aucunement place dans l'édifice organique ; ils traversaient seulement ses canaux pour le chauffer. C'étaient les matières hydrocarbonées, susceptibles de se transformer en vapeur d'eau et en acide carbonique, qui constituaient cette première classe des aliments dits respiratoires. La seconde classe comprenait, au contraire, les matériaux qui servaient à la rénovation des tissus, à leur réparation, et devaient faire partie, pendant un certain temps, de l'édifice lui-même. C'étaient les aliments plastiques comprenant toutes les substances albuminoïdes ou azotées. Cette théorie est aujourd'hui à peu près abandonnée. En effet, les phénomènes qui s'accomplissent au sein des tissus organiques n'ont pas la simplicité toute chimique que l'on supposait. Ce ne sont pas des combustions directes qui se passent là ; il peut y avoir des évolutions de la même substance dans des sens différents.

D'après ces considérations, nous voyons qu'il serait tout à fait illusoire de vouloir ranger la matière glycogène, soit parmi les aliments respiratoires, soit parmi les aliments plastiques. Elle est sans doute à la fois l'un et l'autre.

Dans les végétaux, la matière amylacée est plastique quand elle contribue à constituer des tissus et des organes : or, elle sert évidemment à la formation de la cellulose, du ligneux. Mais en même temps aussi de la matière amylacée se brûle dans les plantes, soit dans la végétation, soit dans la germination. Chez les animaux, nous voyons du glycogène se transformer en sucre, pour être probablement brûlé ; mais une autre partie peut servir à la constitution des tissus. Nous avons vu chez les crustacés la formation de la matière glycogène coïncider avec la formation du squelette. Nous avons vu, de plus, entrer dans la constitution de ce squelette une matière entièrement analogue au ligneux, et par conséquent voisine du glycogène. S'il n'est pas permis d'affirmer que la chitine soit une forme de la matière glycogène, il n'est pas non plus rigoureux de le nier absolument.

Que pouvons-nous dire des conditions physiologiques en vertu desquelles la glycose, le glycogène entrent tantôt dans la constitution des tissus, tantôt se brûlent et se décomposent pour fournir de l'eau et de l'acide carbonique ? Tous ces points sont encore dans la plus profonde obscurité. Toutefois je puis avancer deux faits : le premier, c'est que la formation du glycogène, et peut-être celle des tissus dans lesquels il s'incorpore, coïncide avec une réaction alcaline du milieu et probablement avec une absorption de chaleur. Le second fait, c'est que la destruction ou la combustion du glycogène et de la glycose coïncide, au contraire, avec une réaction acide du milieu et un développement de chaleur.

Enfin il y a un dernier fait qu'il peut être utile de rapprocher des précédents : c'est celui d'une relation plus ou moins prochaine qui semblerait exister entre la matière glycogène et la nutrition du système musculaire.

Disons d'un mot que le phénomène de l'acidité, qui se rencontre si souvent dans le tissu musculaire qui a fonctionné énergiquement, est intimement lié à la présence de la matière glycogène dans l'organisme. Pendant longtemps (et encore aujourd'hui) il a été admis que l'acidité des muscles (qui à l'état ordinaire donnent la réaction alcaline) était liée au phénomène de la rigidité cadavérique. Cette opinion, universellement adoptée, est fausse ; mes observations la contredisent absolument. J'ai rencontré, en effet, des animaux en rigidité ou roideur cadavérique et dont les muscles étaient parfaitement alcalins, et d'autres dont les muscles étaient acides, et qui n'étaient pas dans la condition dont nous parlons. Cette remarque de fait, même quand elle n'eût été éclairée par aucune explication, suffisait évidemment à ruiner l'hypothèse en vogue. En science il n'y a pas d'exceptions : une seule exception détruit la loi, à moins qu'elle n'y rentre et que la contradiction ne soit qu'apparente. Si la coagulation du contenu musculaire est une conséquence de l'acidité, on ne devra jamais trouver de coagulation, c'est-à-dire de roideur, dans un muscle alcalin. Or ce fait se présente quelquefois de lui-même, ; j'ajoute de plus qu'on est en état de le produire à volonté. Il n'y a donc entre ces deux phénomènes, rigidité cadavérique, acidité, qu'une simple coïncidence et non pas une relation de cause à effet.

Les muscles brûlent de la matière glycogène ou sucrée; lorsqu'ils fonctionnent, ils détruisent une certaine proportion de cette substance; l'acide sarcolactique est un des produits de cette destruction Plus le muscle sera riche en glycogène, plus il donnera d'acide lactique. Cette combustion de la matière glycogène ou de la glycose dans les muscles est le fait d'une fermentation lactique incessante pendant la vie et qui continue après la mort. Il y a donc dans les muscles un ferment lactique sans cesse actif. Si l'on coagule le muscle par la chaleur, on y arrête aussitôt la fermentation et la manifestation de l'acidité.

Je pense que tous les phénomènes de combustion des êtres vivants, animaux ou végétaux, ne sont autre chose que des phénomènes de fermentation. Les ferments sont, en effet, les agents chimiques universels de l'organisme vivant.

LEÇON VII

Caractère général de la nutrition et de la glycogenèse.

Sommaire. — La nutrition n'est pas directe. — Les matériaux étrangers, avant d'être utilisés, passent par deux états : l'état d'*aliment digéré*, l'état de *réserve*. Exemple : des larves de mouche ; exemple : des animaux soumis à l'inanition.

Les idées fondamentales que nous avons développées dans le courant de ces leçons se présentent maintenant à nous avec la consécration de l'expérience.

La nutrition ne consiste pas seulement, comme ont paru le croire quelques physiologistes, dans la mise en place de certains matériaux introduits directement par l'alimentation et n'ayant éprouvé d'autre changement que d'être rendus solubles. Les matériaux alimentaires, en un mot, ne sont pas directement utilisés. La nutrition n'est pas *directe*, comme le supposent les chimistes. Le sucre ou le glycogène que l'on trouve chez l'animal n'ont pas été introduits à l'état d'amidon, de glycogène ou de sucre.

Le phénomène de la nutrition s'accomplit toujours en deux temps : d'abord il se fait une accumulation, une réserve, un emmagasinement de matériaux ; ensuite, dans une seconde période, ces matériaux élaborés et accumulés par l'animal sont utilisés, incorporés aux tissus, ou brûlés en donnant naissance à des produits excrémentitiels aussitôt expulsés.

Les végétaux fournissent des exemples plus nets que les animaux de cette division de l'acte nutritif en deux périodes. Ainsi, dans la pomme de terre, par exemple, le tubercule se charge, pendant la première année, d'une provision de fécule qui sera mise en œuvre dans le courant de la seconde année pour le développement du végétal. De même, pour la betterave, il s'accumule dans la racine une provision de sucre de canne qui disparaîtra dans la seconde année pour servir, sous forme de glycose, à la floraison et à la fructification de la plante. Il y a deux périodes bien nettement séparées dans ces cas.

La vue philosophique qui consiste à considérer l'organisme animal comme un édifice incessamment traversé par un courant ou tourbillon de matière qui entre et sort après avoir séjourné dans l'intimité des éléments anatomiques, cette vue n'est exacte qu'à la condition de bien remarquer que la matière subit pendant son passage des changements organiques plus ou moins lents ou rapides à s'accomplir, qui altèrent et modifient complétement sa constitution chimique; en sorte qu'à la sortie et pendant son mouvement elle n'est réellement pas représentable en nature, mais seulement en poids. En particulier, les aliments ne circulent pas en nature à travers l'élément anatomique; ils doivent d'abord être transformé en sang.

L'idée extraordinairement simple que certains chimistes ont voulu se faire du mécanisme de la nutrition est encore plus fausse que simple. D'après eux, l'organisme puiserait dans le mélange des aliments digérés, c'est-à-dire rendus solubles et passés dans le sang, les principes immédiats qui lui sont nécessaires. En vertu d'une sorte d'élection chimico-nutritive, chaque élément anatomique y prendrait toute formée la substance chimique qui entre dans sa propre constitution. Le muscle y choisirait l'albumine musculaire ou musculine, le cartilage la cartilagéine, l'os l'osséine, le cerveau la matière nerveuse, phosphorée, cérébrale, et ainsi des autres. Les organes se nourriraient et s'accroîtraient par une sorte de sélection vitale, comme un cristal de sulfate de soude, placé dans une solution de sulfate de soude et de magnésie, ne s'adjoint que le sel de soude.

Il n'en est rien. Les produits de la digestion ne sont pas incorporés sous leur forme alimentaire, mais seulement après avoir subi une élaboration qui est le fait de l'individu, et qui les dénature complétement en vue de les rendre assimilables au nouvel être. Pour employer une expression triviale, mais qui rend bien ma pensée, il faut que les matériaux nutritifs aient été préparés dans la cuisine propre de l'individu. Le foie serait peut-être le principal de ces organes élaborateurs.

Cette transformation et cette appropriation des matériaux nutritifs à chaque organisme sont tellement nécessaires, que les expériences de transfusion prouvent que le sang d'une espèce animale ne pourrait servir à la nutrition d'une autre espèce. Malgré les analogies considérables qui existent entre les produits immédiats, le liquide sanguin du lapin serait impropre à entretenir la vie du chien, c'est-à-dire incapable de prendre part aux échanges nutritifs interstitiels; il ne faudrait donc pas s'imaginer, si l'on faisait digérer du sang de lapin à un chien, que les matériaux du sang de l'un iraient reprendre chacun sa place respective dans le corps de l'autre. De telles idées seraient complétement opposées à la saine physiologie. Le sang digéré est dénaturé, et ses matériaux, revenus en quelque sorte à un état indifférent, reprennent les modes de groupement ou de combinaison que les phénomènes de la vie exigent.

Dans l'histoire de la matière glycogène, nous retrouvons les deux périodes que nous avons signalées dans l'acte de la nutrition. D'abord la période d'emmagasinement, c'est la formation du glycogène; la formation de sucre correspond à la période d'utilisation. Un exemple frappant de cette vérité nous est fourni par les insectes, en particulier par les mouches. Nous avons vu que leur développement complet comprend trois époques : l'époque primitive, pendant laquelle l'animal vit à l'état de larve dans la viande corrompue; l'époque de la formation et de l'évolution de la chrysalide; l'époque de l'insecte parfait. Or, mes recherches ont établi que, sous l'état de larve, de chenille ou d'asticot, l'animal est absolument imprégné de glycogène. La chrysalide commence à manifester un peu de matière sucrée. L'insecte parfait contient des quantités notables de sucre, à côté de la matière glycogène.

Des deux actes de la nutrition, l'un est physiologique ou vital, l'autre est un phénomène purement chimique indépendant de la vie; la formation du glycogène est un phénomène que nous devons appeler vital, c'est un emmagasinement qui ne s'opère que sous l'influence de la vie; la transformation du glycogène en sucre est un phénomène de destruction qui est indépendant de l'influence vitale et du ressort purement chimique.

Nous avons déjà insisté sur ces faits à propos de la glycogenèse hépatique, mais il y a peut-être un autre exemple propre à dissiper tous les doutes à cet égard : c'est ce qui se passe dans le développement de l'œuf.

En effet, examinons d'abord l'œuf de la mouche : il renferme quelques granulations de glycogène, comme le germe de tous les animaux, car la nécessité de cette substance nutritive se manifeste dès l'origine de la vie. Puis cet œuf est placé sur de la viande qui ne présente pas de traces de matières amyloïdes ni sucrées, et il se forme cependant dans cet être un emmagasinement, une accumulation énorme de matière glycogénique. Il s'agit bien là d'un phénomène histologique et d'une formation successive de cellules qui élaborent et créent réellement ce produit.

Pour l'œuf de poule, au début il n'existe qu'un seul foyer de matière glycogénique d'une étendue infime, c'est la cicatricule qui, comme le germe de l'œuf d'insecte, renferme quelques granulations de glycogène. On peut dire qu'il n'y a en somme qu'une seule cellule glycogénique : son existence est une nécessité, car l'œuf devant servir au développement du jeune animal, doit contenir les trois espèces de matériaux indispensables à toute évolution organique : les matières albuminoïdes, les matières grasses et sucrées. En dehors de ce foyer primitif si restreint pour le glycogène dans l'œuf de l'oiseau, on n'en retrouve nulle part ailleurs. Si la fécondation n'a pas lieu, ces quelques granulations de substance glycogène se détruisent et disparaissent au bout de peu de temps. Si la fécondation s'accomplit, on constate alors une multiplication, une prolifération de la matière glycogénique qui se forme dans des cellules spéciales. Chez le poulet au huitième jour, des proportions énormes de glycogène existent dans la membrane blastodermique; on le manie, pour ainsi dire, à pleines mains(1).

D'où donc pourrait provenir cette substance, sinon d'une élaboration particulière de l'organisme animal? Il est impossible d'invoquer ici l'apport des aliments étrangers, les dédoublements de matériaux introduits du dehors; rien n'a été introduit. Il est facile d'ailleurs de prouver chimiquement qu'il n'y a pas de glycogène ou d'amidon ni dans le jaune ni dans le blanc de l'œuf. Si M. Dareste a prétendu le contraire, il est tombé dans l'erreur ; il a voulu caractériser une substance chimique par des caractères d'ordre physique qui ne sauraient avoir, dans ces cas, qu'une valeur tout à fait secondaire et absolument impropre à démontrer la présence de la matière. M. Dastre a prouvé que la substance prise pour de l'amidon par M. Dareste n'était autre chose que la lécithine ou un savon oléique.

La formation de la matière glycogénique dans l'œuf de l'oiseau est donc véritablement, comme nous le disions, un résultat de l'activité physiologique ou vitale. Une fois formé et emmagasiné dans les tissus, la trans-

(1) *Voy.* Note I, à la fin du présent volume.

formation du glycogène en sucre devient une simple affaire de conditions chimiques. Nous savons que s'il se trouve en présence du ferment convenable, il se convertira en sucre dans l'organisme, comme il le ferait en dehors de lui, et c'est alors qu'il servira véritablement aux combustions ou échanges nutritifs auxquels il est destiné.

Toutes les autres substances indispensables à la vie sont probablement dans le même cas ; une fois formées, elles sont mises en réserve. Ce qui prouve l'existence de ces accumulations ou de ces emmagasinements de matière, c'est ce qui se passe chez l'animal soumis à l'inanition, c'est-à-dire privé des recettes qui, d'ordinaire, lui viennent de l'extérieur. Dans ces cas, l'animal se nourrit aux dépens de ses réserves. Et cet état de choses, cette autophagie dans laquelle l'animal se nourrit de lui-même, pourra durer longtemps. On a vu des chevaux vivre pendant quinze jours à trois semaines sans qu'on leur fournît quoi que ce soit en fait d'aliments solides ou de boissons ; des chiens peuvent vivre presque aussi longtemps ; les lapins un peu moins. Chez les oiseaux, la durée de l'abstinence ne peut pas être poussée aussi loin ; peut-être parce que les réserves ne sont pas aussi abondantes, et certainement aussi parce que, la vitalité étant plus active, la consommation de ces réserves est plus rapide. — Chez les animaux à sang froid, ces réserves peuvent durer plus longtemps. Ainsi, tous les physiologistes conservent des grenouilles pendant des mois, des années même, sans les nourrir aucunement, seulement en empêchant les déperditions de devenir trop grandes. Le séjour dans un milieu où la température est un peu basse et invariable, et l'addition d'une faible quantité de sel marin dans l'eau, sont des conditions très-favorables à retarder la consommation des réserves et à prolonger ainsi la vie de ces animaux ; et aussitôt que les réserves sont épuisées la vie cesse. Il en est absolument de même des végétaux ; ils renferment en eux des provisions aux dépens desquelles ils peuvent vivre, en même temps qu'ils en forment de nouvelles. Mais si l'on soumet le végétal à l'inanition, il peut vivre et fleurir même, grâce aux réserves antérieurement accumulées, comme cela a lieu dans un oignon de jacinthe, par exemple, qu'on fait végéter dans l'eau. Mais le végétal ne pouvant pas. former un nouvel emmagasinement, la vie cesse nécessairement après cette période.

En résumé, il existe chez les animaux, comme chez les végétaux, deux périodes nutritives : une période nutritive d'*emmagasinement* et une période de consommation ou de *destruction*. L'histoire de la matière glycogène nous en fournit la preuve la plus frappante ; car nous voyons ce principe s'accumuler chez les animaux comme chez les végétaux, pour être détruit dans les phénomènes ultérieurs de la nutrition.

Nous terminons ici l'exposé général de la question glycogénique, après avoir mené un des chapitres de la nutrition, non pas à son terme, sans doute, mais à un degré de développement où il serait désirable que beaucoup d'autres fussent parvenus.

DEUXIÈME PARTIE

LA RESPIRATION

LEÇON VIII

Dualisme respiratoire.

Sommaire. — Rôle comburant des animaux, rôle réducteur des plantes. Formule du chimisme.

La respiration est le phénomène le plus caractéristique de la vitalité, c'est-à-dire de l'être en activité vitale. Aucun acte, en effet, parmi ceux qu'exécute l'organisme ne présente à un égal degré ces deux attributs fondamentaux : l'universalité et la continuité. Le phénomène respiratoire est universel en ce qu'il se retrouve chez tous les êtres et dans toutes leurs parties jusqu'au plus petit des éléments ayant figure: il est continu, c'est-à-dire qu'il ne saurait subir d'interruption sans entraîner *ipso facto* la suspension de la vie elle-même.

Ce phénomène s'accomplit d'une manière et avec un résultat identiques chez les animaux et les plantes. La Doctrine de l'unité vitale y trouve, par conséquent, le plus solide de ses arguments. Il est remarquable que les partisans du Dualisme aient précisément invoqué avec persistance pour soutenir leurs idées le fait qui devait le plus sûrement les ruiner. Lorsque l'on suit le développement de cette doctrine, on voit que les éléments d'une différenciation entre les modes de la vie chez les animaux et les plantes ont été demandés successivement à l'anatomie et à la chimie. Nous avons donné dans le chapitre précédent la réfutation d'une des considérations mises en avant par les Dualistes. Nous savons d'une manière positive que les matières grasses et sucrées apparaissent chez les animaux sans qu'ils reçoivent du dehors des principes immédiats similaires. Il est faux que la formation des principes immédiats soit l'attribut exclusif de l'un des règnes, l'autre règne ayant pour fonction la destruction de ces mêmes principes.

Sur ce premier point la théorie du dualisme vital a donc cédé ; elle s'est réfugiée sur un autre terrain, en se bornant à affirmer le rôle *réducteur* des plantes, par opposition au rôle *comburant* des animaux.

Pour établir le rôle réducteur des plantes, on a comparé les principes qu'elles emploient pour leur constitution à ceux qu'elles éliminent, les matériaux qu'elles empruntent au monde extérieur à ceux qu'elles y rejettent. Or, les matériaux que la plante emprunte au monde minéral sont presque entièrement saturés d'oxygène : ce sont des nitrates, de l'eau, de l'acide carbonique ; elle y rejette surtout de l'oxygène. Si donc l'on considère la façon dont le végétal se comporte relativement au milieu qui l'entoure, on pourra conclure qu'il

travaille à une sorte de réduction chimique qui aurait
pour résultat de défaire les combinaisons que les combustions minérales ont faites. L'oxygène, agent comburant, retourne dans l'atmosphère ; l'hydrogène, l'azote,
le carbone, agents combustibles, restent dans la plante,
unis à un résidu d'oxygène pour constituer les acides
végétaux, les matières hydrocarbonées, les alcaloïdes,
les résines, les huiles essentielles. Cette séparation de
l'élément combustible d'avec le comburant, ce dépôt
d'hydrogène, carbone et azote, est ce que l'on appelle
en chimie un phénomène de réduction.

On peut dire, par conséquent, comparant les aliments
des végétaux à leurs excrétions, que ces dernières sont
plus riches en oxygène et que la constitution des tissus
a pour point de départ des phénomènes de réduction.

Or, si l'on fait le même parallèle entre les excreta et
les ingesta des animaux, on arrive à une conclusion
opposée. L'animal tire sa nourriture de la plante : il
absorbe donc des substances pauvres en oxygène ;
d'autre part, il restitue par la peau, les muqueuses, les
glandes, de l'acide carbonique, des sels minéraux, des
composés organiques à équivalents peu élevés et à formule simple, plus riches en oxygène. Envisagé par
rapport au milieu extérieur, l'animal est par conséquent un agent de combustion. Il combine l'oxygène,
tandis que la plante le met en liberté.

Ainsi, le point de vue auquel on se place pour opposer le rôle réducteur de la plante au rôle comburant
de l'animal, est celui d'où l'on considère les relations
de l'être vivant avec le monde ambiant. On ne réussit

à opposer le végétal à l'animal qu'en les envisageant par rapport au maintien de l'équilibre cosmique.

Cette vue est sujette à une objection capitale. Elle met en relief un caractère distinctif des règnes pris en bloc, mais non un caractère distinctif des individus pris isolément. Encore moins est-ce un caractère des éléments anatomiques considérés dans leur modalité vitale : d'où il résulte que ce caractère disparaît lorsqu'on aurait besoin de l'appliquer ; il s'évanouit lorsqu'on veut l'approfondir. Eu égard à toutes les actions chimiques dont le végétal est le théâtre, il est possible que la somme et l'énergie des actions réductrices l'emporte sur l'action oxydante. Mais il y a des individus végétaux pour lesquels la balance peut se faire en sens inverse. Les champignons, les plantes sans chlorophylle, rejettent surtout de l'acide carbonique, c'est-à-dire un composé plus saturé que les aliments absorbés. Il y a, en résumé, des oxydations et des réductions dans tout élément anatomique, dans toute plante ; et ce n'est qu'à la condition d'envisager la totalité du règne végétal, d'opérer la balance, faisant la somme d'actions qui ne sont pas toutes concordantes et tenant compte des compensations en nombre infini qui se neutralisent, que l'on peut attribuer au règne végétal le rôle réducteur.

L'animal fournit la contre-partie de cet argument : à comparer la totalité de ce qui entre dans son organisme à la totalité de ce qui en sort, on saisit manifestement l'existence d'une transformation par oxydation.

L'opposition est donc dans le rôle que les végétaux et les animaux remplissent par rapport à l'équilibre cosmique : elle n'existe point dans les procédés vitaux de l'individu ; elle n'existe pas dans l'élément morphologique, où se résout en dernière analyse la vie dans ce qu'elle a d'essentiel. Dans cet élément s'accomplissent, conformément à l'axiome de la physiologie générale, à la fois des oxydations et des réductions, nécessaires les unes et les autres et indissolublement connexes. C'est donc en quittant le terrain physiologique et en se plaçant au point de vue des harmonies de la nature, que l'on compare le règne animal et le règne végétal à une sorte de chaîne fermée, traversée toujours dans le même sens par des éléments nutritifs qui subiraient des réductions dans la partie correspondante aux plantes et des oxydations dans la partie correspondante aux animaux.

Lavoisier avait déjà dit : « Les végétaux puisent dans l'air qui les environne, dans l'eau et en général dans le règne minéral, les matériaux nécessaires à leur organisation. Les animaux se nourrissent ou de végétaux ou d'animaux qui ont eux-mêmes été nourris de végétaux. »

Liébig (1) disait plus tard :

« L'économie animale prépare avec les parties constituantes de son sang la substance des membranes, des cellules, des nerfs, du cerveau ; mais il faut que la substance du sang, jusqu'à ce qu'elle prenne une forme, soit offerte elle-même toute formée à l'animal. »

On voit que ces idées pourraient exprimer les rap-

______

(1) Liébig, *Lettre sur la chimie.*

ports réciproques des trois règnes dans une formule concise : *le règne minéral fournit, le règne végétal forme, le règne animal détruit.*

C'est donc surtout dans l'appréciation des rapports des animaux et des végétaux avec l'atmosphère, c'est-à-dire dans la respiration, que la théorie du dualisme a trouvé ses premiers et ses plus forts arguments. Le point de départ de l'opposition chimique entre les animaux et les plantes se trouve dans les découvertes accomplies à la fin du siècle dernier, relativement à la respiration.

L'expérience n'a pas confirmé cette idée du dualisme. Le phénomène de la respiration, loin de fournir un élément de distinction entre le règne animal et le règne végétal, ne fait que manifester plus clairement l'étroitesse des liens qui les unissent. Tout être vivant respire et toute respiration se traduit par les mêmes faits : absorption d'oxygène et exhalation d'acide carbonique. L'animal et le végétal respirent de même.

Nous devons faire ressortir cette identité en examinant successivement ce qui se passe chez les animaux et chez les végétaux.

LEÇON IX

Respiration animale.

Les phénomènes de la vie résultent du concours, ou
mieux, de l'accord de deux facteurs : 1° des conditions
extérieures ou extrinsèques : humidité, chaleur, air,
composition déterminée du milieu au point de vue chimique; 2° des conditions intrinsèques, propriétés immanentes de la substance organisée.

Ce concours nécessaire est assuré par des *fonctions*
dont la complication s'élève à mesure que la structure
de l'être vivant se complique. A propos de l'air, par
exemple, il y a lieu de considérer de deux manières ses
rapports avec l'organisme vivant : d'abord, au point de
vue des phénomènes qui s'accomplissent lorsque l'air
est mis en présence de chaque organisme élémentaire
ou élément anatomique; et en second lieu, au point de
vue des mécanismes par lesquels, chez les différents
individus, se trouve réalisée cette mise en présence.
De là deux ordres de phénomènes : les premiers, re-

latifs au rôle intime de l'air dans le fonctionnement vital élémentaire, sont, comme nous le verrons, tout à fait généraux, essentiels, constants; les autres, relatifs aux mécanismes qui assurent à toutes les parties de l'édifice leur quote-part d'air, sont tout à fait variables et accessoires. C'est à ces derniers, considérés dans leur ensemble, qu'on a réservé, par une exclusion fâcheuse, le nom de *respiration*.

La fonction de respiration doit exister partout, dans tous les êtres, puisque tous ayant besoin d'air, d'après ce que nous avons dit, il faut bien un mécanisme, aussi simple ou aussi compliqué qu'on le voudra, qui leur amène cet excitant nécessaire de l'irritabilité vitale. Et ce que nous disons ici de la respiration est vrai de toutes les autres fonctions. Les fonctions, en général, ne sont que des mécanismes plus ou moins compliqués, destinés à mettre les particules organiques en rapport avec leurs excitants extrinsèques.

Parmi ces mécanismes, celui qui est destiné à la distribution de l'air est l'un des plus remarquables. Il fonctionne en puisant l'air dans l'atmosphère et en l'amenant, par des rouages plus ou moins nombreux et délicats, jusqu'au contact de chaque particule vivante. Or, et c'est là un des caractères les plus remarquables de ce mécanisme, surtout chez les animaux supérieurs, il *fonctionne sans interruption*. La fonction de respiration offre donc, comparée aux autres, le caractère remarquable de la *continuité*, ou du moins d'une continuité bien plus grande. Cette continuité résulte de ce fait que l'organisme ne fait pas de réservés d'air, et qu'il puise au fur et à mesure de quoi suffire à la consommation des parties. Au contraire, la digestion, par exemple, fonction qui consiste à mettre les particules organiques en rapport avec le milieu chimique convenable, ou autrement, à ravitailler les particules vivantes des éléments constituants nécessaires, est *discontinue*. L'organisme puise par la préhension des aliments, à des intervalles plus ou moins longs, les matériaux qui seront dispensés aux éléments anatomiques : il fait pour ainsi dire des réserves de ces matériaux, qui remplissent la période intermédiaire entre les repas de l'animal.

Cuvier avait bien saisi, mais mal rendu, ce côté important, qui distingue la fonction de digestion des autres fonctions, et en particulier de la respiration. La nutrition, disait-il, est discontinue. C'est digestion qu'il fallait dire.

En résumé, nous voyons dans la respiration deux ordres de phénomènes : les uns, intimes, essentiels, se rapportent à l'action de l'oxygène sur l'élément anatomique et à l'usage que celui-ci en fait; les autres sont relatifs aux mécanismes préparatoires, préliminaires en quelque sorte, qui assurent le rapport de deux substances. Ceux-ci servent pour ainsi dire de préambule aux phénomènes essentiels, qui ont pour théâtre l'élément anatomique. Il y a *unité vitale* pour les premiers, en quelque lieu qu'on les envisage; il y a *variété fonctionnelle* pour les autres, d'une espèce à l'autre, d'un règne à l'autre.

Ce n'est pas d'emblée et dès le début que l'on est parvenu à cette notion si essentielle que les fonctions n'existent que pour les cellules, et en vue de leur fournir les conditions extrinsèques sans lesquelles elles ne sauraient vivre. Au lieu de considérer les fonctions comme des *moyens*, on a dû les considérer d'abord comme un *but* en soi, c'est-à-dire comme essentielles en elles-mêmes et pour elles-mêmes au mouvement vital, dont elles constituaient les manifestations les plus évidentes et pour ainsi dire les seules évidentes. Nous croyons avoir été des premiers, parmi les physiologistes, à formuler tout au contraire la subordination des moyens fonctionnels au but, qui est la vie cellulaire. Nous l'avons érigée en principe.

En examinant historiquement le développement de la question, nous allons voir par quelles étapes successives elle a passé. Nous verrons la respiration connue d'abord comme manifestation de l'individu, chez les êtres les plus élevés ; puis successivement étendue à tous les animaux dont cette fonction paraissait être un attribut ; puis aux végétaux. On en a fait d'abord le mode d'activité propre d'un appareil, le poumon ; — un peu plus tard on l'a localisée dans le sang ; — plus tard, enfin, on a reconnu qu'elle appartenait aux éléments. En sorte que la marche historique nous a amené à cette conclusion que nos connaissances actuelles nous permettaient de poser *à priori*, à savoir que la fonction existe pour l'élément anatomique, et non, comme on l'a cru longtemps, l'élément anatomique pour la fonction.

Les phénomènes si évidents par lesquels se manifeste la respiration de l'homme ont frappé l'attention la plus vulgaire dès l'antiquité la plus reculée. « Les mou-

» vements alternatifs et réguliers de la poitrine ; le
» souffle qui s'échappe des narines et de la bouche ;
» l'angoisse et la mort qui surviennent lorsque ce rhythme
» nécessaire vient à être interrompu ; le premier cri de
» l'enfant, le dernier soupir du mourant ; » tous ces
phénomènes respiratoires si évidents étaient bien faits
pour donner aux hommes une haute idée de l'importance de cette fonction ; et cette considération nous
explique que la respiration ait été confondue avec la vie
même, et que vivre et respirer soient devenus comme
des expressions synonymes.

Mais lorsqu'on a voulu se faire une idée plus précise du phénomène, on s'est adressé à des théories,
comme cela a toujours lieu en attendant les investigations scientifiques. Érasistrate pensait que la respiration
a pour effet de remplir d'air les vaisseaux artériels : les
veines seulement contenaient du sang, les artères étaient
remplies de l'air qui leur arrivait par la respiration.

Galien n'eut point de peine à renverser l'opinion
erronée d'Érasistrate et à prouver que les artéres contiennent du sang et non de l'air.

Le premier point qui ait frappé les observateurs,
c'est la nécessité du renouvellement de l'air. On savait
que l'homme et les animaux ont besoin d'air pour vivre,
et besoin que cet air soit renouvelé. L'animal ne tarde
pas à périr si l'atmosphère où il est placé est confinée,
sans renouvellement possible.

Quant au rôle que jouait l'air dans le phénomène
respiratoire, on avait, à défaut de connaissances précises, édifié des théories pour en rendre compte.

Théories physiques. — La plus ancienne est celle d'Aristote et de Galien qui fut adoptée par un grand nombre de philosophes ou de médecins : Descartes, Swammerdam, Hamberger, Boerhaave. Selon cette doctrine, la respiration a pour but de rafraîchir, par l'introduction de l'air extérieur, le corps de l'animal que la chaleur produite dans le cœur menacerait de dessécher et de corrompre.

Théories mécaniques. — D'autres théories, plus mécaniques, supposaient que l'air introduit dans les poumons, les dilate, les déploie, et y permet ainsi la circulation du sang. La respiration avait donc pour but de permettre la circulation dans le poumon, et pour moyen le déplissement de cet organe.

Hales et quelques iatro-mécaniciens proposèrent une autre explication : les mouvements alternatifs d'inspiration et d'expiration avaient, selon eux, pour but ou pour résultat de produire un brassage énergique du sang, brassage qui suffisait à modifier ce liquide, à le rendre rouge et vivifiant, comme cela a lieu lorsqu'on l'agite fortement dans un vase.

Théories chimiques. — Mais à côté de ces théories, dont le plus grand nombre devait disparaître aussitôt que la physiologie entrerait dans la voie expérimentale, nous trouvons les théories chimiques de la respiration, basées sur les changements de composition que l'air et le sang éprouvent dans leur conflit.

Déjà les anciens admettaient dans l'air inspiré un principe subtil, qui se détruisait en nous, et dans l'air expiré des principes altérés, mal définis, des fuliginosités.

C'est en 1674 que J. Mayow annonça l'existence dans l'air d'un *principe igno-aérien*, capable à la fois d'être cédé par l'air au sang, de servir par là à l'entretien de la vie, et, d'autre part, de se combiner aux métaux pendant la production de la rouille et la calcination artificielle, en augmentant leur poids. C'est le premier pas dans cette voie d'assimilation de la respiration à une combustion chimique que Lavoisier devait établir.

En 1757, Joseph Black constate que le principal changement de l'air qui sort des poumons consiste dans sa conversion en air fixe. Cet air fixe, qui donne un précipité dans l'eau de chaux, qui est engendré dans la fermentation du vin et dans la combustion du charbon, n'est autre chose que le gaz que nous connaissons aujourd'hui comme acide carbonique.

Les matériaux étaient prêts pour les découvertes de Lavoisier, Scheele et Priestley. L'esprit igno-aérien de Mayow, c'est l'oxygène; l'air fixe de Black, c'est l'acide carbonique.

Priestley, de 1775 à 1777, découvre l'oxygène, mais sans se rendre compte de sa découverte, enserré qu'il est dans la théorie du phlogistique de Stahl. La respiration pour lui n'est qu'un *procédé phlogistique*. Le sang cède du phlogistique à l'air, et il rejette par conséquent de l'air phlogistiqué (azote), et de l'air fixe (acide carbonique); il conserve de par lui l'air déphlogistiqué (oxygène).

Priestley avait pourtant découvert les faits essentiels qui permettent d'assimiler la respiration à une combustion : il avait constaté qu'un animal placé dans une enceinte confinée altère l'air de la même façon qu'une chandelle qui y brûle. C'était la nature de cette altération qu'il n'avait point saisie.

Ainsi, Priestley, quoique en possession de la plupart des faits nécessaires à édifier la théorie chimique de la respiration, ne put sortir de l'erreur de Stahl.

C'est Lavoisier qui eut cet honneur impérissable, et qui ouvrit par là une ère nouvelle à la physiologie, l'ère moderne. En 1777, il établit que la respiration n'a pas d'action sur l'azote, la partie méphitique de l'air, mais seulement sur la partie respirable, l'air pur ou oxygène, qui se trouve changé en acide carbonique (air crayeux). La respiration est, pour lui, une combustion lente de carbone et d'hydrogène qui produit un dégagement de calorique absolument nécessaire à l'entretien de la chaleur animale.

Cette assimilation de la respiration à une combustion était le trait de lumière qui dissipe toute obscurité et montre le vrai sens des choses. Le corps qui respire se comporte comme le corps qui brûle, et il engendre par le même procédé la chaleur que l'on y observe. Le corps vivant produit ainsi sa chaleur comme les corps bruts, en brûlant : à la vérité c'est une combustion lente sans flamme, mais la nature du phénomène est identique. Les lois de la chimie ont leurs applications dans les corps vivants : il n'y a pas lieu de distinguer entre la nature vivante et la nature inanimée.

Le point principal de la question est dès lors élucidé. Le principe fondamental, qui devait dissiper les fantômes vitalistes, est nettement posé. Il reste à perfectionner, c'est-à-dire à acquérir les détails de la théorie désormais établie.

Deux espèces de difficultés subsistent encore après Lavoisier : la première est de savoir de quelle nature intime est cette combustion lente des matériaux de l'organisme par l'oxygène ; la seconde est de savoir quels sont ces matériaux, quelles sont ces parties, qui sont brûlés, en un mot, quel est le lieu de la combustion respiratoire.,

Lavoisier eut quelques incertitudes à cet égard. Il se demanda si le poumon était le lieu de la combustion ou simplement de l'échange. Après avoir hésité, il penchait cependant pour la première opinion. Ses successeurs ont été, à cet égard, beaucoup plus affirmatifs que lui, et ils ont supposé que le poumon était bien le siége de la combustion respiratoire.

Lagrange porta le premier coup à cette théorie, en soutenant que si le poumon était véritablement le foyer d'où se répand toute la chaleur de l'organisme, sa température serait tellement élevée qu'il serait bientôt désorganisé et détruit. Le raisonnement physique de Lagrange est, paraît-il, entaché d'erreur, selon M. Berthelot. En calculant la quantité de chaleur qui serait formée dans le poumon, si toute la combustion respiratoire s'y accomplissait, M. Berthelot a montré que cette quantité, loin d'être capable de détruire l'organe, n'élèverait sa température que d'une quantité insignifiante.

Quoi qu'il en soit de l'argument, la conclusion n'en a pas moins une valeur que l'expérience a établie plus tard : la combustion respiratoire ne se fait point dans le poumon.

Les expériences qui sont venues corroborer les conclusions de Lagrange sont celles de Spallanzani et de William Edwards. Ces expériences montrèrent que l'acide carbonique ne se forme pas instantanément dans le poumon aux dépens de l'oxygène, premier fait contraire à l'idée d'une combustion directe; et en second lieu, que l'acide carbonique exhalé s'engendre non dans le poumon, mais dans la profondeur de l'organisme d'où il peut être rejeté successivement. On dut admettre alors que le poumon était seulement le lieu de l'échange (absorption et excrétion) et non le foyer de combustion.

En 1837, Magnus fit entrer la question dans une voie nouvelle en étudiant les gaz du sang. Les expériences que lui-même avait faites n'étaient pas concluantes : Gay-Lussac et Magendie, en interprétant les nombres fournis par Magnus, prétendirent qu'ils plaidaient contre la conclusion même que celui-ci en avait tirée. Mais les analyses ultérieures faites par les successeurs de Magnus, en perfectionnant les méthodes, légitimèrent les conclusions de celui-ci : elles montrèrent que le sang veineux renfermait moins d'oxygène et plus d'acide carbonique que le sang artériel. C'était donc dans les tissus, pendant le passage du sang à travers les capillaires généraux, que se produisait la combustion.

Ainsi les études sur les animaux ont révélé, à quelques détails près, la nature intime de l'acte respiratoire et le lieu de cette action. Elle équivaut à une combustion : nous aurons à revenir sur cette question à la fin de nos leçons. En second lieu, c'est un phénomène général, et non point local. On ne comprendrait pas qu'il en fût autrement. Tous les animaux respirent, et cependant tous n'ont pas de poumons. La nécessité de l'air pour tous et l'existence de la respiration ont été établies par une multitude de travaux; Jean Bernouilli montra le premier que les poissons ne sauraient vivre dans une eau qui ne renfermerait point d'air. La respiration des mollusques a été établie par Spallanzani.

Enfin des recherches nombreuses ont montré que non-seulement l'animal pris dans sa totalité respirait, mais que chacune de ses parties se comportait de la même manière. Spallanzani a observé la respiration des tissus, des muscles, détachés du corps de l'animal. Georges Liébig, plus tard, a repris cette question, et ses expériences ont soulevé des débats auxquels ont pris part un grand nombre de physiologistes. M. P. Bert (1) a exécuté des expériences pour constater la respiration et l'activité de cette respiration dans la plupart des tissus.

Il résulte de ces faits que la respiration est une *propriété* générale qui appartient à tous les animaux et à toutes leurs parties; c'est un phénomène élémentaire. Considérée comme *fonction* variable d'un être à l'autre, elle n'a pour but que de permettre le phénomène élémentaire partout identique.

(1) P. Bert, *Leçons sur la physiologie comparée de la respiration*, Paris, 1870.

LEÇON X

Respiration des plantes. — Historique.

SOMMAIRE. — Expériences de Van Helmont. — Le comte Saluces. — Expériences fondamentales de Priestley sur l'antagonisme des plantes et des animaux au point de vue de leur respiration. Lacunes de ces expériences. Lumières apportées dans la question par Ingenhousz, Senebier, Th. de Saussure. Distinction de la respiration proprement dite et de la fonction chlorophyllienne. Garreau.

Peu de questions ont donné lieu à autant de confusions et à autant de débats que celle de la respiration des végétaux, sur laquelle pourtant on a fondé, de notre temps, le dualisme vital. Pendant longtemps on n'a rien connu de la physiologie des plantes, et en particulier rien de leurs rapports avec l'atmosphère ou de leur respiration. A tous les points de vue, les manifestations vitales ont été plus ignorées dans le règne végétal que dans le règne animal, et l'on peut dire que c'est la physiologie animale qui a toujours précédé et poussé en avant la physiologie végétale.

Il importe peu de rechercher dans l'antiquité des notions que celle-ci ne pouvait posséder. C'est seulement au xvie et au xviie siècle que nous trouverons les origines des théories actuelles.

C'est à Van Helmont que l'on doit les premières connaissances expérimentales sur la question.

Van Helmont (1577-1644) est l'une des figures les plus singulières que nous offre l'histoire de la science. Venu à une époque de transition, il forme lui-même le trait d'union entre les savants mystiques du moyen âge et les expérimentateurs modernes.

Son esprit offre un singulier mélange de tendances systématiques, d'idées obscures et théosophiques, de conceptions étranges et de vues bizarres ou extravagantes : tout cela mêlé à des qualités de premier ordre et à un véritable génie expérimental. Comme l'ont rappelé plusieurs de ses biographes, Van Helmont possédait à l'égard du feu, de l'air, des gaz, de la terre et de l'eau, des connaissances bien en avance sur celles de son temps. Il eut la conscience nette des fluides aériformes et de leur rôle dans les phénomènes de la chimie. Il s'occupa le premier de chimie organique ; il introduisit la balance et le calcul dans les recherches ; il détermina la nature de la flamme et fonda la chimie pneumatique. C'est lui, du reste, qui a créé le mot *gaz* ou *gas*, dérivé de l'allemand *Gahst* ou *Geist*, qui veut dire esprit.

Relativement à la vie des plantes, Van Helmont fit deux expériences très-importantes, très-remarquables pour l'époque, mais dont il ne pouvait alors donner l'interprétation exacte.

Voulant savoir aux dépens de quoi vivaient les végétaux, il prit 200 livres de terre desséchée au four, qu'il plaça dans un vase et dans laquelle il planta une branche de saule pesant 5 livres. Pendant cinq ans, il laissa croître la branche, l'arrosant seulement avec de l'eau de pluie ou de l'eau distillée. La plante avait grandi rapidement. Lorsqu'il la pesa de nouveau, il lui trouva, à l'exclusion des feuilles, un poids de 169 livres 3 onces, tandis que la terre, de nouveau desséchée, n'avait perdu que 2 onces. Ainsi, 164 livres et 1 once de substance s'étaient fixées dans le végétal. D'où provenait ce gain? Van Helmont n'hésita pas à le rapporter à l'eau qu'il avait versée sur le végétal, et il n'eut pas l'idée de faire intervenir l'atmosphère. Cette expérience se rattachait dans son esprit à une conception sur l'universalité de l'eau comme principe matériel des corps bruts et vivants. Van Helmont n'admet en effet que deux éléments, l'eau et l'air ; plus, le *magnale*, corps intermédiaire entre l'air et les corps célestes. Il crut donc que c'était l'eau avec « laquelle il arrosait la » plante qui s'était transformée en saule, c'est-à-dire » que le bois de saule est de l'eau qui a pris une forme » nouvelle, ou enfin que l'eau est le principe de tout ».

Mais cette conclusion, qui portait l'empreinte des erreurs ou de l'ignorance de son temps, n'empêche point d'admirer l'appropriation si parfaite de l'expérience au but poursuivi, et la complète rigueur avec laquelle elle a été conduite.

La physiologie botanique et la chimie sont redevables à Van Helmont d'une autre expérience. Cette seconde expérience de Van Helmont consista à opérer la combustion de 69 livres de charbon de chêne, d'où l'expérimentateur ne retira qu'une livre de cendres. Il conclut que 64 livres de charbon s'étaient changées en un air invisible, le gaz ou l'*esprit sylvestre*, auquel il reconnut la propriété de troubler l'eau de chaux et qu'il retrouva plus tard dans les cuves de la fermentation et dans l'air impropre à la respiration et à la combustion. C'est notre gaz acide carbonique, dont la découverte est due ainsi à Van Helmont.

Van Helmont, qui était médecin, s'est aussi beaucoup occupé des fonctions animales. Ses idées physiologiques et médicales ont été résumées par M. le docteur W. Rommelaere dans un excellent mémoire couronné par l'Académie royale de Belgique. Van Helmont a écrit sur la physiologie du corps humain une sorte d'épopée dont les héros étaient les *archées*. Nous n'avons pas à nous arrêter sur toutes les divagations de cet esprit illuminé; il nous suffit d'avoir montré qu'à côté de ces rêveries il existait chez lui un sentiment scientifique fortement empreint dans les quelques expériences qu'il nous a laissées. Van Helmont fut le dernier des alchimistes.

Priestley (1728-1804) doit être regardé comme le continuateur de Van Helmont, quoiqu'il en soit séparé par Stahl, qui exerça encore une si grande influence sur la chimie et la physiologie elle-même. Il y a, du reste, une certaine analogie entre nos deux auteurs. Comme Van Helmont, Priestley a un esprit capable d'allier les conceptions les plus vagues et les plus nuageuses à un génie expérimental, précis et rigoureux.

Le docteur Joseph Priestley, ecclésiastique anglais et philosophe, s'était jeté avec ardeur dans les discussions philosophiques, théologiques et politiques de son temps; il s'associa avec enthousiasme à la Révolution française, s'attira des persécutions, et, forcé par le gouvernement anglais de s'exiler, il se retira en Amérique, où il mourut, en 1804, d'un empoisonnement accidentel. Priestley était en outre physicien et chimiste, et ses travaux dans ces sciences ont rendu son nom immortel. C'est dans son *Traité des différentes espèces d'air*, publié de 1774 à 1779, que Priestley a consigné les découvertes et les expériences fondamentales dont nous avons à rendre compte.

Priestley étudia successivement l'*air inflammable* (hydrogène), l'*air fixe* (acide carbonique), l'*air phlogistiqué* (azote), et il reconnut que tous étaient impropres à entretenir la respiration et la combustion; ils éteignaient la lumière et la vie. Il se servait de petits animaux pour essayer l'action pernicieuse de ces différents airs. Plus tard, il employa l'air nitreux comme réactif de l'air vital ou *déphlogistiqué* (oxygène). Priestley montra clairement que la combustion, la fermentation, la respiration, la putréfaction, produisaient tantôt de l'air fixe, tantôt de l'air inflammable, tantôt de l'air phlogistiqué. Il y avait donc une infinité de causes capables de vicier l'air.

Priestley savait que la respiration des animaux altère continuellement la composition de l'atmosphère, et il était préoccupé de connaître pourquoi l'air ne paraissait pas vicié et pourquoi les animaux continuaient à y vivre, alors qu'une multitude de générations d'êtres travaillaient depuis des milliers d'années à le corrompre en absorbant d'immenses quantités d'air déphlogistiqué (oxygène), en y versant des torrents d'air fixe (acide carbonique).

Comment l'air atmosphérique est-il toujours aussi propre à entretenir la respiration? Comment le milieu respiratoire est-il rétabli dans sa pureté primitive?

Les naturalistes s'étaient souvent préoccupés de ce problème. Une explication proposée tomba sous les yeux de Priestley. Elle avait été publiée (1) par le comte Saluces. Ce sont les froids de l'hiver. disait l'auteur, qui détruisent les émanations putrides et restaurent le milieu respiratoire. Cette opinion s'appuyait sur un fait de notoriété vulgaire, à savoir que le froid empêche la putréfaction, tandis que la chaleur favorise ordinairement les fermentations putrides.

Priestley (2) rapporte cette théorie. Il ajoute qu'il résolut de soumettre au contrôle de l'expérience les assertions de l'auteur italien. Pour cela, il fit brûler des chandelles dans des enceintes limitées, ou bien il y laissa séjourner des animaux, jusqu'à ce que, tout l'air ayant été vicié, la respiration ou la combustion fussent devenues impossibles : les animaux y mouraient, les lumières s'y éteignaient. Cet air fut ensuite exposé au froid de fortes gelées ; mais, après comme avant l'exposition, les animaux n'y pouvaient vivre.

Le fait avancé de l'influence régénératrice du froid était donc controuvé. L'action corruptrice de la chaleur était une hypothèse tout aussi inexacte : chandelles

(1) *Mémoires de la Société philosophique de Turin*, t. Ier, p. 41.
(2) Priestley, *Expériences et observations sur différentes espèces d'air*, t. Ier, p. 61, 1775.

ou animaux pouvaient parfaitement vivre ou brûler dans l'air ordinaire qui avait préalablement traversé un tube rougi.

Après avoir renversé la théorie du comte Saluces, Priestley chercha à édifier la théorie véritable qui devait lui être substituée. Il résolut de ne se fier qu'à l'expérience, et il combina tout un plan d'épreuves ingénieusement conçues et savamment exécutées.

D'abord il constata un fait important, à savoir, que l'air était vicié exactement de la même manière par la lumière qui s'y consume et par l'animal qui y respire. Dans le milieu irrespirable où l'animal a cessé de vivre, la chandelle s'éteint ; dans le milieu impropre à la combustion où la lumière a cessé de brûler, l'animal ne peut plus vivre. La valeur de ce premier résultat si simple n'échappera à personne. On y trouve la première assimilation entre la respiration et la combustion, que Lavoisier devait démontrer plus tard, et le premier progrès dans la voie féconde de la chimie physiologique.

C'est alors que Priestley fit intervenir la plante. Il voulut savoir comment une plante se comporterait ; si, par exemple, elle pourrait vivre dans ce milieu vicié où la respiration de l'animal et la combustion de la chandelle ne pouvaient plus s'accomplir. C'est ainsi qu'il fut conduit à la célèbre expérience, dans laquelle, après avoir laissé mourir des souris au sein de l'air confiné sous une cloche et avoir constaté que l'air vicié ne permettait plus à d'autres souris d'y vivre, il y plaça des pieds de menthe et observa que non-seulement le végétal ne manifestait aucun trouble vital, aucune déchéance, mais qu'au contraire il y prospérait et s'y développait avec une extrême vigueur.

Priestley alla plus loin, et il constata que cet air, primitivement vicié par la respiration animale et dans lequel la plante avait vécu, avait été purifié et avait récupéré son aptitude à entretenir la vie d'un animal qu'on y introduisait de nouveau.

Ainsi, c'est à Priestley que revient la gloire d'avoir découvert que les animaux et les végétaux agissent d'une manière inverse sur le milieu où ils sont plongés : leurs influences antagonistes se contre-balancent continuellement et maintiennent l'équilibre de l'atmosphère. La couche d'air qui enveloppe notre globe est comme cette enceinte limitée dont nous parlions tout à l'heure, où l'animal peut vivre indéfiniment à la condition qu'une plante rétablisse à chaque instant dans sa pureté originelle l'air que lui-même corrompt incessamment. La feuille de la plante travaille pour le poumon de l'animal.

Les contemporains de Priestley, parmi lesquels on peut citer Franklin et Pringle, rendirent hommage à ses découvertes. Pringle développa, dans un discours, cette loi grandiose d'antagonisme entre le règne végétal et le règne animal. Non-seulement, disait-il, les plantes salutaires purifient incessamment l'air, mais les plantes vénéneuses elles-mêmes, qui renferment des poisons violents capables de détruire la vie animale, l'entretiennent d'un autre côté en contribuant à la purification de l'atmosphère.

Une grande harmonie naturelle était ainsi dévoilée.

Le rapport de la vie animale et de la vie végétale était trouvé : il consistait dans un antagonisme continuellement compensé. La plante qui végète, l'herbe qui pousse, étaient la condition d'existence de l'animal qui respire, comme l'acide carbonique que le poumon exhale devient également la condition de la vie de la plante. Aussi admit-on que sur notre globe primitivement nu les végétaux avaient dû apparaître les premiers et précéder les animaux pour leur préparer un milieu convenable, les végétaux ayant eux-mêmes reçu primitivement l'acide carbonique nécessaire à leur existence du règne minéral, c'est-à-dire du cratère des volcans, aujourd'hui éteints pour la plupart.

C'est donc à cette époque, il y a environ un siècle, et surtout sous l'influence des brillantes découvertes de Priestley, que s'établit réellement cette opinion de la dualité vitale ou de l'antagonisme entre les animaux et les végétaux ; on crut qu'ils respiraient d'une manière inverse, les uns en altérant incessamment l'atmosphère, les autres en la purifiant constamment.

Toutefois les expériences de Priestley étaient loin de comporter une généralité aussi étendue et aussi importante dans ses conséquences que celle qu'on leur avait attribuée même de son temps. Disons d'abord que sa célèbre expérience, relative à la puissance révivifiante des végétaux sur l'air vicié, n'est pas une expérience constante ; elle n'est pas complète et ne représente qu'un côté d'un phénomène en réalité très-complexe.

Plus tard, en effet, Priestley reprit ses recherches, et les résultats ne lui parurent plus aussi nets ; il trouva même que parfois les végétaux vicient l'air comme les animaux. La satisfaction d'avoir découvert une loi aussi grandiose fut singulièrement obscurcie dans son esprit par les doutes qui l'assaillaient, et il tomba dans la plus grande perplexité devant les lacunes et les incertitudes que présentait sa théorie. Il en vint à dire qu'une expérience concluante doit faire rejeter celles qui ne le sont pas. Il rejeta donc les épreuves qui n'avaient point réussi et dans lesquelles l'air était vicié par les végétaux comme par les animaux ; il les considéra comme mauvaises et n'accepta désormais que les premières, celles qu'il appelait « les bonnes expériences ».

C'est là une philosophie expérimentale que nous ne saurions admettre. Il n'y a pas de bonnes et de mauvaises expériences ; toutes existent et toutes sont bonnes dans leurs conditions déterminées. Si les résultats de Priestley varièrent, c'est que, bien qu'il eût fait une découverte de premier ordre, il n'en avait pas compris le véritable déterminisme. C'est à ses successeurs qu'était réservé le mérite de faire connaître les conditions exactes du phénomène.

Un médecin anglais fixé à la cour d'Autriche, Ingenhousz (1787), frappé de la grandeur des résultats obtenus par Priestley, résolut d'étudier lui-même la question et de dissiper les contradictions contre lesquelles s'était heurté l'illustre chimiste. Il plongea des plantes dans des flacons pleins d'eau de source, munis d'un tube de dégagement, et recueillit les gaz exhalés. C'était tantôt de l'oxygène, tantôt de l'acide carbonique. Il détermina les circonstances qui régissaient ces phénomènes opposés et il reconnut que c'était la présence ou l'absence des rayons solaires qui entraînait le résultat. Ainsi, c'est grâce au soleil que les végétaux purifient l'air; à l'ombre ils le vicient à la façon des animaux. Mais si Ingenhousz précisa une des conditions essentielles du phénomène, il n'en comprit pas la nature. Il crut que c'était l'eau qui fournissait l'oxygène.

Un peu plus tard, Senebier reconnut l'origine de l'oxygène exhalé au soleil. Cet oxygène provient de l'acide carbonique absorbé par les feuilles à l'état de gaz, ou par les racines à l'état de dissolution; le gaz se décomposait, abandonnait son carbone à la plante et rejetait incessamment l'oxygène.

Enfin, Th. de Saussure établit, en 1804, que l'oxygène est aussi indispensable à la vie de la plante qu'à celle de l'animal. Il vit le végétal se comporter pendant la germination exactement comme l'animal, en absorbant l'oxygène et en exhalant l'acide carbonique; il constata que les feuilles placées dans l'obscurité produisent une petite quantité d'acide carbonique formé aux dépens de l'oxygène. Il reconnut, de plus, que les parties vertes étaient seules capables de réduire l'acide carbonique sous l'influence solaire, et que les parties autrement colorées, ou même les parties vertes à l'obscurité, jouissaient de la propriété inverse, c'est-à-dire altéraient l'air à la façon des animaux, en absorbant l'oxygène et en dégageant de l'acide carbonique.

La preuve de la décomposition de l'acide carbonique par les plantes ayant été fournie par les expériences directes de Saussure et par les célèbres expériences de

Boussingault en 1840, on observa bientôt (Vogel et Witthner, Unger) que tout l'acide carbonique décomposé par les feuilles n'était pas nécessairement puisé par celles-ci dans l'atmosphère, mais qu'une partie pouvait y être amenée du sol par les racines.

Après toutes ces expériences et ces travaux nombreux, le rôle réducteur des plantes ne semblait plus faire de doute. Toutes les circonstances de la réduction étaient connues, le rôle de la chlorophylle, la nécessité de la lumière, le mécanisme de l'action.

D'autre part, les expériences concordantes d'un grand nombre de botanistes sur la manière dont se comportaient en tous temps les végétaux dépourvus de matière verte, tels que les champignons, ou les parties d'un végétal autrement colorées, fleurs, corolle et étamines, bourgeons, et surtout les graines pendant la germination, enfin la nature même des échanges gazeux accomplis dans tout le végétal, y compris les parties vertes, pendant la nuit ou à l'obscurité, tout cela montre qu'il existe, à côté de l'action réductrice que nous venons de signaler, une autre action non moins importante mais plus générale, une combustion respiratoire véritable. Garreau, un botaniste contemporain, a le premier insisté sur la nécessité de séparer ces deux ordres de phénomènes trop souvent confondus (1) : cette distinction a été acceptée et formulée en théorie générale par le botaniste allemand Jul. Sachs : on peut la considérer aujourd'hui comme consacrée dans la science.

(1) Garreau, *Expériences au soleil.*

On a donc confondu sous la dénomination générale de respiration végétale deux ordres de faits bien différents. Ces faits n'ont rien de commun, si ce n'est de consister en des échanges de gaz entre la plante et l'atmosphère; mais ils sont opposés dans leur essence en ce que les uns ont pour résultat une absorption d'acide carbonique et une restitution d'oxygène, et les autres, au contraire, une absorption d'oxygène et une restitution d'acide carbonique. Dans le premier cas, il y a dans la plante un dépôt de carbone qui sert à son accroissement: ce phénomène est donc un véritable phénomène de nutrition, de réduction, et doit être distrait des actes respiratoires véritables; nous l'appellerons *fonction chlorophyllienne.*

Le second phénomène, inverse du précédent, qui a pour résultat une absorption d'oxygène et un dégagement d'acide carbonique, c'est-à-dire un phénomène de combustion et une perte de substance pour le végétal, est entièrement semblable à l'acte respiratoire que l'on observe chez les animaux. Il mérite véritablement le nom de respiration. Nous l'appellerons *respiration* proprement dite.

Les échanges gazeux entre les végétaux et l'atmosphère sont donc le résultat de deux actions distinctes et antagonistes : action chlorophyllienne et respiration proprement dite. Avant d'avoir établi cette distinction lumineuse, on étudiait le fait de l'échange, en bloc, pour ainsi dire; on n'observait que la résultante de deux actions opposées, résultante qui est dans un sens ou dans l'autre, suivant que l'une ou l'autre l'emporte sur son antagoniste. La compréhension des phénomènes ne peut être complète que lorsqu'on saura faire la part de ces deux influences physiologiques, en les étudiant séparément.

Les expériences célèbres de Théodore de Saussure ont mis hors de doute cette double action dans les feuilles des végétaux. Pendant la nuit, des feuilles enfermées dans une cloche vicient l'air en absorbant de l'oxygène et en exhalant de l'acide carbonique. Pendant le jour, sous l'influence solaire, la plante agit en sens inverse et restitue l'oxygène au milieu, parce que l'énergie de l'action chlorophyllienne l'emporte alors sur l'énergie de la respiration véritable.

La réduction de l'acide carbonique appartient exclusivement à la chlorophylle dont la faculté spéciale, immanente à sa substance, se manifeste seulement lorsque cette substance est soumise à l'influence de la lumière. Il faut donc reconnaître là une propriété limitée dépendant d'une substance déterminée, et non point une propriété générale. On pourra l'assimiler à toutes les autres propriétés fonctionnelles et dire que la molécule chlorophyllienne est apte à décomposer l'acide carbonique à la lumière : elle possède cette faculté spéciale comme le tube nerveux de l'animal possède la faculté de conduire l'excitation nerveuse, comme la fibre musculaire possède la contractilité. Les rayons solaires sont l'excitant approprié qui met en jeu cette fonction.

Au contraire, le phénomène inverse, qui consiste en une absorption d'oxygène et un dégagement d'acide carbonique, dépend d'une propriété générale appartenant à toute cellule organisée, c'est-à-dire à tout ce qui vit. Ce phénomène est entièrement semblable chez le végétal à l'acte respiratoire que l'on observe chez les animaux. Il mérite seul le nom de *respiration* dans les deux règnes.

Celle-ci est absolument générale, elle est commune à tous les éléments anatomiques végétaux ou animaux: elle ne s'arrête et ne se suspend jamais. Elle a tous les caractères des phénomènes de la nutrition, à savoir : la continuité et l'universalité. On la constate dans les fleurs, les bourgeons, les graines, les tiges, les racines ; on la trouve dans les plantes sans chlorophylle, comme les orobanchées et les champignons; enfin, elle existe aussi dans les organes verts, où elle constitue ce qu'on a appelé la *respiration nocturne* ou la *respiration à l'ombre*, autrefois opposée par les botanistes à la fonction diurne chlorophyllienne qui a besoin des rayons solaires pour s'exercer. Mais de jour ou de nuit, à l'ombre ou au soleil, à l'air ou dans l'eau, la respiration ne cesse jamais, car sa cessation serait la mort.

En résumé, la propriété respiratoire proprement dite est commune au végétal et à l'animal: l'un et l'autre ont besoin d'oxygène pour accomplir les combustions organiques qui se passent en eux. C'est là, par conséquent, une analogie frappante qui, au lieu de prouver la dualité de la vie dans les deux règnes, en manifeste au contraire l'harmonieuse unité.

LEÇON XI

Variété des mécanismes respiratoires. — Unité du but.

SOMMAIRE. — Distinction générale des *propriétés* et des *mécanismes fonctionnels*. — Type schématique de l'appareil respiratoire. — Deux cas à distinguer : 1° L'air va au-devant de la cellule : êtres monocellulaires, éléments anatomiques. 2° La cellule se déplace pour venir au contact de l'air : globules du sang.

Il est nécessaire, au point de vue de la physiologie générale, d'établir une distinction fondamentale entre les fonctions et leurs moyens d'exécution. Les *fonctions* vitales considérées dans ce qu'elles ont d'essentiel ont un caractère d'universalité et de permanence qui ne s'arrête pas aux limites factices des deux règnes : elles appartiennent à tous les êtres vivants ; réduites à leur essence, dans les êtres les plus simples, elles constituent les *propriétés* vitales. Le but des fonctions est partout le même : c'est dans cette unité du but que réside l'unité vitale.

Mais, si le but est le même partout et toujours, les moyens d'exécution, ou, pour dire autrement, les *mécanismes* fonctionnels, sont infiniment variés. C'est dans cette variété que réside la diversité vitale.

Cette distinction n'a pas toujours été faite : on n'a pas su distinguer le plus souvent le moyen du but, et le physiologiste, préoccupé des différences apparentes, est tombé dans l'erreur de considérer comme la fonction elle-même ce qui n'est qu'un des procédés par lesquels elle peut s'accomplir.

Le phénomène intime, essentiel, de la respiration est celui qui se produit lorsque l'air, ou la partie active de l'air, l'oxygène, se trouve en contact dans le milieu circum-cellulaire avec l'élément anatomique : la fonction de respiration a précisément pour but d'amener ce contact, et ce résultat peut être obtenu par une infinité de moyens différents chez les différents animaux ou végétaux. La condition essentielle, constante, est ici le contact de l'oxygène avec l'élément anatomique; la condition variable, c'est le mécanisme qui assure ce résultat chez tel ou tel être vivant.

On trouve dans les mécanismes respiratoires tous les degrés de complication offerts par les différents êtres, depuis l'être monocellulaire où il est pour ainsi dire réduit à néant, jusqu'à l'homme où il constitue un grand appareil dont le jeu est très-compliqué.

Pour les êtres les plus simples, monocellulaires, l'oxygène existe dans le milieu ambiant, et alors l'être qui n'a rien fait pour l'y amener en profite pour son développement vital. Si l'oxygène fait défaut, l'être ne vit pas, ne se développe point. Lui-même n'intervient donc par aucune fonction pour s'assurer cet élément indispensable : le hasard des circonstances extérieures le lui fournit ou le lui refuse. Aussi ces êtres sont-ils soumis à toutes les vicissitudes cosmiques.

Cependant, si l'oxygène n'est pas fourni directement à l'être monocellulaire, celui-ci peut, dans certaines circonstances, l'extraire, par une véritable fonction respiratoire, du milieu ambiant. Selon Pasteur, la cellule de levûre privée d'oxygène enlève cet élément au sucre, s'il y en a autour d'elle, et par là provoque le dédoublement de cette substance, ou, pour mieux dire, la fermentation alcoolique. Un grand nombre d'autres organismes élémentaires seraient dans le même cas, si l'on en croit les observations récentes de quelques chimistes physiologistes. En résumé, l'appareil respiratoire devient inutile et cesse d'exister chez les organismes simples unicellulaires ou paucicellulaires, qui, en raison de leur faible volume et de leur constitution simple, peuvent être facilement pénétrés dans toute leur masse par les liquides et les gaz qui les entourent.

Chez les êtres plus élevés, chez les animaux supérieurs où les éléments de nature diverse sont réunis en masse pour constituer les tissus, l'oxygène a un trajet bien plus long à faire pour arriver de l'atmosphère jusqu'aux éléments les plus profondément situés, et l'on conçoit alors la nécessité d'appareils spéciaux pour faire pénétrer et convoyer l'oxygène dans les tissus. On conçoit également que ces appareils doivent varier à l'infini dans leur forme et leur agencement pour s'adapter aux conditions si diverses, tant intérieures qu'extérieures, dans lesquelles se manifeste la vie. C'est le rôle de la physiologie comparée d'étudier ces structures différentes et d'en rendre compte, tandis que la physiologie générale accorde seulement son attention aux traits communs de la structure et à ce qu'il y a de général et d'essentiel dans la fonction.

La physiologie comparée enseigne que les échanges gazeux entre le milieu ambiant et l'organisme se font au moyen d'un appareil formé d'une membrane qui sépare l'atmosphère gazeuse des tissus ou des liquides où l'oxygène doit pénétrer. Telle est la forme la plus générale et la plus simple de l'appareil respiratoire chez les animaux : une membrane, d'un côté de laquelle se trouvent les tissus ou le sang tandis que de l'autre côté se trouve l'oxygène, ou combiné, ou dissous, ou à l'état libre.

Toute espèce de membrane animale peut servir de membrane respiratoire : mais elle réalise plus ou moins complétement les conditions favorables à l'échange gazeux. C'est ainsi que la peau peut permettre, chez beaucoup d'animaux, la pénétration de l'oxygène et l'expulsion de l'acide carbonique. Mais la peau n'est pas encore un appareil assez spécialisé : les organes respiratoires proprement dits présentent une adaptation plus complète de cette membrane à l'usage qu'elle doit remplir. La membrane respiratoire se plisse, de façon à présenter la plus grande surface sous le moindre volume. Elle peut être déprimée en sacs, loges, cavités plus ou moins anfractueuses : c'est le cas des poumons; elle peut être au contraire repoussée en saillies plus ou moins ramifiées : c'est le cas des branchies. On pourrait dire qu'il y a un grand nombre d'appareils respiratoires chez un même animal, si l'on devait donner ce nom à toutes les parties qui, permettant l'introduction de l'oxygène et l'élimination de l'acide carbonique, servent à la respiration : mais on le réserve à l'organe particulier où sont réunies au plus haut degré les conditions d'un énergique échange de gaz, c'est-à-dire l'amincissement et l'humidification de l'enveloppe, la multiplication des surfaces, la richesse de l'irrigation sanguine, le renouvellement le plus rapide du milieu oxygéné.

Il appartient aux zoologistes, nous le répétons, de faire connaître les degrés croissants de la complication de l'appareil respiratoire des animaux ; aux botanistes de montrer les variétés qu'il offre dans le règne végétal.

La physiologie générale doit, au contraire, faire abstraction de ces différences d'organes, c'est-à-dire de mécanismes, pour concentrer son attention sur les éléments ultimes, pour lesquels, en dernière analyse, les mécanismes sont faits. Or, les éléments anatomiques respirent tous de la même manière directe que ces êtres inférieurs monocellulaires dont nous avons parlé tout à l'heure. Ici, il n'y a plus de différences de volume ou de complexité, et les premiers histologistes ont depuis longtemps observé que le volume des éléments constitutifs des tissus est sans rapport nécessaire avec celui de l'animal ou de l'être vivant et varie dans des limites infiniment moins étendues que l'individu lui-même.

En restant sur ce terrain de la physiologie des éléments, nous devons cependant faire une distinction importante, et considérer deux catégories de faits. Tantôt l'air va trouver l'élément *in situ* dans le lieu où il est fixé, au sein des tissus ; tantôt l'élément se déplace et vient trouver l'air.

Dans les animaux supérieurs, nous trouvons à la fois les deux modes de fonctionnement respiratoire ; et c'est par leur jeu simultané que se trouvent reliées deux grandes fonctions : la respiration et la circulation.

Examinons plus en détail chacun de ces deux modes respiratoires élémentaires.

A. Chez les végétaux, c'est l'air qui va au-devant des éléments anatomiques dans les tissus. L'air pénètre à travers les stomates des feuilles ; il circule dans la plante ; et bien que le mécanisme de cette circulation soit encore peu connu, le fait de la pénétration de l'air et de son renouvellement ne fait pas de doute. Liebig avait admis qu'une partie de cet air pénétrait par les racines et servait à la circulation des sucs de la plante.

La respiration des tissus végétaux est prouvée par le fait de l'altération de l'air contenu dans leurs interstices, altération tout à fait analogue à celle que nous connaissons chez les animaux. C'est ce qui ressort d'un grand nombre d'analyses parmi lesquelles nous choisirons celle que M. Boussingault a faite de l'air contenu dans le *Laurus Nerion ;* on a trouvé, pour 100 parties de gaz, 88 parties d'azote, 6 d'oxygène, 6 d'acide carbonique. Ces proportions indiquent évidemment que l'air a été appauvri en oxygène par les tissus et enrichi en acide carbonique.

Tels sont les résultats que fournit l'analyse, en été, au moment où la plante respire avec une certaine activité. En hiver il n'en est plus de même, et le gaz présente la composition de l'air presque pur ; la respiration, à ce moment, est suspendue comme presque tous les autres phénomènes de la vie végétale. C'est là d'ailleurs une nouvelle analogie avec ce que nous observons chez certains animaux, les animaux hibernants et ceux, comme la grenouille, qui s'engourdissent pendant l'hiver; la respiration se suspend sous l'action du froid. Il est d'ailleurs inutile d'insister sur ce fait que l'altération de l'air est en rapport avec l'intensité des manifestations vitales, intensité que l'exercice de la respiration semble mesurer.

En résumé, c'est au premier ordre des faits que nous considérons, c'est-à-dire dans lesquels *l'air va trouver la cellule*, qu'il faut ramener la respiration des éléments végétaux comme celle des êtres monocellulaires libres, celle des éléments anatomiques fixés dans les tissus. Souvent l'air semble amené à l'état de nature jusqu'aux éléments : c'est ce qui arrive chez les végétaux et chez les insectes dans le système de leurs trachées; mais le plus souvent l'air est amené à l'élément par un intermédiaire tel qu'un élément anatomique (globule du sang) ou un dissolvant liquide.

B. Dans un deuxième mode, comme nous l'avons dit, les cellules se déplacent dans l'organisme pour venir au contact de l'air. Les éléments qui présentent ce mode respiratoire sont les globules du sang; leur déplacement incessant constitue la circulation étroitement liée ou associée à la respiration, ces deux fonctions existant ainsi l'une pour l'autre. Ainsi, d'une part, les globules du sang viennent chercher l'air au poumon; d'autre part, ils le transportent et le distribuent aux autres cellules de l'organisme. Il y a donc là un mécanisme de double échange par lequel, d'une part, le globule prend de l'oxygène et, d'autre part, le cède : deux actes inverses l'un de l'autre, le premier ayant pour siége le poumon, l'autre ayant pour siége l'intimité des tissus. Le globule du sang est l'intermédiaire entre ces deux espèces de phénomènes; il est l'émissaire des éléments organiques qui, mobile, peut aller chercher pour eux l'oxygène qui leur est nécessaire.

La totalité du sang passe, à chaque révolution, par le poumon, et les globules, mis en contact avec l'air extérieur à travers la paroi vasculaire, se chargent d'oxygène. Cette absorption d'oxygène n'exige d'ailleurs aucune force vitale de nature mystérieuse. Elle dépend de conditions purement chimiques. Le globule du sang se compose de deux parties : un stroma albuminoïde et une matière colorante qu'on peut isoler et qui est susceptible de cristalliser en prenant des formes différentes suivant l'espèce animale, et d'ailleurs bien connues. Cette substance, l'*hémoglobine*, est susceptible de fixer l'oxygène en s'y combinant; et elle doit à cette propriété purement chimique le rôle qu'elle joue dans la respiration pulmonaire.

Dans la seconde phase du phénomène, le sang chargé d'oxygène se distribue aux tissus, et là encore c'est en vertu de forces chimiques que l'oxygène, quittant la matière colorante du globule, vient se fixer sur les éléments des tissus.

Ce mécanisme respiratoire constitué par les globules du sang et l'hémoglobine comme fixateurs et véhicules de l'oxygène appartient à un très-grand nombre d'animaux, à tout l'embranchement des vertébrés proprement dits. C'est, comme on le voit, un mécanisme très-important, mais non pas essentiel; il fait défaut chez un nombre immense d'êtres vivants, et il est remplacé chez ceux-ci par d'autres mécanismes moins complexes, mais toujours de nature physique ou chimique.

LEÇON XII

Trouble des mécanismes respiratoires. — Asphyxie.

Sommaire. — Poisons des propriétés vitales : poisons des mécanismes vitaux. —Privation d'oxygène : aérobies et anaérobies de M. Pasteur.— Asphyxie des végétaux à l'ombre : asphyxie des graines. Réserves d'oxygène.

Nous avons dit que l'édifice organique était construit pour la cellule, pour lui fournir en quantité et en qualité les conditions extrinsèques nécessaires à son fonctionnement. C'est la cellule qui vit et qui meurt. A mesure qu'un organisme est plus élevé, la vie cellulaire exige des mécanismes ou rouages plus nombreux, plus compliqués et par conséquent plus délicats. Mais ces mécanismes n'existent point pour eux-mêmes, et, lorsqu'ils viennent à être troublés, la mort qui succède à leur dérèglement n'est point la preuve de leur nécessité intrinsèque, mais is la preuve que la vie cellulaire a été consécutivement atteinte dans ses sources. Ainsi, la vie peut être atteinte de deux manières : primitivement et d'une façon directe dans l'élément anatomique, consécutivement et d'une manière indirecte dans les mécanismes fonctionnels. Parmi ces moyens d'action, les plus habituels sont les poisons; et, d'après ce qui précède, il importe de distinguer deux espèces de poisons : ceux qui portent sur l'élément organique, ceux qui portent sur les organes;

en un mot on pourrait distinguer les *poisons de la vie* et
les *poisons des mécanismes*.

Les premiers sont tout à fait généraux ; l'universalité
de leur action peut être considérée comme l'une des
meilleures preuves de l'unité vitale. Les autres sont
tout à fait spéciaux ; leur action est bornée aux êtres
qui possèdent ce mécanisme spécial que le poison vient
déranger. Pour en prendre un exemple, considérons
l'oxyde de carbone. C'est un poison extrêmement actif
et redoutable : il suffit de quelques millièmes dans l'atmosphère pour amener des accidents chez les animaux
élevés, chez les vertébrés, chez l'homme. Or, ce poison
si actif n'exerce aucune action sur les invertébrés,
aucune sur les végétaux.

C'est qu'en effet l'oxyde de carbone est un poison des
mécanismes ; c'est un poison du mécanisme-hémoglo-
bine, qui ne peut avoir d'effet que chez les animaux qui
possèdent ce rouage fonctionnel, c'est-à-dire des globules rouges imprégnés d'hémoglobine. L'oxygène n'est
point le seul gaz que puisse fixer l'hémoglobine. L'oxyde
de carbone forme avec cette substance une combinaison
plus stable que la combinaison oxygénée. L'oxygène est
déplacé par le gaz carboné et les globules, dans ce cas,
au lieu de convoyer dans les tissus l'oxygène nécessaire
à la vie des cellules, n'y conduisent plus qu'un liquide
inerte, des corps pour ainsi dire minéralisés, sans oxygène.

L'action si bien définie de ce poison mérite d'être
comparée à celle des anesthésiques, de l'éther, du
chloroforme, que nous avons vue, au contraire, s'adresser

à tous les êtres vivants, à tous leurs tissus, au protoplasma lui-même en détruisant chez lui sa propriété essentielle, l'irritabilité. Cette comparaison fait comprendre et justifie la distinction que nous venons d'établir entre les agents toxiques *directs*, ou poisons vitaux qui s'attaquent à la propriété fondamentale des êtres vivants, propriété ayant son siége dans le protoplasma, et d'autre part les poisons *indirects*, poisons des mécanismes, qui ne détruisent la vie que par contre-coup en supprimant un des mécanismes par le moyen desquels elle s'entretenait.

Tout obstacle apporté au jeu d'un des mécanismes respiratoires, et par suite au contact de l'oxygène avec les tissus, détermine l'asphyxie, ensemble d'accidents bientôt couronné par la mort. Il y a autant de formes d'asphyxie que de moyens d'empêcher le contact de l'oxygène avec les tissus chez les animaux et les végétaux.

Et d'abord, tous les êtres vivants sont-ils sujets à l'asphyxie? C'est un fait très-général que la privation d'oxygène entraîne la mort, mais est-il universel et sans exception? On a signalé un grand nombre d'êtres inférieurs capables de vivre à l'abri de l'air, dans des atmosphères inertes, d'azote, d'hydrogène, d'acide carbonique. Certains ferments organisés (la levûre de bière est du nombre) peuvent vivre, se multiplier, présenter, en un mot, toutes les manifestations de la vie, sans air. M. Pasteur s'est attaché à démontrer que la fermentation alcoolique est essentiellement un phénomène vital qui se passe à l'abri du contact de l'air, dans un liquide plus ou moins chargé d'acide carbonique, mais entièrement privé d'oxygène. Dans un liquide ainsi constitué, les globules de levûre se multiplient et donnent lieu aux produits de la fermentation. La levûre est donc capable de vivre sans air : c'est un être *anaérobie*, pour employer l'expression de M. Pasteur, et c'est dans ces circonstances que la propriété fermentifère atteint son plus haut degré d'intensité. Mais la levûre, le *Saccharomyces-cerevisiæ*, peut également vivre à l'air, lorsqu'on l'étale en couche très-mince à la surface de corps humides ; alors son mode de nutrition est changé, il est *aérobie*, et la propriété fermentifère est à son minimum ; le sucre n'est pas dédoublé en alcool et acide carbonique, mais brûlé d'une manière plus complète.

M. Pasteur s'est attaché à démontrer que beaucoup d'êtres inférieurs, de mucédinées, aspergillus, mucor, etc., sont dans le même cas que la levûre, c'est-à-dire peuvent vivre avec ou sans air, en éprouvant des modifications remarquables, en passant d'un état à l'autre. Cohn, Rees, Traube et d'autres expérimentateurs ont vérifié ces faits. Enfin, il y aurait d'autres êtres qui seraient exclusivement *anaérobies*, c'est-à-dire incapables de vivre au contact de l'air : tels sont les ferments butyriques.

Le fait qu'il est des êtres vivants dont la vie peut se poursuivre activement à l'abri de l'air est pour nous d'un grand intérêt. Cependant, il faudrait mieux connaître les circonstances du phénomène avant d'y voir une exception à la loi commune. C'est ainsi que l'on a considéré la nutrition de la levûre à l'abri de l'air comme une confirmation de la loi qui fait de l'oxygène une nécessité de la vie. Le saccharomyces, en effet, lorsqu'il provoque la fermentation dans la cuve, dédoublerait le sucre pour s'emparer de l'oxygène. On a même donné la formule chimique de la réaction qui s'accomplit alors. Les 95 centièmes du sucre transformé subiraient la fermentation d'après la formule anciennement donnée par Gay-Lussac :

$$\underbrace{C^{12}H^{12}O^{12}}_{\text{Sucre.}} = \underbrace{2C^{4}H^{6}O^{2}}_{\text{Alcool.}} + 4CO^{2}$$

Les 5 centièmes restant fourniraient de l'acide succinique et de la glycérine, suivant l'équation suivante donnée par M. Monoyer :

$$4(C^{12}H^{12}O^{12}) + 6HO = \underbrace{C^{6}H^{5}O^{6}}_{\substack{\text{Acide} \\ \text{succi-} \\ \text{nique.}}} + \underbrace{6C^{8}H^{6}O^{5}}_{\substack{\text{Glycé-} \\ \text{rine.}}} + 4CO^{2} + 2O$$

Et cet oxygène en excès servirait précisément à la respiration de la levûre.

Quoi qu'il en soit de ces cas remarquables, lorsque l'on considère les êtres plus élevés, la respiration ne saurait plus faire défaut. Dans les cas où les apparences semblent contredire cette nécessité, il s'agit simplement de faits de résistance à l'asphyxie, résistance plus ou moins prolongée et inégale chez les différents êtres. On peut dire, en général, que la mort est d'autant plus prompte que l'animal appartient à une classe plus élevée, ou, pour mieux dire, que les phénomènes respiratoires sont chez lui plus actifs. Nous n'avons qu'à comparer, à ce point de vue, les animaux dits à sang froid avec les animaux à sang chaud; ou encore, nous pouvons comparer le même animal dans deux conditions différentes, dans lesquelles il se rapprochera soit des animaux à température fixe, soit des animaux à température variable. Par exemple, un oiseau introduit sous une cloche, dans une atmosphère confinée, y vicie l'air et ne tarde pas à présenter des phénomènes d'asphyxie; néanmoins, la vie se prolongera plus longtemps dans ces conditions où l'asphyxie, comme l'altération de l'air, est graduelle, que si l'animal eût été placé dès le début dans un air complètement vicié; dans ce dernier cas il s'est, pour ainsi dire, accoutumé aux conditions nouvelles qui lui sont offertes. La preuve en est dans ce fait que, si l'on introduit un second oiseau sous la cloche contenant l'air rendu irrespirable par le premier, le second oiseau meurt bien avant que le premier, placé depuis plus longtemps dans ces fâcheuses conditions, manifeste le moindre accident. C'est que, chez le premier, l'asphyxie, s'étant faite lentement, s'est accompagnée d'un abaissement de la température et d'un ralentissement de toutes les fonctions; l'oiseau est devenu dans une certaine mesure un animal à sang froid. La déchéance vitale nous donne donc la raison de cette accoutumance au milieu vicié dans lequel l'autre animal, actif et bien vivant, a péri presque immédiatement.

Pour étudier l'asphyxie chez les végétaux, nous devons nous placer dans les conditions qui les rapprochent des animaux. C'est à l'ombre, à l'abri des rayons directs du soleil que les plantes respirent comme les animaux, et alors elles s'asphyxient de la même manière. La seule différence est une différence de temps. Si, au contraire, la plante est exposée au soleil dans une atmosphère confinée, un autre phénomène intervient et la fonction chlorophyllienne rétablit l'atmosphère viciée dans sa pureté primitive. Le végétal exposé ainsi alternativement au soleil et à l'ombre s'asphyxie et se rétablit tour à tour d'une façon pour ainsi dire indéfinie. De par la fonction chlorophyllienne, le végétal a le moyen de vivre dans une atmosphère inerte ou impropre à la vie, telle qu'est l'acide carbonique, à la condition que la lumière directe du soleil intervienne pour refaire périodiquement sa provision d'oxygène épuisée. Il ne faut pas oublier, toutefois, que la chlorophylle accomplit un phénomène essentiellement vital et qu'en conséquence ce phénomène lui-même a besoin d'oxygène pour s'exercer. M. Boussingault a vu que dans une atmosphère absolument privée d'oxygène la plante s'asphyxie et meurt; la cellule chlorophyllienne est altérée, elle devient impuissante à fixer le carbone et à refaire la provision d'oxygène.

Avec des degrés d'intensité différents, la respiration est une fonction de tous les âges dans tous les êtres vivants. L'oxygène intervient dès le début de la vie. L'œuf de l'animal respire à travers son enveloppe; si on le couvre d'un enduit impénétrable, il meurt par asphyxie. Chez les végétaux, la graine respire et la réunion de toutes les autres conditions nécessaires à la germination est insuffisante à assurer son développement, si l'air lui manque. Les graines soustraites à l'air, conservées dans les silos ou enfoncées à de grandes profondeurs, restent inertes. Elles sont dans les mêmes conditions que l'œuf dont on a arrêté la respiration et le développement en l'enduisant d'un vernis. La vie toutefois n'est pas complétement supprimée; elle est demeurée latente et se manifeste de nouveau quand la graine retrouve les conditions qui lui faisaient défaut. C'est là tout simplement un nouveau cas particulier de résistance prolongée à l'asphyxie.

La graine qui a commencé à germer conserve, quoique à un degré moindre, cette résistance à l'asphyxie. L'expérience que nous avons citée, de Th. de Saussure, en est la preuve. On arrêtait le développement d'une graine en germination (blé) en supprimant l'air et l'eau : on voyait le développement recommencer lorsque l'on rendait les conditions d'aération et d'humidité. Le moment où la graine cesse de résister et de survivre à ces alternatives des conditions favorables et défavorables est marqué par l'apparition de la chlorophylle. La plante perd à ce moment cette faculté de résistance, que nous pourrions appeler réviviscence, en la comparant aux phénomènes qui nous sont offerts par les animaux rotifères, les tardigrades et les anguillules.

C'est un fait d'observation commune que les animaux jeunes présentent une résistance particulière aux causes d'asphyxie, et cet exemple est à rapprocher de celui de la graine ou de la plante embryonnaire que nous venons de rappeler.

Il y a certains cas qui semblent ne pouvoir rentrer

dans les conditions précédemment fixées. La rapidité de l'asphyxie est, avons-nous dit, proportionnée à l'activité respiratoire. Cependant, toutes choses égales d'ailleurs, la résistance semble tenir quelquefois à quelque circonstance inhérente à l'individu, à ce que l'on est convenu d'appeler en médecine une idiosyncrasie particulière. Mais ces différences individuelles rentrent elles-mêmes dans la règle commune, et tiennent à des conditions dont on n'avait pas su tenir compte. Gréhant a observé que les poissons que l'on tire de l'eau pour les transporter dans un milieu privé d'air résistent à l'asphyxie pendant des temps très-inégaux. C'est qu'ils ne sont point placés au début dans un état identique. Si l'on veut égaliser les conditions et les ramener toutes au même point, il faut opérer de la manière suivante : on laissera les poissons à l'abri de l'air dissous jusqu'au moment où ils seront sur le point de s'asphyxier, puis on les replacera dans l'eau aérée où ils se rétabliront. Les animaux, par là, sont rendus comparables. Si on les soustrait de nouveau à l'eau aérée et qu'on les laisse asphyxier, on voit alors que, chez tous, la mort survient au bout d'une durée égale.

Il semble donc que pour la respiration comme pour la nutrition il y ait une certaine réserve qui permette à la fonction de continuer quelque temps après qu'on lui en a enlevé les moyens. L'oxygène se combinerait en quelque sorte aux tissus, de manière à constituer une provision qui se dépenserait lorsque l'animal ne pourrait se ravitailler au dehors. Cette explication, la plus probable que l'on puisse donner pour les faits précédents, est corroborée par ce que l'on sait de la contraction musculaire ; le muscle absorbe plus d'oxygène pendant le repos et il en dépense davantage pendant l'état d'activité : il semble accumuler des réserves qu'il dépense brusquement lorsqu'il est nécessaire.

Les réserves inégales chez les animaux pris en apparence dans les mêmes conditions nous expliqueraient leur inégale résistance à la privation d'air. Quand ils ont épuisé leurs réserves, ils se trouvent ramenés à des conditions identiques, leur résistance à l'asphyxie redevient la même, et ils succombent après un laps de temps égal.

LEÇON XIII

Troubles des mécanismes respiratoires. — La pression.

SOMMAIRE. — Parmi les effets du changement de pression, il faut distinguer les effets du *changement* lui-même, augmentation ou diminution, et les effets de la *rapidité du changement*. Effets de la diminution de pression : anoxyhémie, mal des ballons, mal des montagnes. — Effets de l'augmentation de pression : accidents convulsifs. M. Bert démontre que la variation de pression agit non pas en tant que variation mécanique, mais en tant que variation chimique de la composition de l'air.
Influence de l'oxygène sur les animaux et les végétaux.

Parmi les circonstances qui peuvent troubler le mécanisme respiratoire et retentir consécutivement sur l'organisme tout entier, nous citerons la pression atmosphérique.

Les faits d'observation vulgaire ont révélé, avant les études expérimentales, l'influence que les modifications de la pression barométrique pouvaient exercer sur les animaux. M. Bert a réuni dans une étude d'ensemble ces phénomènes épars, et il en a fourni l'explication. Il a montré par une analyse expérimentale très-ingénieuse que les effets du changement de pression barométrique se rapportaient à deux conditions distinctes : d'une part, la *rapidité du changement* de pression peut par elle-même déterminer des phénomènes particuliers, surtout lorsque l'on passe d'une pression plus forte à une pression moindre ; d'autre part, l'augmentation et la diminution

de pression peuvent avoir par elles-mêmes et indépendamment du plus ou moins de rapidité avec laquelle on
les a obtenues, une influence qu'il importe d'étudier.
Ces deux questions doivent être séparées : il y a lieu de
distinguer les effets de l'*augmentation* et de la *diminution* de pression, — des effets de la *décompression
brusque*.

Les actions de ce genre ont, avons-nous dit, frappé,
de tout temps, l'attention des plus vulgaires observateurs. L'homme est fréquemment soumis à des pressions
bien différentes de la pression normale de 76 centimètres. Lorsqu'il s'élève sur les montagnes, l'air se
raréfie peu à peu, et cette condition nouvelle se traduit
par des accidents dont l'ensemble est désigné par le nom
de *mal des montagnes*. La marche devient difficile, le
voyageur sent ses jambes alourdies ; la respiration s'accélère, elle devient anhélante ; le cœur bat rapidement.
Bientôt apparaissent des bourdonnements d'oreilles, des
vertiges ; le malaise s'accentue, des nausées apparaissent.
Tous les voyageurs explorateurs, la Condamine, de
Saussure, Humboldt, Boussingault, Martins, les frères
Schagintweit, ont décrit ces phénomènes qu'ils avaient
éprouvés. Généralement, en Europe au moins, c'est à
la hauteur de 3000 mètres que les accidents arrivent,
la pression étant de 50 centimètres.

Les aéronautes, ceux au moins qui se sont élevés à de
grandes hauteurs (supérieures à 4000 mètres), ont
ressenti des accidents analogues qui mettaient en danger
leur vie ; et de fait, il y a dans les annales de la science
des exemples célèbres, et quelques-uns récents, du péril

qu'il y a pour l'homme à s'élever à une très-grande hauteur. Le point le plus haut de l'atmosphère a été atteint par les aéronautes anglais Coxwell et Glaisher, dans leur ascension du 5 septembre 1862. Ces aéronautes ont dépassé le niveau de 8800 mètres, la pression n'étant plus que de 24 centimètres. A une hauteur que l'on évalue à 10 000 mètres, l'un des observateurs tomba inanimé au fond de la nacelle, et ne revint à lui que lorsque le ballon eut quitté ces régions. Un des pigeons que contenait la nacelle était mort. Il est établi par cet exemple et par d'autres, par l'accident de MM. Crocé et Spinelli, que les régions supérieures de l'atmosphère sont impropres à la vie animale, et qu'il y a une barrière supérieure imposée en hauteur aux excursions de l'homme et des animaux.

Enfin, à 3000 mètres, sur les hauts plateaux des Andes en Amérique, sur les plateaux du Mexique à 2000 et 2500 mètres, en Asie dans les vallées du Tibet, à 4800 mètres, vivent des populations soumises habituellement à une pression bien inférieure à la pression normale de 76 centimètres. Cette condition n'est pas sans influence sur leur état de santé ou sur l'évolution particulières et les accidents de leurs maladies. En ce qui concerne le Mexique, le docteur Jourdanet a vu que les habitants des hauts plateaux étaient dans une condition particulière d'anémie, et que cette disposition se traduisait toutes les fois qu'une maladie venait les frapper.

Ces différents états, anoxyhémie des hauts plateaux, mal des ballons, mal des montagnes, sont autant de phé-

nomènes liés aux perturbations du mécanisme respiratoire.

D'autre part, l'homme est également soumis à des
conditions de pression exagérée : les ouvriers qui travaillent au moyen de l'air comprimé au fonçage des piles
de ponts, au forage des puits de mine ; les plongeurs qui
descendent à l'aide du scaphandre dans les profondeurs
de la mer pour y recueillir les perles, le corail ou les
éponges ; tous ces hommes supportent des pressions d'air
supérieures de beaucoup à la pression atmosphérique.
Des accidents très-nombreux ont été observés : les ouvriers
qui travaillent dans l'air fortement comprimé contractent une cachexie particulière caractérisée par la diminution des forces, des troubles nerveux, des trouble
circulatoires, des troubles gastriques et l'aspect terne de
la peau. Les accidents, lents à se développer, font place,
quelquefois, à des accidents aigus : démangeaisons de la
peau (puces, dans le langage des ouvriers), douleurs
musculaires avec gonflement (moutons) ; les vertiges,
les paralysies, paraplégies et la mort subite ne sont point
rares. Mais tous ces phénomènes, il faut bien le reconnaître, sont dus plutôt à la brusquerie de la décompression qu'à l'intensité de la compression. C'est seulement
par l'expérience que l'on a pu connaître et discerner ce
qui appartient à l'excès barométrique de ce qui revient
à la brusquerie des oscillations manométriques.

L'excès de pression porte en réalité son action sur les
mécanismes respiratoires. M. Bert a démontré fort ingénieusement et fort simplement que l'excès de pression
agissait non pas en tant qu'effort mécanique, mais en

tant qu'excès d'oxygène, c'est-à-dire comme moyen d'augmenter la quantité d'oxygène offerte par un volume donné de sang aux éléments anatomiques. Lorsque la pression de l'oxygène augmente, la quantité pondérale du gaz renfermé dans un volume donné augmente proportionnellement. Or M. Bert a vu qu'avec de l'oxygène pur à 3 ou 5 atmosphères de pression on déterminait chez les animaux, oiseaux, chiens, des accidents violents, des convulsions, avec perturbation de la respiration et de la circulation, suppression de la sécrétion urinaire, etc. Ces accidents convulsifs, souvent terminés par la mort, ont la plus grande analogie avec ceux que déterminent les poisons convulsivants les plus énergiques, la strychnine, l'acide phénique.

Nous faisons ici l'expérience sur un oiseau. L'animal est placé dans un appareil en verre épais protégé encore par un grillage métallique, dans lequel on peut comprimer l'oxygène pur rapidement à 5 atmosphères. Quelques minutes s'écoulent, et vous voyez, à travers la paroi, l'animal tombé sur le flanc puis retourné sur le dos, battant des ailes d'un mouvement convulsif; puis s'arrêtant pour retomber bientôt dans un nouvel accès. Ces accès continuent après que l'on a extrait l'animal de l'appareil déchargé et qu'on l'a abandonné, sur la table du laboratoire, à la pression normale.

Au moyen d'appareils plus grands on peut répéter la même expérience avec un résultat identique, sur des animaux de plus grande taille, des lapins, des chats, des chiens. Ils ont donc quelque chose de tout à fait général.

La preuve que ces accidents ne sauraient être attribués à la pression en tant qu'effort mécanique, résulte
de la comparaison que l'on peut faire des effets produits
par des atmosphères différemment riches en oxygène.
Si, au lieu de placer l'animal dans l'oxygène pur, on
emploie des atmosphères de moins en moins riches, la
pression à laquelle doit être porté l'animal pour que les
accidents apparaissent devient de plus en plus grande.
S'il s'agit de l'air ordinaire, c'est une pression de 15 à
20 atmosphères qui produit les effets d'une pression de
3 à 5 d'oxygène pur. L'effort mécanique peut devenir
infiniment plus puissant si, d'autre part, la proportion
centésimale d'oxygène reste faible, sans que l'on observe
aucun phénomène particulier. Ce n'est donc point par
l'effort mécanique, mais par la quantité d'oxygène que
la tension intervient. La limite est toujours la même
pour les animaux d'une même espèce, et l'on peut résumer les observations précédentes en disant, par exemple,
que chez les chiens les accidents apparaissent lorsque la
tension de l'oxygène dans le mélange respiratoire dépasse de 3 à 5 atmosphères.

Les faits étant constatés, on en a cherché l'explication ou du moins le mécanisme. Le changement de
pression, qui équivaut à une modification de composition
atmosphérique, détermine un changement correspondant pour la teneur du sang en oxygène. Le sang renferme une plus grande quantité de ce gaz. Dans les
conditions ordinaires la quantité d'oxygène varie de 18
à 28^{cc} pour 100^{cc} du liquide sanguin; dans les atmosphères comprimées, au moment où les accidents sur-

gissent cette proportion s'élève à 35 pour 100. Il est à remarquer que l'oxygène étant combiné à l'hémoglobine dans le globule rouge, cette combinaison une fois saturée n'est pas susceptible de retenir une quantité d'oxygène supérieure, malgré la pression croissante. Aussi l'augmentation d'oxygène porte non pas sur la *partie combinée* au globule, mais sur la *partie dissoute* dans le plasma. Les observations ont en effet prouvé que ces excès d'oxygène du sang croissaient comme les pressions elles-mêmes, ainsi que l'exige la loi de Dalton sur les dissolutions gazeuses.

L'excès de pression et l'influence fâcheuse qu'il peut exercer sur la vie, se font sentir aux végétaux comme aux animaux, et il y a également chez eux quelque mécanisme atteint.

M. Bert a, en particulier, étudié l'influence de l'air comprimé sur la germination. En expérimentant sur diverses graines de ricin, melon, soleil, belle-de-nuit, cresson, radis, il a vu qu'à 5 atmosphères la germination était ralentie; qu'à 10 atmosphères elle devenait très-pénible; qu'à 12 atmosphères elle cessait, qu'elle était complétement empêchée. Des atmosphères suroxygénées donnent le même résultat; au contraire, l'air comprimé, mais sans oxygène ou sous-oxygéné, n'arrête pas la germination, preuve que ce n'est point l'action de la pression qui intervient, mais celle de l'oxygène. Enfin, pour montrer la généralité de cette action, on l'a étendue aux tissus séparés du corps et aux organismes élémentaires. Une expérience comparative faite avec trois lots identiques de muscles soumis, l'un à la pression normale, l'autre à celle de 22 atmosphères, le troisième à celle de 40 atmosphères, a montré que la respiration et l'altération du tissu étaient complétement empêchées dans le dernier cas, faibles dans le cas précédent, très-rapides lorsque la pression était normale.

Les ferments figurés, organismes élémentaires qui déterminent les fermentations, se comportent comme les animaux et les plantes sous l'influence de l'excès de pression. L'action de la levûre est arrêtée ; de même celle du *Mycoderma aceti* ; de même, enfin, les phénomènes de putréfaction déterminés par des organismes peuvent être entravés. Des tissus végétaux ou animaux, soumis à la compression préalable, peuvent ensuite être conservés indéfiniment sans altération. M. Bert a déduit de l'emploi de l'oxygène ou de l'air comprimé un moyen de distinguer les deux espèces de ferments auxquels les physiologistes ont affaire : les ferments figurés, dont l'action est arrêtée, comme nous venons de le dire ; les ferments solubles qui, au contraire, conservent toute leur activité.

La diminution de pression agit comme un simple agent asphyxiant.

Les végétaux et les animaux sont d'ailleurs sensibles les uns et les autres à l'action de la dépression. Pour les végétaux, la germination est altérée par degrés ; elle se fait moins vite lorsque la pression s'abaisse ; enfin elle se suspend complétement lorsque la tension de l'oxygène descend au-dessous de 12 centimètres. Ce n'est pas la dépression en tant qu'effet mécanique qui intervient ici, c'est l'appauvrissement en oxygène. On en a la preuve en conservant l'air à la pression normale, mais en l'appauvrissant en oxygène : la germination est progressivement entravée. D'autre part, abaissons la pression, mais en suroxygénant : l'effet ne se produit plus, et l'on a obtenu des germinations avec des atmosphères suroxygénées à 4 centimètres.

Les expériences sur les animaux ne sont pas moins nettes ; elles montrent que l'oxygène est nécessaire à l'animal en proportions déterminées, et que la diminution de pression n'a d'effet qu'autant qu'elle entraîne une diminution correspondante d'oxygène.

M. Bert place un animal, un oiseau, dans l'air confiné, et il examine la composition de l'atmosphère au moment où l'animal meurt ; il constate que cette composition est toujours la même. La mort survient au moment où la tension de l'oxygène est de 3 à 4 centièmes d'atmosphère. Le chiffre qui exprime la tension de l'oxygène dans l'air mortel est donc sensiblement constant. Un animal soumis à une diminution croissante de pression est semblable à un animal qui s'asphyxie en vase clos dans l'air ordinaire. Le voyageur qui, s'élevant sur le flanc d'une montagne, sent le malaise l'arrêter à la pression d'une demi-atmosphère, est malgré la pureté proverbiale de l'air, asphyxié comme le mineur qui vit dans un air insuffisamment oxygéné. La mort arrive pour un animal placé en vase clos dans un air de moins en moins altéré, aux pressions très-faibles, et vers la fin dans un air presque pur.

Une expérience capitale que nous répétons devant

vous fournit la preuve du bien fondé de cette explication. Un oiseau ou un rat étant placé sous une cloche
sur la platine de la machine pneumatique, on fait le vide
dans l'appareil. L'animal chancelle sur ses pattes après
une légère excitation, puis il tombe sur le flanc. Le
manomètre montre que la pression est alors de 25 centimètres. On peut répéter l'expérience plusieurs fois de
suite et laisser revenir l'animal, à la condition de ne
point prolonger cet état limite.

Ce n'est point la dépression mécanique produite par
cet abaissement de pression qu'il faut accuser du malaise et des perturbations éprouvés par l'animal. En
effet, on peut, si l'on introduit de l'oxygène, descendre
beaucoup plus bas sans que l'animal manifeste aucun
trouble. Nous voici à 18 centimètres, alors que l'oiseau
n'avait pu s'abaisser précédemment au-dessous de
25 centimètres. Nous voyons par conséquent que l'on peut
corriger la diminution de pression par l'augmentation
de la quantité d'oxygène.

La limite à laquelle les accidents arrivent est constante pour un même animal, mais variable d'un animal à l'autre. Les reptiles résistent longtemps. Pour
les chiens le phénomène se produit lorsque l'air est à
8 0/0 d'oxygène ou, d'une autre façon, lorsque la pression s'abaisse à 40 centièmes de la pression normale.

Les accidents qui se manifestent dans l'air décom-
primé et qui se terminent par la mort ont la plus grande
analogie avec l'asphyxie. Ils ont été observés expérimentalement sur les animaux et sur l'homme. La respiration est affectée dans son rhythme, qui est troublé,

irrégulier. Les mouvements respiratoires s'accélèrent, les battements du cœur sont plus rapides, la pression du sang s'abaisse ; des malaises se manifestent, des nausées, des vomissements. Il y a affaiblissement et impossibilité de se mouvoir, altération de la sensibilité et perte de connaissance.

On a étudié les modifications du sang, et les analyses ont permis de constater que la quantité d'oxygène contenue dans le sang artériel diminue promptement quand la pression s'abaisse au-dessous de la normale.

La diminution de l'oxygène est d'abord très-faible : elle ne paraît porter que sur l'oxygène dissous dans le plasma. C'est là ce qu'avait vu Fernet en opérant à la température de 15 degrés entre des pressions de 64 à 76 centimètres.

Mais la combinaison oxygène-hémoglobine du globule sanguin se dissocie bientôt lorsque l'on pousse l'abaissement de pression au delà des limites dans lesquelles s'était renfermé Fernet. Il résulte de là qu'un sang moins oxygéné entoure les éléments anatomiques, et l'animal soumis à la dépression meurt par suite d'une véritable asphyxie.

LEÇON XIV

Rôle de l'oxygène. — Combustion respiratoire.

Sommaire. — Principe de la théorie de Lavoisier. Ce principe reste vrai ; les détails de la théorie sont inexacts. Expériences de Dulong et Despretz, de Regnault et Reiset. — Il ne se forme pas d'eau dans l'organisme par combustion directe. La respiration n'est pas une combustion ; c'est une fermentation.

Le phénomène si général que nous venons d'étudier et qui est commun aux deux règnes, le phénomène de la respiration, ne pouvait être connu avant que l'on possédât des notions exactes sur la composition de l'air et qu'on sût ce qu'était l'oxygène. Les théories par lesquelles on expliquait le but et les résultats de la respiration ne pouvaient qu'être entièrement hypothétiques. Toutes ces hypothèses sont tombées devant la théorie de Lavoisier. Lavoisier a compris le lien qui unissait la respiration et la calorification dans l'être vivant, et il compara cette production de chaleur, but dernier de la respiration, avec une combustion chimique. Le plus obscur des faits vitaux, cette création de chaleur qui naît et persiste avec la vie et qui fait place au froid de la mort, cette flamme qui échauffe et vivifie, cette *chaleur innée* des anciens, tout cela s'est dissipé et l'on n'a plus retrouvé dans l'être vivant qu'un phénomène de l'ordre général, tout analogue à ceux qui s'accomplissent dans la nature inorganique. L'essence même de la doctrine de Lavoisier est dans cette affirmation qu'il n'y a pas deux chimies, deux physiques, l'une qui s'exercerait dans les corps vivants, l'autre dans les corps bruts : il y a, tout au contraire, des lois générales applicables à toute substance, où quelle soit engagée, et qui ne subissent nulle part d'exception.

Le progrès des temps n'a fait que rendre plus évident ce principe fondamental qui assimile les manifestations des agents physiques dans les animaux et en dehors d'eux.

Mais si le principe même de la doctrine de Lavoisier a reçu de l'expérience une consécration définitive, il n'en est pas de même de la formule et des détails. Peu à peu la doctrine a reçu dans ses parties accessoires des atteintes et des échecs si nombreux et si décisifs, qu'il n'en peut plus rien subsister, sinon ce principe général et philosophique qu'il n'y a qu'une science et qu'un ordre de forces naturelles. Le reste doit disparaître. Ainsi, tandis que beaucoup de physiologistes et tous les auteurs élémentaires enseignaient la théorie de la combustion respiratoire, cette théorie, tous les jours ébranlée, s'écroulait. Aujourd'hui cet effondrement est consommé ; la théorie de Lavoisier est renversée, mais il est juste de dire que la théorie nouvelle qui doit lui succéder est seulement entrevue. Nous sommes dans une époque de transition, où les progrès ont été assez grands pour que l'œuvre négative de la critique fût possible, mais non l'œuvre active qui édifiera la doctrine définitive. Cependant, je le répète, il est déjà possible d'entrevoir les routes nouvelles, et je compte, quant à moi, vous faire connaître quelles idées l'étude et la méditation de ces problèmes a fait naître dans mon esprit.

La théorie de Lavoisier, lumineuse dans son principe, fausse dans son expression, consistait à assimiler la respiration à une combustion véritable, et à assigner le poumon comme lieu de cette combustion. Malgré les restrictions que Lavoisier laissait subsister sur ce dernier point, quelques-uns de ses contemporains et de ses successeurs ont été à cet égard moins prudents et plus affirmatifs. L'oxygène introduit par la respiration pénétrait dans le poumon, y rencontrait le sang, brûlait son carbone et s'échappait à l'état d'acide carbonique. Chacun de ces points a été examiné successivement et contredit : d'abord la localisation dans le poumon, puis la combustion des matériaux du sang, la combustion du carbone.

Qu'est-ce qui a fait dire que la respiration était une combustion ?

Dans la combustion du carbone, telle qu'elle s'accomplit dans les foyers, l'oxygène se fixe sur le charbon et fournit un égal volume d'acide carbonique : il y a en même temps dégagement de chaleur.

Or, l'air qui entre et l'air qui sort du poumon ont, suivant Lavoisier, respectivement la composition de l'air qui entre dans un foyer et qui en sort.

Plus tard, Dulong et Despretz firent une tentative qui leur parut vérifier indirectement la théorie régnante.

Ils mesurèrent la quantité de chaleur qui devait être produite dans un temps donné pour maintenir le corps au niveau thermique qu'il n'abandonne jamais; ils comparèrent cette quantité de chaleur à celle qui résulterait de la combustion correspondant à l'acide carbonique produit dans le même temps. Ils trouvèrent un accord satisfaisant entre ces deux valeurs de la chaleur calculée et de la chaleur mesurée d'après l'hypothèse que nous avons dite. Cet accord ne saurait être qu'une pure coïncidence; et Dulong, plus tard, a bien reconnu les imperfections de son travail et regretté sa précipitation. Il y a certainement dans l'organisme une multitude de phénomènes qui engendrent de la chaleur ou en absorbent et qui devraient intervenir dans l'équation: les changements d'état, les formations de produits intermédiaires, etc., sont du nombre.

Quoi qu'il en soit, ces difficultés n'apparurent que plus tard, et l'on put croire à ce moment que la théorie régnante avait reçu un nouveau lustre des expériences de Dulong et Despretz. Liebig complétait d'ailleurs la théorie en distinguant dans le sang des substances combustibles, c'est-à-dire destinées à combiner leur carbone avec l'oxygène. Il reconnaissait dans le liquide sanguin et dans les aliments (dont, selon lui, le liquide sanguin n'était que la dissolution) deux espèces de substances. Le premier groupe est celui des substances ternaires ou hydrocarbonées, qui par leur combustion entretiendraient la chaleur de l'organisme et mériteraient, à raison de leur rôle présumé, le nom de substances respiratoires. D'autre part, il y avait, selon

Liebig, une autre classe de substances, les albuminoïdes, ou substances azotées ou quaternaires, qui ne sont point modifiées par la respiration, qui ne servent pas à la production calorifique : ce sont les substances plastiques destinées à rétablir les tissus usés.

C'est le plus haut point qu'ait atteint la théorie. Mais bientôt les expériences de Regnault et Reiset vinrent lui faire subir un premier et très-grave échec. Si la respiration équivaut à la combustion du carbone du sang ou des tissus, il faut que l'oxygène absorbé et l'acide carbonique exhalé soient en volumes égaux. Le rapport $\frac{O}{CO^2}$ doit être égal à l'unité.

Or, l'expérience ne vérifiait point cette conclusion. Chez les herbivores le rapport $\frac{O}{CO^2}$ était généralement plus grand que l'unité ; il était plus petit chez les carnivores. Ainsi le rapport était variable. Le rapport $\frac{O}{CO^2}$ est le plus généralement supérieur à l'unité ; c'est-à-dire que tout l'oxygène absorbé ne se retrouve point dans l'acide carbonique exhalé : il y a un déficit. On admet que ce déficit s'expliquait par la combustion de l'hydrogène, et que l'oxygène qui n'entrait pas dans l'acide carbonique servait à brûler l'hydrogène et à former de l'eau. C'est là une hypothèse bien gratuite puisqu'elle a pour point de départ un fait (le défaut de $CO^2 < O$) qui lui-même n'est pas constant.

C'est pourtant en admettant que tout l'oxygène introduit s'est brûlé et a été changé en acide carbonique et en vapeur d'eau que Dulong et Desprez avaient établi leur équation.

Se forme-t-il véritablement de l'eau dans la respiration?

Le fait ne nous paraît pas probable ; en tout cas il n'est pas établi. Il faudrait montrer que la quantité d'eau change dans l'organisme par le fait de l'introduction d'oxygène. Les expériences sont plutôt contraires que favorables à cette supposition, et il est assez vraisemblable que l'eau ne peut qu'être introduite du dehors et non point prendre naissance dans l'organisme.

Voici une expérience qui conclut contre l'hypothèse de la formation de l'eau : 1° Quand on fait sécréter la glande sous-maxillaire, il y a augmentation de chaleur, et l'on observe que le sang veineux qui sort de la glande contient moins d'eau que le sang artériel qui y pénètre ; 2° la quantité d'eau qui manque dans le sang veineux se retrouve sans excès dans la salive.

Ainsi, pendant cette combustion énergique il ne semble pas qu'il y ait eu production d'eau en quantité appréciable.

Mais la théorie de la combustion directe implique une autre conséquence : c'est qu'il ne pourrait y avoir de production de chaleur sans l'intervention de l'oxygène. Or, l'expérience de Spallanzani et celle de William Edwards, qui plongeaient une grenouille dans l'hydrogène et recueillaient quelque temps après de l'acide carbonique, prouvent que l'acide carbonique ne provient point d'une fixation immédiate de l'oxygène sur le carbone de l'organisme, puisqu'ici l'oxygène libre avait été entièrement chassé.

L'expérience de Gay-Lussac et Magendie que j'ai citée ailleurs tend à la même conclusion. Je rappelle que du sang privé d'oxygène et d'acide carbonique par un courant prolongé d'hydrogène, ayant été abandonné à lui-même pendant vingt-quatre heures, se trouva chargé d'une quantité notable d'acide carbonique. Cette formation d'acide carbonique au sein d'une atmosphère d'hydrogène ne pouvait cette fois être rapportée à une combustion directe.

Les principales conséquences qu'entraîne la théorie de la combustion directe sont donc infirmées. Cette théorie implique en effet :

1° L'intervention directe de l'oxygène pour la formation de l'acide carbonique.

Les expériences de William Edwards, de Gay-Lussac et Magendie montrent qu'il n'en va pas ainsi.

2° L'égalité des volumes d'oxygène absorbé et d'acide carbonique restitué.

L'expérience a contredit cette vue (Regnault et Reiset). Il est vrai qu'on a cru éviter la contradiction en admettant qu'il y avait formation d'eau ; mais cette formation d'eau est exclusivement hypothétique, et semble même contraire à la réalité.

3° Enfin, il faut que la chaleur produite soit en rapport avec l'acide carbonique dégagé ou au moins avec l'oxygène absorbé.

L'expérience contredit enfin cette dernière façon de voir.

Je parle ici des expériences sur la glande sous-maxillaire. A l'état de repos, le sang artériel qui pénètre dans la glande est plus chaud que le sang veineux qui s'en échappe. A l'état d'activité, c'est l'inverse qui a lieu. De plus, le sang veineux qui sort pendant que la glande sécrète est plus voisin que jamais du sang artériel par sa composition. Il contient moins d'acide carbonique que dans le repos. Il semble donc que la combustion soit moins active pendant que la production de chaleur est plus grande.

On pourrait objecter, il est vrai, que la quantité de sang qui traverse la glande en activité étant quarante-cinq fois plus considérable dans le même temps, la combustion peut être néanmoins plus active et l'acide carbonique produit en proportion supérieure. Il faudrait, pour apprécier la valeur de cette objection, pouvoir faire un calcul dont on n'a pas les éléments; mais on peut y répondre d'une autre manière.

a. On peut lier la veine de manière à arrêter le cours du sang et provoquer la sécrétion : on constatera l'élévation de température sans que le dégagement d'acide carbonique soit en proportion de cette production de chaleur.

b. On peut enlever rapidement la glande, la séparer de ses connexions sanguines : l'excitation détermine encore une élévation de température qui ne saurait être rapportée à l'absorption de l'oxygène du sang.

Enfin, les expériences sur la contraction musculaire viennent achever la démonstration.

Tandis que pendant l'activité de la glande le sang devient plus rouge parce qu'il y a moins d'acide carbonique qu'au repos, c'est l'inverse qui a lieu pour le muscle. Il ne semble guère possible de rattacher à un même phénomène, à savoir, la combustion, ces phénomènes de calorification qui se produisent dans des conditions exactement opposées. D'ailleurs, on sait que le muscle absorbe moins d'oxygène précisément pendant la contraction, c'est-à-dire alors qu'il rejette une plus grande proportion d'acide carbonique. Ajoutons encore que le muscle exsangue, séparé du corps, peut encore se contracter et produire de la chaleur. Et si l'on objectait alors qu'il renferme encore dans son épaisseur du sang et des globules chargés d'oxygène, on répondrait à cette objection en lavant le muscle avec du sang oxycarboné qui ne peut plus contenir d'oxygène, et qui n'empêche pas la contraction de se produire.

Ajoutons enfin comme dernier argument que l'acide carbonique et l'eau ne sont pas les seuls termes de la combustion qu'on suppose s'accomplir. L'urée dérive des albuminoïdes de l'organisme par fixation d'oxygène. Or, Fränkel a observé que pendant l'asphyxie loin que la quantité d'urée diminue ainsi que les autres produits d'oxydation, elle augmente au contraire.

Il résulte de toutes ces considérations que la théorie de la combustion directe n'est pas l'expression de la réalité. La vérité n'est pas aussi simple, et Lavoisier n'a pu proposer sa théorie que parce qu'il n'était point physiologiste, et qu'il n'était pas habitué à la complication des phénomènes qui s'accomplissent dans l'organisme.

Tout ce que l'on peut dire, et ce résultat est assez

grand pour la gloire du plus ambitieux, c'est que Lavoisier a établi ce principe capital que :

La respiration est l'*équivalent* d'une combustion.

Quant au mécanisme de ce phénomène, il faut se mettre de nouveau à sa poursuite. Est-ce à dire, parce qu'on est obligé de changer le mécanisme trop simple imaginé par Lavoisier, que l'on doive revenir aux idées vitalistes et considérer la respiration comme un phénomène mystérieux d'essence vitale, irréductible, produisant la chaleur animale par un mécanisme qui ne se retrouverait que dans les êtres vivants ?

En aucune façon. Le principe de Lavoisier subsiste inébranlable et nous oblige à considérer les corps vivants aussi bien que les corps bruts comme tributaires des lois générales de la nature.

Quant au mot *combustion*, il ne peut être employé aujourd'hui que faute d'autre qui représente mieux la réalité des faits. D'ailleurs, le mot de combustion est lui-même un mot vague que les chimistes entendent avec des acceptions différentes.

Les uns le réservent pour désigner la combinaison du charbon et de l'hydrogène avec l'oxygène, d'où résulte la production de vapeur d'eau et d'acide carbonique.

D'autres, avec M. Chevreul, appliquent ce nom à tout phénomène chimique qui engendre de la chaleur.

C'est dans ce sens que l'on pourrait le conserver pour nommer l'acte respiratoire. En effet, il comprendrait alors les *fermentations*, car les fermentations sont des phénomènes qui sont susceptibles d'engendrer de la chaleur, et par conséquent elles sont, à ce point de vue, les équivalents des combustions véritables.

C'est à une fermentation que nous comparons le mécanisme de la respiration. Selon nous, on doit dire « fermentation respiratoire », et non combustion respiratoire. Nous sommes convaincus que plus on ira, plus on verra intervenir dans toutes les réactions de l'organisme ces actions qu'on commence à mieux connaître, les fermentations.

Pour nous résumer et formuler en peu de mots notre manière de voir, nous disons que la respiration a essentiellement pour but de produire la chaleur nécessaire à la vie, et qu'elle a pour mécanisme une action du genre des fermentations.

La chaleur est nécessaire à la vie de deux manières : elle sert de condition de milieu et de source d'énergie.

Elle est une condition de milieu indispensable au fonctionnement vital. Cette condition est plus étroite pour les animaux supérieurs que pour les animaux inférieurs ou les végétaux. Il faut que leur température reste constante ; et il y a des mécanismes qui règlent l'activité de la production sur la rapidité de la déperdition, de manière que ce niveau constant soit toujours maintenu. C'est là d'ailleurs pour l'animal une garantie d'indépendance : l'animal à température constante n'est plus le jouet des conditions climatériques capables de l'engourdir ou de l'exciter. Toutefois, chez les êtres qui suivent les variations thermiques du milieu, chez les animaux à sang froid ou à température variable, la température est toujours de quelques degrés ou dixièmes de degré supérieure à la température ambiante : preuve de la production calorifique dans l'animal.

La chaleur n'est pas seulement une condition de milieu, c'est aussi une source d'énergie. Une partie est employée par l'être vivant à la production de principes immédiats, qui plus tard en se détruisant manifesteront cette force vive, soit à l'état de chaleur, soit sous quelque autre forme, d'après le principe de la transformation équivalente des forces physiques. Il se passe dans l'animal un travail analogue à celui qui s'accomplit dans la forêt qui emmagasine les rayons solaires et transforme leurs vibrations en énergie potentielle : de façon que, en brûlant ce bois, on lui fera précisément restituer la force vive emmagasinée pendant sa formation.

Quelque chose d'analogue a lieu certainement chez l'animal qui absorbe une certaine quantité de calorique pour la restituer ensuite et la dépenser dans les manifestations vitales. Cette absorption de chaleur a été mise en évidence dans le cas particulier du développement de l'œuf de poule, par M. Moitessier. Il n'y aurait entre les animaux et les végétaux, au point de vue qui nous occupe, qu'une différence de degré : les animaux dépensent presque intégralement dans leurs manifestations vitales de désorganisation, le calorique latent, la force vive potentielle absorbée pendant la première phase d'organisation ; chez les végétaux, la dépense serait moindre, quoique encore considérable.

La respiration concourrait donc, en résumé, par la production de chaleur à ce double résultat de constituer le milieu et les forces indispensables au développement vital.

Voilà le but; quant au mécanisme, nous avons dit que c'était une fermentation. Quelque imparfaite que soit encore cette notion, elle s'éclaire cependant par toutes les analogies que nous présente la science physiologique.

L'idée d'assimiler tous les phénomènes vitaux à des fermentations prend de plus en plus de racines dans la science. C'est pour ainsi dire le problème à l'ordre du jour. Hoppe-Seyler poursuit actuellement cette idée que les phénomènes chimiques qui s'accomplissent dans l'être vivant ont tous pour modèle ou pour type la fermentation putride. Mitscherlich avait déjà mis en avant cette opinion que les phénomènes qui se manifestent pendant la vie dans le corps organisé ont la plus étroite analogie avec ceux qui continuent après la mort et entraînent la destruction de ce corps. Cette vue très-profonde ne fut pas comprise. Toutefois elle est incomplète, à mon avis.

Je crois que Hoppe-Seyler, Pflüger, comme autrefois Mitscherlich, n'aperçoivent qu'une face de la question. Il n'y a qu'une seule espèce de manifestations vitales dont le processus chimique soit une destruction comparable à celle de la putréfaction. Une seconde espèce, qui complète la première, échappe à cette définition.

J'ai déjà insisté, et j'y reviens ici pour la dernière fois, sur les deux aspects qu'offrent les phénomènes de la vie. D'une part, des phénomènes d'organisation, de synthèse organique ou nutritive; d'autre part, des phénomènes de désorganisation, de destruction fonctionnelle. Destruction fonctionnelle, synthèse formatrice, toute la vie n'est que cela ; elle réside dans les alternatives de ces deux ordres de faits, si intimement liés d'ailleurs que les uns sont la condition indispensable des autres, et qu'ils ne sauraient se produire isolément les uns sans les autres. La combustion respiratoire répond à la manifestation fonctionnelle de destruction. Dans l'œuf qui se développe, le premier phénomène qui apparaît est un phénomène de destruction : l'œuf respire et l'organisation n'est possible qu'à la condition pour ainsi dire que la destruction lui laisse la place.

Je crois donc que ces deux genres de phénomènes d'analyse et de synthèse organique, qui se complètent, se conditionnent et s'enchaînent dans un inextricable réseau, formant la vie, ont les uns et les autres les plus étroites affinités (ce que l'avenir révélera de plus en plus) avec les phénomènes dès aujourd'hui connus sous le nom de fermentations.

Les manifestations fonctionnelles ou destructives sont en rapport avec des agents chimiques de la nature des ferments. La combustion du muscle qui fonctionne serait une fermentation de sa substance ; et l'on sait déjà les débats auxquels a donné lieu entre physiologistes cette question encore prématurée de la fermentation musculaire par la myosine et l'inogène. Ce sont ces phénomènes qui n'ont point échappé dans leur ensemble à l'attention de Hoppe–Seyler et de Pflüger, et que le premier de ces auteurs tend à rapporter au processus de la putréfaction.

Mais la contre-partie de cette analyse organique, c'est-à-dire le phénomène de synthèse, a échappé à leur attention. Je pense que les agents de ces phénomènes d'organisation synthétique sont de la nature des ferments organisés : ce sont des êtres morphologiquement définis, des cellules et des noyaux de cellules.

Ainsi les actions vitales seraient donc toutes des fermentations : les unes accomplies par les ferments organisateurs (noyaux, germes, etc.); les autres par les ferments désorganisateurs (ferments solubles, etc.); parmi ces dernières, il faudrait ranger la respiration.

Telle est la vue synthétique la plus générale qu'un physiologiste attentif au mouvement des idées et aux progrès de la science puisse fournir aujourd'hui.

Je ne veux plus que tirer une conséquence de ces notions générales relativement aux doctrines et aux méthodes qui se disputent le champ de la physiologie.

Les idées précédentes, qui expriment l'état actuel de la physiologie, peuvent concilier les deux écoles des chimistes et des vitalistes, qui travaillent à sa culture. Ces idées, en effet, établissent en même temps l'autonomie et l'indépendance de la science physiologique.

Que veulent en effet les *chimistes?*

Ils veulent que les phénomènes de la vie aient leur type et leur modèle en dehors des êtres vivants dans les réactions de la nature brute accomplies dans les laboratoires.

Que veulent les *vitalistes?*

Ils veulent que les phénomènes de la vie soient sans analogues dans le monde inanimé, que ce soient des

actions sans pair, irréductibles, d'une nature mystérieuse et proprement vitale. Tout d'abord, le vitalisme
métaphysique cherchait la cause des phénomènes en
dehors des êtres. Paracelse la cherchait dans les astres,
d'autres dans un principe ou une force vitale. Au fond,
ces deux explications se valent : la méthode scientifique a autant à reprendre ici ou là. Bichat lui-même
s'est fait illusion : il a supprimé le principe vital, mais
il en a donné la *monnaie*. Il l'a remplacé par les propriétés vitales et il en a mis partout, dans tous les organes et dans tous les tissus. Et comme ces propriétés
ne peuvent s'expliquer par rien, qu'elles sont irréductibles, qu'elles sont elles-mêmes des principes d'action,
que loin de se résoudre dans les propriétés physiques
elles leur résistent, leur livrent assaut et en triomphent
à l'état de santé, tandis qu'elles sont vaincues dans l'état
de maladie, il est bien évident que Bichat, malgré sa
prétention, n'était autre chose qu'un *vitaliste décentra-
lisateur*, qui fragmentait simplement le principe vital.

Quant à nous, nous concilions des vues qui dans la
nature et dans la réalité sont conciliées. Nous croyons,
avec Lavoisier, que les êtres vivants sont tributaires des
lois générales de la nature, et que leurs manifestations
sont des expressions physiques et chimiques. Mais loin de
voir, comme les physiciens et les chimistes, le type des
actions vitales dans les phénomènes du monde inanimé,
nous professons, au contraire, que l'expression est particulière, que le mécanisme est spécial, que l'agent est
spécifique, quoique le résultat soit identique. Pas un
phénomène chimique ne s'accomplit dans le corps

comme en dehors de lui. L'amidon animal ou végétal est transformé en sucre ; mais ce n'est point par l'action des acides, c'est-à-dire par la copie des procédés dont fait usage l'industrie, quoiqu'il y ait dans l'économie les acides convenables à cet objet : c'est par la diastase. Les matières grasses se saponifient dans la digestion ; mais ce n'est point par les alcalis, par les bases de la bile, quoique celle-ci puisse servir industriellement au dégraissage, à raison même de la faculté qu'elle possède d'accomplir cette saponification : c'est par le ferment pancréatique. Ce n'est pas par la combustion directe que se produit l'acide carbonique du muscle pendant la contraction musculaire, c'est par des ferments qu'il faudra mieux étudier, l'inogène, la myosine. Et ainsi de suite. On pourrait embrasser ces faits dans une formule générale : les considérer comme des conséquences d'un principe que l'on appellerait *principe de la spécialité des mécanismes vitaux*.

Ce n'est pas l'action qui est vitale et d'essence particulière, c'est le mécanisme qui est spécifique, particulier, sans être d'un ordre distinct. La doctrine que je professe pourrait être appelée le *vitalisme physique ;* je crois qu'elle est l'expression la plus complète de la vérité scientifique.

LEÇON XV

Fonction chlorophyllienne et fonction respiratoire. — Leur signification physiologique.

SOMMAIRE. — La respiration proprement dite chez les animaux et les végétaux est un phénomène fonctionnel d'ordre purement chimique. — La fonction chlorophylléenne est un phénomène de nutrition, d'ordre synthétique ou vital. — Moyen scientifique de distinguer les deux ordres de phénomènes : action des anesthésiques.

Les faits que nous venons d'exposer et de rattacher à la doctrine de l'unité vitale étaient connus depuis un certain nombre d'années. Les botanistes déclaraient que que les plantes respirent la nuit comme les animaux, et le jour à l'inverse des animaux ; ils avaient dû admettre une double respiration diurne et nocturne.

La différence profonde de ces deux phénomènes au *point de vue chimique* a attiré immédiatement l'attention des chimistes. Demandons-nous, de notre côté, comment ces deux opérations doivent être appréciées *au point de vue physiologique*, quelle est leur nature et quel est leur rôle dans le fonctionnement vital.

Pour comprendre ce rôle, il est indispensable de rappeler la distinction lumineuse que nous avons établie parmi les phénomènes vitaux. Nous avons distingué dans le travail physiologique deux phases, une phase de rénovation et une phase de destruction, inverses l'une de l'autre. Les phénomènes de *destruction* concourent, en définitive, au *fonctionnement* de l'organisme ; les phénomènes de *rénovation* concourent à son *entretien*. Au fonctionnement correspond toujours une *usure*, une destruction moléculaire, et l'on sait, depuis Lavoisier, que cette *désassimilation*, ou *désorganisation* (pour lui donner tous les noms sous lesquels on l'a désignée), a pour mécanisme ordinaire une combustion, une oxydation de la matière vivante, source de chaleur et de force vive. La respiration se rattache à cet ordre de phénomènes. Nous avons dit ailleurs qu'ils avaient pour caractère général d'être produits par des agents spéciaux ou ferments, et de pouvoir encore s'accomplir en dehors de l'organisme *post mortem*.

D'autre part, la *rénovation moléculaire de l'organisme* est la contre-partie nécessaire de la destruction fonctionnelle des organes. Cette renaissance, cette synthèse vitale, ce processus formatif, cette organisation, cette assimilation se dérobent aux yeux dans l'intimité des tissus. Les phénomènes de ce genre ont pour caractère de se produire sous l'influence d'agents spéciaux, noyaux de cellules, et seulement pendant la vie. L'action chlorophyllienne est de cet ordre.

Si nous voulons apprécier les phénomènes respiratoires dont les plantes et les animaux sont le théâtre, nous devrons avoir présents à l'esprit ces deux ordres d'actes entièrement opposés dans leur nature : la *désassimilation*, phénomène fonctionnel ou de dépense vitale qui consiste dans une oxydation ou une hydratation d'une nature particulière qui use la matière vivante dans les organes *en fonction;* — la synthèse assimilatrice ou organisatrice qui forme des réserves ou régénère les tissus dans les organes considérés en repos. La respiration générale des plantes et des animaux serait un phénomène du premier genre; l'action chlorophyllienne appartiendrait au second type.

Il est bien entendu d'ailleurs que ces phénomènes sont étroitement liés dans un enchaînement qu'on ne saurait rompre, et qu'ils sont réciproquement les instigateurs et les précurseurs les uns des autres.

Nous savons que chez les animaux toutes les parties, tous les tissus, respirent avec une énergie qui est en raison de leur activité fonctionnelle, en raison du travail physiologique qu'ils accomplissent. Les muscles de grenouille suspendus dans cette éprouvette qui contient de l'eau de baryte vont troubler cette eau par l'acide carbonique qu'ils dégagent ; dans cette autre éprouvette semblable et qui contient une préparation analogue, nous verrons le précipité se former plus abondamment, parce que nous faisons contracter les muscles par le courant d'une bobine d'induction dont les fils pénètrent jusqu'à l'organe. Ce que nous disons du muscle est vrai de tous les organes, de tous les tissus, des glandes, des nerfs, du cerveau, qui tous respirent et d'autant plus activement qu'ils fonctionnent davantage. Nous savons du reste, à cet égard, que ce qui est vrai des tissus pris en particulier, est également vrai pour l'organisme pris dans son ensemble. L'activité respiratoire est en raison directe du travail physiologique exécuté par l'individu.

Des expériences de même ordre que celles que nous venons de décrire et d'exécuter devant vous nous apprennent que les tissus végétaux se comportent, au point de vue qui nous occupe, comme les tissus animaux. C'est une observation commune et déjà ancienne que les fruits respirent activement pendant que leur maturation s'achève, et que l'atmosphère dans laquelle ils ont séjourné est riche en acide carbonique. De même aussi, la fonction respiratoire est, chez les graines, en raison de l'activité physiologique : pendant la germination, la combustion respiratoire est très-active, l'acide carbonique est rejeté en quantité considérable, et la chaleur produite est très-grande. Nous voyons ici de l'eau de baryte mise en présence de graines dont la germination est très-rapide, comme celle du cresson, se troubler abondamment.

Les exemples de ce genre sont extrêmement nombreux. On a pu constater une combustion très-énergique traduite par l'élévation de température et la production d'acide carbonique dans les fleurs, dans l'androcée et le gynécée, au moment de la fécondation.

La respiration proprement dite (absorption d'oxygène, exhalation de CO_2, production de chaleur) nous apparaît donc, dans les animaux et les plantes, comme ayant une signification identique. C'est un phénomène fonctionnel, de nature purement chimique, qui se passe pendant la vie à laquelle il est indispensable, mais qui se poursuit après la mort. Les muscles vivants, par exemple, respirent ; les muscles morts respirent aussi, les muscles soumis à la coction respirent également, comme l'a vu Spallanzani.

Le phénomène chlorophyllien, d'autre part, nous apparaît comme un phénomène lié à l'accroissement moléculaire de la plante, à sa rénovation : c'est le plus énergique des actes plastiques qui servent à la formation du végétal et à son accroissement. Il ne s'accomplit que pendant la vie, et seulement sous l'influence du protoplasma chlorophyllien.

Si le phénomène respiratoire peut être appelé le grand phénomène *physique* nécessaire à la vie, nous pourrions dire que le phénomène chlorophyllien est le grand phénomène *vital*; c'est un acte de synthèse organique, plus particulièrement sous la dépendance de la substance vivante par excellence, le protoplasma. Tandis que le fait respiratoire a tous les caractères que nous avons attribués aux *phénomènes fonctionnels*, le fait chlorophyllien a tous ceux que nous reconnaissons aux phénomènes d'*organisation* ou de *nutrition*. Ces derniers exigent plus spécialement l'intervention de la cellule vivante, du noyau ou germe : ils ne peuvent se manifester que dans le corps vivant et chacun dans son lieu spécial; les premiers, au contraire, exigent seulement l'intervention d'un produit fabriqué par la cellule ou noyau, d'un principe immédiat organique.

Ces deux ordres de phénomènes ne sont pas d'ailleurs moins essentiels les uns que les autres. Ils sont absolument solidaires, et la vie exige leur exercice simultané, leur mutuel concours, leur rapport harmonique. Les deux opérations de destruction et de rénovation sont la condition l'une de l'autre : la seconde n'est pas possible si la première n'a eu lieu préalablement, et réciproquement. Nous voyons par là que la vie n'est autre chose qu'une perpétuelle alternative d'organisation et de désorganisation, de *vie* et de *mort*. Nous ajouterons qu'on s'est mépris sur la désignation qui leur convient. Ce sont les phénomènes de destruction que l'on considère comme les phénomènes de la vie : ils se révèlent immédiatement à nous ; les signes en sont évidents, ils éclatent au dehors ; ils se traduisent d'une manière sensible par les manifestations vitales extérieures. Le processus formatif, au contraire, s'opérant dans le silence de la vie végétative se dérobe aux regards ; les phénomènes de synthèse organisatrice restent tout intérieurs et n'ont presque point d'expression phénoménale ; ils n'ont d'autre expression qu'eux-mêmes, et ne se révèlent que par l'organisation et la réparation de l'édifice vivant ; ils rassemblent d'une manière silencieuse et cachée les matériaux qui seront dépensés plus tard dans les manifestations bruyantes de la vie. Nous sommes donc les jouets d'une apparence trompeuse quand nous appelons phénomène de vie ce qui, au fond, n'est autre chose qu'un phénomène de mort ou de destruction organique.

Quant au moyen de distinguer ces deux ordres de phénomènes, les uns manifestés par la substance vivante les autres par les produits de cette substance, il réside dans l'existence ou l'absence d'une propriété, la *sensibilité*, entendue dans le sens que nous avons donné au mot *irritabilité*. La matière vivante est sensible ou irritable ; tout ce qui est physique et chimique n'est point sensible. Cette propriété nous la décelons par un réactif, l'éther ou tout autre anesthésique, qui, comme nous l'avons vu, a la propriété de l'éteindre. Les anesthésiques agissent sur tout ce qui est vivant et irritable ; ils sont sans action sur ce qui n'est que purement physique.

L'opposition que nous avons signalée entre la respiration, phénomène chimique, et la fonction chlorophyllienne, phénomène de synthèse vitale nous conduit à soumettre ces deux propriétés au réactif ordinaire de la vie.

L'expérience a été faite en soumettant des plantes vertes, des conferves. à l'action de l'éther : on constate alors que la fonction chlorophyllienne cesse, comme tous les actes vitaux ; la respiration continue, comme tous les actes physiques, et l'acide carbonique se dégage encore quelque temps.

On a aussi observé que les vapeurs mercurielles arrêtaient la propriété chlorophyllienne sans arrêter dans les feuilles la respiration proprement dite. L'acte vital chlorophyllien est pourtant subordonné à l'acte physique de la respiration. On sait que l'accroissement de la plante est une conséquence de la fonction chlorophyllienne, qui fixe du carbone ; au contraire ; la respiration générale est accompagnée d'une perte de substance, perte qui peut aller jusqu'à la moitié du poids de la substance sèche dans les graines qui germent à l'obscurité. Or, les botanistes ont montré que l'accroissement s'arrête dans une atmosphère privée d'oxygène ; que la germination y est interrompue, le développement des bourgeons arrêté, les mouvements du protoplasma paralysés, l'irritabilité des organes mobiles anéantie ; si le séjour est suffisamment prolongé, la vie de la plante est suspendue sans retour. L'accroissement et la vie ne peuvent donc avoir lieu qu'autant que s'accomplit cette fonction respiratoire qui cependant détruit en partie cet accroissement.

LEÇON XVI

Fonction chlorophyllienne.

SOMMAIRE. — La fonction chlorophyllienne ne caractérise ni les végétaux, ni les animaux; elle caractérise le protoplasma vert. Celui-ci peut appartenir aux deux règnes.

Dans le cas des végétaux, l'acide carbonique décomposé par les parties vertes paraît être amené à l'état de dissolution par les racines. Expériences à l'appui de cette vue. Observations de M. Merget.

La théorie du dualisme respiratoire ne pouvait pas subsister devant la saine appréciation des phénomènes qui s'accomplissent dans les plantes. Il n'y a point d'opposition, au point de vue de la respiration, entre les deux règnes naturels.

Le fait sur lequel la théorie dualiste avait été établie, ne mérite pas moins d'être étudié avec attention, bien qu'il ait été détourné de sa réelle signification. La composition de l'air reste invariable, malgré les emprunts que les animaux et les végétaux font à l'atmosphère, et malgré les résidus qu'ils y déversent. Depuis le premier jour où l'analyse chimique a étudié la composition de l'atmosphère, celle-ci n'a point varié : les nombres qui l'expriment ont conservé leur rapport constant. Il y a donc lieu de nous demander, comme question connexe de celles que nous venons d'étudier, quel mécanisme et et quel agent maintiennent ou rétablissent cette pureté constamment compromise.

Depuis longtemps, depuis les observations de Priestley, il est admis que c'est aux végétaux que l'air doit de conserver sa composition constante, en dépit de toutes les causes qui tendraient à la faire varier. Les plantes décomposent continuellement l'acide carbonique que les animaux et les plantes elles-mêmes déversent continuellement dans l'atmosphère. On a précisé depuis lors cette action si remarquable des végétaux, en montrant que leur partie verte, ou chlorophylle, est l'agent de cette purification de l'air.

Une telle propriété n'a rien d'absolu, rien qui caractérise les végétaux à l'exclusion des animaux, et qui établisse une limite rigoureuse entre les deux règnes. Ce n'est pas, *en tant que végétal*, que la plante possède de la chlorophylle et jouit de la propriété réductrice que nous étudions en ce moment. Les propriétés physiologiques ne sont point suspendues à quelque condition métaphysique, vague et immatérielle; elles sont inhérentes, au contraire, à des circonstances matérielles, à une substance, à une structure, à une constitution saisissable et tombant sous les sens. C'est ce qui arrive ici. La propriété réductrice n'appartient au végétal qu'en tant que celui-ci possède la matière verte chlorophyllienne, seule capable de produire ce phénomène. La matière en question, et par conséquent la propriété qui en dépend, n'appartiennent point à toutes les plantes, mais seulement à celles qui sont munies de cette matière; elles n'appartiennent pas à toutes les parties de la plante, nommément pas à celles qui sont colorées de diverses manières, ou incolores.

Par contre, quelques animaux bien caractérisés sont imprégnés de cette même substance qui leur confère une fonction identique à celle des plantes vertes. Nous citerons, par exemple, l'*Euglena viridis*, et cet infusoire énorme, visible à l'œil nu, très-abondant dans nos bassins du Muséum, le *Stentor polymorphus*.

Soit chez les animaux, soit chez les végétaux, la chlorophylle est répartie sous forme de grains contenus dans des cellules à noyau, susceptibles de multiplication par scission, comme toutes les cellules. De même qu'elle présente les caractères morphologiques des autres cellules, la cellule chlorophyllienne en présente aussi les caractères physiologiques essentiels. Elle ne se distingue que par une fonction nouvelle qui se surajoute pour ainsi dire aux autres : c'est de former de l'oxygène aux dépens de l'acide carbonique qui est mis en contact avec elle sous l'action des rayons solaires. Cette fonction surajoutée ne fait rien disparaître de ce qui est fondamental parmi les propriétés de l'être vivant. Elle n'empêche pas que l'oxygène ne soit nécessaire ici comme ailleurs et comme toujours. Cette formation d'oxygène comme fonction spéciale d'un tissu, ajoutée aux fonctions générales appartenant à toutes les cellules, n'est pas sans exemple parmi les animaux. M. Armand Moreau a vu que, dans certaines circonstances, la vessie natatoire des poissons produit de l'oxygène sans que le tissu qui possède cette propriété soit capable plus qu'un autre, ou plus que la cellule chlorophyllienne, de résister à l'asphyxie par privation d'oxygène.

La substance verte élaborée par les cellules particulières présente certains caractères physiques qui la font facilement distinguer d'autres substances présentant une apparence semblable, et qui peuvent se trouver mêlées à elle accidentellement ou normalement. La chlorophylle est soluble dans l'éther et dans l'alcool. Cette solution, examinée au spectroscope, permet de reconnaître une bande caractéristique très-nette dans la portion rouge du spectre ; sous l'action des alcalis, cette bande se dédouble en plusieurs bandes parallèles. Quant à sa propriété chimique dont nous avons maintes fois parlé, et qui lui donne un très-grand intérêt, c'est la propriété de décomposer l'acide carbonique, en fixant le carbone à divers états dans les plantes et en laissant échapper l'oxygène. Ce résultat n'est obtenu, en dehors de ces conditions, en dehors de la nature vivante, que par des moyens chimiques d'une puissance extraordinaire.

C'est à cause de cette propriété chimique spéciale que la chlorophylle remplit vis-à-vis de l'air vicié par les animaux ce rôle purificateur que Priestley, dans son expérience célèbre, attribuait à la plante elle-même, rôle qui a été élucidé successivement par les expériences postérieures de Ingenhousz, Jean Sénebier, Boussingault, Garreau.

La proportion d'oxygène rendue par la plante croît en raison directe de l'acide carbonique qui lui est fourni.

Ce fait est facile à vérifier en opérant sur les plantes aquatiques, où l'action purifiante du végétal sur le milieu se montre dans toute son évidence. Bien des observations vulgaires mettent cette conclusion en pleine lumière. Rappelons, pour exemple, que certains milieux confinés, tels que les aquariums, ne restent propres à entretenir la vie des animaux qu'autant qu'ils contiennent en même temps des végétaux. Une remarque du même genre avait été faite par Sénebier : ce botaniste avait observé que des abreuvoirs alimentés par la même eau se comportaient différemment lorsque les parois étaient recouvertes d'un revêtement végétal de coloration verte, ou qu'au contraire ce revêtement faisait défaut. L'eau se corrompait dans ceux qui ne présentaient point de revêtement végétal, et était refusée par les animaux que l'on menait y boire ; elle se conservait en bon état dans les autres.

Cependant, les conditions de la purification de l'atmosphère par les plantes, ou, en d'autres termes, les conditions du fonctionnement chlorophyllien, ne laissent pas que de présenter quelques obscurités. On a observé un fait très-intéressant en ce qu'il est contraire à ce que l'on pourrait supposer *à priori* d'après les théories régnantes. On a analysé l'air dans le voisinage des forêts, c'est-à-dire en présence d'une quantité considérable de matière chlorophyllienne active. On devait s'attendre, en opérant au soleil, à trouver l'air plus pauvre en acide carbonique et plus riche en oxygène. Or, jamais on n'a observé d'augmentation d'oxygène ni de diminution d'acide carbonique. Au contraire, résultat paradoxal, on a trouvé que ce dernier gaz était plus abondant que dans l'air pris à un autre point. On pourrait rapprocher de ce résultat cette autre observation qui a été faite autrefois par M. Leconte notre préparateur. En examinant l'air des serres en

plein soleil, alors que la végétation était en pleine activité, on n'a pas trouvé que cet air fût plus riche en
oxygène que l'air extérieur qui n'a point été au contact des feuilles. Quelquefois même l'air de la serre
renfermait une plus grande proportion d'acide carbonique.

Il semble donc qu'il y ait une condition nouvelle,
condition qui aurait échappé aux auteurs qui se sont
occupés de la question. Cette condition du fonctionnement de la chlorophylle, nous croyons l'avoir saisie :
c'est l'humidité. Pour énoncer le résultat sous sa forme
la plus saisissante nous dirons que l'acide carbonique doit
être amené à la chlorophylle dans le parenchyme des
feuilles à l'état de dissolution. L'acide carbonique à l'état
sec n'est point décomposé par les feuilles : l'expérience
l'établit nettement. Lorsque, au contraire, il est amené
à l'état de dissolution, alors il se trouve dans la condition convenable pour subir l'action décomposante. Or,
c'est surtout par les racines que l'acide carbonique peut
pénétrer dans le végétal à l'état dissous. Aussi croyons-
nous que la fonction chlorophyllienne s'exerce principalement et peut-être exclusivement sur le produit de
l'absorption des racines, et non sur le gaz qui serait
absorbé directement par les feuilles. Dès lors, le résultat
que nous venons de signaler à propos de l'air des forêts
s'expliquerait aisément : l'atmosphère étant sèche la
quantité d'acide carbonique décomposée devait être très-
faible. Le résultat eût été tout différent si l'on eût fait
l'analyse après une pluie qui aurait humecté le sol ou
mouillé les feuilles, et fait pénétrer ainsi une plus ou

moins grande quantité d'acide carbonique dissous dans le végétal.

Déjà on avait observé que la dessiccation avait un effet très-marqué sur la faculté décomposante des feuilles. Elle l'abolit sans qu'une imbibition ultérieure restitue cette propriété.

Cette observation est insuffisante et incomplète. Il ne s'agit point de pousser la dessiccation jusqu'au point où le végétal serait désorganisé.

Ainsi la propriété que possède la chlorophylle de décomposer l'acide carbonique aurait pour condition la présence de l'eau ou au moins d'un certain degré d'humidité. La feuille ne serait pas le seul organe et surtout pas le principal instrument de l'absorption de l'acide carbonique dissous. Celui-ci et peut-être même les carbonates doivent être introduits par les racines pour être ultérieurement décomposés. Le rôle purificateur de l'atmosphère, incontestable pour les plantes vertes aquatiques, serait beaucoup plus obscur et douteux pour les plantes aériennes.

Les expériences suivantes justifient nos conclusions:

Sous une cloche renfermant une atmosphère limitée d'air ordinaire nous disposons une plante (chou) dont les racines sont enveloppées par un sac imperméable en caoutchouc embrassant exactement la tige et isolant exactement la partie inférieure. Dans ce sac qui contient les racines on enferme de l'eau et un peu de terre, et au moyen d'une double tubulure on y fait circuler un courant d'acide carbonique.

La partie supérieure recouverte par la cloche contient

une athmosphère qui est analysée après quelque temps
d'exposition au soleil. Nous trouvons que ce gaz a la
composition suivante :

Après 24 heures : { Oxygène....... 22
                   { Azote......... 78

Après un nouveau délai de 24 heures nous avons:

Oxygène......................... 23
Azote........................... 77

Après 24 h. encore : { Oxygène...... 25,4
                      { Azote........ 74,6

La proportion d'oxygène, comme on le voit, augmente
de plus en plus, et cet oxygène n'a pas d'autre origine
possible que l'acide carbonique absorbé par les racines.

Une expérience de M. Correnwinder vient à l'appui
de ces vues et sert de contre-partie à l'expérience précédente : Sur un arbre prospère on isole un rameau ;
sans le détacher du tronc on le renferme dans un flacon
où pénètre de l'air qui a été lavé dans une solution de
potasse et par conséquent entièrement dépouillé d'acide
carbonique. Le rameau continue à vivre et à croître
comme dans l'air ordinaire, d'où la conclusion que le
végétal ne prend pas constamment, ni d'une façon nécessaire, son acide carbonique par les feuilles.

Après avoir parlé de cette propriété que possède la
feuille dans les conditions physiologiques de décomposer
l'acide carbonique qui lui est conduit par les racines ou
par l'absorption directe, nous devons parler d'une autre
question qui n'est pas sans analogie avec la précédente

et qui se réfère aux feuilles plongées dans un liquide.

On transforme dans cette expérience des feuilles aériennes en feuilles aquatiques. Des feuilles de vigne fixées au sarment sont introduites sous une cloche renfermant de l'eau chargée d'acide carbonique ; on ne tarde pas à voir le dégagement d'une abondante quantité d'oxygène.

Enfin, d'autres expériences relatives à la circulation gazeuse pourraient trouver place ici. Elles ont été faites sur des feuilles détachées du végétal. Le phénomène a pour type un fait purement physique, phénomène de thermo-diffusion que M. Merget (de Lyon) a fait connaître. Que l'on prenne une pipe ordinaire dont le fourneau serait rempli de plâtre ou de terre de pipe gâchée ; on incline la pipe de manière que le fourneau soit relevé et que l'extrémité opposée placée à un niveau plus inférieur plonge sous un tube ou une éprouvette. Si, dans ces conditions, on vient à chauffer le fourneau de la pipe avec une lampe à alcool, on voit un mouvement gazeux se produire qui entraîne l'air du fourneau vers le tuyau et le fait s'échapper sous le tube de verre. On peut ainsi recueillir d'énormes quantités de gaz : le mouvement ne s'arrête pas tant que l'on continue à chauffer ; il n'y a aucune raison pour qu'il ne dure pas indéfiniment.

Ce phénomène, désigné sous le nom de phénomène de thermo-diffusion par M. Merget, peut être réalisé avec les végétaux, par exemple avec une feuille de nénuphar munie de son pétiole. L'expérience est disposée de la manière suivante : Le limbe large de la feuille est plongé dans de l'eau légèrement chauffée ; une petite partie de ce limbe est soulevée au-dessus de l'eau, de manière que l'ait puisse pénétrer par les stomates. Faute de cette condition on n'observerait aucune absorption et le phénomène n'aurait point lieu.

L'expérience devient très-intéressante lorsque l'on soumet la feuille à l'exposition directe de la lumière solaire, et que la feuille plonge d'ailleurs dans une eau chargée d'acide carbonique. On observe alors que l'air exhalé par la tige et recueilli dans l'éprouvette renferme une forte proportion d'oxygène. L'action chlorophyllienne intervient donc. Les trois expériences suivantes ne laisseront aucun doute à cet égard.

I. Expérience exécutée au moyen d'une feuille de nénuphar plongeant dans une eau chargée d'acide carbonique. Après quelque temps d'exposition au soleil on pratique l'analyse du gaz exhalé par la tige et l'on trouve les chiffres suivants :

$$CO^2 = 5,5$$
$$O = 33,3$$
$$Az = 61,2$$
$$\overline{100,0}$$

II. L'expérience est répétée avec des feuilles de vigne séparées de la branche. On introduit une petite quantité d'acide carbonique; sous l'eau, au soleil, on a :

Gaz exhalé par la tige :

$$CO^2 = 9,0$$
$$O = 51,6$$
$$Az = 39,4$$
$$\overline{100,0}$$

III. Dans une troisième expérience les feuilles tiennent encore au sarment, c'est l'extrémité de celui-ci qui plonge dans l'eau chargée d'acide carbonique; on recueille l'air dégagé par les feuilles au soleil et on lui trouve la composition suivante :

$$
\begin{aligned}
CO_2 &= 0,0 \\
O &= 59,0 \\
Az &= 41,0 \\
\hline
&100,0
\end{aligned}
$$

L'expérience peut être complétée de la manière suivante. On peut, comme nous l'avons déjà fait, soumettre la plante, en même temps qu'à l'action du soleil, à l'action des anesthésiques, de l'éther, du chloroforme, et recueillir comme précédemment le gaz exhalé par la tige. L'analyse montre que ce gaz a précisément la composition de l'air ordinaire. C'est une autre disposition expérimentale qui prouve, comme nous l'avons déjà vu, en dehors de la complication des phénomènes de thermo-diffusion, que sous l'action des anesthésiques la propriété chlorophyllienne a été suspendue et supprimée.

Quelque intérêt que présentent pour nous ces expériences, il est difficile actuellement de voir dans le fait observé par M. Merget autre chose qu'un phénomène physique dont les conditions de production se trouvent réalisées aussi bien dans la feuille de nénuphar que dans la pipe en terre poreuse dont faisait usage M. Merget. Il resterait à rechercher si quelque chose d'analogue se passe dans la plante non séparée de la tige, et s'il y a une circulation gazeuse dans le végétal intact, explicable par les mêmes circonstances que nous venons de voir réalisées artificiellement dans l'expérience précédente.

Il résulte de cette longue étude que nous venons de faire de la chlorophylle et de la fonction chlorophyllienne que toutes les considérations obligent à distinguer d'avec elle la respiration véritable. Ni les conditions dans lesquelles ces actes physiologiques s'accomplissent, ni les agents qui peuvent les suspendre ne sont les mêmes. Le but ou le résultat est lui-même tout différent.

La fonction chlorophyllienne est véritablement une fonction de nutrition ou d'organisation qui concourt à l'accroissement de la plante, à sa constitution matérielle. La respiration, au contraire, est une fonction de désorganisation, de destruction ; et bien qu'elle soit la condition des autres manifestations vitales, elle use, désagrége et détruit l'édifice vivant. Cependant les idées dualistes que nous combattons depuis le commencement de nos leçons se sont emparées de ce terrain, s'y sont cantonnées et ont voulu s'en faire une forteresse. On a voulu confondre le végétal avec la chlorophylle même, et négligeant tous les phénomènes qui ne peuvent se ramener à celui que cette substance accomplit, on a dit que le végétal *organisait*, opérait la synthèse des produits organiques, tandis que l'animal, par la fonction de respiration que lui seul possédait, désorganisait la substance des corps vivants, qu'il en opérait l'analyse.

C'est ainsi que la question de la respiration, dont nous venons d'achever l'étude, confine à l'intéressante question de la production des principes immédiats dans

les animaux et les plantes, que nous avons examinée
antérieurement. Le résultat est identique dans les deux
cas : nous avons vu, à propos de la formation des principes immédiats comme à propos de la respiration proprement dite, qu'il y a unité vitale essentielle dans les
deux règnes de la nature.

TROISIÈME PARTIE

DIGESTION. NUTRITION

LEÇON XVII

Des préliminaires de la nutrition.

SOMMAIRE. — La digestion est une fonction préparatoire à la nutrition, accessoire lorsqu'on la considère dans son essence. La cavité digestive est un appareil extérieur à l'animal. Complication croissante de l'appareil de la digestion dans la série des êtres vivants. Variété des actes physiques et mécaniques qui précèdent les actes chimiques de la digestion. L'instinct des animaux s'arrête aux qualités physiques de l'aliment.

La physiologie générale embrasse dans son objet tout ce qu'il y a de *général* dans les phénomènes de la vie. Son domaine s'étend sur les animaux et les végétaux, car dans les uns et les autres la vie élémentaire, la nutrition, présente les mêmes caractères essentiels.

Or, la nutrition est un échange entre l'élément organisé et le milieu dans lequel il baigne; son étude présente donc deux faces. Il faut, en même temps que les propriétés de l'élément, connaître la série d'actes préparatoires à la constitution du *milieu* où il puise et rejette constamment les éléments de sa nutrition.

La série d'actes préliminaires qui ont pour résultat la constitution du milieu n'a pas la même universalité dans tous les êtres que l'acte nutritif lui-même. Elle est variée et affecte des apparences distinctes chez les plantes et chez les diverses espèces d'animaux. La nutrition, ainsi que nous l'avons dit, constitue bien un chapitre commun dans l'histoire de la vie des animaux et des végétaux ; mais le préambule de ce chapitre semble différent chez les différents êtres. Néanmoins, il y a encore malgré cette diversité quelque chose de pareil, une certaine communauté de procédés qu'il appartient à la physiologie générale de faire ressortir.

Les végétaux puisent dans le sol et dans l'atmosphère les éléments dont ils se nourrissent. L'élaboration de ces principes est extrêmement simple. Les matériaux qui se présentent à la plante sont toujours liquides, gazeux ou solubles ; ils viennent, pour ainsi dire, à la rencontre de la plante, à travers la terre ou l'atmosphère ; ils se présentent à elle à peu près dans l'état où ils doivent être pour être absorbés, sans que celle-ci ait à intervenir activement pour leur préparation. Son rôle ne commence guère qu'à l'absorption.

Il n'en est pas ainsi chez les animaux, et, avant l'absorption des matériaux alimentaires, il y a toute une série de phénomènes destinés à rendre cette absorption possible. On donne à cette préparation le nom de *digestion*. Mais cette préparation n'est pas exclusive a l'animal : elle existe chez le végétal. Seulement, au lieu d'être placée avant l'absorption elle est placée après : elle est la condition de la mise en œuvre des réserves végétales. Nous verrons donc ici, comme dans l'étude de la respiration, qu'il y a lieu de distinguer deux choses confondues sous le même nom : la *propriété digestive*, commune à tous les êtres, condition préalable chez tous de l'assimilation, et la *fonction digestive*, propre aux animaux. Le rôle de l'animal en présence des matériaux alimentaires n'est point aussi passif que celui de la plante ; son intervention est nécessaire, et elle s'exerce par l'ensemble des actes qui constituent la fonction de la digestion. Cependant on peut dire, à un certain point de vue, que cette fonction préliminaire, accessoire, est en quelque sorte étrangère à l'animal lui-même. Prise à son plus haut degré de complication, elle a pour siége le tube digestif, cavité, dépression creusée à la surface du corps, mais qui est séparée des tissus comme le monde extérieur en est séparé lui-même, par la peau. L'enveloppe tégumentaire se réfléchit, en effet, au niveau des orifices digestifs pour tapisser le tube entier dans toute sa longueur, sans changer de caractère essentiel ; en sorte que Blainville et d'autres anatomistes ont pu dire, sous une forme pittoresque, que le tube intestinal était une peau retournée comme un doigt de gant. La lame cutanée affecte là une forme déprimée et tubaire, au lieu d'être saillante et de faire relief comme à la surface extérieure du corps. On peut donc concevoir la digestion comme une sorte d'élaboration des aliments pratiquée dans un tube à analyse chimique, extérieur à l'édifice organique.

D'ailleurs, si l'on examine dans la série animale la manière progressive dont se complique l'appareil de la digestion et la fonction elle-même, l'évidence de la conception philosophique que nous venons d'indiquer deviendra frappante.

Aux derniers degrés de l'échelle nous trouvons les protozoaires les plus simples, l'amibe, l'actinophrys, qui n'offrent aucune trace de tube digestif, et qui se trouvent, relativement aux matières alimentaires qu'ils doivent absorber, dans les mêmes conditions que la plante, ou du moins dans des conditions analogues. La ressemblance est encore bien plus complète chez un grand nombre d'helminthes, où les substances liquides et solubles sont absorbées uniquement au travers de l'enveloppe tégumentaire.

L'amibe, *Amœba diffluens*, est constituée par un amas de substance glutineuse, protoplasmique ou sarcodaire, qui change de forme à chaque instant, envoyant des expansions, des prolongements, que suit bientôt le reste de la masse en roulant comme une goutte d'huile sur le marbre. Ces êtres rudimentaires se nourrissent, d'après Dujardin, en absorbant par leur surface externe les substances liquides et dissoutes dans l'eau où ils vivent; mais ils ont, selon Claparède et Caster, certainement un autre mode d'alimentation qui consiste à englober dans une dépression accidentellement formée en un point quelconque de leur corps, les particules figurées et solides qu'ils rencontrent; la vacuole se referme; l'aliment traverse ainsi le corps de l'amibe, sans qu'il y ait rien de préétabli pour son trajet, et le résidu sort en un autre point quelconque de cet organisme constamment changeant.

Les leucocytes ou globules blancs des animaux supérieurs sont des masses protoplasmiques très-analogues
aux amibes; ils vivent dans le plasma sanguin ou la
lymphe, dont ils absorbent les parties solubles convenables à leurs besoins. La digestion de ces organismes
inférieurs est donc, comme chez les plantes, à peu près
réduite à l'absorption. C'est l'animal lui-même, dont ils
sont en quelque sorte les parasites, qui digère pour eux.
Dans certaines circonstances cependant, les leucocytes
sont capables d'englober, à la façon de l'amibe, les particules qu'ils rencontrent, des granules colorés, par
exemple, de la poussière de carmin ou de cinabre; cette
particularité a permis de les suivre dans leur trajet et
de les reconnaître dans les différents points de l'organisme, grâce à l'espèce d'étiquette de substance colorante qu'ils portaient avec eux. On a observé ce fait curieux, que les leucocytes peuvent, dans certains cas
pathologiques, englober et faire disparaître les globules
rouges ou hématies.

L'actinophrys présente des expansions filiformes et
rétractiles qui émanent d'une masse glutineuse, centrale,
et qui y rentrent continuellement. Cet animal, suivant
Kölliker, se repaît d'aliments solides, infusoires, rotifères,
algues, diatomacées, lyncées, qui viennent se heurter à
ses tentacules, y restent accolés et sont ramenés à la
surface du corps, où une expansion glutineuse vient à
leur rencontre en se creusant d'une dépression pour les
recevoir. L'aliment pénètre ainsi dans la partie centrale
du corps et y voyage jusqu'à ce qu'il soit complétement
absorbé; s'il y a un résidu, il est expulsé par un point

quelconque de la surface dont la situation n'a rien de fixe.

En remontant un peu plus haut dans l'échelle zoologique, nous trouvons une cavité digestive persistante et non plus adventive. Mais cette cavité n'est qu'une simple dépression de l'enveloppe externe. Un des plus simples zoophytes cœlentérés est l'hydre de Trembley. Ce petit animal, dont l'étude a jeté tant de lumières sur la physiologie générale, a l'apparence d'un petit sac piriforme dont l'orifice est muni d'expansions tentaculaires. La cavité ainsi formée est un véritable estomac, dans lequel l'hydre carnassière introduit sa proie, animalcules et vers, qu'elle digère et absorbe, et dont elle rejette les résidus. La face interne de cette sorte de sac est en continuité avec la surface externe, et ne s'en distingue pas d'une manière essentielle. Entre le tégument cutané et la muqueuse digestive, il y a continuité et substitution possible après une période d'élaboration assez courte. Aussi peut-on faire subir à l'animal une singulière opération, qui consiste à le retourner comme un doigt de gant, à mettre à l'extérieur la surface interne et la surface externe à l'intérieur de la cavité dont elle formera désormais le revêtement. Nous répétons cette expérience devant vous. Il faut maintenir l'animal quelque temps dans cette situation, en l'embrochant avec une soie ou un crin, car il aurait tendance à se « déretourner », comme dit Trembley. Ainsi maintenu, son organisme s'accommode de cette nouvelle situation ; il s'empare de sa proie, l'introduit dans la nouvelle cavité qu'on lui a artificiellement créée ; il se nourrit et digère comme auparavant. L'appropriation de l'enveloppe cutanée à son nouvel usage exige seulement quelques heures.

Chez les médusaires, la cavité digestive est encore constituée de la même façon : c'est un sac, une dépression communiquant avec l'extérieur par un orifice bouche-anus, ou par un grand nombre de bouches disposées aux extrémités des tentacules.

Chez les échinodermes, la complication augmente, le sac devient tube, c'est-à-dire que la cavité digestive présente deux ouvertures, l'une plus particulièrement affectée à l'inglutition des aliments, l'autre à l'expulsion des résidus.

Nous n'avons pas à examiner la série des dispositions qui, de ces animaux inférieurs jusqu'aux animaux supérieurs, viennent compliquer l'appareil de la digestion. Ce que nous en avons dit suffit pour comprendre la constitution de cet appareil, et pour légitimer les considérations que nous avons exprimées au début de cette leçon.

Nous voyons que l'appareil digestif est, en somme, un tube dans lequel l'animal analyse ses aliments ; la digestion est une modification, une élaboration par la surface extérieure du corps, des substances ingérées. Nous voyons l'animal digérer d'abord par sa surface externe, puis par une dépression de cette surface qui, s'enfonçant de plus en plus, finit par former un véritable tube *digestif*, dont le revêtement muqueux est analogue mais non plus identique avec le revêtement cutané. La fonction digestive est en réalité extérieure à l'organisme ; elle s'accomplit en dehors du *milieu intérieur*, du liquide nourricier circulatoire dans lequel vivent tous les éléments organiques. La fonction de la digestion n'est que préliminaire, accessoire, et la nutrition proprement dite qui se passe dans le milieu interne ne diffère pas philosophiquement chez l'homme, les animaux et les plantes.

La nutrition proprement dite est toujours la manifestation la plus générale et la plus caractéristique de la vie; elle se présente dans tous les êtres avec les mêmes attributs de continuité et de nécessité; elle ne cesse jamais, sous peine d'entraîner la mort.

La digestion ne présente pas la même importance; elle est, ainsi que nous venons de le dire, l'un des actes préparatoires qui fournissent à la nutrition ses matériaux. Elle consiste dans l'introduction de substances alimentaires qui doivent être élaborées, dissoutes et rendues absorbables par un appareil spécial plus ou moins compliqué. La digestion est une fonction intermittente qui peut être parfois suspendue un temps très-long, sans amener la cessation de la vie.

Cette introduction et cette élaboration préalables offrent le plus haut degré de simplicité chez les plantes et chez les animaux dépourvus d'appareil digestif; le plus haut degré de complication chez les animaux supérieurs et chez l'homme. Et, entre ces deux termes extrêmes, on trouve tous les états intermédiaires.

A travers cette complication croissante, il y a une simplicité, une unité réelle, résultant du but qui doit être atteint et qui est commun partout, quoique réalisé par des mécanismes différents.

Nous devons nous proposer de faire ressortir cette

simplicité, cette unité, et de mettre en relief ce qu'il y a de général dans toutes ces dispositions particulières. C'est en cela précisément que la physiologie générale, qui recherche les ressemblances, diffère de la physiologie comparée et descriptive, qui s'attache à faire connaître toutes les particularités, toutes les différences génériques ou spécifiques.

En déterminant ce qu'il y a d'essentiel dans la digestion, envisagée à son maximum de complication chez les animaux supérieurs où elle est le mieux connue, nous déterminerons du même coup ce qu'il y a de général en elle, et de commun à tous les autres animaux.

Cette considération nous permet donc d'entrer en matière par l'étude des êtres placés au haut de l'échelle zoologique. L'examen analytique de la fonction digestive à son *summum* de développement pourra seul nous faire comprendre les simplifications apparentes et souvent confuses que présentent les animaux inférieurs.

Trois ordres de phénomènes contribuent à l'accomplissement de la digestion chez les animaux supérieurs :

1. Des phénomènes physiques et mécaniques ;

2. Des phénomènes chimiques ;

3. Des phénomènes d'innervation spéciaux aux animaux, autrement dit, des phénomènes physiologiques.

Ces trois ordres de phénomènes nécessitent trois systèmes d'organes, trois sortes d'appareils appropriés. Le tube digestif présente ces trois variétés d'instruments ; il est muni d'un certain nombre d'annexes destinées à des usages mécaniques, chimiques et physiologiques.

En lui-même, le tube digestif peut être considéré comme divisé en trois parties :

1° Une partie d'*introduction*, qui s'étend de l'orifice buccal à l'estomac ;

2° Une partie de *digestion* proprement dite, qui comprend l'estomac et l'intestin grêle : cette partie intestinale centrale est la plus importante pour la digestion ;

3° Une partie d'*expulsion* pour les substances qui ont résisté aux actions chimiques de la digestion : c'est le cæcum et le gros intestin jusqu'à l'orifice anal.

A chacune de ces portions se trouvent adjoints des organes annexes qui servent à l'accomplissement du rôle dévolu à la partie qu'ils accompagnent.

Disons immédiatement que si l'on envisage les phénomènes d'introduction, on constate une variété infinie d'un bout à l'autre de la série des animaux. C'est seulement dans les phénomènes chimiques de la digestion que nous trouverons la généralité et l'unité. Cela doit faire considérer ces phénomènes comme fondamentaux, tandis que les autres ne sont que secondaires et accessoires. La manière dont se fait la digestion d'une substance est identique, mais la manière dont elle est introduite ou expulsée varie d'une infinité de façons. Nous écarterons donc de notre cadre les phénomènes physiques et mécaniques, pour concentrer notre attention sur les phénomènes digestifs essentiels.

Pour ce qui concerne les phénomènes physiques et mécaniques d'introduction, nous nous bornerons à en montrer la variété en quelques mots, sans entrer dans plus de détails à leur égard.

Ces phénomènes comprennent toute une série d'actes : préhension des aliments, mastication, insalivation, succion, déglutition, rumination, qui s'accomplissent dans la première partie du tube digestif.

Il faudrait un temps considérable pour décrire toutes les dispositions secondaires qui interviennent dans la réalisation de ces actes : leur étude est, à proprement parler, du domaine de la physiologie comparée descriptive. Uniquement préoccupés de l'unité des fonctions de la vie, nous devons laisser de côté ces mécanismes merveilleux mais individuels et sans importance générale.

La préhension des aliments surtout présente les modes les plus variés. Tantôt l'animal va au-devant de sa proie, comme le féroce carnivore ou l'herbivore paisible ; tantôt, chez les animaux fixés, c'est la proie qui va au-devant de l'animal.

L'être qui recherche sa nourriture y est déterminé par des besoins généraux, la soif et la faim ; et, dans son choix, il est guidé par un certain instinct adéquat surtout aux qualités physiques de l'aliment qu'il choisit, et au rapport que celui-ci présente avec ses organes. Cette manière dont l'animal prend sa nourriture n'a rien de fondamental, et souvent même rien de spécial à un être déterminé ; car elle peut varier dans les différentes phases de son existence. Les mammifères sont tous *suceurs* dans leur jeune âge, avant de devenir herbivores, carnivores ou omnivores ; l'homme reste pendant plus longtemps que tous les autres dans ce premier état, car il est un de ceux dont la dentition est la plus tardive. Le têtard est herbivore; la grenouille carnivore, et parmi les changements organiques qui doivent coïncider avec ce changement de régime, on constate la diminution de longueur du tube digestif.

Ainsi, rien d'essentiel pour la physiologie générale dans la préhension des aliments.

Les polypes ont des tentacules ou bras, le plus souvent armés d'appareils particuliers, nématocystes ou ventouses, pour retenir leur proie. Chez d'autres animaux, par exemple les rotifères et les infusoires, le mouvement des cils vibratiles dirige vers la cavité buccale les particules alimentaires qui se rencontrent sur leur route. Les mollusques, la plupart des annélides, s'aident de leurs lèvres épaisses pour saisir les aliments solides ou pour sucer les liquides. Chez les articulés, les organes de locomotion se transforment souvent en *pattes-mâchoires*, pour contribuer à l'introduction des substances dont ils se nourrissent. La grenouille, le caméléon, se servent de leur langue pour attirer et saisir les insectes dont ils font leur nourriture. Des oiseaux, tels que le pic; des mammifères, le tamanoir et le pangolin; des ruminants, comme le bœuf, se servent de leur langue de différentes manières pour introduire les substances qui les nourrissent. Le chat et le tigre font usage de leurs griffes et de leurs dents; le cheval et la girafe de leurs lèvres; les oiseaux de leur bec et de leurs serres; l'éléphant de sa trompe; la baleine de ses fanons, etc.

Les animaux fixés, comme l'huître et la moule, se reposent sur le hasard pour le soin de se nourrir. Les

valves entr'ouvertes, la bouche béante, ils accueillent
tout ce qui se présente ; le mouvement des cils vibratiles
dirige ensuite dans leur intestin les matières ingurgitées.
Je me souviens personnellement d'avoir eu l'occasion
autrefois d'observer au Collége de France, dans un bassin attenant au laboratoire de M. Duvernois, des moules
qui se trouvaient avoir avalé bien innocemment une
grande quantité de petites anguilles de la dernière
montée qu'on avait placées là pour les conserver.

Les aliments solides et résistants doivent subir une
attrition en vertu de laquelle ils sont broyés et divisés.
C'est l'acte de la *mastication*.

Chez un grand nombre d'animaux, les mammifères,
en particulier, il existe des organes spéciaux de trituration, les dents, incisives, canines et molaires ; ces
dernières ayant l'existence la plus constante, parce
qu'elles sont au fond les véritables instruments mas-
ticateurs.

La mastication peut se faire en différents points de la
première portion du tube digestif. Le plus souvent elle
s'opère dans la bouche. C'est dans la bouche que le
cheval broie entre ses molaires l'avoine de sa ration.
Mais cette même avoine, si elle devient la nourriture de
l'oiseau granivore, ne sera plus broyée à l'entrée du tube
digestif, puisque le bec est seulement un instrument
de préhension ; elle sera broyée dans un renflement
musculaire qui précède l'estomac, dans le *gésier*. Le
gésier lui-même est précédé d'une dilatation du tube
digestif, appelée *jabot*, sorte de réservoir où les
graines commencent à s'imbiber et se ramollir plus

ou moins avant d'être soumises à l'action du gésier.

La trituration est donc quelquefois précédée d'un phénomène de macération. C'est ce que l'on constate chez les oiseaux granivores. La même chose a lieu pour les ruminants ; seulement la disposition anatomique est inverse. La macération préalable au broiement s'accomplit dans un organe, dans une portion du tube digestif placée plus loin que les dents. En sorte que les herbages dont ils se nourrissent doivent descendre et remonter par l'acte de la rumination avant de suivre définitivement leur trajet descendant le long du tube intestinal. On décrit quatre estomacs chez les ruminants : la panse, le bonnet, le feuillet et la caillette. Mais il n'y a qu'un seul estomac véritable, c'est la caillette ; les trois autres poches appartiennent à la portion antérieure du tube digestif, ce sont des dilatations de l'œsophage. La panse est l'analogue du jabot. C'est là qu'arrive le bol alimentaire après qu'il a été dégluti ; et c'est là qu'il subit une macération véritable. La préparation réalisée dans la panse est si bien une macération, qu'elle pourrait être reproduite artificiellement en laissant séjourner les herbages dans l'eau tiède. MM. Gruby et Delafond ont vu que, dans ces conditions, il se développe, comme cela arrive pour toutes les infusions, une multitude d'infusoires ; de fait, la panse des ruminants en est remplie ; les animalcules y sont parfaitement vivants et actifs. On a pu dire, conséquemment, que les ruminants digèrent, avec l'herbe qu'ils broutent, un grand nombre d'animaux infusoires tout vivants. Mais c'est seulement dans la caillette que cette digestion s'opère, et jusqu'à ce qu'ils soient arrivés là, les animalcules se conservent parfaitement.

La macération dans la panse n'est pas seulement le fait des mammifères ruminants ou des oiseaux granivores; elle appartient quelquefois à des oiseaux carnassiers. Quelques-uns de ces animaux conservent, en effet, assez longtemps dans leur jabot les viandes ingurgitées qu'ils y laissent, pour ainsi dire, pourrir et mariner, de façon que la digestion en devienne plus facile. De là l'odeur infecte qu'exhalent ces oiseaux de proie.

En résumé, les actes physiques et mécaniques qui précèdent l'acte chimique de la digestion s'exécutent par des procédés infiniment variés. Ils peuvent ne pas exister, et nous avons vu que chez beaucoup d'animaux la portion antérieure du tube digestif qui leur correspond fait défaut.

Au contraire, les actes chimiques qui s'accomplissent dans la portion moyenne du tube digestif ne peuvent manquer. Ceux-là sont essentiels, et sous des aspects quelque peu changeants, on pourra toujours saisir leur fond commun, foncièrement identique.

Ce sont ces actes chimiques qu'il nous faut maintenant examiner.

Après que les aliments ont subi les modifications mécaniques que nous avons indiquées, ils doivent être soumis à l'action des modificateurs chimiques qui les liquéfieront et les mettront dans l'état où il faut qu'ils soient pour être absorbables.

Ce rôle incombe à la partie intermédiaire du tube

digestif, depuis l'estomac jusqu'au cæcum, avec les annexes glandulaires qui sécrètent des liquides plus ou moins actifs.

A voir la différence des régimes auxquels sont soumises les différentes espèces d'animaux, on pourrait croire que les digestions doivent être différentes pour les uns et pour les autres, en raison des différentes substances qui constituent leur alimentation. Au fond, il n'en est rien, et le résultat de la digestion est identique chez tous, herbivores ou carnivores.

Cette distinction d'animaux qui se nourrissent de végétaux et d'animaux qui se nourrissent de viande est importante aux yeux des zoologistes, car elle commande une foule de particularités d'organisation et régit la structure de l'être : elle a son retentissement sur la construction du squelette, de la mâchoire, des membres, de la tête ; sur la longueur des viscères, qui est plus considérable chez les herbivores ; sur l'instinct, sur l'habitat. Mais cette distinction est nulle aux yeux de la physiologie générale ; car le même être qui est astreint, par le caractère imprimé à son organisme, à se nourrir d'herbages, digère parfaitement la viande si on la lui présente sous une forme physique acceptable. La réciproque est également vraie.

Ainsi, un chien mourra de faim à côté d'un tas de blé ; il n'y touchera point. Il ne sait point que cette substance qu'il dédaigne et qu'il méconnaît, parce qu'elle n'est pas sous la forme appropriée à ses organes de préhension et de mastication, est pourtant parfaitement capable de soutenir son existence. Son instinct s'arrête à la forme physique, laquelle n'est effectivement pas appropriée aux premières parties de son tube digestif. Broyez ce froment et mêlez un peu d'eau à cette farine, voici l'animal qui acceptera parfaitement le pain, genre de nourriture dont la forme physique n'a plus rien d'incompatible avec son organisation.

De même un lapin périra d'inanition à côté d'une proie vivante ou même d'un quartier de viande; réduisez cette viande en fragments, faites-la bouillir, il l'acceptera sans difficulté, et la digérera le plus facilement du monde. J'ai nourri ainsi pendant un temps considérable des lapins avec de la viande de bœuf bouillie.

Ainsi, nous le voyons, les qualités chimiques essentielles d'un aliment sont cachées à l'animal; son instinct s'arrête aux qualités physiques. Toute son organisation est en rapport avec cette forme apparente de l'aliment auquel il est astreint; c'est une sorte de fatalité inscrite dans son organisme, sur son squelette, dans son genre de vie. Ce sont les qualités physiques de l'alimentation qui dominent l'histoire naturelle des animaux.

L'homme, au contraire, doué de l'intelligence qui corrige l'instinct, est omnivore. Il sait donner aux aliments la forme qui les rend acceptables; il a recours pour cela aux artifices de la cuisson et de toutes les préparations culinaires, devant lesquelles disparaissent les qualités physiques. Tout animal serait omnivore comme l'homme, s'il savait se procurer les aliments végétaux ou les proies vivantes et les préparer d'une façon convenable : son tube digestif est, en effet, capable de les digérer.

C'est donc dans ces actes chimiques de la digestion proprement dite que résideront l'unité et la généralité de la fonction. C'est pourquoi cet ordre de phénomènes fixera par la suite notre attention d'une manière plus spéciale.

LEÇON XVIII

Histoire des théories chimiques de la digestion.

L'étude des phénomènes chimiques de la digestion constitue la partie la plus importante de l'histoire de cette fonction, et celle qui, aux diverses époques, a le plus préoccupé les physiologistes.

Il peut y avoir intérêt à jeter un coup d'œil rétrospectif sur les travaux de nos prédécesseurs, avant d'exposer l'état actuel de la science sur la question.

Les connaissances précises sont assez récentes : les anciens n'avaient que des idées vagues, imaginatives, sur la nature de l'acte par lequel les matières alimentaires ingérées devenaient solubles et capables de s'incorporer à la substance de l'animal. Ce sont les médecins qui ont d'abord émis ces idées, car les premiers physiologistes furent des médecins.

Le résultat de leurs méditations a été traduit dans des théories purement spéculatives, qui s'appuyaient sur une observation très-restreinte et qui ne cherchaient pas la seule consécration désirable, celle de l'expérience. Quelles que soient donc ces idées, elles ont contre elles le vice rédhibitoire d'être des hypothèses.

Cette réserve faite, examinons ces théories dans l'ordre même de leur apparition.

A l'origine de toute question relative à l'homme, on trouve le nom d'Hippocrate, le père de la médecine. Hippocrate désignait la digestion par le mot de *pepsis*, qui veut dire cuisson, et il attribuait cette cuisson à la chaleur de l'estomac. Il entendait dire par là que les aliments subissent dans l'estomac une préparation, une élaboration semblable à celle que déterminerait une cuisson véritable.

Cette idée de la *coction* des aliments se retrouve chez un grand nombre des successeurs d'Hippocrate. Mais quelquefois le mot détourné de sa signification ordinaire semble désigner non plus une cuisson proprement dite, mais une élaboration particulière.

Ainsi en est-il chez Galien, qui admettait trois sortes de digestions ou de coctions dont le résultat était de rapprocher de plus en plus la masse alimentaire du liquide sanguin : la première s'accomplissait dans l'estomac, la seconde dans l'intestin, la troisième dans le foie.

Cette doctrine se retrouve plus tard sous le nom d'*élixation* (*elixare*, cuire) auprès d'un grand nombre de médecins parmi lesquels on peut citer Michel Servet et Drake.

Une autre théorie est celle de la *putréfaction*. Un certain Plistonicus, disciple de Praxagore, considérait la dissolution des aliments qui se fait dans le tube digestif comme analogue à la décomposition spontanée des matières organiques exposées à l'air et à la chaleur. Cette manière de voir a eu des partisans jusqu'à une époque assez rapprochée de la nôtre, et Cheselden la reproduit dans son Traité d'anatomie publié en 1763.

Il est bien vrai que lorsqu'on laisse en présence des substances organiques et de l'eau exposées à la chaleur et à l'air, il se produit une série d'altérations qui ont pour résultat de faire disparaître ces matières. Mais les décompositions digestives sont de tout autre nature. En effet, la décomposition spontanée des produits azotés, de la viande, donne naissance à de l'ammoniaque facile à caractériser par sa réaction alcaline et son odeur. La décomposition spontanée des matières grasses ou féculentes donne lieu à la production d'acide gras ou d'acide lactique, etc., caractérisés, pour l'observateur le plus superficiel, par une odeur aigre ou d'autres réactions. Ces destructions, qui engendrent de l'ammoniaque ou des acides, peuvent certainement se manifester dans certaines parties du tube digestif où sont réalisées les conditions qui, d'ordinaire, y président. Mais c'est là une action tout à fait accessoire. Si l'on examine le contenu de l'intestin grêle où se fait la digestion proprement dite chez un animal nourri de viande, on lui trouve une réaction acide et non point la réaction alcaline ammoniacale. Au contraire, l'intestin de l'herbivore nourri d'aliments hydrocarburés donne des alcalis à la place des acides que l'on serait en droit d'attendre.

En troisième lieu apparaît la théorie de la *fermentation*. Van Helmont en est regardé comme l'auteur; mais pour lui la fermentation était une opération vague et nécessairement mal connue, puisqu'elle n'est pas encore complétement comprise aujourd'hui. Elle exprimait une modification qui ferait passer les corps d'un état dans un autre par une sorte d'ébranlement intestinal. La présence d'un *levain* est nécessaire à cette transformation. Van Helmont attribuait ce rôle de levain aux résidus des digestions précédentes qui, selon lui, subsistaient toujours dans le tube digestif. Si l'on ouvre un lapin, on trouve effectivement toujours une certaine quantité d'aliments dans son estomac, même s'il est resté longtemps sans prendre de nourriture, même s'il est mort de faim.

A cette première donnée Van Helmont en ajoutait d'autres, obscures ou bizarres. Les ferments étaient dirigés par des archées. Il admettait six espèces de digestions : la première s'accomplissait dans l'estomac, la seconde dans l'intestin, la troisième dans le foie, la quatrième dans le cœur, la cinquième dans le poumon où les aliments se changeaient en esprits animaux, la sixième dans « la cuisine des membres ». Chacune de ces opérations était régie par des archées spéciales.

A côté de ces fantaisies singulières, ainsi que nous l'avons déjà dit, Van Helmont avait l'esprit d'un véritable expérimentateur, et il essaya d'expérimenter sur la digestion en se procurant par régurgitation les matières qui avaient séjourné dans l'estomac.

Les idées de Van Helmont ont été adoptées par Sylvius, Willis, Boyle et d'autres.

Différents aspects du phénomène avaient frappé les divers auteurs. Érasistrate, ayant observé les mouvemonts de l'estomac pendant qu'il fonctionne, pensa que la seule action de la digestion était de broyer et diviser mécaniquement les aliments: c'est la *théorie mécanique* de la digestion.

Adoptée par les iatro-mécaniciens, cette hypothèse a été le point de départ de quelques découvertes et d'erreurs singulières. Borelli (1608) et Boerhaave (1668) attribuaient à l'estomac une force considérable. Un célèbre médecin de Rotterdam, Pitcairn (1700), a été plus loin dans ce sens : il évalue à 12951 livres la force triturante de l'estomac.

Le caractère purement hypothétique de toutes les théories émises sur la digestion pendant cette première période leur enlève toute valeur.

Mais la question devait entrer bientôt dans la période expérimentale, et c'est Réaumur (1683-1757) qui eut l'honneur d'ouvrir cette voie.

Il voulut juger d'abord si l'opération qui, dans l'estomac, transforme les aliments en cette bouillie appelée *chyme*, est une simple attrition mécanique, ou si, comme l'avait avancé Asclépiade, le médecin de Cicéron, et après lui les anatomistes-médecins, c'était une dissolution chimique. Il opéra donc sur les oiseaux, qui offrent des facilités particulières pour l'examen. Il eut l'idée de placer les aliments solides dans des tubes de verre ou de métal percés de trous, de façon à permettre l'imbibition par les liquides digestifs tout en s'opposant aux actions mécaniques.

Les tubes n'étaient pas d'abord assez résistants. Introduits dans le gésier d'oiseaux, chez qui cet organe est très-puissant, ils ne résistaient pas à la pression ; ils étaient brisés ou tordus. Ce fait avait déjà été signalé par les académiciens del Cimento à Florence, Redi, Nagolotti, etc.

Réaumur (1752) prit donc des tubes plus résistants, et, les ayant retirés après quelque temps de séjour dans les organes digestifs, il constata que les aliments avaient été digérés. La digestion peut donc s'accomplir sous la seule influence des sucs digestifs, sans intervention de forces mécaniques. La viande est dissoute alors qu'elle n'a pu être dilacérée ni divisée : la trituration mécanique n'est pas nécessaire.

Il en était tout autrement pour les graines. La trituration est une condition indispensable de leur digestion. L'orge introduite dans les tubes restait inattaquée, si elle n'avait pas été préalablement broyée et divisée.

Réaumur voulut aller plus loin encore et réaliser une expérience décisive, celle de la *digestion artificielle*. Il se proposait de recueillir une assez grande quantité de sucs digestifs, et de voir s'ils pourraient agir en dehors du corps de l'animal, dans les vases à expériences. Ses premières tentatives, dans lesquelles il essayait de se procurer les sucs au moyen d'éponges, échouèrent, et la mort vint interrompre ses travaux.

Un médecin d'Édimbourg, Stevens (1777), répéta quelque temps après sur le chien et même sur l'homme les expériences que Réaumur avait exécutées sur les oiseaux, et arriva aux mêmes résultats.

Néanmoins, même après ces travaux, la théorie chimique de la digestion n'était pas établie sur une base inébranlable, car elle n'avait pu être encore réalisée en dehors de l'animal, *in vitro*. Aussi les vitalistes intervinrent ici ; et, prétendant que cette opération ne pouvait s'accomplir que dans l'être vivant, ils affirmèrent qu'elle était sous la dépendance d'une force nerveuse, d'une force vitale.

Spallanzani devait répondre à cette objection dans un mémoire remarquable, publié à Genève en 1783, et qui contenait le récit d'expériences suivies depuis six années. Il s'était procuré le suc de l'estomac en assez grande quantité au moyen d'éponges introduites dans ce viscère, et avait pu reproduire en dehors de l'animal, dans des vases à expériences, de véritables *digestions artificielles*.

Malheureusement Spallanzani ne put opérer sur des quantités suffisantes de suc gastrique pour en établir rigoureusement les caractères, fixer la question de savoir si le liquide était acide ou alcalin, si sa constitution était fixe ou variable, si son existence avait une absolue généralité.

Aussi, après ces expériences si claires mais dans lesquelles le déterminisme phénoménal n'avait pu être suffisamment fixé, les obscurités reparurent-elles. Quelques auteurs imaginèrent que le suc gastrique n'avait point de caractères fixes, qu'il était alcalin chez les herbivores, acide chez les carnivores. Chaussier a prétendu qu'il était approprié à la nature de l'aliment et variable avec elle. Un physiologiste de Montpellier, Dumas, professa la même opinion. Enfin, Jenin de Montègre alla plus loin et remit en question l'existence même du suc gastrique en tant que liquide indépendant. Il soutint, en 1812, dans une communication à l'Académie des sciences, que le suc gastrique n'était autre chose que le produit de l'acidification des liquides salivaires. Pour compléter ce chaos, une nouvelle expérience de Wilson Philips vint ressusciter la force vitale et nerveuse comme cause de la digestion. Ce médecin disait avoir constaté, en effet, que si l'on prenait un chien en digestion et si l'on coupait les nerfs pneumogastriques, la digestion s'arrêtait ; en excitant le bout périphérique de ces nerfs, la digestion reprenait.

Les choses étaient en cet état de désordre et de confusion en 1823. A cette époque, l'Académie des sciences, désireuse d'en finir avec ces incertitudes et de contribuer à l'éclaircissement de cette obscure question, fit appel aux lumières des physiologistes contemporains. Voici le sujet du prix de physiologie qu'elle proposa pour l'année 1823 :

« Déterminer par une série d'expériences chimiques et physiologiques, quels sont les phénomènes qui se succèdent dans les organes digestifs durant l'acte de la digestion. »

Deux travaux importants répondirent à son appel : le premier dû à Tiedemann et Gmelin (1), le second à Leuret et Lassaigne (2).

Tiedemann et Gmelin répétèrent les expériences de

(1) Tiedemann et Gmelin, *Recherches expérimentales physiologiques et chimiques sur la digestion*, trad. de l'allemand par A.-J.-L. Jourdan. Paris, 1827.

(2) Leuret et Lassaigne, *Recherches physiologiques et chimiques pour servir à l'histoire de la digestion*. Paris, 1825.

Spallanzani : ils produisirent des digestions artificielles.
La manière dont ils se procuraient de petites quantités
de suc gastrique était très-simple. Ils sacrifiaient les
animaux pendant la période digestive, ou bien ils sti-
mulaient la sécrétion des parois de l'estomac en faisant
avaler aux animaux sur lesquels ils expérimentaient, aux
chiens par exemple, des corps inattaquables, des cailloux
lisses ; puis ils sacrifiaient rapidement les animaux et
recueillaient le suc sécrété. Leuret et Lassaigne agis-
saient à peu près de même, et, comme Tiedemann et
Gmelin, ils ne bornèrent pas leurs études au suc gastrique, mais recueillirent du suc pancréatique et d'autres
liquides digestifs pour en fixer les caractères.

Quelque temps après parut un travail de MM. Prevost
et Leroyer (de Genève). La seule particularité digne d'intérêt qu'il y ait à signaler, dans ce travail, est la suivante. D'après ces auteurs, la digestion ne s'accomplirait
pas exclusivement dans l'estomac. Ils croyaient qu'une
seconde digestion s'exécutait dans le cæcum, parce
que, chez les herbivores, ils avaient trouvé cette partie
de l'intestin toujours acide.

Nous arrivons ainsi à l'année 1834 qui vit l'apparition
d'un travail destiné à faire époque dans l'histoire de la
digestion.

Il s'agit d'un mémoire publié par un chirurgien américain, **M. W. Beaumont.** Un cas pathologique avait été
l'occasion de ses observations intéressantes ; c'est le cas célèbre d'un jeune chasseur canadien, **Alexis Saint-Martin,**
qui, à la suite d'un accident de chasse, avait conservé
une fistule dans l'estomac. Beaumont, appelé à soigner

cet homme, utilisa les facilités exceptionnelles qui s'offraient à lui pour étudier les conditions de la sécrétion.

Nous voici parvenus à une époque où les découvertes se pressent et s'accumulent. Un travail de M. Eberle (de Wurtzburg), publié en 1834 et resté à peu près inaperçu lors de son apparition, marque cependant une phase importante dans le développement de la question.

Sans être un expérimentateur à proprement parler, M. Eberle avait eu une idée très-heureuse et qui permit à lui et à ses successeurs de mener à bien des expériences très-importantes. Nous avons dit que déjà on avait réalisé des *digestions artificielles;* que Réaumur avait fait les premiers essais à cet égard, que Spallanzani et Stevens les avait poussés plus loin : Spallanzani avait établi que les animaux digèrent encore après leur mort, et que quelquefois même l'estomac se digérait lui-même.

Les digestions artificielles étaient donc connues depuis longtemps. Mais ce qui fait le mérite original de M. Eberle, c'est que le premier il a produit des digestions avec des *liquides digestifs factices.* Au lieu de recueillir le suc gastrique sécrété par l'estomac, il prit un morceau de la membrane muqueuse qu'il fit infuser dans de l'eau légèrement acidulée d'acide chlorhydrique. Le liquide de la macération avait des propriétés digestives égales à celles du suc gastrique. C'est par ce procédé que Wasmann (1839) put isoler la *pepsine* ou *gastérase,* principe actif du suc gastrique dont Schwann avait déjà soupçonné l'existence.

Cette idée de M. Eberle est, nous le répétons, une idée

très-heureuse et féconde en résultats. Son procédé d'infusion des glandes est applicable à l'étude du suc pancréatique, du suc intestinal, de tous les liquides intestinaux. Il constitue un moyen d'investigation extrêmement précieux.

Après la découverte des digestions artificielles, des infusions glandulaires pour la préparation des sucs intestinaux, un dernier progrès fut obtenu par l'introduction dans la science des *fistules artificielles* comme procédé de recherche. M. Blondlot (de Nancy), vers 1842, eut l'idée de reproduire sur des animaux l'accident fortuit dont avait été victime le chasseur canadien de W. Beaumont. Dès lors, l'étude du suc gastrique ne présentait plus de difficultés. Mais si M. Blondlot a accompli un réel progrès de ce côté-là, d'autre part il s'est arrêté à des erreurs regrettables et systématiques : il n'a voulu reconnaître de propriétés digestives qu'à ce seul suc gastrique qu'il avait fort bien étudié, et nia les qualités essentielles et le rôle des autres sucs intestinaux. Il n'a voulu admettre qu'une digestion unique, tandis qu'en réalité il y a des digestions multiples.

Enfin, en 1852, MM. Bidder et Schmidt ont publié à Leipzig un travail très-complet sur la digestion. Ils ont mis en évidence cette vérité déjà indiquée par Tiedemann et Gmelin, Leuret et Lassaigne, et d'autres, que la digestion était un fait complexe, et non pas un fait unique ; qu'il y avait en réalité un grand nombre de sucs digestifs et non un suc digestif unique, plusieurs digestions et non pas seulement une digestion stomacale.

A partir de ce moment, les faits essentiels étaient acquis, les bases de la théorie chimique de la digestion solidement établies. Il ne restait plus qu'à développer ces principes et à compléter l'étude détaillée de cette fonction dont les traits généraux étaient au moins indiqués, sinon connus.

En résumé, on possède donc aujourd'hui des moyens commodes pour étudier les sécrétions digestives. Ce n'est que lentement qu'on est arrivé à ces perfectionnements. Réaumur (1752) avait fait les premières tentatives dans cette voie ; il cherchait à se procurer le suc gastrique au moyen d'éponges qu'il faisait avaler à des oiseaux de proie, à des buses, et qu'il exprimait ensuite. Spallanzani (1777) employa les mêmes méthodes que Réaumur, mais avec plus de succès, et il parvint à réaliser des digestions artificielles. Tiedemann et Gmelin (1827) recueillaient la sécrétion de l'estomac en sacrifiant des chiens auxquels ils avaient fait avaler des corps inertes, des cailloux lisses. Gosse (de Genève) et Montègre recueillirent le suc gastrique sur eux-mêmes, grâce à une faculté de régurgitation qu'ils étaien tmaîtres de produire à volonté. Enfin, W. Beaumont (1833) observa les phénomènes de la digestion et pénétra dans l'intérieur même de l'estomac par une fistule accidentelle que présentait un homme qu'il avait soigné. Ce fut là l'origine de la pratique de la fistule artificielle suggérée à Blondlot par les observations de Beaumont.

Depuis lors, on a opéré sur des animaux très-différents, sur des chiens, des chats, sur des ruminants, sur des oiseaux. On a étudié chez tous ces animaux les propriétés des divers sucs digestifs, et l'on a constaté chez eux l'analogie ou l'identité des phénomènes chimiques de la digestion sur lesquels nous allons appeler votre attention. Mais avant d'aborder ce sujet, il est nécessaire de définir la nature des aliments qui sont soumis à l'action des sucs digestifs.

LEÇON XIX

Les aliments.

SOMMAIRE. — Définition de l'aliment par l'évolution qu'il suit dans l'organisme. Cinq classes d'aliments : 1° Aliments azotés. 2° Aliments amylacés. 3° Aliments sucrés. 4° Aliments gras. 5° Aliments minéraux.

Les éléments des échanges interstitiels qui constituent le mouvement incessant de la nutrition sont fournis à l'être vivant par l'alimentation. Il puise au dehors les principes qui, après avoir subi une élaboration plus ou moins compliquée, viendront réparer les pertes continuelles de l'organisme. Mais entre le moment où les principes sont empruntés au monde extérieur, et celui où ils sont incorporés de manière à faire véritablement partie intégrante des tissus, il s'écoule un intervalle plus ou moins long, il s'accomplit une série de modifications chimiques plus ou moins profondes, à savoir : la *digestion* proprement dite qui met la substance en état de pénétrer dans le milieu intérieur nourricier ; l'*absorption* qui réalise cette pénétration ; l'*élaboration* ultérieure qui s'accomplit dans le sang et au contact des éléments anatomiques.

La substance qui vient du dehors passe ainsi par une succession de phases, dans chacune desquelles elle diffère de ce qu'elle était auparavant et de ce qu'elle sera ensuite. On a donné à cette matière susceptible de se transformer le nom général d'*aliment*. Ce mot a donné lieu à bien des discussions. Auquel des divers états que nous venons de signaler le nom est-il applicable? Est-ce à la substance introduite? Est-ce à la substance digérée et rendue absorbable? Est-ce à la substance élaborée et mise en place? Il peut arriver que l'évolution de la substance s'arrête en effet à chacune de ces phases, qu'une substance soit introduite sans être digérée, qu'elle soit digérée et absorbée sans être élaborée et assimilée.

En réalité, il serait peut-être logique de n'accorder le nom d'aliment qu'aux seuls corps susceptibles de subir l'évolution complète et d'intervenir efficacement dans l'œuvre de la réparation organique; d'après cela, la *qualité alimentaire* ne serait pas inhérente à un composé chimique défini, mais dépendrait encore des opérations auxquelles ce composé a été soumis dans l'organisme, de la marche qu'il a suivie. En me plaçant à ce point de vue, j'ai pu dire que le sucre de canne était ou n'était pas un aliment suivant ses conditions d'introduction : s'il passe par le tube digestif, il est alimentaire, car il est modifié et incorporé; s'il est introduit par les veines, il n'est pas alimentaire, car il est expulsé et rejeté au dehors sans avoir participé aux échanges nutritifs.

Cette manière de définir le terme *aliment* me paraît la plus rigoureuse et la plus logique. Pour qu'une substance soit désignée de ce nom, il faut qu'elle parcoure le cycle complet, qu'elle soit absorbée et qu'on ne la retrouve pas intacte dans les résidus éliminés du tube digestif. Néanmoins, il est bon d'être prévenu que le terme est susceptible de plusieurs acceptions, le plus souvent arbitraires, et qu'on n'a pas toujours respecté la définition scientifique et précise que nous proposons.

L'alimentation des animaux est, à première vue, excessivement variée; elle comprend un nombre presque infini de substances. Mais la physiologie a fait voir que cette diversité n'était qu'apparente, et que la multitude des aliments pouvait être classée en trois ou quatre groupes simples, le mécanisme des procédés digestifs étant le même pour chacun d'eux. Là réside l'unité de la fonction digestive dans la série animale.

Au point de vue de la forme physique, les aliments peuvent être divisés en aliments gazeux, liquides et solides.

Il n'y a guère que les plantes et les animaux sans tube digestif, tels que certains helminthes ou les animaux suceurs, qui se nourrissent de matières liquides ou gazeuses. Partout ailleurs l'aliment est introduit sous la forme solide, et sa liquéfaction est précisément le but des premiers changements que lui fait subir la digestion. Les plantes empruntent à l'atmosphère une partie du carbone et de l'azote qui entrent dans leur constitution. Le carbone est introduit sous forme d'acide carbonique gazeux; l'azote pénètre peut-être directement, suivant Théodore de Saussure, G. Ville, Dehérain. En tous cas, cette source d'azote est plus faible qu'on ne l'avait cru d'abord. Des recherches attentives, surtout celles de M. Boussingault, ont réformé ce qu'il pouvait y avoir d'exagéré dans cette manière de voir. Elles ont prouvé que la plus grande partie de l'azote que contiennent les

plantes est extraite des combinaisons ammoniacales qui
pénètrent les parenchymes végétaux après dissolution,
ou bien que l'azote s'introduit sous forme de combinaisons oxygénées.

Au point de vue de la chimie de la digestion les aliments forment cinq classes :

1° Matières protéiques azotées ;

2° Matières féculentes amylacées ;

3° Matières sucrées ;

4° Corps gras.

5° Il faut enfin ajouter une cinquième classe, les
matières minérales, eau, sels et gaz.

Si l'on envisage la composition des organes, on y
trouve précisément ces cinq espèces de substances. C'est
sur ces matières que portent l'effort de la digestion et
l'action chimique des sucs sécrétés par les glandes spéciales annexées à l'appareil digestif.

D'ailleurs, il y a nécessité pour l'organisme de trouver
réunies dans l'alimentation ces cinq espèces de matériaux. Le corps ne peut, en effet, contenir d'autres principes que ceux qui lui viennent du dehors. Aucune proposition n'est plus évidente que celle-là, et nous sommes
loin du temps où l'on pensait que la force vitale pouvait créer des corps simples chimiques; où l'on croyait,
par exemple, qu'il y avait plus de soufre dans l'œuf du
poulet à la fin de son incubation que dans les com-
mencements.

L'aliment *complet*, c'est-à-dire satisfaisant à tous les
besoins et à toutes les nécessités de l'organisme, est donc
complexe, puisqu'il doit renfermer ces divers groupes

de matières en quantités convenables. Le lait, qui suffit aux premiers développements de l'animal, réalise cet idéal. L'œuf de la poule s'en approche sans l'atteindre complétement, car il ne fournit pas une quantité de chaleur suffisante pour le développement des petits ; la chaleur fournie par la mère aux jeunes pendant l'incubation comble ce déficit.

Aliments azotés. — Les principes nutritifs de la première espèce, ou principes *azotés*, se retrouvent constamment identiques avec eux-mêmes dans la nourriture des animaux, que ceux-ci soient herbivores ou carnivores. La seule différence, c'est que, sous le même volume, il y en a en général des proportions moindres dans l'aliment végétal que dans l'aliment animal.

Ces principes azotés, que tous les animaux consomment, quel que soit leur régime, forment par leur composition et leurs propriétés générales une classe à part, nettement définie.

Ils renferment du carbone, de l'oxygène, de l'hydrogène, du soufre et de l'azote. Ils se caractérisent par leur instabilité, la facilité avec laquelle ils passent de l'état soluble à l'état insoluble, la variété de leurs transformations moléculaires. Leur composition s'exprime par des formules extrêmement compliquées, mais qui se simplifieront évidemment, quand on aura fixé les affinités véritables qu'ils présentent.

Leurs formules oscillent autour de celle qui a été adoptée par Lieberkühn :

$$C^{144}H^{112}Az^{18}S^2O^{44}.$$

Sauf une seule, l'hémoglobine, aucune de ces matières ne cristallise : les forces moléculaires spéciales qui déterminent la cristallisation ne viennent pas entraver les arrangements variés que la nutrition doit imprimer à ces substances.

Comme le plus grand nombre des produits essentiels à la vie, ceux-ci, alors même qu'ils présentent un commencement d'arrangement régulier, sont dissymétriques, selon l'observation de M. Pasteur. Cette dissymétrie moléculaire est manifestée chez les substances solubles par le pouvoir rotatoire.

Elles forment deux groupes d'isomères.

Le premier groupe comprend l'*albumine*, la *globuline*, la *fibrine*, la *caséine*, etc., qui existent dans les végétaux comme chez les animaux, en présentant une analogie de propriétés que Liebig surtout s'est attaché à faire ressortir.

Ces substances *albuminoïdes protéiques* ont leur composition centésimale exprimée par les chiffres suivants :

Carbone.	53,5
Hydrogène	6,9
Azote.	15,6
Oxygène.	24,0

Mulder avait cru reconnaître dans un corps appelé *protéine* (obtenu en dissolvant dans les alcalis et précipitant par les acides) la base commune, le radical de tous les autres. Cette vue n'a pas été vérifiée.

Dans un second groupe, on trouve les matières *collagènes* susceptibles de fournir par la coction dans l'eau de la gélatine, à savoir l'osséine, la chondrine, particulières au régime animal et formant le tissu des cornes, ongles, poils, os, cartilages, derme, tendons.

Toutes paraissent avoir la même composition, qui, sauf le soufre, est exprimée en centièmes par les nombres suivants :

Carbone.	50,0
Hydrogène	6,6
Azote	16,8
Oxygène	26,6

Quant à leur valeur nutritive, elle a donné lieu à des discussions interminables. On se souvient de celle que souleva l'emploi de la gélatine dans l'alimentation. Papin, le premier, l'avait préconisée. Proust et Jean Darcet le père la mirent en grande vogue, et Joseph Darcet parvint à en répandre l'usage : on la préparait en tablettes; on en faisait du bouillon. La question fut portée devant l'Académie, et Magendie, chargé du rapport, institua un grand nombre d'expériences à ce sujet. Des chiens uniquement nourris de gélatine ne tardaient pas à périr. La conclusion fut que la gélatine n'était pas alibile. Mais la démonstration était insuffisante : les expériences prouvaient seulement que la gélatine n'était pas un aliment complet, pas plus d'ailleurs que la fibrine ou la caséine. L'emploi exclusif de l'une quelconque de ces substances aurait le même fâcheux résultat.

Matières hydrocarbonées. Substances amylacées.

Substances sucrées. — Les matières hydrocarbonées jouent un rôle très-important dans l'alimentation : elles comprennent les féculents et les sucres. Malgré leurs différences physiques, ces corps sont très-voisins par leur constitution et leurs réactions chimiques ; leur digestion se fait de la même manière : elle commence par la transformation de ces principes en glycose. C'est à cette condition seulement que ces substances peuvent participer au mouvement de la nutrition animale ou végétale.

Les unes ont pour formule $C^{12}H^{10}O^{10}$. Les plus importantes sont : la cellulose, base de l'économie végétale et qui se retrouve chez quelques animaux, les articulés par exemple, sous le nom de chitine ; les matières amylacées, amidon, inuline, lichénine, glycogène ; les gommes et la dextrine.

Dans un second groupe, la formule est $C^{12}H^{11}O^{11}$ ou $C^{24}H^{22}O^{22}$. Le type est le sucre de canne ou de betterave, avec ses congénères mélitose, eucalyptose, tréhalose, mélézitose, lactose.

Dans un troisième groupe, on trouve les sucres fermentescibles, $C^{12}H^{12}O^{12}$, longtemps confondus avec la glycose, ou sucre de raisin, qui en est le type, à savoir : la lévulose et la glycose des fruits acides, qui se produisent par l'interversion du sucre de canne ; la maltose, la galactose, la sorbine, l'inosine, l'inuline, se rattachent à ce groupe.

Deux propriétés communes très-importantes doivent être signalées ici. La première, c'est la déviation du plan de polarisation, tantôt à droite, tantôt à gauche, facile à constater directement pour celles qui sont solubles et indirectement pour les autres.

La seconde propriété, purement chimique, consiste dans la transformation de ces substances, sous l'influence de l'acide nitrique chaud, en *acide mucique* ou en *acide oxalique*.

Les corps des deux premiers groupes sont susceptibles de s'hydrater et de se transformer en corps du troisième groupe avec la formule $C^{12}H^{12}O^{12}$.

On s'est demandé si la cellulose constituait un aliment véritable. Il est certain qu'elle ne devient soluble que sous des actions chimiques très-énergiques et dont on ne peut guère imaginer la réalisation dans l'économie. Elle ne paraît donc pas jouer, au moins lorsqu'elle est sous sa forme la plus cohérente, un rôle important dans la nutrition.

Les matières amylacées, au contraire, sont susceptibles d'être digérées en se changeant successivement en dextrine et en glycose.

Nous verrons que le sucre de canne se change dans l'intestin en sucre interverti, mélange de glycose et de lévulose.

Les gommes sont peu modifiables; la plus grande partie de ces produits n'est pas absorbable : dans leur état ordinaire, elles sont le type des substances colloïdes incapables de diffusion à travers les parois membraneuses. On les retrouve presque complétement dans les résidus de la digestion.

Matières grasses. — Les matières grasses, très-riches en éléments combustibles, carbone et hydrogène, sont identiques dans les deux règnes. On sait qu'elles résultent de l'union de la glycérine, alcool triatomique, et d'un acide gras avec élimination d'eau. L'opération qui détruit l'union de ces principes et qui les sépare a reçu le nom de *saponification*. Les savons sont les sels des acides gras.

Les seules altérations connues des matières grasses dans l'organisme sont la saponification et l'émulsion ; ce sont les seules, au moins, qu'elles paraissent subir dans le tube digestif.

L'expérience a établi que la préexistence des graisses dans les aliments n'était pas nécessaire à leur existence dans l'organisme animal. Les animaux possèdent la faculté de créer des corps gras avec les substances hydrocarbonées ou protéiques.

Matières minérales. — La nécessité des matières minérales dans l'alimentation résulte de leur présence constante dans un certain nombre de tissus animaux.

Ces matières sont : l'eau, des gaz, des substances solides.

Parmi les substances minérales qui pénètrent après dissolution et qui font partie intégrante de l'organisme, il faut citer :

Le sel marin ou chlorure de sodium ;

Les phosphates de soude et de potasse ;

Le carbonate de soude. On en a exagéré la proportion. L'incinération des tissus et du sang en manifeste une plus grande quantité que celle qui préexistait véritablement ; la décomposition des matières organiques en présence de la soude peut en effet en produire.

Les phosphates de chaux et de magnésie ;

Le carbonate de chaux ;

Le fluorure de calcium, dans les os et dans les dents. M. Nicklès l'a retrouvé dans toutes les parties de l'organisme.

De plus, certains métaux, tels que le fer, sont regardés comme indispensables à l'alimentation.

LEÇON XIX

Digestion opérée dans les premières voies digestives jusqu'à l'intestin grêle.

SOMMAIRE. § 1. — Les salives ont des usages physiques, en rapport avec la mastication, la gustation et la déglutition. Le rôle chimique de la salive est purement accessoire : il n'appartient qu'à la salive des glandules buccales et ne s'exerce que sur les féculents cuits.

§ 2. — L'estomac est défini par le caractère acide de sa sécrétion, et non par sa forme, sa situation, sa structure ou ses rapports. — La sécrétion gastrique est activée par les excitants alcalins.

L'acidité du suc gastrique n'est pas un fait primitif : c'est le résultat d'une modification de la sécrétion.

Action du suc gastrique sur les albuminoïdes simples, fibrine, albumine, caséine. — Peptones ; leurs caractères distinctifs.

Action du suc gastrique sur les albuminoïdes complexes.

Conclusion. — La digestion stomacale n'est qu'une préparation à la digestion véritable des albuminoïdes.

Les véritables agents chimiques de la digestion sont les liquides glandulaires, sécrétés dans les annexes du tube digestif et déversés ensuite dans cet appareil. C'est dans leur étude que se concentrent les phénomènes essentiels : en faisant leur histoire on fait l'histoire même de la fonction à ce point de vue. Nous nous occuperons de ces sécrétions successivement en procédant d'une extrémité à l'autre du tube. Nous suivons ainsi l'ordre naturel d'après lequel ils agissent sur les aliments, la série des modifications successives que ces substances éprouvent dans leur passage.

§ I. — SALIVE.

Le premier agent de sécrétion à l'action duquel les aliments soient soumis est la salive. Les appareils qui sécrètent ce liquide se trouvent disposés à l'entrée du canal intestinal, presque à ses confins.

La salive est un liquide complexe, résultant du mélange et de l'union de plusieurs espèces de sécrétions. Pendant longtemps on n'a étudié qu'en bloc cette masse hétérogène. L'anatomie avait bien appris qu'elle provenait de sources différentes, de plusieurs glandes distinctes ; la physiologie continuait à confondre les rôles séparés qui appartiennent à chacun des éléments dans le rôle qui appartient à leur ensemble.

Je crois être le premier qui ait étudié séparément l'influence de ces diverses salives et qui en ait fixé la destination spéciale. J'ai établi ailleurs (1) qu'elles étaient destinées surtout à des usages physiques, particuliers pour chacune d'elles. Leur étude n'a donc qu'un lien très-indirect avec notre sujet actuel qui, ainsi que nous l'avons dit, comporte seulement l'étude des agents chimiques. Nous en parlons surtout pour dire que leur rôle a été singulièrement exagéré et pour le ramener à sa juste importance.

En réalité, ces diverses glandes répondent à trois usages différents. Elles concourent à l'accomplissement de trois phénomènes dont la cavité buccale est le théâtre :

(1) Voy. *Leçons de physiologie au Collége de France*, t. II, 1856.

la mastication, la déglutition, la gustation. La sécrétion parotidienne est liée à la mastication ; la sécrétion sous-maxillaire à la gustation ; la sécrétion de la glande sublinguale et des glandules buccales et pharyngiennes est liée à la déglutition.

Nous arrivons au véritable point intéressant de cette étude. Il s'agit du rôle chimique de la salive.

Relativement aux aliments azotés ou gras, ce rôle est nul. Mais beaucoup de chimistes ont prétendu qu'il n'en était plus de même relativement aux aliments hydro-carbonés, et que la salive jouissait de la propriété de transformer les féculents insolubles en glycose soluble et absorbable. Elle serait donc l'agent chimique de la di-gestion des féculents.

Voici l'expérience sur laquelle on s'est fondé. Prenons de la fécule hydratée, telle qu'elle existe dans le pain cuit ou dans l'empois. Nous constatons sa propriété caractéristique de bleuir l'iode. La liqueur cupro-potas-sique ne fournit aucun précipité. Nous sommes donc cer-tains d'avoir affaire à de l'amidon pur et nullement trans-formé en glycose. Ceci posé, faisons agir le liquide salivaire buccal. Au bout de quelques instants, l'iode essayé de nouveau ne fournit plus la coloration bleue caractéristique de l'amidon, et, au contraire, le tartrate cupro-potassique manifeste par sa précipitation l'exis-tence du sucre. La conclusion est facile : l'amidon a été transformé en glycose par la salive. L'expérience est irréprochable, et il n'entre en aucune façon dans notre esprit l'intention de la contester. Nous voulons seulement l'interpréter en fixant ses véritables conditions.

Et d'abord les salives simples ne présentent point la propriété dont nous parlons. Elle appartient uniquement à la salive mixte, qui a séjourné dans la cavité buccale. Ceci est facile à prouver. Vous avez sous les yeux de l'amidon mis en contact avec la salive parotidienne: il a conservé ses caractères, il bleuit par l'iode; il ne réduit pas le liquide de Barreswill: c'est dire qu'il n'a subi aucune transformation.

Même épreuve avec la sécrétion sous-maxillaire et même résultat. Même résultat encore avec le mélange des trois salives recueillies isolément. C'est donc au contact de la membrane muqueuse, en se mêlant aux produits des glandules buccales, que la salive acquiert la propriété de transformer l'amidon en glycose.

Il convient surtout d'insister sur ce point capital que ce n'est pas toute espèce d'amidon alimentaire qui est ainsi transformée. Si l'on emploie de l'amidon cru, tel qu'il existe dans la pomme de terre, il ne subira aucune altération ; nous le retrouverons inaltéré dans l'estomac. Nous vous montrons une expérience de ce genre. Voici un lapin qui a été sacrifié après avoir été nourri de pommes de terre. Nous retrouvons dans l'estomac la fécule intacte ; elle n'a subi aucune digestion dans la bouche.

Nous voyons ainsi tout ce que cette propriété de la salive a d'accidentel et de précaire. Elle n'appartient qu'à la salive mixte ; elle ne se manifeste qu'avec certaines variétés de matière amylacée, les plus attaquables.

On a attribué cette action à une substance particulière, la *diastase salivaire*, qu'on a préparée à la façon des autres ferments, en la précipitant par l'alcool et la redissolvant par l'eau. Mais cette diastase ne paraît pas être spéciale à la salive, car une foule d'autres liquides normaux ou pathologiques, mis pendant un temps suffisauf au contact avec de l'amidon, entraînent la même transformation en glycose que la salive mixte. Les salives simples, elles-mêmes, qui, aussitôt après leur production, sont impuissantes à réaliser l'effet dont nous parlons, acquièrent cette propriété si on les laisse s'altérer, au contact de l'air. Le ferment existe à un degré égal dans le contenu des kystes, de la grenouillette, dans la sérosité des hydropisies. Le séjour de l'amidon sur une membrane muqueuse suffit parfois à le transformer. Les injections rectales, les lavements amidonnés, sont rendus souvent à l'état d'eau sucrée. On en peut dire autant des injections vésicales.

En résumé, l'opinion qui nous paraît exprimer la vérité physiologique est celle que nous avons énoncée tout à l'heure. Les salives ne possèdent qu'un rôle chimique purement accessoire dans la digestion naturelle chez l'animal vivant. Il est vrai que, artificiellement dans un tube, on prouve que la salive mixte agit sur l'eau d'empois d'amidon ; mais il ne faut pas exagérer l'importance des actions de ce genre. Il faut toujours revenir, en définitive, à ce qui se passe dans le canal intestinal d'un animal vivant, et l'observation portée sur ce terrain nous montre que les salives ne sont nullement destinées à agir chimiquement. Elles ont seulement, comme nous le disions au début, à remplir des fonctions d'ordre mécanique en rapport avec la mastication, la gustation et la déglutition.

§ II. — SUC GASTRIQUE.

Au point de vue fonctionnel, l'estomac est la première section du tube digestif dans laquelle les aliments subissent un commencement de transformation, la chymification. C'est là sa définition physiologique.

Au point de vue anatomique, l'estomac est un simple renflement, plus ou moins développé selon l'animal que l'on envisage. Ce renflement est quelquefois la première étape qui s'offre sur la route descendante que suit le bol alimentaire; mais il n'en est pas toujours ainsi. Chez les ruminants, par exemple, trois cavités digestives, la panse, le feuillet et le bonnet, précèdent l'estomac véritable; chez les oiseaux, on trouve avant lui le jabot.

L'inspection anatomique est donc insuffisante; elle ne permet pas de fixer la nature d'une cavité digestive et de lui appliquer la dénomination convenable. Elle conduirait à appeler estomacs, la panse, le bonnet, le feuillet du ruminant, le jabot de l'oiseau, et à confondre ainsi des organes essentiellement distincts.

La notion de forme ou de situation est un guide infidèle et insuffisant, qui fournit des renseignements incomplets ou trompeurs. Il faut reconnaître que l'estomac n'est défini rigoureusement par aucune circonstance anatomique, ni par sa forme, ni par sa situation, ni par ses rapports; il est défini par ce caractère que les aliments y subissent une élaboration chimique. C'est son attribut le plus général; mais un signe facile à saisir et constant décèle son existence et trahit sa fonction, c'est son acidité. Chez tous les animaux, les parois ou les sécrétions de l'estomac en activité présentent une réaction acide. Cette propriété est si universelle, qu'on peut la considérer comme caractéristique ; on peut dire que la portion du tube intestinal dont la réaction normale est acide remplit la fonction de l'estomac et en mérite le nom.

La préoccupation qui nous domine étant de mettre en évidence les notions générales, il est naturel que nous insistions ici sur cette propriété commune qui appartient à la cavité stomacale de tous les animaux.

Les accidents de forme n'ont aucune importance pour l'objet qui nous occupe : la faculté de sécréter un suc acide, le *suc gastrique,* a seule de la valeur. L'examen doit porter sur l'existence ou l'absence de cette réaction acide. Si l'on envisage à ce point de vue les différents animaux, on sera mis en garde contre toute erreur. Chez l'oiseau, par exemple, la première cavité que nous rencontrions est le *jabot,* renflement de l'œsophage, où les aliments séjournent quelque temps et où ils subissent une simple imbibition ; un peu plus loin, le *ventricule succenturier* représente la partie sécrétante de l'estomac ; et un peu plus loin enfin, le *gésier,* à qui est réservée l'attrition mécanique des aliments, représente la partie musculeuse de cet organe.

Des quatre estomacs que l'on décrit chez les ruminants, un seul, la caillette, présente une réaction acide et mérite le nom d'estomac. C'est là seulement que commence la digestion proprement dite, la digestion chimique : dans les trois autres cavités, dont la réaction est alcaline ou neutre, s'accomplissent des phénomènes préparatoires, mécaniques ou physiques.

La caillette, au contraire, est nettement acide, et cette acidité est utilisée, comme vous savez, dans l'économie domestique, pour faire cailler le lait. L'action que le bol alimentaire subit dans la caillette n'est plus une action physique, une simple macération ; c'est une modification chimique énergique.

L'acidité est donc un caractère universel de la sécrétion gastrique. Hors de l'estomac, l'acidité est un phénomène accidentel variable avec l'espèce de l'aliment ; dans l'estomac, c'est un phénomène constant. Il importe peu que cet organe ait la forme d'un sac, d'une ampoule, d'une cornemuse, d'un tube ; qu'il constitue le premier, le second ou le quatrième renflement sur le trajet du tube digestif. Ces particularités apparentes sont sans valeur parce qu'elles sont sans généralité. La constance de la réaction chimique offre, au contraire, une importance qui la recommande à notre attention.

Au delà de l'estomac, la réaction fournie par les parois ou les sécrétions intestinales redevient alcaline comme en deçà de cet organe. Le fait est connu depuis longtemps, et il avait déjà frappé Berzelius, qui avait voulu le formuler en une sorte de loi. « Les sucs digestifs, disait-il, se succèdent avec des réactions inverses d'un bout à l'autre du tube digestif. »

Cet énoncé est trop absolu. L'intestin grêle, en effet, n'offre pas un caractère d'alcalinité constant. Il est alcalin ou acide, suivant les cas, suivant la nature des aliments.

Les alcalis jouissent de la propriété d'exciter les glandules de l'estomac et de provoquer énergiquement leur sécrétion ; en sorte que lorsque l'on introduit des alcalis dans l'estomac, la portion de suc gastrique neutralisée directement est compensée et au delà par l'apport nouveau. Le résultat final est donc entièrement différent de celui que l'on aurait pu atteindre.

Un fait de même ordre se produit à propos des sécrétions salivaires, qui sont alcalines. Cette fois, ce sont les liquides acidulés qui provoquent la sécrétion. Il y a donc une sorte d'opposition entre la qualité chimique du liquide sécrété et la qualité du stimulant. Les eaux acidules favorisent la production de la salive et des liquides alcalins, la salive alcaline favorise à son tour, ainsi que les liquides alcalins, la sécrétion acide de l'estomac.

En admettant la loi de Berzelius, on voit que cette succession de réactions inverses des liquides digestifs entrevue par le grand chimiste ne serait pas un fait sans raison d'être ou sans portée. Il aurait, au contraire, pour résultat d'enchaîner les sécrétions les unes aux autres et de favoriser l'entrée en action des glandes digestives au moment opportun. Il y aurait donc là une sorte de liaison naturelle, ou, pour parler plus correctement, une adaptation des mécanismes physiologiques, en vue d'un résultat à atteindre : la digestion.

L'activité du suc gastrique réside dans deux de ses éléments : l'*acide*, qui lui donne sa réaction, et un ferment, la *pepsine*. L'un et l'autre doivent agir ensemble, quoique leur rôle soit jusqu'à un certain point indépendant. L'acide peut agir simplement comme acide sur certains corps. Par exemple, il attaque et dissout les métaux qui peuvent être introduits dans l'estomac, soit comme médicaments, soit comme corps étrangers accidentels. J'ai montré, par exemple, que la limaille de fer mise en présence du suc gastrique donnait lieu à un développement d'hydrogène, tandis que le métal, de son côté, subissait une oxydation.

Il y a encore d'autres cas dans lesquels le suc gastrique agit par son acide, par exemple lorsque la substance introduite est décomposable par cet agent chimique. Ainsi, lorsqu'on fait ingérer à un animal un cyanure, l'acide cyanhydrique est déplacé et mis en liberté ; son influence toxique ne tarde pas à se manifester. L'effet est surtout foudroyant lorsque le sel est introduit pendant la digestion ; il est plus lent pendant l'abstinence, à cause de la moindre quantité de sécrétion gastrique.

Dans des leçons de physiologie générale nous n'avons pas l'intention de traiter à fond la physiologie spéciale de la digestion gastrique, mais seulement d'en faire ressortir les caractères essentiels qui nous permettront d'arriver plus tard aux phénomènes de la nutrition. Nous ne dirons donc rien de la structure anatomique des organes, du mode de sécrétion, et des procédés que l'expérimentateur doit mettre en pratique pour se le procurer.

Le suc gastrique renferme des substances salines qui ne paraissent pas avoir une importance fonctionnelle considérable.

En second lieu, il renferme un ou plusieurs acides, sur la nature desquels on a longuement discuté, quoique la question n'ait pas d'importance au point de vue physiologique. S'il faut, en effet, que le suc gastrique soit acide pour agir, il est indifférent que cette acidité soit réalisée par telle ou telle combinaison chlorhydrique ou lactique. Je ferai seulement une observation qui me paraît essentielle. Les glandes gastriques ne sécrètent pas le suc gastrique, avec la réaction fortement acide que nous observons au bout de quelque temps. L'acidité semble résulter d'une modification ultérieure des liquides sécrétés.

Lehmann n'hésitait pas à affirmer que l'acide gastrique était engagé dans une combinaison peu stable. S'il se trompait en imaginant qu'il était à l'état de chlorhydrate de pepsine, le point de départ de son opinion était pourtant fondé. L'observation que le précipité d'oxalate de chaux persiste dans le suc gastrique tandis qu'il disparaît dans l'acide chlorhydrique au $\frac{1}{1000^{\mathrm{e}}}$; l'observation que la couleur du violet de Paris se conserve en présence du suc gastrique et vire au rose en présence de l'acide libre, ne laissent pas de doute à cet égard. Des observations de ce genre m'ont amené depuis longtemps à enseigner que l'acide chlorhydrique est à l'état de chlorhydrate dans le suc normal. C'est là une opinion communément adoptée.

Des expériences de M. Richet, entreprises sous la direction de M. Berthelot, l'ont confirmée en montrant que l'acide chlorhydrique stomacal était vraisemblablement engagé dans une combinaison avec la leucine, qu'il était à l'état de chlorhydrate de leucine.

En troisième lieu, le suc gastrique contient un principe caractéristique, un ferment nommé *pepsine* par Schwann et *gastérase* par Payen. La pepsine est une substance azotée, soluble. Comme tous les ferments solubles, elle jouit de la propriété d'être précipitée par l'alcool et de pouvoir ensuite se redissoudre dans l'eau. On peut la préparer au moyen du suc gastrique naturel ou formé artificiellement par macération de la membrane muqueuse stomacale au sein d'une liqueur acidifiée par l'acide chlorhydrique ou lactique. Pour faire cette préparation, on peut évaporer le suc gastrique dans le vide sous la machine pneumatique et précipiter la liqueur réduite par l'alcool qui coagule la pepsine. On a encore indiqué le procédé suivant : On neutralisera le suc gastrique par la chaux, on évaporera à feu doux jusqu'à consistance sirupeuse, puis on précipitera par l'alcool absolu. On reprendra par l'eau le précipité obtenu ; les substances albuminoïdes proprement dites resteront insolubles, la pepsine seule sera dissoute. On la précipitera par le sublimé corrosif et l'on traitera le dépôt par l'hydrogène sulfuré pour le débarrasser de l'excès du sel métallique. On obtient ainsi, après dessiccation, une substance jaune, gommeuse, soluble dans l'eau, précipitant par l'alcool et non par la chaleur, d'une réaction très-légèrement acide.

Le suc gastrique est regardé comme ayant une grande importance et comme jouant un rôle considérable dans la digestion des aliments. Néanmoins, ce rôle a été singulièrement exagéré par certains auteurs, M. Blondlot par exemple, qui ont voulu le considérer comme le liquide digestif unique. Le suc gastrique porte son action sur une seule classe d'aliments, sur les substances albuminoïdes ou protéiques, et même sur ceux-là son action est limitée.

Nous allons indiquer succinctement les modifications qu'éprouve dans l'estomac chaque variété simple d'aliment albuminoïde : fibrine, albumine, caséine, hématine, gélatine. — Nous étudierons ensuite les modifications des aliments complexes formés par leur mélange.

Fibrine. — La fibrine est très-répandue dans les aliments azotés ; elle existe dans le sang, dans la chair des animaux, dans la graine des céréales. Elle forme plusieurs variétés qui ne sont pas encore suffisamment définies et caractérisées ; on distingue pourtant celle du sang veineux et du sang artériel, et celle des muscles ou myosine.

Quoi qu'il en soit, il nous est possible d'employer encore aujourd'hui la dénomination de fibrine avec son ancienne signification, jusqu'à ce que des études plus complètes aient fixé sa nature. Sa distinction d'avec l'albumine sera fondée sur ce que : 1° elle se coagule spontanément ; 2° elle se dissout dans l'acide chlorhydrique très-étendu ; 3° elle décompose l'eau oxygénée.

Or, si l'on met cette matière en contact avec le suc gastrique naturel ou artificiel à la température de 38 à 40 degrés, voici ce que l'on observe : La substance se gonfle, augmente de volume, s'hydrate. Après un temps plus ou moins long (trois ou cinq heures), elle commence à se désagréger et bientôt il ne reste plus qu'un dépôt de poussière granuleuse nageant dans une liqueur limpide.

Ainsi, un double phénomène s'est produit : d'abord un phénomène de désagrégation, puis un phénomène de dissolution. Deux substances ont pris naissance, une substance insoluble et une substance soluble. Celle-ci ne précipite point par la chaleur; elle diffère de l'albumine et de la fibrine; c'est une substance nouvelle à laquelle on a donné un nom nouveau, c'est une *peptone*, la *fibrine-peptone*. Nous reviendrons sur les caractères des peptones.

Albumine. — L'albumine est connue sous deux états : à l'état soluble et à l'état de coagulum. L'albumine soluble a été préparée avec un grand degré de pureté par M. Würtz; sous cette forme, elle se coagule à 63 degrés en dégageant une petite quantité d'hydrogène sulfuré, mais en conservant d'ailleurs sensiblement la même composition. Dans l'économie animale, elle est ordinairement unie à une faible proportion de soude (1,58 pour 100).

Comme les autres substances protéiques, celle-ci est attaquée par le suc gastrique. Quoique soluble, l'albumine ne serait pas absorbable; elle serait, en qualité de matière colloïde, incapable de traverser les membranes animales. Tel est, au moins, l'avis du plus grand nombre des physiologistes. Cependant, quelques expérimentateurs, Brücke (de Vienne) entre autres, contestent ce fait et admettent que l'albumine sous sa forme actuelle peut être parfaitement absorbée (1).

____

(1) *Brücke, Comptes rendus de l'Académie de Vienne*, 1869.

Mais lors même que cette manière de voir serait justifiée, l'albumine absorbable ne serait point par cela même alibile. J'ai depuis longtemps établi une distinction fondamentale entre ces deux propriétés, et montré que le but réel de la digestion était de rendre les aliments ingérés assimilables et non point seulement absorbables. Or, sous sa forme actuelle, l'albumine n'est pas capable de prendre part aux échanges nutritifs. J'en ai donné la preuve en injectant dans le tissu cellulaire ou directement dans le sang une solution d'albumine. Celle-ci était éliminée par le rein et rejetée avec les autres matières inertes ou inutiles de l'urine.

Ainsi, l'albumine n'échappe pas à cette nécessité commune à toutes les substances nutritives, solubles ou non, de subir une transformation, une élaboration particulières, avant de prendre part aux échanges interstitiels. Le suc gastrique a précisément cette propriété de modifier l'albumine et de la transformer en une peptone, *albumine-peptone*, apte à la nutrition. Comme pour la fibrine, le phénomène de dissolution de l'albumine coagulée est précédé d'une désagrégation préalable, et un léger dépôt granuleux insoluble accompagne la production de la peptone soluble et absorbable.

Caséine. — La caséine du lait est considérée aujourd'hui comme un albuminate de potasse. La caséine, peu ou point soluble dans l'eau, ne se dissout en effet que dans les liqueurs alcalines ou dans les solutions de carbonates, phosphates, chlorures. Ses solutions se distinguent de celles de l'albumine en ce qu'elles ne coagulent point par la chaleur, à moins qu'on n'y joigne une certaine quantité de sulfate de magnésie; elles se distinguent de la fibrine en ce qu'elles se troublent par les acides, même l'acide acétique et l'acide phosphorique ordinaire; seulement l'excès d'acide redissout le précipité.

Quelques auteurs admettent que la caséine existerait sous deux états : à l'état soluble et à l'état insoluble ou coagulé. La coagulation aurait lieu sous l'influence de la présure ou caillette de veau, c'est-à-dire par l'action du suc gastrique. La légumine a de très-grandes analogies avec la caséine soluble. La glutine, ou partie du gluten soluble dans l'alcool bouillant, peut en être également rapprochée.

La caséine est coagulée par le suc gastrique; le procédé qu'on emploie en économie domestique pour cailler le lait au moyen de la présure de veau n'est pas autre chose qu'une préparation de suc gastrique artificiel. Rousseau a eu raison de dire : « On prend du lait, on digère du fromage. » Mais peu à peu la caséine se redissout et elle se comporte finalement, en présence de la sécrétion gastrique, comme la fibrine et l'albumine; elle est désagrégée en partie et dissoute pour une autre partie. La partie dissoute se résout en une peptone, *caséine-peptone*.

L'*hématine* éprouve une modification tout à fait semblable à celle que nous venons de décrire. Les globules du sang forment une peptone et un léger précipité.

La *gélatine* se dissout dans le suc gastrique. La solution ne se prend plus aussi bien en gelée par le refroidissement, mais elle ne perd pas ses autres caractères. Il est vrai que ces caractères sont précisément ceux dès peptones; elle coagule et précipite sous les mêmes influences.

En résumé, les matières albuminoïdes simples subissent toutes de la part du suc gastrique une action identique qui a pour résultat de les transformer en peptones. Les peptones seraient la forme ultime des matières albuminoïdes digérées.

Qu'est-ce que ces peptones? — Ce sont des substances de nature protéique que l'on considère comme identiques en composition avec les albuminoïdes d'où elles proviennent par une simple transposition moléculaire. Le nom de peptone a été introduit par Lehmann. Quelques physiologistes désignent les mêmes substances par le nom d'*albuminose*. Elles possèdent les propriétés générales des matières protéiques et des propriétés spéciales qui les constituent en un groupe indépendant, distinct des autres isomères.

Les propriétés générales communes à tous les albuminoïdes sont d'être colorés en jaune (acide xanthoprotéique) par l'acide nitrique : le produit passe au rouge si l'on ajoute un alcali; — d'être colorés en rouge par le nitrate de mercure à 60°; — de précipiter par le tannin et le bichlorure de mercure.

Les caractères particuliers des peptones sont presque exclusivement des caractères négatifs. C'est la non-coagulation par la chaleur, — par les acides, — par les alcalis, — par l'alcool, — par l'acétate neutre de plomb, — par le sulfate de soude, — par le carbonate d'ammoniaque. Si dans une liqueur protéique on épuise l'action de ces agents qui font disparaître les albuminoïdes proprement dits, et qu'après cela on trouve une précipitation par l'eau chlorée, le tannin et le bichlorure de mercure, on conclut à l'existence des peptones.

Au point de vue de leurs qualités physiques favorables à l'absorption, on doit signaler la facilité de diffusion et de filtration des peptones opposée à la difficulté de filtration et de diffusion des autres albuminoïdes. Nous disons difficulté et non impossibilité; car nous avons vu que certains physiologistes, Brücke entre autres, soutiennent que les albuminoïdes sont absorbables dans une certaine mesure sous leur forme actuelle, ou au moins, que la faculté d'être absorbées appartient à des substances albuminoïdes ne jouissant pas des propriétés que l'on attribue aux peptones (1). Nous-même avons cité depuis longtemps des cas prouvant que l'albumine ingérée en excès dans l'intestin peut passer dans l'urine.

Nous n'avons pas à entrer dans de plus grands détails; non point que le sujet ne les comporte pas ou qu'il manque d'intérêt, mais parce qu'il règne encore en ces matières importantes une grande obscurité. La distinction et la spécification des peptones seront certainement prématurées tant que la distinction et la spécification des albuminoïdes simples seront elles-mêmes si peu avancées. Lehmann distinguait une albumine-peptone, une fibrine-peptone, une caséine-peptone, une gélatine-peptone, qui conservaient de leur origine des traces plus ou moins évidentes. Plus tard, Meissner a proposé une autre division. Il a constaté que la peptone, en solution acide dans

(1) Voy. *Revue des cours scientifiques*. 1re série, t. VI, p. 786.

l'estomac, laissait déposer, lorsqu'on neutralisait la liqueur, des flocons d'une substance qu'il a appelée *parapeptone*. C'est ce précipité qui se formerait dans le duodénum par l'action neutralisante de la bile sur le produit
de la digestion stomacale. J'avais observé depuis longtemps ce précipité visqueux, blanc jaunâtre, et j'avais
même essayé de le suivre et de me rendre compte de sa
disparition ultérieure sous l'influence du suc pancréatique. Je n'avais pas songé à en faire une espèce à
part, une parapeptone. Meissner a encore distingué une
métapeptone précipitable par un excès d'acide, et une
dyspeptone insoluble dans l'eau et provenant de la digestion de la caséine. Il y aurait donc, en somme, quatre
peptones : la peptone proprement dite, la parapeptone
qui se sépare sous l'influence des alcalis, la métapeptone
qui se sépare sous l'influence des acides, et la dyspeptone
insoluble.

Mais ces distinctions ne jettent aucune lumière sur les
faits qui nous intéressent véritablement; elles n'éclair-
cissent en aucune façon la théorie de la digestion des
matières albuminoïdes. La physiologie générale n'a pas
autre chose à faire qu'à les mentionner. La seule conclusion qu'il nous faille retenir est la suivante : les substances albuminoïdes doivent subir, pour être assimilables, des modifications chimiques spéciales. Le suc
gastrique est considéré comme l'agent principal de ces
modifications.

Nous avons vu l'action du suc gastrique s'exercer sur
toute une classe d'aliments. Pour ce qui est des autres

groupes, le suc gastrique paraît n'avoir sur eux aucune influence.

1. Il ne modifie en aucune manière les matières grasses. On peut mettre de la graisse ou de l'huile en contact avec la sécrétion gastrique sans leur voir subir aucune altération. Lorsque ces substances sont encore renfermées dans les vésicules adipeuses, le suc gastrique agit sur la paroi azotée, la détruit et met en liberté le contenu. C'est une simple fluidification qui s'accomplit alors.

2. L'action sur les aliments féculents est de même nature : c'est une désagrégation avec dissolution des parois cellulaires dans lesquelles se trouve renfermé l'amidon. Celui-ci est hydraté par l'influence combinée de la chaleur et de l'acide ; mais il conserve ses propriétés et sa réaction caractéristique avec l'iode.

3. Les matières hydrocarbonées, les sucres, n'éprouvent pas de modification notable ; l'acide, à la vérité, pourrait à la longue intervertir les saccharoses, mais le contact n'est ni assez prolongé ni assez intime pour permettre cette action.

Il ne nous reste plus qu'à examiner les changements qu'éprouvent dans l'estomac, non plus les albuminoïdes simples, mais les combinaisons plus complexes qui constituent les aliments ordinaires : viande, os, tissus.

La viande, chair musculaire, est essentiellement composée de fibres musculaires réunies par du tissu conjonctif. La fibre musculaire est constituée par une variété de fibrine, musculine ou myosine, qui se transforme en

syntonine, considérée elle-même comme un albuminate
acide. Il faut ajouter à cela de la graisse, du sang, des
vaisseaux, un peu de tissu nerveux, pour compléter la
composition de la viande qui sert à l'alimentation.

Le premier effet de la digestion stomacale est de
ramollir la viande, de la réduire en une sorte de pulpe
grisâtre, dans laquelle le microscope montre les fibres
musculaires parfaitement intactes, mais seulement séparées les unes des autres, dissociées. Ainsi, le tissu cellulaire unissant est le premier à subir l'action digestive.
Cela est si vrai, qu'il est possible, en histologie, d'utiliser
le suc gastrique pour la séparation des éléments plongés
dans une gangue de tissu conjonctif. Cette dissociation
est déjà commencée par les préparations culinaires,
par l'eau bouillante ou la cuisson ; aussi la digestion
est-elle plus rapide pour la viande cuite que pour la
viande crue.

Les os sont également attaqués dans l'estomac. La
matière organique qui les constitue, l'osséine, est extraite
par le suc gastrique et transformée en peptone, les parties calcaires et terreuses sont dissociées et expulsées
ensuite comme matières excrémentitielles. On voit par
là que ce n'est point l'acide qui intervient, comme on
l'aurait pu croire ; c'est le ferment organique ; la sécrétion stomacale n'agit point comme une eau acidulée,
mais comme un agent physiologique préposé à la dissolution des matières albuminoïdes.

Quant aux matières épidermiques animales ou végétales, elles sont absolument réfractaires à l'action du suc
gastrique, et c'est par cette résistance préservatrice que

l'estomac est lui-même protégé contre l'action corrosive du liquide qu'il renferme. Tous les tissus épidermiques jouissent de cette immunité. On voit des oiseaux carnassiers rejeter facilement par le bec les plumes ou les dépouilles des animaux dont ils ont fait leur proie et qui ne sont d'aucune utilité pour la nutrition. Les fauconniers administraient autrefois aux oiseaux dont ils avaient la garde des vomitifs appelés *cures*, formés de filasse et de plumes agglutinées et pressées. Le faucon les rejetait dans la même journée. C'est cette faculté de régurgitation que Réaumur avait voulu utiliser pour étudier la sécrétion gastrique de quelques oiseaux de proie, des buses par exemple. Les tissus épidermiques de matière végétale sont tout aussi réfractaires et traversent sans altération le tube digestif dans toute sa longueur : ainsi des graines sont encore capables de germer après avoir résisté à toutes les causes de destruction rencontrées dans ce trajet.

De même, c'est à la présence du revêtement épithélial qui tapisse sa surface muqueuse que l'estomac doit d'être protégé contre l'action destructive du liquide sécrété. Cette couche superficielle forme un obstacle complet à l'action de certaines matières, à l'absorption de certaines autres ; c'est un rempart protecteur. Ce revêtement, d'ailleurs, se détruit et se renouvelle constamment pendant la vie, en sorte que sa chute ne laisse jamais la surface sous-jacente exposée à nu. Ce n'est qu'après la mort que cesse cette mue, cette reproduction incessante ; et alors le suc gastrique déversé dans la cavité en digère les parois, et lorsque la température est favorable, il digère même en partie les organes voisins, le foie, la rate, les intestins.

Quand la digestion de l'estomac est terminée, il n'y a plus dans cet organe qu'une masse grisâtre appelée *chyme*, qui est destinée à continuer sa route à travers les autres portions du canal digestif. Elle renferme les matières grasses, féculentes, hydrocarbonées non encore attaquées, les peptones fournies par les matières albuminoïdes, et les matériaux réfractaires : cellulose, épiderme.

Comme nous l'avons fait remarquer, la modification des aliments azotés est poussée plus ou moins loin : généralement la durée du séjour dans l'estomac n'est pas suffisante pour que la transformation en peptone soit complète. Il est supposable, à la vérité, que la dissolution des aliments azotés est plus rapide dans l'estomac qu'elle n'est dans le verre à expérience. Et cela pour plusieurs raisons. D'abord les mouvements de l'estomac assurent et renouvellent mieux les contacts que cela n'a lieu dans les expériences de digestion artificielle ; puis, les parties transformées peuvent s'écouler à mesure dans l'intestin sans continuer par leur présence à entraver la transformation ultérieure ; enfin, le suc gastrique est constamment sécrété, autre condition qui n'est qu'imparfaitement reproduite dans les expériences en introduisant d'emblée un excès de ce liquide.

Néanmoins, ces conditions n'expliquent pas encore l'énorme différence de durée de la digestion artificielle et de la digestion naturelle. Et nous devons admettre que, dans la digestion naturelle de l'estomac, une partie seulement des matières protéiques, celles qui sont le plus facilement attaquables, ont été dissoutes : tel, par exemple, le tissu conjonctif ou unissant. D'où il résulte que la plupart des éléments anatomiques, les fibres musculaires surtout, n'ont éprouvé aucun changement chimique, ils ont seulement été désagrégés, séparés, dissociés. Si donc il est permis de dire, comme nous l'avons fait, que le suc gastrique est capable de digérer les aliments azotés, il faut ajouter qu'il ne suffit pas seul à achever cette digestion, au moins dans l'estomac, il ne fait que commencer une action qui devra être poursuivie et complétée dans l'intestin.

En somme, la digestion stomacale n'est qu'une préparation provisoire et très-incomplète. La digestion véritable et définitive ne débute réellement que plus tard, au sortir de l'estomac.

Elle s'accomplit dans l'intestin grêle. L'estomac livre à l'intestin une masse dont les éléments sont tout au plus désagrégés, ou dissous en très-faible proportion. A ce point de vue, les digestions artificielles que l'on réalise *in vitro* diffèrent de la digestion naturelle qui s'accomplit dans l'organisme. Une condition principale différencie ces deux opérations, et fait que l'une n'est point l'image fidèle de l'autre : c'est la durée. Dans l'organisme, le passage des aliments doit s'accomplir dans un temps limité et souvent très-rapide, sans laisser aux agents chimiques le loisir d'épuiser leur action ; le séjour dans chaque département du tube intestinal est restreint. Dans l'expérience de laboratoire.

cette circonstance de durée variable n'intervient pas, et le physiologiste peut prolonger le contact jusqu'à ce qu'il ait eu tout son effet. C'est par cette façon de procéder que l'on a pu reconnaître et affirmer la vertu digestive complète du suc gastrique sur les matières albuminoïdes. Dans la réalité, la dissolution et la transformation complètes n'ont point lieu dans l'estomac, parce que le temps et peut-être d'autres circonstances font défaut. Chez le cheval, par exemple, la digestion stomacale est à peu près nulle ; les aliments séjournent à peine quelques instants dans la cavité gastrique, ils ne font que traverser les premières parties du tube intestinal sans s'y arrêter. La commission d'hygiène hippique a vérifié ces faits et j'ai pu en être témoin.

Ces deux digestions, digestion stomacale et digestion intestinale, sont séparées par un intervalle pendant lequel la masse alimentaire reçoit l'action d'une nouvelle sécrétion, la *bile*. L'intervention de ce liquide signale la fin de la digestion gastrique et marque le début de la digestion intestinale.

La bile interrompt l'activité du suc gastrique, elle arrête la *peptonisation*. Non-seulement elle l'arrête, mais on pourrait dire qu'elle la fait rétrograder, car elle précipite sous la forme d'une masse floconneuse (para-peptone, chyle brut de Magendie) une portion des peptones dissoutes. Il résulte de là que le bol alimentaire aborde l'intestin dans une forme d'insolubilité complète : la partie complétement dissoute et digérée est extrêmement minime, comparée à celle qui ne l'est pas encore.

Il serait donc possible, dans une vue générale et critique de la digestion, de faire partir les phénomènes essentiels du moment où les aliments arrivent dans l'intestin grêle, et de considérer toutes les actions qui précèdent comme des actes accessoires et préliminaires. Cette considération est corroborée par des expériences physiologiques et des observations pathologiques. Magendie a introduit directement dans l'intestin de quelques chiens de la viande, et il a vu la digestion se faire complétement. Les chirurgiens ont aussi réussi à nourrir des malades à l'aide de substances alimentaires introduites dans des fistules intestinales à la suite de hernie étranglée. Toutes ces considérations contribueraient donc à destituer la digestion gastrique de son importance au profit de la digestion intestinale.

La bile forme une exception dans les liquides digestifs proprement dits. On ne connaît dans le liquide biliaire aucun ferment liquide doué d'une activité spéciale et qui serait renfermé dans le tissu de la glande qui la sécrète, comme cela a lieu pour les autres sécrétions digestives. Aussi, le procédé des infusions du tissu du foie n'aurait ici aucun succès pour produire une bile artificielle. On ne peut avoir de la bile artificielle comme on a de la salive artificielle, du suc gastrique artificiel ou du suc pancréatique artificiel. Ce fait est important à signaler ; il appartient au foie et au rein, et il établit une analogie entre ces deux organes : l'infusion du tissu de ces deux glandes ne reproduit nullement un liquide qui ait la propriété de leurs sécrétions.

Un des rôles principaux attribués à la bile serait de dissoudre et digérer les matières grasses. Mais, sur ce point, il n'y a pas accord entre les physiologistes. L'opinion que la bile intervient dans l'élaboration de cette classe d'aliments est ancienne; elle s'appuie sur un certain nombre d'arguments dont nous rappellerons les principaux. En dehors de l'organisme, la bile est capable de saponifier les graisses : cette propriété explique l'usage industriel du fiel de bœuf pour le dégraissage. En second lieu, dans le cas de fistule cystique, le chien opéré n'absorbe, dit-on, que la cinquième ou la septième partie de ce qu'il absorberait en matières grasses dans les circonstances ordinaires. Le chyle est moins blanc, moins chargé de l'émulsion qui le caractérise. L'animal s'émacie; le tissu adipeux éprouve une atrophie générale. Enfin, dans le cas d'ictère ou de rétention de bile, chez l'homme, les aliments gras passent dans les résidus excrémentitiels.

Aucun de ces arguments n'a pourtant une force suffisante pour entraîner la conviction. Que la bile soit capable de saponifier les graisses en dehors de l'organisme, c'est une propriété qui n'a rien de spécifique, car elle est commune à toutes les liqueurs alcalines qui contiennent la soude et la potasse à l'état libre ou à l'état de combinaison facile à détruire. Quant à la déchéance organique qui répond à l'écoulement de la bile au dehors, elle s'explique par la perte d'un liquide dont une partie serait résorbable. L'épuisement résulterait de cette soustraction, comme dans des suppurations prolongées, et l'on sait que la ruine de l'organisme commence toujours par la résorption adipeuse. En résumé, l'intervention de la bile dans la digestion des matières grasses paraît tout au moins problématique.

Il ne reste plus, de toutes les fonctions diverses attribuées au foie, qu'une seule ; la suppression de l'activité du suc gastrique est bien établie.

Au sortir du pylore, après l'intervention de la bile, on pourrait donc dire que la digestion est encore toute à faire. La plupart des aliments sont restés inattaqués : une petite portion des albuminoïdes avait seule été transformée, mais le premier résultat du contact de la bile est d'annuler cette transformation et de précipiter une portion de ces peptones. C'est donc sous la forme insoluble que les aliments se présentent devant les agents intestinaux qui doivent les digérer réellement et définitivement.

LEÇON XXI

La digestion intestinale.

SOMMAIRE. — *Sécrétion pancréatique*. Sa composition. Sa réaction alcaline. Son action sur les matières grasses : ferment émulsif et saponifiant. — Son action sur les féculents : ferment glycosique. Action sur les substances azotées : condition de cette action. Trypsine. — Sécrétion intestinale. Ferment inversif.

L'agent digestif qui intervient immédiatement après la bile, ou quelquefois simultanément avec elle et avec le liquide des glandes de Brünner, c'est le suc pancréatique. Il y a à examiner l'action isolée de cet agent et son action associée à celle des autres sucs, telle qu'elle se produit naturellement dans l'organisme. C'est par l'intervention du suc pancréatique que commence réellement la digestion intestinale.

La sécrétion pancréatique est intermittente. Le liquide se montre presque aussitôt après que les aliments sont parvenus dans l'estomac. Par conséquent, le duodénum est déjà humecté de suc pancréatique quand le chyme y pénètre.

La composition du suc pancréatique a été étudiée par un assez grand nombre de physiologistes. Je me suis moi-même occupé spécialement de ce sujet en 1846, après Magendie, Tiedemann et Gmelin, Leuret et Lassaigne. D'une manière générale, on trouve dans ce liquide trois sortes d'éléments : de l'eau, des sels, une matière organique spéciale. L'eau est en proportion considérable, 98 à 99 pour 100, dans le suc normal; elle est plus abondante encore dans le suc morbide. Les sels sont constitués par des chlorures alcalins, des carbonates, des phosphates. Ces éléments n'ont rien de spécial; la propriété spécifique du suc pancréatique réside uniquement dans la matière organique.

Celle-ci est une substance azotée. Elle est modifiée par la chaleur. Les acides ou les alcalis étendus n'en provoquent pas la précipitation. Elle a le caractère commun de tous les ferments organiques, de pouvoir se redissoudre dans l'eau après avoir été précipitée par l'alcool.

Cette propriété permet de la séparer des matières albuminoïdes proprement dites. On lui a donné quelquefois le nom de *pancréatine*, qui n'est peut-être pas très-bien choisi, parce qu'il pourrait faire croire à son unité et à sa simplicité, tandis qu'elle est un mélange de ferments différents. Aucune autre substance organique ne présente une altérabilité aussi grande; et, dès que l'altération a commencé, elle manifeste une réaction caractéristique sur laquelle j'ai insisté, à savoir, de rougir sous l'influence du chlore.

Le moyen le plus simple d'obtenir cette substance azotée, principe actif de la sécrétion pancréatique, est de recourir au procédé d'infusion d'Eberle. On extrait le pancréas, on le réduit en fragments très-ténus ou en pulpe; on les met en digestion dans l'eau, puis on filtre.

Pour étudier les propriétés du suc pancréatique, on

peut employer ce *filtratum*; il n'est pas nécessaire d'en
isoler la matière organique, mais il faut lui donner une
réaction alcaline pour favoriser l'action du ferment sur
les matières grasses. Le produit de la macération présente les attributs physiques du suc pancréatique normal; il est incolore, limpide, sirupeux, gluant; mais il
s'altère bien plus rapidement que les autres sucs digestifs
artificiels. Pour éviter cette altération, j'ai ajouté quelques gouttes d'acide phénique, qui permet de conserver
ce liquide presque indéfiniment, comme une sorte de
réactif de laboratoire physiologique. Du reste, l'acide
phénique possède cette faculté conservatrice pour tous
les ferments, et j'ai fait depuis longtemps de son emploi
une méthode générale de conservation et de préparation
des liquides digestifs. Je n'ai pas observé que le suc
pancréatique différât aussi notablement qu'on l'a dit,
suivant qu'on prend l'organe chez l'animal à jeun ou
en digestion.

Ces renseignements préliminaires nous permettent
maintenant d'aborder l'étude des propriétés physiologiques du suc pancréatique, et de déterminer son rôle
dans la digestion.

Nous examinerons successivement l'influence de la
sécrétion du pancréas sur les matières grasses, féculentes, sucrées et albuminoïdes, prises isolément, puis
sur les aliments complexes.

Les matières grasses sont modifiées par le suc pancréatique, qui est l'agent principal de leur digestion.
L'action qu'elles reçoivent de lui est effectivement la
première en date qu'elles subissent, et certainement la

plus importante, sinon l'unique. J'ai été le premier à
signaler ce rôle qui avait échappé à mes prédécesseurs.
Aujourd'hui, les idées que j'ai soutenues et appuyées
d'expériences probantes sont universellement admises.
L'intervention du pancréas dans la digestion des aliments gras n'est contestée par aucun physiologiste,
quoique quelques-uns aient essayé d'en atténuer la
portée.

Ce rôle du suc pancréatique peut être établi par des
considérations anatomiques, par des épreuves directes
exécutées en dehors de l'organisme, par des digestions
artificielles, par la destruction de l'organe et l'observation des désordres qui en résultent, enfin par l'examen
sur l'animal vivant (1).

On a dit que cette propriété n'avait rien de spécifique
et qu'elle appartenait à une multitude de liquides organiques, au sérum du sang, à la bile, au suc intestinal, à
la salive sublinguale du chat (Schiff), au fluide séminal
(Longet). Ces assertions ne sont pas exactes. Nous agi-
tons une huile avec le liquide biliaire : le mélange mécanique ainsi obtenu n'est point permanent, il n'est point
instantané. Or, nous savons déjà que les seules actions
dont il y ait à tenir compte au point de vue digestif sont
les actions rapides : les modifications lentes qui se manifestent dans les éprouvettes ou dans les verres à expériences n'ont point de correspondant chez l'être vivant.
parce que les phénomènes digestifs s'y pressent, s'y succèdent, s'y remplacent sans attendre. Ces deux caractères

(1) Voyez mon mémoire *Sur le pancréas*. Supplément aux *Comptes rendus
de l'Académie des sciences*, 1858.

essentiels de permanence et de rapidité de la réaction, je ne les ai retrouvés bien nets ni avec la salive, ni avec le suc gastrique, ni avec le sérum du sang, ni avec le liquide céphalo-rachidien, ni avec le sperme des différents animaux. Il ne se produisait quelque action comparable à celle du suc pancréatique que lorsque les liqueurs en question étaient fortement alcalines, et alors le phénomène était dû à l'influence chimique accidentelle de l'alcali.

Mais il y a plus. Le suc pancréatique a une action plus profonde sur les matières grasses. Il les attaque chimiquement, il les décompose en glycérine et acide gras. En sorte que l'émulsion et l'acidification sont deux effets manifestés successivement, et qu'il y a une modification physique et une modification chimique. M. Berthelot a examiné les résultats de ce mélange du suc pancréatique et des graisses : il a constaté la présence de la glycérine et de l'acide gras. Le phénomène se produit assez rapidement et peut être constaté facilement. Voici, par exemple, une plaque de verre sur laquelle on a placé un fragment de pancréas au contact d'un corps gras (beurre) ; on a appliqué une plaque de verre mince sur le tout et fait pénétrer une petite portion de teinture de tournesol. La couleur bleue du réactif est remplacée par une zone rouge dans le voisinage du tissu pancréatique.

Le suc pancréatique a aussi un rôle très-important dans la digestion des substances féculentes. Nous avons dit que, jusqu'au moment où elles sont arrivées à ce point du tube digestif où commence la digestion pancréatique, les matières amylacées n'avaient subi que des modifications insignifiantes; la salive n'a influencé que les parties les plus altérables, le suc gastrique n'a exercé aucune action sur elles.

Le liquide pancréatique mis en contact avec la fécule dans un vase à expérience transforme cette substance en dextrine, puis en sucre. Cela arrive toujours lorsque la fécule est hydratée. Tandis que le liquide salivaire n'a d'influence que dans des conditions de lenteur tout à fait exceptionnelles, ici l'action est rapide. Nous faisons l'expérience sous vos yeux : la liqueur iodée nous manifeste la présence de l'amidon; la liqueur cuprique montre après quelque temps de contact la production du sucre.

L'opération de la destruction du pancréas chez les oiseaux permet aussi de constater dans les résidus excrémentitiels une certaine proportion de matière féculente qui n'a pas été modifiée dans son trajet à travers le tube digestif. Les deux épreuves concordent donc d'une manière complète.

En résumé, le suc pancréatique a une influence manifeste sur la digestion des féculents. Il renferme une substance active, un ferment, capable de changer l'amidon en glycose. Le principe actif de la sécrétion pancréatique, ou *pancréatine*, renferme donc déjà deux ferments solubles : le *ferment glycosique* et le *ferment émulsif* des matières grasses.

L'action du suc pancréatique sur les matières azotées dépend des conditions dans lesquelles cette action s'exerce. L'épreuve directe de la digestion artificielle aboutit à une putréfaction rapide, précédée toutefois du ramollissement et du gonflement de la matière protéique. Mais lorsque l'aliment a déjà été soumis à l'influence des agents précédents, s'il a séjourné au contact du suc gastrique, il est modifié énergiquement et il éprouve une dissolution rapide. Les circonstances du contact changent ainsi complétement les résultats.

Le liquide pancréatique n'acquiert donc la propriété d'agir sur les matières azotées et de les digérer, qu'à la condition d'être précédé dans son action par le suc gastrique et la bile. La nécessité de l'intervention du suc gastrique est loin d'être absolue; à la rigueur, il suffit de la bile. Le mélange de la bile et du liquide pancréatique constitue un agent digestif qui suffit à la transformation des trois classes d'aliments. L'expérience semble établir ainsi que la vertu digestive du suc pancréatique sur les matières azotées n'est pas spécifique et préexistante, qu'elle est acquise par le contact d'un élément étranger. Ce mélange constitue un agent digestif d'une grande puissance; c'est à lui qu'il faut rapporter la part principale dans les phénomènes dont le tube intestinal est le théâtre.

Sécrétion intestinale. — Le duodénum est la partie du canal alimentaire dans laquelle se passent les phénomènes digestifs les plus importants. C'est là qu'arrivent en conflit les sucs gastrique, pancréatique et biliaire. Les trois classes d'aliments, azotés, féculents et gras, y sont profondément modifiés.

Mais tous les principes alimentaires ont-ils subi dans le duodénum les modifications définitives qu'ils doivent

subir, ou bien existe-t-il encore d'autres actions mo-
dificatrices, d'autres ferments digestifs restés jusqu'ici
ignorés? C'est précisément ce qui a lieu. Les principes sucrés (saccharose) ont besoin de subir une modification digestive importante pour devenir assimilables. Ils ne la subissent pas au contact de la salive, ni
du suc gastrique, ni de la bile, ni du suc pancréatique.
Ce n'est que dans l'intestin, au contact d'un ferment
nouveau, que j'ai découvert récemment, que le sucre de
canne ou saccharose est digéré. C'est donc sur la digestion saccharosique et sur le ferment qui lui est spécial
que je vais vous donner quelques rapides indications,
me réservant d'y revenir plus tard.

Il existe dans l'intestin grêle, implantées dans les
parois de ce tube, un grand nombre de glandes qui se
rapportent, comme l'on sait, à deux types: d'une part,
les follicules isolés et les glandes de Peyer ou follicules
agminés; de l'autre, les glandes de Lieberkühn. Deux
liquides sont sécrétés par ces deux sortes d'organes: un
mucus et le *suc intestinal*.

On a essayé, dans ces derniers temps, de recueillir
véritablement le produit de la sécrétion des glandes de
Lieberkühn, le suc de l'intestin proprement dit. L'expérience de Thiry consiste à diviser l'intestin et à rétablir
ensuite sa continuité, en laissant à part une portion du
canal. Cette portion conserve ses connexions avec l'organisme par les vaisseaux et les nerfs mésentériques qui
ont été respectés. Dans ces conditions, la sécrétion de
l'organe persiste, et l'animal continue à vivre et à remplir ses fonctions digestives.

Le liquide isolé que l'on a ainsi obtenu aurait une action peu énergique sur la plupart des aliments albuminoïdes; il n'attaquerait que la fibrine; il agirait très-faiblement sur les amylacés; mais j'ai découvert qu'il possède une action inversive très-puissante sur le sucre de canne.

Un moyen plus simple se présente pour l'examen du liquide intestinal. Il consiste à faire une infusion de la muqueuse et à séparer le liquide par décantation ou filtration.

J'ai constaté que le suc intestinal, de quelque façon qu'il soit obtenu, joue un rôle très-important dans la digestion. Il contribue exclusivement à digérer certaines substances hydrocarbonées, et en particulier le sucre de canne qui entre pour une part considérable dans l'alimentation. Il contient à cet effet un ferment albuminoïde présentant les propriétés de tous les ferments solubles : d'être précipité par l'alcool et redissous par l'eau. Ce ferment transforme le sucre de canne, substance inerte que l'organisme est incapable d'utiliser sous sa forme actuelle, en sucre de raisin ou glycose, ou plutôt en sucre interverti qui est un mélange de deux glycoses utilisables par l'économie. C'est le ferment auquel j'ai donné le nom de *ferment inversif.*

Ce ferment existe dans toute l'étendue de l'intestin grêle; il disparaît dans le gros intestin, comme font, du reste, tous les phénomènes chimiques de la digestion.

Une expérience très-simple mettra en évidence cette propriété inversive de l'intestin grêle. — Nous sacrifions un lapin et nous injectons dans différentes portions de l'intestin, cernées et isolées par des ligatures, une certaine quantité de sucre de canne dissous. Nous faisons, en particulier, une injection dans l'intestin grêle et une injection dans le gros intestin. Le liquide de l'intestin grêle est retiré au bout de très-peu de temps; on en fait l'essai avec le réactif cupro-potassique. Tout à l'heure ce liquide bleu n'éprouvait aucune réduction, car la saccharose est sans action sur lui. Maintenant nous observons, au contraire, un changement de coloration du bleu au rouge, lequel nous traduit l'existence de la glycose. — Dans le gros intestin, rien de tel : la solution sucrée, ainsi que vous le voyez, n'a pas subi d'inversion.

On peut préparer un suc intestinal *inversif* artificiel et le conserver avec quelques gouttes d'acide phénique. C'est donc un nouveau ferment soluble digestif qu'il faudra ajouter à ceux qui étaient déjà connus, mais qui n'en diffère aucunement par ses propriétés générales. L'action exercée par le suc inversif artificiel est plus lente que celle qui est opérée par le contact de la membrane muqueuse intestinale.

Au point où nous en sommes arrivés, nous pouvons dire que la digestion est une opération terminée. A l'intestin grêle que nous quittons, succède, en effet, le gros intestin, qui est le siége d'actes physiques et mécaniques, ou d'actes chimiques sans importance au point de vue des phénomènes digestifs proprement dits.

Les aliments modifiés par la digestion sont absorbés par les villosités intestinales : les résidus, les substances réfractaires ou excrémentitielles, les aliments mêmes qui ont échappé à l'action trop rapide des liquides intestinaux, forment une masse qui se concrète dans le gros intestin, en attendant d'être expulsée.

L'examen général que nous avons fait jusqu'ici des phénomènes essentiels de la digestion suffit pour nous en révéler la véritable nature. Ce sont des phénomènes purement chimiques : transformations isomériques, combinaisons, dédoublements, hydratations, réactions, en un mot, soumis aux lois générales de la chimie.

A côté de l'action chimique, qui est au fond la seule essentielle, il y a tout un ensemble de circonstances destinées à la préparer, accessoires, à la vérité, mais qui n'en sont pas moins importantes et du domaine élevé de la physiologie. Pour la réalisation de ces phénomènes préparatoires existent des mécanismes physiologiques qui tous sont des dépendances d'un appareil harmonisateur plus général, le système nerveux.

Ce n'est pas ici le lieu de faire ressortir ce rôle du système nerveux qui sert de lien et de trait d'union entre tous les organes, qui excite ou refrène leur activité, règle leur intervention, harmonise leurs énergies, et fonctionne comme une espèce de régulateur destiné à maintenir l'équilibre de la machine.

LEÇON XXII

**Unité des principes alimentaires et des agents digestifs
dans les animaux et dans les végétaux.**

Sommaire. — Quatre espèces de digestions et quatre espèces de ferments
digestifs dans les animaux et les végétaux.

Nous avons passé rapidement en revue les actes digestifs principaux ; nous avons vu que ces actes, malgré la
variété infinie de leurs mécanismes apparents, étaient
tous au fond de nature chimique; qu'ils avaient pour
résultat la transformation des aliments par des agents
chimiques, les ferments. Ce sont ces agents qui caractérisent l'acte digestif simple ou élémentaire.

Or, dans les différentes espèces d'animaux et dans les
plantes, les aliments eux-mêmes, les modifications que
ces aliments éprouvent, les agents qui les réalisent,
offrent une surprenante ressemblance, une véritable
unité. L'analogie fondamentale se poursuit jusque dans
les détails de l'action et dans ses mécanismes. Les mêmes
actes se répètent dans une plante et dans un animal :
seule la mise en scène a varié ; elle est en général beaucoup plus complexe chez l'animal, non-seulement à
cause du plus grand nombre de phénomènes, mais à
raison aussi de l'intervention du système nerveux qui les
harmonise.

La digestion, avons-nous dit, en tant que fonction, peut être considérée comme un caractère exclusif à l'animalité, mais en tant que propriété, elle est universelle : les agents digestifs appartiennent tout aussi bien aux plantes qu'aux animaux. Le végétal digère et consomme les provisions que lui-même a formées et emmagasinées dans ses tissus ; l'animal fait de même : il digère des réserves entreposées dans ses organes, mais il digère aussi des aliments venus directement du dehors. Dans les deux règnes ces aliments sont entièrement analogues ; ils appartiennent aux quatre classes des aliments azotés, des aliments gras, des aliments féculents et des aliments sucrés.

Herbivores, carnivores, omnivores, se nourrissent en réalité de même : des dissemblances physiques masquent l'identité essentielle des régimes ; mais ces variations d'ordre tout à fait physique, sont sans importance réelle, sans valeur pour l'essence même du phénomène digestif. La nutrition met en œuvre les mêmes matériaux chez tous les animaux ; ces matériaux sont encore les mêmes chez les plantes. Il n'y a pas, il est vrai, de tube digestif ni rien d'analogue dans la plante ; mais la réaction chimique est indifférente à la forme du vase. Les végétaux comme les animaux accumulent dans leurs tissus des substances féculentes, grasses et albuminoïdes : c'est tantôt dans la tige, tantôt dans la racine, tantôt dans les feuilles, d'autres fois dans les graines, que sont déposées ces provisions. Le moment vient où elles doivent être utilisées ; elles éprouvent alors des modifications qui les rendent assimilables ; elles sont liquéfiées et digérées. Ainsi en est-il de la fécule accumulée dans le tubercule de la pomme de terre, qui est liquéfiée et digérée au moment de la végétation, de la floraison et de la fructification ; ainsi en est-il du sucre entreposé dans la racine de la betterave, de la matière grasse emmagasinée dans les graines oléagineuses, et en général de toutes les substances variées, albuminoïdes ou autres, qui sont préparées en prévision des besoins à venir. Les végétaux digèrent donc en réalité. C'est véritablement une digestion que subissent les matières citées plus haut, pour passer de leur forme actuelle, impropre aux échanges interstitiels, à une autre forme favorable à l'absorption et à la nutrition. Dégagée de toutes les circonstances accessoires qui constituent, ainsi que nous l'avons dit, la *fonction* ou la mise en scène des phénomènes, la digestion n'est pas différente au fond chez les animaux et chez les végétaux.

Ce qui appartient à l'animal, et à lui seul, nous le répétons, c'est un appareil spécialisé pour cette fonction, et non les agents de cette fonction elle-même : un tube digestif plus ou moins complexe, plus ou moins perfectionné, où se centralisent des actes qui se rencontrent dispersés dans l'organisme végétal.

La physiologie générale cherche dans l'élément anatomique la solution des problèmes vitaux, et non dans les appareils organiques qui n'expriment que des résultantes fonctionnelles. Le tube digestif n'est pas absolument nécessaire à la digestion comprise dans son essence et son but. L'anatomie philosophique a réduit cet appareil à sa véritable valeur. Elle nous a montré qu'il constituait un système extérieur à l'organisme ; la substance qui y est le plus profondément engagée est encore aussi étrangère à l'animal que si elle était simplement déposée sur la peau. Le système tégumentaire s'est déprimé, creusé, enfoncé sous la pression de l'aliment, mais sans se laisser entamer, sans laisser établir de pénétration. En envisageant l'ensemble des groupes animaux, on peut suivre la complication croissante de ce mécanisme, qui ne varie que dans ses formes et non dans son plan primitif, qui fait défaut dans les derniers degrés de l'échelle, et qui atteint son plus haut degré de perfection chez les êtres voisins de l'homme.

Les matériaux sur lesquels s'exerce cette faculté fonctionnelle sont toujours les mêmes pour la plante et pour l'animal. On a établi l'identité des albuminoïdes, albumine, fibrine, caséine, avec la légumine, l'albumine végétale, la fibrine végétale, le gluten. Les aliments gras, les aliments féculents et sucrés, sont aussi communs aux deux règnes, et l'on peut dire que chaque être vivant confectionne pour lui-même ses aliments ; c'est pour lui qu'il fait ses réserves, et non pour autrui. Ce n'est pas au profit de l'animal que la plante élabore ses principes immédiats ; c'est pour elle-même, en vue de son alimentation future. Un règne ne travaille point pour l'autre : il travaille pour lui. Si l'être botanique est empêché par l'animal qui le mange d'utiliser pour sa propre nutrition les épargnes de fécule ou de sucre qu'il avait faites, il faut voir dans cette circonstance, non point le cours naturel des choses, mais plutôt le renversement de cet ordre naturel. Sans doute, pour conserver l'équilibre cosmique, l'animal doit brouter la plante, l'herbivore doit être dévoré par le carnivore; mais si le philosophe trouve là une finalité providentielle, le physiologiste ne saurait y voir une finalité physiologique.

———

D'après ce que nous avons précédemment établi, nous distinguons quatre espèces de digestions, autant que d'espèces d'aliments :

Une digestion d'*aliments féculents;*

Une digestion d'*aliments sucrés;*

Une digestion d'*aliments gras;*

Une digestion d'*aliments albuminoïdes.*

Or, ici une ressemblance nouvelle, la plus importante de toutes celles que nous aurons à faire ressortir, se présente lorsqu'on étudie chacune de ces digestions dans les deux règnes. Chacune en effet emploie le même agent dans l'animal et dans la plante; chacune exige un ferment identique; comme il y a quatre espèces de digestions, quatre espèces d'aliments, il y a aussi quatre espèces d'agents fermentifères.

Le nœud de la question est là. L'identité des quatre ferments crée l'identité des quatre digestions. A descendre au fond des choses, la propriété digestive n'est rien autre que l'action du ferment. L'animal ne digère point par la raison qu'il possède un appareil masticateur plus ou moins compliqué, un tube intestinal plus ou moins long, un système nerveux qui préside aux sécrétions; et en effet, il y a des espèces dépourvues de dents et des annexes de l'appareil digestif, il y a des circonstances où la dissolution des aliments peut se faire en dehors du tube intestinal, et enfin, l'infusion des glandes fournit, indépendamment de toute influence nerveuse, les liquides capables de digérer. Dans cette variabilité, on doit considérer comme élément essentiel celui qui est indispensable : or, la digestion peut se passer de l'appareil triturateur, du canal alimentaire même, de l'action nerveuse; il n'y a qu'une partie indispensable, c'est le ferment. Nous avons donc raison de dire que l'identité des ferments animaux et végétaux crée l'identité des digestions animales et végétales.

Il nous faut maintenant pénétrer plus avant dans le détail, et examiner séparément les quatre actions digestives. Mais auparavant, rappelons en quelques mots des notions indispensables relatives aux fermentations et aux ferments.

D'une manière générale, on peut dire que l'on a appliqué le nom de fermentation à toutes les *actions de présence* en chimie organique. C'est la désignation commune à tous les phénomènes de transformation ou de décomposition opérés sous l'influence d'une substance organique qui agit sans rien céder à la matière fermentée.— Ainsi, le *ferment* est une substance organique azotée qui provoque la transformation d'une autre substance organique, sans lui prendre ni lui fournir aucun élément. Cette dernière est la substance *fermentescible;* le phénomène en action constitue la *fermentation.* Nous n'avons pas à rappeler l'importance de ces actions et le rôle immense qu'elles jouent dans l'économie naturelle. Leur histoire développée embrasserait la physiologie, la pathologie et une grande partie de la chimie organique. En effet, parmi les phénomènes qui touchent aux transformations de la matière contenue dans les êtres vivants, soit pendant leur vie, soit après leur mort, il en est peu qui ne participent plus ou moins des fermentations. Cela est vrai, en particulier, des phénomènes qui nous occupent en ce moment. Les quatre digestions rentrent dans l'histoire des fermentations : ce sont quatre ferments qui y président.

De quelle nature sont ces fermentations? On doit provisoirement ranger ces actions dans deux catégories distinctes et nettement tranchées. Dans la première on trouve des *ferments solubles; des ferments non figurés et non vivants.* Dans une seconde catégorie rentrent les *ferments insolubles,* ou *ferments vivants,* ou *ferments figurés.*

Les digestions appartiennent à la première classe : ce sont essentiellement des fermentations opérées par des ferments solubles; elles en ont les caractères généraux. La substance azotée qui joue le rôle de ferment est diluée ou suspendue plutôt que véritablement dissoute dans les liquides intestinaux : salive, suc gastrique, suc pancréatique, suc intestinal; elle ne traverse pas le filtre à dialyse; elle est ramassée et entraînée du sein des menstrues qui la renferment par les substances qui s'y précipitent, comme le phosphate tribasique de chaux et le collodion. Ce ferment se dissout dans la glycérine, qui le conserve et empêche plus ou moins son action de s'exercer. Sa composition est complexe, et l'on ne peut pas, dans l'état actuel de la science, le considérer comme une espèce chimiquement définie.

L'action du ferment soluble s'épuise rapidement, sans qu'on sache trop ce qu'il devient alors, tandis que les fermentations à agents figurés ou vivants se continuent par prolifération tant que les conditions du milieu ne changent pas. Enfin, il est à remarquer que la plupart des fermentations dues à des ferments solubles peuvent être imitées ou reproduites, au moins dans leurs résultats, par des procédés purement chimiques, tandis que l'influence vitale n'est que difficilement remplacée dans les fermentations de la seconde espèce. Aussi, les agents toxiques, alcool, éther, chloroforme, acide cyanhydrique, créosote, glycérine concentrée, essences, etc., qui s'opposent au développement des phénomènes vitaux, empêchent absolument l'évolution des ferments figurés, tandis qu'ils n'ont pas d'influence sur les ferments solubles. C'est grâce à cette résistance que l'on peut, dans les laboratoires, conserver ces agents. Nous avons l'habitude de mêler à la liqueur qui contient le ferment un peu d'acide phénique qui suffit à empêcher la putréfaction de la matière azotée, et n'apporte aucune entrave à son action ultérieure.

La dernière observation que nous désirions faire est relative à la préparation de ces agents, à leur séparation des liquides dans lesquels ils sont suspendus. Le même procédé convient pour tous. Il consiste à les précipiter par l'alcool plus ou moins concentré, et à les reprendre par l'eau. Le plus grand nombre, nous pourrions dire tous les ferments solubles auxquels nous avons affaire, jouissent de la propriété de se redissoudre dans l'eau après avoir été précipités par l'alcool, tandis que le même résultat ne se produit pas, en général, pour les matières albuminoïdes auxquelles le ferment est mélangé. La glycérine dissout tous ces ferments et empêche leur action quand elle est concentrée; mais l'addition de l'eau fait reparaître leur activité, ce qui n'a pas lieu pour les ferments insolubles.

LEÇON XXIII

Ferments digestifs.

§ I. — FERMENT DIGESTIF DES MATIÈRES FÉCULENTES DANS LES ANIMAUX ET LES VÉGÉTAUX.

La digestion des féculents consiste dans leur transformation en matières solubles et assimilables : solubles, afin de pouvoir circuler d'un point à l'autre de l'organisme ; décomposables, afin de se prêter aux échanges chimiques de la nutrition. La digestion est donc bien ici le prologue de l'acte nutritif. Partout où des matières féculentes doivent alimenter un organisme, on retrouvera cette préparation préalable. Or, tous les organismes, dans le règne végétal aussi bien que dans le règne animal, emploient les féculents pour leur entretien ; tous, par conséquent, digèrent ces substances dans le sens strict du mot.

La digestion de la fécule chez l'animal se fait surtout dans le duodénum, ainsi que nous le savons; c'est là que, sous l'influence du suc pancréatique, la fécule se liquéfie et se transforme en glycose. Mais ce phénomène n'est pas spécial à l'intestin grêle, parce que l'agent, le ferment qui produit cette digestion de la fécule, peut se rencontrer dans l'organisme animal ailleurs que dans le canal alimentaire; il existe aussi dans le végétal. C'est grâce à lui que la pomme de terre digère sa fécule, que la graine digère son amidon quand elle va germer. Nous retrouvons ce même phénomène de digestion féculente toutes les fois que nous trouvons réunis, dans des conditions convenables, la matière amylacée et le ferment qui agit sur elle.

Ce n'est donc pas là une action spéciale à quelques êtres; c'est une action universelle. L'animal emprunte au végétal une nourriture riche en substances amylacées, et il la digère dans un appareil intestinal sous l'influence d'un ferment approprié. La plante digère de même l'amidon de ses réserves, lorsque la graine entre en germination, lorsque le bourgeon se développe en bois ou en fleur, lorsque la tige s'accroît et s'élève. Le fait le plus remarquable n'est pas seulement cette universalité d'une élaboration commune à tous les êtres; c'est surtout l'identité de cette élaboration, qui se fait par les mêmes procédés, par le même agent. et qui aboutit aux mêmes résultats.

Le résultat univoque, c'est la production d'un sucre

particulier, la glycose ; l'agent, c'est un ferment appelé diastase végétale et animale, ou ferment glycosique ; le procédé, c'est l'hydratation de la substance, hydratation graduelle qui la fait passer de la composition pondérale exprimée par $C^{12}H^{10}O^{10}$ (amidon), à la composition exprimée par la formule $C^{12}H^{10}O^{10} + 2\,HO$ ou $C^{12}H^{12}O^{12}$ (glycose). C'est en 1833 que MM. Payen et Persoz isolèrent la matière active, le ferment diastasique qui transforme l'amidon en dextrine, puis en glycose. C'est dans l'orge germée qu'ils trouvèrent cette substance. On prend le malt qu'on broye et qu'on fait infuser dans l'eau à 25° ; on filtre ; on obtient, en ajoutant de l'alcool, un précipité floconneux qu'on reprend ensuite par l'eau. On répète l'opération plusieurs fois pour arriver à un plus haut degré de pureté. Le produit de l'opération est une substance azotée qui peut supporter une température de 65° sans être altérée, et qui, mise au contact de l'amidon, le change avec une grande énergie en glycose. Une partie de diastase suffit à transformer 2000 parties d'amidon.

La propriété dont MM. Payen et Persoz venaient de faire connaître le mécanisme, la fermentation glycosique, en un mot, fut d'abord attribuée exclusivement aux végétaux. Quelques années plus tard, on la retrouvait chez les animaux ; Miahle, en 1845, reconnaissait le changement de l'amidon en sucre, grâce à un *ferment* qu'il appela, par analogie avec le précédent, diastase animale. La salive est le liquide animal où l'on rencontra d'abord la diastase ; mais elle ne lui est pas exclusive. Dès l'année 1845, Bouchardat et Sandras signalaient sa présence dans le suc pancréatique ; la digestion la plus active des matières féculentes s'accomplit précisément dans l'intestin grêle et non dans les premières portions du canal. Si l'on veut isoler la substance active, on fera une infusion du tissu de la glande, et l'on traitera cette liqueur successivement par l'alcool pour précipiter la diastase et les albuminoïdes, puis par l'eau pour séparer ces derniers. Mais il n'est pas nécessaire de séparer ainsi le ferment glycosique de ses menstrues, et l'infusion brute suffit parfaitement. Nous nous servons de cette infusion toutes les fois que nous voulons transformer rapidement une matière amylacée en glycose.

L'action est, en effet, excessivement rapide, pour ainsi dire instantanée. Le contact n'a pas besoin d'être prolongé pour être efficace. De là le grand avantage que nous présente l'infusion pancréatique sur les autres agents chimiques les plus capables d'hydrater l'amidon.

Il est clair que le ferment diastasique doit exister partout où s'accomplit la transformation dont nous parlons, partout où l'amidon animal ou végétal doit être rendu soluble et décomposable. Il ne faudrait donc pas localiser ce ferment dans un seul liquide de l'organisme, le cantonner dans un département spécial hors duquel il ne pourrait sortir. En réalité, il est beaucoup plus répandu. On le trouve normalement dans le suc pancréatique : c'est là qu'il existe en plus grande abondance et dans son état le plus actif. Mais il peut apparaître, selon les besoins, dans d'autres parties. Dans le foie, le glycogène, au contact du sang et du ferment, est changé en sucre et est emporté à l'état de glycose dans le torrent circulatoire. A la période de la vie animale où ce changement doit s'accomplir, le ferment apparaît, et l'amidon accumulé est détruit. De même dans les graines : le ferment apparaît dès les premiers temps de la germination ; dans la pomme de terre, il se montre au printemps, alors l'agent fermentifère apparaît dans le tubercule comme il apparaissait dans l'orge germée, il liquéfie l'amidon et le met en situation d'être distribué dans les points où il doit entretenir la nutrition, c'est-à-dire le développement et la vie du végétal.

Chez la plupart des animaux, la phase de production du glycogène et la phase de sa fermentation ne sont pas aussi distinctes que chez les végétaux : les deux phénomènes sont souvent continus et simultanés. Cependant il y a une exception à faire pour les premiers temps de la vie, surtout chez les animaux à métamorphose. Par exemple, si nous considérons la larve de la mouche ordinaire, *Musca lucilia,* l'asticot, pour l'appeler de son nom vulgaire, nous trouverons qu'il contient une énorme quantité d'amidon : c'est un véritable sac de glycogène. Pendant ce temps, on n'y trouve pas autre chose que le glycogène et point de trace de sucre. La raison en est que le ferment glycosique n'existe pas encore. Mais bientôt la chrysalide va succéder à la larve, et alors, dans cette nouvelle phase de l'existence où se construit l'animal parfait, la réserve de glycogène devra être utilisée. Le ferment apparaît : l'amidon est liquéfié, l'épreuve chimique nous montre le sucre tout à l'heure absent, maintenant très-abondant.

Quelque chose d'analogue se manifeste chez des êtres bien plus élevés en organisation, par exemple chez les mammifères, dans ces temps de la vie embryonnaire où la nutrition est précipitée, où l'activité plastique et formative atteint son plus haut degré. La matière glycogène déposée en divers points du fœtus et de ses enveloppes entre alors en mouvement : elle est dissoute et transformée en sucre. La glycogénie n'a pas ici de siége fixe; le ferment n'en peut pas avoir non plus.

Nous ne poursuivrons pas l'énumération de ces circonstances. Nous avons voulu montrer que l'acte essentiel de la digestion féculente est très-répandu, qu'il se manifeste toutes les fois que la matière amylacée entre en mouvement pour participer aux échanges vitaux; que partout, dans le tube digestif ou dans les organes, dans l'animal ou dans la plante, le mécanisme de l'action est le même; qu'un ferment, une diastase, est chargé de liquéfier l'amidon, de l'amener successivement à l'état de dextrine et plus tard de glycose. Le ferment glycosique n'est donc pas enfermé dans un canton spécial de l'organisme; il naît et se produit partout où sa nécessité se fait sentir, ou du moins le sang l'y transporte; et partout où le ferment arrive au contact de l'amidon, il y a véritable digestion féculente. Ce point établi d'une manière générale, il faut ajouter que pour la digestion intestinale c'est surtout dans le duodénum que le phénomène se concentre, et que la véritable source de diastase est le liquide pancréatique.

Si nous nous demandons maintenant quelle est la nature intime de cette digestion féculente si générale, la réponse ne fera aucun doute. Il s'agit là d'une action chimique, purement chimique, et non pas du tout d'une action vitale. Le mécanisme est de la même nature que le plus grand nombre de ceux que nous offre la chimie organique. La vie intervient, sans doute, dans la perpétration des éléments organiques et des agents qui seront mis en présence; mais, une fois que ceux-ci sont produits, elle disparaît de la scène et cède la place aux forces générales physico-chimiques.

Il y a plus ; le phénomène dont nous parlons est encore réalisé par d'autres procédés en dehors des êtres vivants : le ferment glycosique a des représentants dans la chimie minérale ; les acides étendus, chlorhydrique et sulfurique, réalisent la transformation de l'amidon en dextrine et en sucre. Ces procédés sont appliqués sur une grande échelle et constituent une branche d'industrie, l'industrie de la glycose. Dans l'économie animale, ces procédés empruntés au monde minéral n'étaient plus applicables, parce qu'ils sont ou trop lents ou trop énergiques; ils font intervenir des agents dont la présence est incompatible avec la délicatesse des tissus. Il fallait un succédané de ces acides, un agent chimique aussi actif, mais sans aucun caractère de causticité. La diastase satisfait à tous ces *desiderata*.

Le même résultat définitif est encore obtenu par des voies différentes. L'action prolongée de l'eau bouillante, par exemple, peut, comme les acides, transformer l'amidon en dextrine et en glycose. De même, il a été établi que toute substance albuminoïde en état de décomposition joue, plus ou moins lentement, le même rôle que la diastase.

En résumé, la digestion des matières féculentes qu'on a localisée dans le canal intestinal des animaux est une opération qui présente la plus grande généralité. Elle est commune aux deux règnes. Elle existe dans la germination, dans la végétation, dans le développement embryonnaire. Elle existe non-seulement chez l'être vivant, mais en dehors de lui, dans le monde minéral. Elle se réalise par des moyens différents dont l'origine ne doit pas nous préoccuper, mais dont l'essence ne fait pas de doute. Ce sont des actions physico-chimiques qui partout obéissent aux forces générales de la nature.

§ II. — FERMENT INVERSIF, OU FERMENT DIGESTIF DES MATIÈRES SUCRÉES DANS LES ANIMAUX ET LES VÉGÉTAUX.

Nous avons vu se réaliser à propos de la digestion des matières féculentes la très-ancienne conception de Van Helmont qui assimilait la digestion à une fermentation. C'était là une hypothèse obscure, car son auteur ne pouvait avoir que des idées extrêmement confuses sur les faits qu'il rapprochait. Néanmoins cette assimilation était heureuse : elle contenait une certaine part de vérité que nos recherches modernes ont fait ressortir. Willis et Descartes avaient accepté avec raison cette vue de l'esprit et l'avaient même étendue singulièrement : pour eux, toutes les actions et les perturbations vitales étaient le résultat d'une série de fermentations qui présidaient à tous les phénomènes. Le rôle des physiologistes de notre temps a été de préciser et d'éclaircir ce que cette notion renfermait de ténébreux et de mystérieux. Relativement à la digestion la théorie est vérifiée ; nous poursuivons ici cette vérification. Nous l'avons mise en lumière dans une de ses parties, en traitant de la digestion des féculents ; nous allons continuer notre œuvre en nous occupant de la digestion des matières sucrées (saccharoses).

Nous fixerons notre attention d'abord sur celle de ces substances qui entre le plus généralement dans l'alimentation et qui y joue le rôle le plus important. Nous voulons parler du sucre ordinaire, du sucre de canne, ou *saccharose*, dont la composition est exprimée par la formule $C^{12}H^{11}O^{11}$.

Je vous ai montré un résultat capital de nos recherches, c'est que le sucre de canne, saccharose, n'est pas alimentaire sous sa forme actuelle : il est impropre aux échanges interstitiels de la nutrition, aussi bien chez les végétaux que chez les animaux. Il est comme une matière inerte ou indifférente qui circulerait impunément dans le sang ou dans la séve, sans que les éléments anatomiques puissent jamais le détourner et se l'approprier.

Le sucre de canne entre dans l'alimentation pour une forte proportion. La digestion qui le rend propre à l'assimilation ne se fait ni dans la bouche ni dans l'estomac.

La digestion des féculents et des saccharoses se fait dans l'intestin grêle ; mais nous savons déjà que ce n'est pas sous l'influence du même agent que cette digestion a lieu. La saccharose a son ferment spécial qui n'agit que sur elle, et dont nous allons nous occuper aujourd'hui.

De même que la fécule, la saccharose qui existe à l'état de réserve dans les tissus d'un grand nombre de végétaux est impropre à participer au mouvement nutritif de la plante. Et c'est pour cette raison que ce sucre peut s'amasser et s'accumuler comme il arrive dans la racine de betterave et dans la tige de canne à sucre. Le sucre y forme une réserve qui attend le moment d'entrer en action. Ce moment vient pour la betterave lorsqu'elle doit bourgeonner, fleurir et fructifier : alors le sucre diminue progressivement et disparaît peu après du tissu et de la tige de la betterave en se changeant en glycose. Les feuilles contiennent à ce moment exclusivement de la glycose ; la racine se dégarnit et les épargnes de sucre qu'elle renfermait vont se distribuer dans la tige pour servir à la floraison et à la fructification. Mais cela même n'est possible qu'à la condition d'une transformation préalable qui change la nature chimique et la composition de la saccharose et la fasse passer à l'état de glycose. C'est là encore une véritable digestion. La betterave doit donc digérer son sucre.

Ainsi, pour devenir utilisable, pour être susceptible d'assimilation, le sucre ordinaire doit subir une modification digestive dont il restera à fixer la nature chimique ; mais dès à présent, nous devons tirer cette conclusion de nos remarques, que la digestion ne consiste pas, comme certains physiologistes l'ont prétendu, en une simple dissolution. Le sucre de canne en effet n'est-il pas parfaitement soluble ? N'est-il pas complétement liquéfié et mélangé au sang lorsque nous l'injectons dans une veine ? Et cependant alors il se comporte à la façon d'une matière inerte qui traverse l'économie sans s'y incorporer : il n'est point assimilable ou alibile. Pour le devenir il devra subir une hydratation qui le fera passer à l'état de glycose dont la composition est exprimée par la formule $C^{12}H^{12}O^{12}$. Il devra subir une modification dans sa nature intime. Cette modification est une fermentation : elle est réalisée par un ferment de l'intestin, dont je vous ai déjà parlé et que nous avons appelé *ferment inversif* pour une raison qui va être exposée.

Ce ferment qui va faire de la saccharose une glycose apte à la nutrition existe, vous vous en souvenez, dans le canal intestinal, dans l'intestin grêle. Il est sécrété par les glandes qui sont dans les parois mêmes de l'intestin, et peut être obtenu par l'infusion de la membrane muqueuse, comme on obtient les autres agents digestifs par l'infusion des glandes, gastriques, salivaires ou pancréatiques.

Comment le sucre de canne est-il modifié par ce ferment ? Disons immédiatement qu'il est transformé en *sucre interverti*, mélange en proportions égales de deux glycoses : l'une qui dévie à droite la lumière polarisée, et qui est la *glycose* proprement dite ; l'autre qui dévie à gauche, et qui est la *lévulose*. Le pouvoir rotatoire de cette dernière est de 106°, c'est-à-dire bien supérieur à celui de la glycose qui est de 57°,8 à 15°. De là résulte que le mélange en égales proportions de ces deux substances manifeste l'influence la plus énergique parmi les deux influences contraires qui se combattent ; il dévie à gauche. Le sucre interverti possède un pouvoir rotatoire gauche de 25° à la température de 15°.

Le ferment inversif qui dans l'intestin de l'animal est l'agent de cette transformation, n'est pas un ferment spécial à l'animal; il se retrouve dans le règne végétal; il a aussi ses représentants dans le règne minéral. Les acides étendus jouissent de la même propriété. Si l'on fait chauffer une solution de sucre candi avec un dixième de son poids d'acide chlorhydrique ou d'acide sulfurique, la liqueur qui tout à l'heure ne réduisait point le réactif cupro-potassique le réduit maintenant et manifeste ainsi la présence des deux glycoses, l'une déviant à droite, l'autre déviant à gauche. Il importe, quand on veut faire le mélange avec soin, de ne pas chauffer trop haut le mélange acide, et d'empêcher l'évaporation de la liqueur au moyen d'une allonge refroidie. On évitera ainsi la production des composés caraméliques qui coloreraient le liquide et empêcheraient l'action de s'arrêter à la simple hydratation que l'on veut obtenir.

Le phénomène de l'interversion du sucre de canne sous l'action des acides a été découvert par M. Dubrunfaut.

Dans les êtres vivants le phénomène est réalisé par d'autres agents que les acides. Il peut être reproduit avec un organisme dont le rôle est très-important, la *levûre de bière*. M. Berthelot a montré que l'infusion de levûre contenait un principe actif capable de produire la transformation du sucre. Il l'a isolé par le même procédé général qui sert à obtenir tous les ferments solubles, c'est-à-dire en délayant la masse dans l'eau et en pré-

cipitant par l'alcool la liqueur filtrée. Le ferment obtenu
est purifié par une série d'opérations pareilles : une
partie en poids suffirait à intervertir de 50 à 100 parties
de sucre. Un premier lavage n'épuise point la faculté
que possède la levûre ; en sorte qu'une nouvelle infusion
est toujours apte à fournir la matière active.

On avait observé déjà anciennement, à propos de la
fermentation alcoolique, ce fait que le sucre de canne
la subit plus lentement que la glycose. En examinant le
phénomène à fond, on a eu son explication. Il faut
qu'avant d'entrer en fermentation alcoolique, le sucre
de canne soit interverti par le ferment inversif de la levûre, tandis que le sucre de fécule, déjà à l'état de glycose, fermente directement.

La fermentation alcoolique est un phénomène corrélatif de la nutrition d'un organisme, la levûre de bière,
Saccharomyces cerevisiæ. Or, la saccharose est impropre
à la nutrition de cet être microscopique, comme elle est
impropre à la nutrition des êtres plus élevés. Il est donc
besoin que la saccharose soit modifiée, transformée en
glycose, avant qu'elle puisse servir aux échanges vitaux
de l'organule ferment. La cellule de levûre, en opérant
cette transformation, travaille en vue de son propre
développement. Elle digère pour elle-même la saccharose. L'interversion est encore ici un phénomène digestif
de la même nature que ceux que nous venons d'examiner.

En un mot, la fermentation alcoolique du sucre de
canne comprend deux périodes ; elle s'accomplit en deux
temps : dans la première période la saccharose est réelle-

ment digérée, changée en glycose par un ferment inversif extrait de la cellule même de levûre; dans la seconde période la glycose est utilisée par l'élément pour son évolution organique, et le résultat de cette action vitale est la formation d'alcool et d'acide carbonique.

Voilà donc deux circonstances appartenant l'une au règne minéral, l'autre au règne végétal, dans lesquelles le sucre est interverti. La digestion animale constitue une circonstance du même ordre. Le ferment de la membrane muqueuse intestinale est capable de produire la même action : ce ferment est un des éléments du suc intestinal, et c'est à lui qu'est dévolue la fonction de digérer les matières sucrées. Mes expériences à cet égard sont de la plus grande netteté : il suffit d'essayer une solution de saccharose incapable de réduire le liquide cupro-potassique, de l'injecter, ainsi que vous le savez déjà, dans une anse d'intestin limitée entre deux ligatures, ou de la mettre en contact avec une infusion de membrane muqueuse intestinale, pour voir au bout de très-peu de temps le sucre réduire l'oxydule de cuivre et manifester ainsi l'existence de la glycose, ou mieux l'existence de ce mélange de glycose et de lévulose que l'on nomme sucre interverti. A l'aide du saccharimètre de Soleil, on peut constater que le sucre interverti par le ferment intestinal dévie à gauche la lumière polarisée, absolument comme le sucre interverti par les acides ou par le ferment de la levûre de bière.

J'ai constaté l'existence du ferment inversif sur des chiens, des lapins, des oiseaux, des grenouilles. Cette expérience réussirait probablement sur toute espèce d'animaux. M. Balbiani l'a reproduite sur des vers à soie : il a fait une infusion de leur tube digestif et il a obtenu une solution ayant les mêmes vertus inversives que la muqueuse des animaux supérieurs. Le ferment inversif du suc intestinal s'obtient comme tout autre ferment soluble en le précipitant de ses solutions par l'alcool.

Ce ferment existe, non-seulement dans l'intestin qui digère, mais dans tous les points et dans toutes les circonstances où la saccharose doit être utilisée pour la nutrition. La canne à sucre qui fructifie, la betterave qui monte en graine, transforment par inversion le sucre entreposé dans leurs tissus. L'agent est toujours exactement le même, un ferment inversif. Je l'ai retiré de la betterave en évolution par le procédé général.

En résumé, la généralité de l'opération qui change la saccharose en deux glycoses (sucre interverti) apparaît nettement à nos yeux. Elle se produit non-seulement dans le tube digestif, mais dans toutes les parties de l'organisme où la saccharose doit être modifiée, ainsi que cela se voit chez un grand nombre de végétaux.

Dans le règne minéral, le phénomène est réalisé par l'immersion dans l'eau à chaud et même à froid, par des agents purement chimiques, comme l'acide sulfurique. On peut aussi produire mécaniquement, physiquement, la même transformation de la saccharose; on sait que la pulvérisation transforme le sucre de canne en glycose. Là encore, sans aucun ferment, il y a interversion de la saccharose. Ces dernières circonstances nous révèlent la nature intime du phénomène ; elles montrent qu'il ne contient rien qui appartienne à la force vitale ou à quelque autre influence de cet ordre. Comme le phénomène de la digestion des féculents, il est simplement sous la domination des forces naturelles physico-chimiques.

§ III. — FERMENT DIGESTIF DES MATIÈRES GRASSES DANS LES ANIMAUX ET LES VÉGÉTAUX.

Les matières grasses entrent, sous des formes diverses, dans l'alimentation animale. Pour pénétrer du tube digestif dans le torrent circulatoire, pour devenir aptes à remplir un rôle nutritif, ces substances doivent subir une élaboration particulière, une digestion. Ici encore se représente une observation que nous avons rencontrée à propos des matières sucrées : à savoir, que l'acte digestif ne consiste pas dans une simple liquéfaction des aliments, mais dans une modification plus ou moins profonde qui les met en état d'être assimilés. Chez les animaux à sang chaud, chez les oiseaux et les mammifères, les graisses sont liquéfiées et fondues par la chaleur du corps ; néanmoins, elles ne pénétreraient pas dans l'organisme si elles n'étaient modifiées d'une certaine manière. Les corps gras, en effet, ne s'absorbent pas facilement à travers les membranes organiques. En particulier ils ne sortiraient point du tube intestinal pour entrer dans les vaisseaux sanguins, s'ils n'avaient éprouvé la transformation physique appelée *émulsion*.

L'émulsion est le prélude de toutes les transformations nutritives que subissent les graisses; c'est la condition de l'absorption de ces substances. Elle consiste dans une simple modification d'état physique : la division mécanique du liquide gras, qui se trouve séparé en un nombre infini de petits globules qui persistent et se maintiennent, grâce à une constitution moléculaire caractéristique. Si l'on regarde au microscope une goutte de matière grasse émulsionnée, on aperçoit une multitude de granulations nageant dans le liquide émulsif, et animés, lorsqu'elles sont assez petites, du mouvement brownien. Quelquefois la pulvérisation est moins parfaite et moins persistante : les globules restent plus gros et ne tardent pas à se réunir entre eux de façon à grossir encore. La masse composée du liquide gras et du liquide émulsif, limpide et transparente avant l'action, est devenue laiteuse et opaque.

La digestion des matières grasses a donc pour premier acte l'émulsion. Or, la faculté d'émulsionner n'est pas l'attribut de tous les corps; elle appartient seulement à quelques-uns. Elle paraît liée surtout à certaines conditions physiques, assez particulières cependant pour caractériser les liquides qui les possèdent à un haut degré. Ainsi, parmi les sécrétions organiques déversées dans le tube intestinal, le suc pancréatique est la seule qui soit capable de fournir avec les huiles une émulsion complète et persistante. L'émulsion incomplète formée avec tous les autres ne tarde pas à disparaître après quelque temps de repos. La sécrétion des glandes salivaires auxquelles on a longtemps assimilé le pancréas ne produit pas d'émulsion durable.

Il y a donc, dans le suc pancréatique, un élément particulier auquel revient cette propriété d'agir sur les aliments gras et d'en préparer l'absorption. Mais la modification ne s'arrête pas là, elle va beaucoup plus loin : elle ne se borne pas à un changement physique, elle est poussée jusqu'au dédoublement chimique que l'on appelle *saponification*.

De quelque nom qu'on l'appelle, il existe incontestablement dans le suc du pancréas une substance qui agit énergiquement sur les matières grasses, et qui en opère le dédoublement par action de présence sans prendre part elle-même à la réaction. Cette substance azotée présente donc déjà les caractères généraux d'un ferment soluble ; la préparation fournira une nouvelle analogie : en sorte que nous sommes fondé à désigner dès à présent le principe actif dont il est question sous le nom de ferment *émulsif* et saponifiant.

On a objecté que l'action saponifiante du suc pancréatique pourrait être due à son alcalinité et non pas à un agent spécifique. L'objection est sans valeur ; elle est levée par deux considérations. C'est d'abord que d'autres liquides alcalins, au même degré que le suc pancréatique, sont néanmoins incapables de réaliser les mêmes phénomènes : la salive est du nombre. En second lieu, le tissu du pancréas n'a pas de réaction alcaline, et pourtant il est en puissance de reproduire avec une très-grande intensité les phénomènes que détermine la sécrétion. L'ébullition, qui ne fait pas disparaître l'alcalinité du suc pancréatique et qui coagule simplement sa matière organique ou son ferment, détruit pourtant sa puissance saponifiante.

Bien que ces actions soient extrêmement rapides, elles ne le sont cependant pas au même degré : l'émulsion est instantanée, la saponification plus tardive. Dans le tube digestif, la première seule a le temps de s'achever; l'absorption se fait avant que la seconde soit aussi avancée. La graisse pénètre donc dans les voies absorbantes à l'état d'émulsion : c'est sous cette forme qu'elle charge la lymphe et le sang. Après un repas de graisse on voit les vaisseaux chylifères pleins d'un liquide lactescent qui les gonfle et les rend apparents. Ces vaisseaux lactés se montrent à partir du pancréas.

Les carnivores possèdent les vaisseaux chylifères les plus évidents, et cette disposition est en relation avec leur régime; les herbivores ne se prêtent pas si facilement à l'observation, mais c'est là une simple question de degré. Si l'on vient à recueillir le chyle contenu dans les vaisseaux lymphatiques de l'intestin, on trouve une émulsion de graisse dont on peut séparer le corps gras au moyen de son dissolvant habituel, l'éther, et constater qu'il n'a subi encore aucune décomposition bien notable. Le dédoublement n'a pas trouvé toutes ses conditions favorables dans le canal digestif; il ne se fait que plus loin et plus tard, peut-être dans le poumon ou les divers tissus. Le sang donnerait lieu aux mêmes observations que le chyle : quelque temps après le repas on trouve le sang chyleux, c'est-à-dire que ce liquide lui-même est chargé d'une émulsion de graisse.

Une difficulté se présente maintenant : c'est de savoir si le ferment émulsif est véritablement un ferment soluble spécial. Lorsqu'on applique au suc pancréatique le procédé ordinaire de préparation des ferments solubles, on obtient une substance qui en a tous les caractères : qui se précipite par l'alcool, se redissout dans l'eau, possède la composition des albuminoïdes, se coagule par la chaleur élevée, etc. Mais cette substance manifeste des propriétés complexes comme le liquide pancréatique lui-même : elle contient, outre le ferment émulsif, un ferment diastasique dont nous avons déjà signalé l'existence, et aussi un ferment agissant sur les aliments albuminoïdes, la trypsine, qui a été signalé lorsque nous nous sommes occupés de la digestion de ces matières. Il faudra donc avoir recours à de nouveaux artifices si l'on veut arriver à la séparation de ces divers ferments. Le caractère particulier du ferment émulsif paraît être de précipiter, comme la caséine, par le sulfate de magnésie à froid.

En résumé, nous voyons que le pancréas préside à trois fermentations ou digestions et contiendrait trois ferments : le *ferment digestif* des albuminoïdes, le *ferment diastasique* des féculents dont nous avons parlé plus haut, et le *ferment émulsif* des aliments gras dont nous nous occupons actuellement.

Ces divers ferments albuminosique, glycosique et émulsif, qui se rencontrent réunis dans le pancréas des vertébrés supérieurs, paraissent séparés dans d'autres animaux. Le pancréas de certains poissons, celui de la raie par exemple, qui offre un grand développement, agit très-énergiquement sur les corps gras et n'exerce pas d'action sensible sur l'amidon. Les tentatives pour

isoler ces trois agents ont été nombreuses (1). **M. Dani-**
lewsky propose le procédé suivant : Broyer le pancréas,
puis le laisser infuser ; précipiter par la magnésie et filtrer : le ferment des matières grasses reste sur le filtre ;
reprendre le filtratum et y ajouter le tiers de son volume
de collodion : le ferment des albuminoïdes serait arrêté
par le filtre à l'état insoluble ; on pourrait ensuite le redissoudre dans l'éther. La liqueur qui passe aurait seulement la propriété de saccharifier les matières amylacées.

Au point de vue généralisateur qui nous préoccupe,
nous devons nous demander si le même ferment émulsif
appartient aux plantes comme aux animaux. Nous
devons voir, en un mot, si la digestion des matières
grasses est un phénomène général ayant ses représentants non-seulement dans le règne animal, mais aussi
dans le règne végétal et même dans le règne minéral.

Chez les animaux ce n'est pas seulement sur les matières alimentaires ingérées dans l'intestin que cette fermentation s'exerce ; ce n'est pas seulement le chyme qui
est émulsionné et modifié de la façon que nous venons
de dire. Le *lait*, par exemple, n'est pas autre chose
qu'une émulsion de graisse produite et maintenue par
un ferment qui s'annonce comme analogue à celui dont
nous nous occupons. Le sulfate de magnésie le précipite
et du même coup entraîne la matière grasse. Il résulte
de cette constitution du lait que ce liquide contient la
matière grasse toute préparée pour l'absorption. Cela
est en rapport avec une nécessité physiologique. L'ali-

____

(1) *Virchow Archiv.* t. XXV, p. 279.

mentation lactée s'adresse en effet à de jeunes êtres chez qui la sécrétion pancréatique n'a pas encore pris tout son développement.

Le même ferment se rencontre chez les végétaux. Que l'on prenne, par exemple, des graines oléagineuses et qu'on les broye avec de l'eau ; on aura une émulsion, et au bout de peu de temps on constatera dans le liquide les produits de dédoublement des corps gras, la glycérine et les acides gras. Au moment où se fait la germination, l'huile fermentescible et le ferment seraient mis en présence, et l'action s'opérerait comme une véritable digestion. Il est même possible que dans ces circonstances la production du ferment soit exagérée et qu'il soit plus facile de l'isoler quoiqu'on n'y ait pas encore réussi. Le même fait se produit dans le rancissement et l'acidification des graisses abandonnées à l'air. Il y a des circonstances, en effet, où la matière albuminoïde renfermée dans le corps gras impur est susceptible de revêtir les caractères du ferment.

Le ferment émulsif existe d'une manière bien nette dans les amandes, les noix ; son action s'exerce au moment où la germination s'accomplit, mais on peut la déterminer artificiellement en écrasant simplement les graines. On obtient alors une émulsion blanche comme du lait. Les loochs se préparent précisément par ce procédé. C'est évidemment le contact d'un agent particulier avec l'huile grasse de l'amande qui a produit cette émulsion qu'on appelle lait d'amandes. On trouve dans l'amande douce trois produits principaux : de la saccharose qui se transforme en glycose par un ferment inversif

dont nous avons parlé ailleurs, une huile et un agent
spécial d'émulsion. Dans l'amande amère, la glycose
paraît remplacée par l'*amygdaline*.

Ce dernier exemple ne rapproche pas seulement la
digestion des matières grasses dans les deux règnes,
nous y trouvons aussi un renseignement relatif au ferment émulsif du pancréas.

L'*émulsine*, qui est le ferment de l'amande, opère
l'émulsion de l'huile dans l'amande à la manière du
ferment émulsif pancréatique. C'est une substance de
composition complexe ; elle est analogue aux albuminoïdes par certains côtés, et d'autre part elle renferme
des phosphates. Robiquet l'a préparée le premier en
1833. Pour l'obtenir il suffit d'écraser les amandes
douces, puis de filtrer le mélange après l'avoir laissé
macérer dans l'eau froide. Le liquide filtré peut être
traité alors par l'alcool et l'eau successivement. On
reconnaît là le procédé général de préparation des ferments solubles.

Liebig et Wöhler ont fait connaître l'action fermentifère remarquable que l'émulsine exerce sur l'amygdaline.
Sous l'influence de cet agent l'amygdaline, $C^{40}H^{27}AzO^2$,
est dédoublée en trois produits : glycose, essence d'a-
mandes amères, $C^{14}H^6O^2$, et acide cyanhydrique. La
réaction est exprimée par la formule suivante :

$$C^{40}H^{27}AzO^2 + 2H^2O^2 = 2C^{12}H^{12}O^{12} + C^{14}H^6O^2 + C^2AzH$$

Amygdaline.   Glycose.   Essence   Acide
d'amandes   cyanhy-
amères.   drique.

Voilà donc deux ferments dans l'amande : le ferment
de la matière grasse et le ferment amygdalique.

Il y en a un troisième. La *salicine*, principe amer de l'écorce du saule et du peuplier, est transformée sous la même influence de l'émulsine en *saligénine*, $C^{14}H^8O^4$, et glycose, comme l'indique cette équation :

$$\underbrace{C^{12}H^{10}O^{14}(C^{16}H^8O^4)}_{\text{Salicine.}} + H^2O^2 = \underbrace{C^{12}H^{12}O^{12}}_{\text{Glycose.}} + \underbrace{C^{14}H^8O^4}_{\text{Saligénine.}}$$

Trois fermentations différentes sont donc réalisées par une substance complexe. Celle-ci contient-elle un principe actif particulier pour chaque cas, intimement uni ou combiné avec les deux autres, ou est-ce la même substance qui est susceptible de produire les trois actions? La question n'est pas tranchée. Mais quelque solution qu'elle reçoive, nous pensons qu'elle ne fera que démontrer plus clairement le rapprochement que nous établissons avec le suc pancréatique qui, lui aussi, est susceptible de réaliser trois fermentations. J'avais émis autrefois l'idée que ces diverses propriétés fermentifères pourraient appartenir au même corps sous des réactions différentes (1). Nous savons, en effet, que la réaction acide est nécessaire à l'activité des ferments digestifs des matières albuminoïdes, tandis que la réaction alcaline est nécessaire à l'activité des ferments digestifs des matières grasses. Quoi qu'il en soit, le ferment émulsif sera, pensons-nous, complétement isolé plus tard. On reconnaîtra peut-être alors que ce ferment émulsif pancréatique a les plus grandes analogies avec l'émulsine dont nous venons de nous occuper. Déjà nous pouvons invoquer un fait avancé par Kölliker et Müller, c'est que le

(1) Voy. *Comptes rendus de l'Académie des sciences*, t. XIX.

suc pancréatique serait capable de provoquer la fermentation de l'amygdaline.

Ajoutons enfin, pour terminer notre parallèle, que la saponification des graisses opérée par les ferments animaux et végétaux ne saurait, pas plus que les autres digestions, être considérée comme un phénomène vital ; des agents inorganiques purement chimiques ou physiques, la potasse caustique, l'acide sulfurique concentré et l'action de la vapeur d'eau surchauffée, reproduisent le même phénomène. On sait que c'est par ce dernier procédé qu'on obtient aujourd'hui industriellement la glycérine.

§ IV. — FERMENT DIGESTIF DES MATIÈRES ALBUMINOÏDES DANS LES ANIMAUX ET LES VÉGÉTAUX.

Nous avons indiqué, à propos des sécrétions gastrique et pancréatique, leur intervention dans la digestion des aliments albuminoïdes. Nous avons précisé le rôle de ces deux liquides, autant au moins que le comporte l'état actuel de la science.

Le ferment *albuminosique* du suc gastrique, la *pepsine*, a été découvert en 1836 par Schwann ; Wasmann et Vogel, en 1839, et Brücke (de Vienne), plus récemment (1), ont fait connaître des moyens de le préparer plus ou moins pur.

La pepsine a besoin, pour agir sur les albuminoïdes, de se trouver dans un milieu acide ; l'alcalinité suspend

____

(1) *Revue des cours scientifiques*, 1re série, t. VI, p. 786.

son action. En second lieu, il lui faut une température convenable, et cette température varie avec les différents animaux. Ainsi, il paraîtrait que la pepsine extraite de l'estomac des poissons, n'entre pas en activité au même degré thermique que celle des mammifères. L'espèce animale paraîtrait aussi exercer une influence sur l'énergie de la pepsine : celle des lapins ne présente pas dans toutes les circonstances la même activité que celle des chiens

Mais ce sont là de simples nuances. Nous savons déjà que l'action du suc gastrique est toujours la même, elle porte principalement sur la fibrine ; les autres albuminoïdes sont moins vite attaqués. Mais avec la fibrine même du sang ou du muscle, la fluidification n'est pas complète ; on admet qu'une portion est dissoute et transformée en *parapeptone*, une portion reste insoluble, qu'on appelle la *dyspeptone ;* mais la première fraction, la parapeptone, ne reste pas longtemps liquéfiée. En effet, lorsque la liqueur dans laquelle elle est dissoute cesse d'être acide, lorsqu'on la neutralise ou qu'on la rend alcaline, la parapeptone se précipite. Or, nous avons vu que c'est là précisément ce qui paraît se produire dans le duodénum au moment où le chyme gastrique arrive au contact de la bile. La conséquence est que tous les aliments albuminoïdes se présentent finalement à l'état insoluble devant le suc pancréatique chargé de les digérer.

Ces phénomènes ont déjà été expliqués. On voit à combien peu de chose paraît se réduire la propriété digestive de la pepsine. Il est vrai que dans les opérations artificielles, instituées en dehors de l'animal, l'action semble poussée plus loin, parce que le contact entre l'aliment et le ferment est plus prolongé. Alors, en effet, on voit apparaître les *peptones* véritables. Celles-ci ne sont plus précipitables par simple neutralisation de la liqueur ; de plus, elles sont *dialysables*, et, par conséquent, elles seraient facilement absorbées si vraiment elles existaient dans le canal intestinal, si elles étaient, en un mot, un produit naturel et non un produit artificiel de la digestion. Le caractère commun des peptones est en effet d'être *incoagulables par la chaleur* et *facilement dialysables*. Nous avons vu qu'on a distingué ces trois corps en trois espèces ; mais cette distinction ne mérite pas de nous arrêter, car elle est fondée sur des caractères de minime importance fournis par les réactions de l'acide azotique et du ferrocyanure de potassium.

A la longue, et en se plaçant dans ces mêmes conditions extra-naturelles, l'albumine elle-même est attaquée par la pepsine : une moitié est changée en peptone, un quart en parapeptone, le surplus reste insoluble. L'ichthyocolle et la gélatine se transformeraient à peu près de la même manière.

Malheureusement, et nous répétons ici ce que nous avons déjà dit, la digestion gastrique véritable ne saurait être assimilée aux opérations artificielles réalisées dans les vases d'un laboratoire. On sait que l'action prolongée du ferment gastrique serait capable d'exercer un effet qui véritablement ne s'exerce pas dans l'estomac, parce que le temps suffisant lui manque. D'ailleurs, on ne trouve pas les produits de la réaction, et c'est vainement que, pour expliquer cette absence, on a imaginé une disparition instantanée des peptones à travers la paroi stomacale. Il faut rabattre beaucoup de ce que l'on a dit de la faculté absorbante de la muqueuse gastrique.

Néanmoins, et malgré toutes ces réserves, il faut bien reconnaître que le suc gastrique contient un agent fermentifère, la *pepsine*, doué de toutes les vertus des ferments solubles; comme eux, de nature azotée, précipitable par l'alcool et soluble dans l'eau, susceptible d'agir sans perdre sensiblement de son poids ou de son pouvoir, à la condition qu'on sépare par la dialyse les produits fermentés à mesure de leur formation.

La remarque la plus importante, celle qui se rattache le plus directement à notre thèse, a été faite par Brücke. Cet auteur paraît, en effet, avoir retrouvé de petites quantités de pepsine dans le *sang*, les muscles et l'urine. Ceci montrerait que cet agent digestif n'est pas confiné dans une portion seulement du tube intestinal; qu'il est répandu ailleurs, dans différents départements de l'organisme, où sa présence pourrait être nécessaire, où il y aurait des albuminoïdes à liquéfier et à digérer pour les rendre aptes à la nutrition. Autrefois Bretonneau, je crois, avait annoncé que de la viande introduite dans une plaie sous-cutanée pouvait s'y digérer comme dans l'estomac.

Dans le règne végétal, il y a des matières albuminoïdes qui se dissolvent; cela arrive, par exemple, pendant la germination des graines. Le phénomène se produit sans doute sous l'influence d'un ferment ana-

logue à la pepsine animale ou au ferment albuminoïque
du pancréas.

L'action du *ferment pancréatique* est beaucoup plus
énergique et plus efficace que celle de la pepsine. De
plus, cette action exige des circonstances moins particulières : elle se produit au sein des liqueurs neutres et
alcalines, c'est-à-dire de la presque totalité des humeurs
de l'organisme.

La partie la plus obscure de notre tâche serait de
chercher maintenant dans le règne végétal ce qu'il y a
d'analogue à la digestion des albuminoïdes. Des réserves
de matières albuminoïdes, il y en a certainement dans
les végétaux comme dans les animaux. L'albumine, la
fibrine, la caséine, sont abondantes dans les tissus végétaux, et l'on n'en est plus aujourd'hui à démontrer leur
existence et leur parallélisme avec les substances protéiques des animaux. Les transformations que ces albuminoïdes végétaux éprouvent, leur évolution, leurs
aboutissants, sont malheureusement encore environnés
d'un profond mystère, et cela n'est pas étonnant, car
les études de ce genre sont à leur début. Néanmoins,
l'induction, à défaut de notions précises, peut nous
servir de guide et nous permettre de préjuger que
l'analogie des procédés naturels se poursuit ici encore.
Nous avons vu que, lors de la germination des graines,
il y a réellement digestion des matières féculentes, sucrées ou grasses, qu'elles renferment. Il est évident qu'il
doit y avoir également digestion des matières albuminoïdes contenues dans les mêmes graines. Les investigations des expérimentateurs ont rarement été dirigées

de ce côté ; mais nous espérons qu'elles le seront désormais, et que bientôt on possédera les éléments suffisants pour juger les questions que nous ne faisons en quelque sorte que poser aujourd'hui.

Nous ajouterons encore, pour achever ce parallélisme, que l'action du ferment gastrique n'a rien de vital, et qu'elle a son équivalent dans des actions purement physiques accomplies en dehors de l'organisme et sans le secours d'aucun élément organique. L'ébullition prolongée produit sur les matières albuminoïdes le même effet que la pepsine. Un consommé de viande est, en réalité, de la viande plus ou moins digérée. L'ébullition engendre les peptones ou les matières gélatineuses exactement comme l'action du suc gastrique lui-même.

Ici finit la tâche que nous nous étions proposée relativement aux fermentations digestives. Nous sommes arrivé au terme de notre étude, après avoir mis en lumière l'identité essentielle des phénomènes digestifs d'un bout à l'autre du monde vivant, chez tous les animaux et les végétaux. En même temps nous avons mieux compris la nature intime de ces phénomènes qui vont se répétant sans cesse.

J'espère avoir fait ressortir avec assez de clarté, devant mes auditeurs, cette unité imposante de la vie dans ses manifestations essentielles. La signification des phénomènes apparaît plus nette, leur intelligence se complète et s'approfondit, lorsqu'on saisit leurs caractères communs et essentiels à travers l'infinie variété de leur mise en scène. La systématisation et la comparaison des faits physiologiques qui sont l'objet de la physiologie générale présentent donc, ce grand intérêt qui s'attache à l'intelligence plus complète de la vérité. Au point de vue du progrès de la science, elle n'a pas moins d'avantages, car elle ouvre des voies inconnues, elle montre au travailleur la direction à suivre, elle lui propose des problèmes nouveaux ; elle le guide dans sa route au lieu de le laisser marcher en aveugle à la recherche d'horizons inexplorés.

Le terme de la digestion est atteint, son objet rempli, lorsqu'elle a contribué à la constitution du milieu intérieur dans lequel les éléments anatomiques vivent et se nourrissent. C'est, en définitive, pour cela que l'être vivant emprunte des éléments de réparation au monde extérieur, qu'il les dissout, les liquéfie et les met en état d'être incorporés intimement au liquide nourricier. La digestion consiste dans cette préparation, et son domaine finit là.

§ V. — ABSORPTION.

La préparation faite et terminée, il faut que la substance digérée soit amenée dans le milieu intérieur auquel elle est apte à s'unir ; il faut qu'elle y soit portée et absorbée. Nous avons donc actuellement à nous occuper de l'*absorption*.

Nous nous arrêterons peu sur les phénomènes de l'absorption envisagés dans les végétaux. Les plantes puisent dans le sol des aliments dont elles se nourrissent. Les animaux les puisent dans le tube digestif. Les racines baignent dans le liquide qu'elles doivent absorber et elles y plongent leurs poils radiculaires. Chez les animaux, ce sont les vaisseaux sanguins et lymphatiques qui viennent baigner leurs ramifications infinies dans le liquide intestinal. Ces canaux subdivisés de plus en plus représentent bien un arbre qui répandrait ses racines dans un sol nourricier.

C'est sur la paroi intestinale que s'accomplit l'absorption des substances alibiles. Le revêtement muqueux est ainsi traversé par un courant qui entraîne les digestats dans l'organisme. Mais il importe de remarquer que ce courant centripète n'est pas le seul dont la membrane muqueuse digestive soit le siége : un autre courant, inverse du premier, centrifuge, entraîne continuellement les liquides de l'organisme dans le canal. Il y a, en un mot, un mouvement d'entrée et de sortie : des liquides sont absorbés et des liquides sont déversés pour être réabsorbés un peu plus tard. Un des phénomènes paraît corrélatif de l'autre; il en est la condition.

Des quantités considérables de liquide sont ainsi en mouvement à travers le tégument intestinal. Bidder et Schmidt ont voulu apprécier ces quantités, mais ils sont arrivés à des évaluations trop énormes pour qu'on puisse leur accorder entière confiance.

Le premier fait sur lequel je veux appeler votre attention, c'est que les deux phénomènes d'entrée et de sortie sont successifs et non point simultanés. Des expériences nombreuses établissent, en effet, que lorsqu'une surface exhale, elle absorbe moins; que lorsqu'elle absorbe énergiquement, elle exhale peu. C'est une loi générale. Ainsi, l'estomac absorbe moins pendant la digestion que pendant l'abstinence : un poison (à la condition de n'être pas altéré par les liquides digestifs) sera plus énergique, plus rapide dans son action, s'il est introduit dans l'estomac vide que dans l'estomac chargé d'aliments. Considérons encore un organe différent, une glande salivaire par exemple. La surface sécrétante peut aussi devenir surface absorbante ; les deux phénomènes peuvent successivement se produire, mais ils ne peuvent coexister. Si l'on injecte par le canal excréteur une substance facile à reconnaître à son énergie toxique, comme la strychnine, ou à ses caractères chimiques, comme l'iodure de potassium et le prussiate jaune, on s'assurera du fait sans difficulté. Dans la glande en repos, l'absorption sera instantanée : au bout de très-peu de temps, on verra se dérouler les effets du poison. Avec la strychnine, la mort est foudroyante. Mais si l'on exécute l'opération après avoir mis à nu le nerf sécréteur et pendant qu'on l'excite, le résultat sera tout différent ; que l'on interrompe la galvanisation, les accidents apparaîtront immédiatement. Pour que l'expérience soit concluante et qu'on ne puisse pas invoquer l'élimination de la substance entraînée par la sécrétion, on aura soin de placer une ligature sur le trajet du canal excréteur.

L'estomac joue un rôle peu important dans l'absorption des produits de la digestion ; ils sont absorbés surtout dans le parcours de l'intestin grêle. Mais comment s'effectue leur absorption ? Quel chemin suivent-ils ?

Les vaisseaux absorbants peuvent appartenir au système sanguin ou au système lymphatique. La part que chaque système a dans le résultat a été diversement appréciée aux différentes époques, suivant que les idées régnantes accordaient aux lymphatiques ou aux veines la prééminence. L'histoire de ces variations depuis le temps de la découverte d'Aselli n'offrirait qu'un médiocre intérêt, nous ne nous y arrêterons donc point. Aujourd'hui les recherches des physiologistes, de Magendie en particulier, ont jeté un jour définitif sur la question, et montré que la voie d'absorption, de beaucoup la plus générale et la plus importante, est représentée par les veines de l'intestin, branches de la veine porte.

Des observations nombreuses viennent corroborer ces résultats d'expériences directes. Ainsi, on trouve un grand nombre d'animaux chez lesquels l'absorption est très-active et le système lymphatique très-mal représenté pourtant. Citons les oiseaux : les vaisseaux lymphatiques sont très-difficiles à reconnaître; longtemps ils ont été niés, et le débat sur leur existence a duré jusqu'aux premières années de ce siècle, où un anatomiste exercé, Lauth (de Strasbourg), en démontra la réalité. Quant aux chylifères, c'est-à-dire aux lymphatiques intestinaux chargés d'un chyle lactescent, d'une émulsion grasse, aucun expérimentateur, dans le nombre immense de ceux qui ont sacrifié des oiseaux en digestion, ne les a signalés. Un seul observateur, M. Dumeril le père, dit les avoir rencontrés chez un pic-vert nourri de fourmis. Pour ma part, je croirais plutôt à une erreur d'observation qu'à une exception aussi singulière.

Chez les mammifères et chez l'homme, les vaisseaux lactés existent beaucoup plus développés et remplissent dans l'absorption des matières grasses un rôle dont il importe de tenir compte.

Quant au mécanisme de l'absorption, il est mal connu. Cependant, de nouvelles recherches encore inédites, m'engagent à croire que l'absorption digestive est d'une tout autre nature que les absorptions ordinaires. Je suis porté à admettre, d'après mes expériences, qu'il y a, à la surface de la membrane muqueuse intestinale, une véritable génération d'éléments épithéliaux qui attirent les liquides alimentaires, les élaborent et les versent ensuite dans les vaisseaux. L'absorption digestive ne serait donc pas une absorption alimentaire simple et directe. Les aliments dissous et décomposés par les sucs digestifs dans l'intestin ne forment qu'un blastème générateur, dans lequel les éléments épithéliaux digestifs trouvent les matériaux de leur formation et de leur activité fonctionnelle.

LEÇON XXIV

Seconde digestion. — Nutrition.

§ I. — ÉLABORATION NUTRITIVE.

L'absorption ne marque pas le terme des transformations que doivent subir les aliments pour être aptes à entrer dans la constitution de l'organisme, à s'incorporer aux éléments anatomiques vivants ; elle marque seulement le terme de la digestion proprement dite. La phase préparatoire à la nutrition n'est pourtant pas encore achevée.

Une série de phénomènes nouveaux doit s'accomplir, auxquels on pourrait donner le nom de phénomènes d'*élaboration* ou de seconde digestion. Elle commence au moment où l'aliment digéré est absorbé ; elle finit au moment où il est incorporé et assimilé pour servir ultérieurement au travail nutritif. Entre cette origine et cette fin, ils se passe des transformations telles, que les aliments digérés se modifient et s'élaborent en quelque sorte pour s'identifier au milieu interstitiel dans lequel l'élément anatomique puise les matériaux de sa réparation. Il y a des phénomènes d'organisation nutritive tout à fait semblables à ceux qui se passent dans l'évolution et le développement des êtres vivants. En effet, les phénomènes de nutrition et de développement arrivent ici à se confondre.

Ces phénomènes sont très-complexes, très-délicats et difficiles à saisir. Ils varient pour chaque espèce d'aliment, et même ils peuvent revêtir des formes très-diverses pour un même aliment. Nous savons qu'une substance donnée n'a pas dans l'organisme un sort perpétuellement et irrévocablement identique, que son évolution n'est pas fatalement marquée, et qu'elle peut au contraire varier avec les besoins et les circonstances, éprouver en un mot des métamorphoses physiologiques d'amplitude assez considérable. On est loin, à ce point de vue, des opinions de Liebig, quoique près du temps où elles ont été produites.

On ne saurait plus admettre, en effet, la distinction établie par ce chimiste entre des aliments qui seraient exclusivement respiratoires et des aliments qui seraient exclusivement plastiques. Et parmi les aliments plastiques on ne croit plus que chacun soit désigné d'avance pour aller occuper dans l'organisme telle ou telle place vacante; que chacun ait pour ainsi dire une feuille de route où sa destination soit indiquée, le digestat du muscle allant au muscle, celui du cerveau à la matière cérébrale, etc.

La nature n'obéit pas à ces fantaisies systématiques. Partout, au contraire, nous voyons des compensations, des compromis, qui tendent à rétablir l'équilibre menacé. La machine vivante renferme son propre régulateur, l'animal n'a qu'à se laisser vivre. Il peut manger plus de cette substance, moins de celle-ci, pas du tout de cette autre ; sa constitution ne suivra pas les variations de son goût : la compensation se fera seule.

La complexité de ces actes nutritifs ne nous permettra donc point d'en fixer la complète connaissance, au moins de longtemps. Nous ne pouvons nous proposer que de soulever un coin du voile qui nous les cache. Aussi, parmi ces phénomènes préliminaires à la nutrition, n'en examinerons-nous que quelques-uns sur lesquels nous pourrons avoir l'espoir de jeter quelque lumière.

Comment les principes alimentaires accomplissent-ils leur mission nutritive? Au contact des villosités et des cellules de l'intestin éprouvent-ils des modifications telles, qu'ils formeraient une espèce de substance blastématique, qui ensuite serait apte à se transformer dans les divers organes en principes nutritifs adaptés à l'économie actuelle de l'être vivant? Je suis porté à le croire, et j'ai exprimé ailleurs cette opinion (voyez mon *Rapport sur la physiologie générale*). Les aliments seraient-ils encore des excitants nutritifs en même temps que des matériaux de nutrition? Cela paraît vraisemblable, car il ne suffit pas d'ingérer un aliment, de le digérer même, pour se nourrir, il faut plus encore : il faut que les organes soient excités à se nourrir et à produire par une seconde digestion les principes organiques nécessaires à leur entretien.

La solution de ces questions appartient à l'avenir : après les avoir posées, il nous reste à savoir ce qui se passe dans les organes où parviennent les matières digérées.

Nous avons dit que dans l'absorption intestinale la part la plus considérable revient aux vaisseaux sanguins. Les veines qui naissent de l'intestin constituent le système de la veine porte, qui mène le sang au foie, de là dans la veine cave inférieure, dans le cœur droit, le poumon, et enfin le cœur gauche, qui distribue son contenu artérialisé à tous les départements de l'organisme. Tel est le chemin suivi par les aliments digérés et mêlés au sang. Le premier organe modificateur traversé par ces substances est donc le foie.

Lorsqu'au contraire l'absorption a lieu par les vaisseaux lymphatiques, le premier organe traversé est le poumon. Les chylifères aboutissent en effet au canal thoracique lymphatique, qui lui-même se jette dans la veine sous-clavière et par là dans le cœur droit et le poumon. Mais, nous l'avons vu, les matières alibiles qui suivent ce trajet sont en très-petite quantité comparativement à celles qui pénètrent dans la veine porte.

Les aliments digérés n'arrivent donc dans le milieu interstitiel, dans les capillaires généraux, véritable champ de la nutrition, qu'après avoir traversé le foie et le poumon. Il ne suffit pas en effet que les aliments soient dissous et dialysés, qu'ils aient pénétré dans le torrent circulatoire, pour que tout soit dit et qu'ils soient propres aux échanges nutritifs. Leur évolution n'est pas terminée, le premier acte seul est accompli : les transformations se poursuivent et se continuent encore. Il peut s'écouler bien du temps, se produire bien des modifications entre le moment où une matière alibile est absorbée et celui où elle sert à la nutrition de l'élément anatomique. Le foie joue un rôle important dans ces phénomènes de seconde digestion, dans ces modifications intestines qui ne subissent pas d'interruption tant que l'élément venu du dehors n'a pas pris sa place dans l'édifice organique.

Quel est ce rôle du foie? C'est ce qu'il est plus difficile de préciser; nous allons essayer toutefois de le faire pour ce qui regarde la matière féculente.

En découvrant la matière glycogène et les phénomènes de la digestion des matières sucrées, je crois avoir jeté une première clarté dans le chapitre si obscur de la nutrition. L'influence du foie, dans cet ordre de phénomènes, ne semble pas une influence accessoire et dont la suppression serait indifférente. C'est vainement que j'ai voulu faire disparaître cette influence en pratiquant avec précaution la ligature de la veine porte; il m'a été impossible de troubler le rôle du foie. J'ai vu que cette impossibilité résulte de l'établissement d'un système de compensation qui supplée à celui que l'on a détruit. La machine vivante, ainsi que nous l'avons déjà dit, n'a pas la rigueur de celles que la main de l'homme peut construire, et cela même en fait la perfection. Les rouages se suppléent; l'harmonie rompue tend à se rétablir : ce n'est pas sa précision et son exactitude automatique qui en font le modèle des mécanismes, c'est au contraire son élasticité, la laxité de son économie.

La ligature de la veine porte faite avec les précautions convenables n'apporte donc aucun trouble dans la nutrition de l'animal. Il faut, après avoir ouvert la cavité abdominale, placer une anse de fil sur le tronc veineux, isolé aussi bien que possible, dans le voisinage du foie. On a soin de ne pas serrer la ligature, car ce mode de procéder entraînerait la mort rapide de l'animal. On se contente d'exercer des tractions modérées ou de faire une ligature très-lâche. Le calibre du vaisseau s'oblitère ainsi successivement (fig. 5). Voici deux chiens qui ont été traités comme je viens de le dire, depuis deux et quatre mois : ils sont encore aujourd'hui, comme vous le voyez, dans le meilleur état de santé, et rien n'est changé dans l'état physiologique du foie. En faisant l'autopsie d'animaux ainsi opérés, j'ai trouvé dans le tissu hépatique la matière glycogène dans les mêmes proportions qu'à l'ordinaire.

La compensation circulatoire dans ce cas est produite par des anastomoses qui permettent au sang de rétablir son trajet interrompu. Ces anastomoses, constituées par des vaisseaux excessivement ténus dans l'état normal, se développent considérablement et fournissent un débit notable dans la circonstance que nous étudions. Parmi ces anastomoses, il en est qui mettent en communication la veine porte avec la veine rénale ; ces anastomoses existent chez les oiseaux à l'état de disposition constante et normale, tandis qu'ici c'est un fait exceptionnel et en quelque sorte pathologique ; elles représentent chez les animaux dont nous parlons le système de la veine porte rénale de Jacobson.

FIG. 5. — Cavité abdominale du chien ouverte pour montrer la disposition de la ligature de la veine porte.

Il y a plus, lorsqu'on laisse longtemps des mammifères survivre à la ligature de la veine porte, le vaisseau peut se rétablir ; nous en avons vu un exemplo chez un chien qui, opéré très jeune, n'en avait pas moins acquis son développement. L'autopsie nous a montré la veine porte rétablie dans le foie, en même temps que les anastomoses entre la veine porte et la veine cave, la veine rénale et la veine splénique, avaient persisté.

En résumé, le foie produit la matière glycogène lors même que la veine porte est liée, et alors que les matériaux alimentaires ne semblent pas pouvoir lui arriver directement de l'intestin. Mais on peut admettre que ces matériaux parviennent toujours à l'organe hépatique, d'une manière indirecte, par le sang qui reflue des veines sus-hépatiques. On peut supposer aussi que le foie n'a pas besoin de recevoir immédiatement les substances alimentaires, et qu'il forme sa matière glycogène aux dépens du sang lui-même, par suite de phénomènes nutritifs plus indirects et partant plus complexes.

Examinons comment les diverses espèces d'aliments agissent sur le foie pour la préparation des matériaux qu'il renferme.

Comme la matière glycogène appartient aux principes hydrocarbonés, il était naturel de penser que les aliments hydrocarbonés, les sucres, intervenaient dans sa formation. L'étude de ces phénomènes intimes a été poussée assez loin. La connaissance des procédés naturels est plus avancée sur ce point que partout ailleurs, et cette considération expliquera que nous nous y arrêtions quelque temps.

Les matières sucrées qui pénètrent dans l'organisme par la voie de l'alimentation proviennent de deux sources principales : de la transformation des aliments féculents, de l'introduction directe et de la digestion du sucre de canne. Dans l'un et l'autre cas, c'est sous la même forme qu'elles sont absorbées, sous la forme de glycoses. C'est à l'état de glycoses qu'elles pénètrent dans les ramifications de la veine porte, leur voie de passage principale, pour ne pas dire exclusive.

Que devient cette glycose introduite dans le sang? Quel sort a-t-elle? Il y a quelques années, la réponse à une pareille question n'eût pas embarrassé les physiologistes. Le sucre était considéré comme un aliment essentiellement respiratoire ; arrivé dans le sang, il devait y subir une combustion plus ou moins rapide, plus ou moins complète, source de calorification. Voilà pour les animaux.

Pour les végétaux cependant les faits étaient différents. On admettait que la matière sucrée joue un rôle indispensable dans le développement et la nutrition de la plante. A chaque instant il y en aurait une portion plus ou moins minime, plus ou moins considérable, qui circule, qui se détruit, qui participe en un mot au mouvement de la nutrition; mais à côté de cette portion en activité, il y en a une autre, quelquefois considérable, qui est en disponibilité, qui entre dans la constitution du tissu végétal, la cellulose et le ligneux. Il y a donc du sucre en réserve à côté de la glycose en exercice. On admettait même un fait sur lequel j'ai insisté et dont j'ai signalé l'importance : on pensait que pour s'emmagasiner et se conserver en réserve, le sucre pouvait se transformer, quitte à revenir plus tard à son premier état; qu'au lieu de rester soluble, il pouvait prendre une forme plus convenable à son nouveau rôle, une forme insoluble, celle de l'amidon.

Nous admettrons donc ce fait, qui n'est plus contestable, que le sucre peut exister dans les végétaux à l'état d'activité et à l'état de réserve ; cette réserve existe sous forme insoluble, comme l'amidon, ou inapte à l'assimilation, comme la saccharose.

Mais on en restait là. On n'établissait aucune comparaison entre les animaux et les végétaux. Bien au contraire, on leur attribuait des fonctions antagonistes. La nutrition du végétal était considérée comme une édification continuelle des composés complexes ; la nutrition de l'animal comme une destruction, une combustion. On assimilait le corps de l'animal à un fourneau où tout brûle. Chez lui, pas de réserves, pas de dépôts, pas de transformations inverses et régressives ; les éléments introduits n'évoluent que dans un sens, dans une direction ; ils s'oxydent de plus en plus : chaque changement est un pas en avant dans cette voie marquée et fatale.

Telle était l'opinion dominante, qui encore aujourd'hui règne à peu près généralement. Cette opinion pourtant est beaucoup trop exclusive et par cela même contraire à la réalité. La nutrition de l'animal, tout aussi bien que celle de la plante, comprend un grand nombre d'actions complexes, de transformations inverses et régressives, d'hydratations succédant à des déshydratations. Les aliments sont susceptibles d'y former des accumulations, des réserves, même en changeant de forme et en retournant provisoirement à un état qu'ils avaient quitté et qu'ils quitteront bientôt après. Il est vrai que l'animal, pas plus que le végétal, n'emmagasine de grandes quantités d'oxygène ; il n'en possède dans le fluide circulatoire qu'une très-faible proportion : et cette réserve peu abondante, s'épuisant rapidement lorsque les besoins deviennent intenses, la mort survient. Mais pour le sucre, la graisse, il en est tout autrement. Ces matières peuvent constituer dans l'organisme des réserves alimentaires considérables qui permettent aux animaux d'entretenir leur existence pendant un certain temps sans se substanter.

Donc le sucre peut se détruire et se brûler dans le sang de l'animal ou dans la séve du végétal, mais cette action n'est pas la seule qui se produise. Tout dépend de la quantité de cette matière hydrocarbonée qu'ingurgite l'animal. S'il en absorbe seulement une très-petite quantité, la totalité pourra peut-être disparaître dans les combustions respiratoires ; mais si on lui en donne au delà de ses besoins, il ne la consommera pas : il emmagasinera l'excès dans le foie. Les expériences que j'ai faites récemment, et que je poursuis encore, semblent transformer cette vue en fait positif. *L'excédant du sucre (glycose) introduit dans l'économie se déshydrate et s'entrepose dans le foie à l'état de matière glycogène* pour être distribué au fur et à mesure des besoins.

Le foie est donc une sorte de grenier d'abondance où vient s'accumuler l'excès de la matière sucrée fournie par l'alimentation.

J'ai entrepris des expériences dans le but de mettre en lumière cette transformation du sucre en matière

glycogène. Pour rendre mes expériences plus probantes,
je les ai exécutées d'une manière comparative. J'ai pris
de jeunes animaux, oiseaux, chiens ou lapins, de la
même taille et de la même portée, que je soumettais
pendant plusieurs jours à l'abstinence afin d'effacer les
traces des différences qui pouvaient subsister entre eux.
Pendant ce jeûne forcé, les animaux épuisaient les derniers résidus alimentaires qu'ils pouvaient avoir, ils
vivaient aux dépens de leur substance propre et se trouvaient ainsi placés dans les conditions les plus identiques
qu'il soit possible de réaliser. Ce sont des artifices auxquels il faut que le physiologiste ait incessamment recours. Quand il veut observer des phénomènes qui vont
trop vite, il les ralentit ; quand, au contraire, les phénomènes vont trop lentement et que cette lenteur amè-
nerait des causes d'erreur, il faut accélérer leur marche,
et c'est ce que nous avons fait en prenant de jeunes
animaux. Il était très-important de les prendre tous du
même âge, car les différences d'âge et l'état d'embon-
point dissemblable auraient rendu les expériences très-
inexactes, parce que les conditions n'auraient plus été
comparables.

Voici le résultat de nos expériences. Nous avons pris
des séries de petits moineaux et de jeunes pies de la
même couvée, et, après les avoir laissés à jeun, nous
les avons nourris pendant un ou plusieurs jours, les uns
avec du sucre de canne, les autres avec de la fibrine du
sang bien lavée, de la gélatine ou de la graisse, ou de
l'eau pure. Pour chaque série d'expériences, nous avions
toujours un animal type sacrifié au début de l'expé-

rience, dont on déterminait le contenu glycogénique du foie pour le comparer avec celui des animaux auxquels nous ingérions une même quantité d'eau additionnée de la substance dont nous voulions connaître l'influence glycogénésique. Or, de toutes les substances, le sucre de canne a constamment été la substance qui, à poids égal, était douée de la puissance glycogénésique la plus forte. La quantité de matière glycogène trouvée dans le foie d'un animal nourri au sucre a toujours été la plus considérable, et elle a souvent dépassé celle trouvée dans le foie de l'animal type, preuve que l'animal avait réellement fabriqué un excès de glycogène. Après le sucre, la gélatine m'a paru la substance la plus glycogénésique. Dans l'ordre d'efficacité décroissante, la graisse vient beaucoup plus tard.

D'un autre côté, j'ai essayé l'injection de substances purement excitantes, mais non alimentaires, le chloroforme et l'alcool, et j'ai vu dans mes premiers essais que le chloroforme augmentait le glycogène, tandis que l'alcool ne produisait pas le même résultat. L'injection de la glycérine, de l'acide carbonique, dans l'estomac, aurait la même influence que celle du chloroforme, sans doute à titre de substances excitantes.

Ici se pose une double question : la matière glycogène formée en si grande abondance dans le foie sous l'influence de l'alimentation sucrée est-elle le résultat d'une conversion directe, par voie régressive, du sucre en glycogène, ou bien le sucre ne jouerait-il là que le rôle d'un excitant nutritif puissant qui exagérerait singulièrement l'activiié ne la cellule hépatique? J'ai voulu mettre à l'épreuve l'hypothèse d'une conversion directe du sucre de canne en glycogène. Si cette conversion est réelle, si elle a pour but de conserver la substance jusqu'au moment de son utilisation, il est présumable que, ce moment venu, la substance reprendra sa forme première, qu'elle repassera dans un ordre inverse par les modifications qu'elle a subies, qu'elle redeviendra saccharose de glycogène qu'elle est. C'est là une simple présomption. Mais la vérification de cette présomption aurait une grande valeur probatoire; son infirmation n'aurait qu'une valeur négative. J'ai donc tenté l'expérience.

J'ai, dans cette vue, nourri des lapins avec de la betterave pendant un certain temps, et j'y ajoutais même des injections stomacales de saccharose. Je pensais trouver dans le foie de ces lapins du glycogène conversible en sucre interverti déviant à gauche au lieu de dévier à droite. Le résultat n'a pas répondu à mon hypothèse. Chez un lapin nourri assez longtemps avec de la betterave et du sucre de canne pour que je pusse supposer que le glycogène de son foie provenait de cette source, on a trouvé que le sucre du foie déviait très-fortement à droite et ne trahissait par aucun indice une source présumée de saccharose. La déviation à droite paraissait même plus grande que celle de la glycose ordinaire. Nous aurons ultérieurement à vérifier si le pouvoir rotatoire du sucre de fécule est égal à celui du sucre hépatique. On pourrait encore continuer les mêmes expériences en nourrissant des lapins avec des topinambours, dont la matière féculente (*inuline*) donne un sucre déviant à gauche, la lévulose.

Je me garderai bien, d'après les essais qui précèdent, de conclure d'une manière absolue sur une question aussi fondamentale. Cependant on voit que le phénomène n'est pas aussi simple qu'il le paraissait. Le fait qui est indubitable, c'est que l'injection du sucre de canne augmente considérablement le contenu glycogénique du foie ; mais comment le sucre agit-il dans ce cas, comme excitant nutritif ou comme principe directement transformable en glycogène? Je penche, je dois le dire, pour la première opinion, jusqu'à plus ample informé.

Ce qu'on peut encore dire, c'est que chez un animal malade l'ingestion de sucre dans l'estomac ne fait pas apparaître le glycogène dans le foie. Indépendamment de la nature du principe alimentaire, il y a donc encore d'autres considérations physiologiques qui présideraient à son assimilation.

En un mot, la question est complexe ; on y voit intervenir des facteurs nombreux.

Vous voyez, messieurs, que des obscurités profondes règnent encore sur les points de la nutrition que nous connaissons le mieux et que nous avons le plus étudiés : la formation des matières sucrées et glycogéniques. A plus forte raison sommes-nous dans l'ignorance sur l'origine des corps gras et des matières albuminoïdes. Je m'abstiendrai de vous dire toutes les hypothèses qu'on a émises à cet égard. Dans les considérations qui précèdent, j'ai dû attirer votre attention sur les résultats qui sont acquis dès à présent. Mais il faut aussi porter nos regards vers les théories qui représentent à la fois les ten-

tatives faites pour réunir ce que nous savons et les efforts
accomplis pour acquérir ce que nous ne savons pas.

§ II. — LES THÉORIES DE LA NUTRITION. — RAPPORT DES PHÉNOMÈNES
DE LA NUTRITION ET DU DÉVELOPPEMENT.

La nutrition ne commence qu'au moment où l'élément du tissu intervient par son activité propre dans
la constitution du plasma interstitiel qui le baigne,
pour lui emprunter une substance dont il a besoin et lui
en restituer une autre qui ne lui est plus utile. L'ensemble des modifications que la cellule histologique
éprouve de la part du milieu et qu'elle-même lui fait
éprouver, constitue le phénomène de la nutrition ; son
siége est dans l'élément, ou du moins au contact de
celui-ci et du plasma interstitiel.

Tous les auteurs n'envisagent pas les choses de cette
manière, et quelques-uns persistent à concentrer tout
l'intérêt de la question dans le sang, où, à notre avis,
s'exécutent seulement des phénomènes accessoires. Pour
les physiologistes dont nous parlons, le rôle de l'élément
anatomique se bornerait à une simple mise en place ; il
consisterait à saisir au passage dans le défilé de matériaux tout prêts ceux qui conviennent, en un mot de
s'assortir avec les échantillons qui circulent devant lui.

L'idée est certainement fort simple, mais c'est là sa
seule qualité. Les chimistes de la première moitié du
siècle l'avaient d'ailleurs proposée déjà, en la simpli-
fiant encore. Les organes et les tissus s'accroissaient
comme des cristaux qui attirent dans une dissolution

complexe leurs éléments similaires en restant indiffé-
rents vis-à-vis des autres. Le sang était une sorte de
dissolution de tous les éléments constitutifs de l'organisme, et le nom de « chair coulante » n'était pas une
simple métaphore. Les tissus s'entretenaient par simple
dépôt ou précipitation de ces matériaux préexistants, et
leur accroissement, au lieu d'être un phénomène moléculaire intime, était une concentration physique, un
phénomène en quelque sorte de juxtaposition.

Cette théorie remonte même à une époque plus ancienne, aux prédécesseurs des chimistes de notre temps.
Lavoisier, par exemple, en plaçant dans le sang lui-
même le phénomène de calorification, l'acceptait impli-
citement, car la production de chaleur s'accomplit dans
le lieu des mutations chimiques du sang, dont elle-même
n'est que la conséquence naturelle.

Si le rôle du tissu était aussi effacé que le veut cette
théorie, il ne devrait exister dans l'organisme que les
principes immédiats préformés de l'alimentation ou de
la digestion. Or, on ne peut plus soutenir cette idée.
On ne peut plus admettre que l'organisme est à la
merci des moindres caprices ou des étroites nécessités
de l'alimentation. La vérité est qu'il en est indépendant
dans une très-large mesure, et que la machine vivante
possède encore ici une sorte d'élasticité chimique qui
est sa sauvegarde. La théorie est devenue, du reste,
de moins en moins absolue à mesure qu'on avançait. Poussée à l'extrême, elle imaginait que tout élément histochimique du corps animal devait avoir son
origine dans les aliments ingérés, la matière grasse

provenant de la graisse, la substance musculaire du muscle.

Dans une seconde phase, Liebig a modifié la théorie : il a classé les aliments en deux groupes, les aliments plastiques et les aliments respiratoires. Les uns et les autres avaient une appropriation spéciale, les premiers seuls servant à l'édification du corps, les autres à l'entretien de la chaleur. — Il fallait que ces deux espèces de matières eussent leurs représentants dans le régime de l'animal : il n'y avait pas de substitution possible d'un des groupes à l'autre.

Aujourd'hui enfin, dans une troisième phase de progrès, nous rejetons la dernière entrave posée au polymorphisme des matériaux de l'organisme. Ceux-ci peuvent en réalité se transformer, se modifier différemment suivant les circonstances, être employés immédiatement, ou au contraire être déposés comme des réserves dans l'organisme ; les réserves elles-mêmes peuvent subir des changements profonds et conduire à des produits éloignés des matériaux primitifs. Par là, l'organisme animal se trouve en état de fabriquer des substances organiques compliquées, comme je l'ai prouvé pour le glycogène et le sucre. Tout ne lui vient donc pas préformé et directement du dehors ou de l'alimentation.

Il se passe entre la digestion de l'aliment et son utilisation un véritable travail d'élaboration auquel prend part l'élément organique lui-même. Il est donc à peu près impossible de faire le *bilan immédiat* de la nutrition d'un animal ou d'un végétal un peu complexe. Des tentatives nombreuses ont été exécutées; elles ont nécessité des travaux considérables sans jamais aboutir à un résultat irréfutable. C'est ainsi que MM. Bidder et Schmidt (de Dorpat) se sont livrés à une opération gigantesque si l'on envisage sa complexité, ses difficultés de toute espèce et la patience qu'exigeait sa poursuite. L'expérience consistait à renfermer un animal, un chat, dans une enceinte de volume connue, où l'on faisait circuler de l'air mesuré avec soin à l'entrée et à la sortie; les aliments étaient pesés et analysés élémentairement avant chaque repas; les mêmes opérations étaient répétées à propos des excrétions de toute nature, liquides, solides, excrémentitiels, poils, etc. Malheureusement cette épreuve est sujette aux mêmes objections que les autres : elle reste sans conclusion.

Nous le répétons, des calculs de *bilan nutritif immédiat* ne seront jamais rigoureux. Sans doute, il y a entre les phénomènes de la nutrition et l'emploi de certains aliments des relations qui ont été bien mises en lumière par les beaux travaux de MM. Dumas et Boussingault, mais la rigueur de ces usages n'est pas absolue. L'organisme jouit d'une certaine élasticité, d'une certaine laxité dans les mécanismes, qui lui permet les compensations. Il peut remplacer une substance par une autre, faire servir une matière à bien des usages divers.

Nous devons encore mentionner par un seul mot, ne pouvant entrer dans les détails, une théorie plus récente sur la nutrition, qui a pour base des expériences importantes : c'est la théorie de M. Voit (de Munich). M. Voit veut qu'une matière unique suffise à tous les besoins de l'animal. L'albumine, selon lui, est cet agent universel. Il en distingue deux variétés : l'une qui circule dans le sang et qui est destinée à se détruire, à s'éliminer en produisant de la chaleur : c'est l'albumine de combustion; l'autre qui constitue les tissus. Cette théorie n'exige plus, il est vrai, la supposition qu'il y aurait deux ordres d'aliments différents, les uns respiratoires, les autres plastiques; mais elle suppose encore, comme faisait autrefois Liebig, que les phénomènes de combustion se passent seulement dans le sang et non dans les tissus.

Les combustions ou fermentations nutritives s'accomplissent en réalité au contact du sang et des tissus, et non pas dans le sang lui-même, comme le veulent les théories précédentes. Ce n'est pas, à vrai dire, le sang qui se brûle et échauffe les tissus; ce sont plutôt les tissus qui se brûlent et échauffent le sang. Je l'ai prouvé en constatant que le tissu des organes dans les parties profondes et convenablement protégées est toujours plus chaud que le sang qui en sort.

L'alimentation reconstitue une sorte de fonds de roulement, par des substances qui n'ont qu'une appropriation générale et non pas spéciale et rigoureuse. Ces matériaux sont mis en œuvre par l'élément organique sous l'influence d'une irritation nutritive, d'une excitation provoquée par un agent nerveux ou autre et qui traduit l'influence de la vie. Considéré en lui-même, le résultat de l'action est purement chimique; mais son point de départ est l'activité germinative ou proliférante du tissu vivant manifestée pendant toute la durée de l'existence de l'être comme à son début. Cette activité germinative réside dans l'élément cellulaire organique soumis aux forces de développement et de nutrition, qui toujours sont intimement confondues et en réalité identifiées.

En effet, toute formation de tissu est un phénomène de réduction, et toute activité de tissu est un phénomène de combustion ou de destruction organique.

La nutrition, suivant nous, dépend d'une fermentation, ou mieux d'une série de fermentations. Nous revenons ainsi, mais cette fois d'une manière expérimentale et plus certaine, à la conception de Van Helmont et de ses disciples, de Descartes, de Reinier, de de Graaf et de Willis, qui considéraient les fonctions de la santé et même de la maladie comme des fermentations. La digestion est une série de fermentations, et la nutrition elle-même doit, disons-nous, être considérée de la même façon. Ces idées reçoivent une confirmation des belles études de M. Pasteur sur la fermentation alcoolique. Le ferment inversif de la levûre de bière opère, en réalité, une digestion du sucre; cette digestion est la condition préalable de la nutrition, c'est-à-dire de la production d'alcool et de CO^2 coïncident avec la prolifération de cet organisme microscopique. D'autres organismes que la levûre paraissent capables de se nourrir de la même façon : M. Pasteur lui-même l'a constaté pour les cellules végétales des fruits conservés dans certaines conditions. Un auteur américain, M. Hutson Fort (1), prétend avoir

(1) Hutson Fort, *New-York medical Journal*, 6, 1872.

saisi la même faculté auprès des éléments anatomiques
de certains tissus chez les animaux, et avoir rencontré
les traces d'alcool provenant de l'action des globules du
sang sur le sucre. La fermentation lactique s'accomplit
aussi d'une manière incessante dans le sang et dans les
muscles sous l'influence d'un ferment soluble ou des
éléments sanguins et musculaires eux-mêmes.

Afin de donner un peu plus de précision à cette idée
générale que la nutrition et la prolifération organique ne
sont, au point de vue chimique, que des phénomènes de
fermentations liés à des phénomènes de réduction et
d'organisation, idée que j'ai déjà émise autrefois (1), il est
nécessaire, je crois, d'entrer dans quelques explications
à propos de la définition des fermentations elles-mêmes.
Il y a, nous l'avons dit en diverses occasions dans nos
leçons, deux ordres de ferments : les uns solubles, dont
la diastase est le type ; les autres insolubles, dont la
levûre de bière est l'exemple le plus connu. Or, au point
de vue physiologique, ces ferments sont absolument différents les uns des autres. Dès 1854, je faisais, dans mes
cours de physiologie générale à la Faculté des sciences,
la distinction des ferments en deux ordres : les uns solubles, que je considérais comme des agents chimiques
organiques, mais non organisés, et n'étant en réalité que
des *produits de sécrétion* ou de décomposition ; les autres
insolubles, que je tenais pour de véritables éléments
organisés, et n'étant en réalité que des produits de *proli-*

____

(1) Cl. Bernard, *Leçons de physiologie expérimentale. Cours de médecine
du Collége de France*, 1855, t. I, p. 247.

fération vitale engendrés par des actes de réduction
chimique. Aujourd'hui, je n'ai pas changé d'opinion ;
au contraire, des faits nouveaux sont venus l'affermir
dans mon esprit. En effet, les ferments solubles et insolubles se comportent tout autrement aux réactifs. Les
ferments solubles peuvent être soumis à l'action de l'alcool, de la glycérine, par exemple, et reprendre leurs
propriétés quand on les place dans des conditions convenables. Les ferments insolubles, tels que la levûre de
bière, au contraire, sont tués par l'alcool et par la glycérine ; ils se comportent, en un mot, exactement
comme des éléments anatomiques vivants. On a donc
confondu sous le même nom de *ferments* deux choses
essentiellement distinctes : on a confondu un élément
organisé insoluble n'agissant qu'en vertu de son irritabilité nutritive, avec un principe soluble inorganisé
agissant en dehors de tout attribut d'irritabilité ou de
vitalité proprement dite. La levûre de bière est un élément anatomique aussi bien que le globule du sang, que
la fibre musculaire et nerveuse, que la cellule épithéliale
glandulaire, que la cellule ovarique, que l'œuf lui-
même, et les phénomènes chimiques nutritifs qui se
passent au contact de ces divers éléments anatomiques
vivants méritent tous au même titre le nom de *fermentations*.

En résumé, nous avons deux ordres de fermentations
nutritives, les unes se passant au contact des éléments
anatomiques (ferments insolubles), les autres se passant
dans les divers liquides (ferments solubles), dans les
liquides en circulation, dans le sang. La nutrition com-

prend ces deux ordres de phénomènes; car la nutrition a pour théâtre à la fois les solides et les liquides de l'économie.

Les ferments dont je vous ai entretenus se rapportent tous à des ferments solubles. Le secret de la nutrition ne nous sera dévoilé que par l'étude de l'action réductrice ou organisatrice des ferments insolubles, par l'étude des phénomènes qui s'accomplissent au contact des éléments anatomiques qui constituent les tissus vivants. Pour pénétrer plus avant dans la nutrition, c'est vers ce point que nous devons diriger nos efforts.

Tant qu'on voudra comprendre la nature de la nutrition par l'étude des phénomènes d'ensemble qui se passent dans un organisme complexe, on ne la saisira pas; c'est en descendant jusqu'à la considération des éléments anatomiques ou jusqu'à l'étude des organismes inférieurs, que la science physiologique pourra trouver le secret des phénomènes de la nutrition.

QUATRIÈME PARTIE

LE VITALISME PHYSICO-CHIMIQUE

LEÇON XXV (¹)

Origine de la physiologie générale.

SOMMAIRE. — Place de la physiologie générale parmi les sciences biologiques. But des sciences : action, prévision. La science de la vie ne se distingue point, à cet égard, des autres sciences.
Aperçu des doctrines physiologiques dans l'antiquité, dans le moyen âge, dans les temps modernes. Période contemporaine. Cette évolution aboutit à la constitution de la physiologie générale.

L'observation et l'expérience amassent chaque jour une multitude de faits ; mais le rôle de la science n'est pas seulement de former le répertoire de ces faits, elle doit en saisir la portée, le lien, l'harmonie et le but. L'esprit de généralisation doit mettre en œuvre les matériaux que lui fournit l'esprit d'observation et d'ex-

---

(1) Cette leçon et la suivante n'ont pas été réellement professées dans la forme que nous leur donnons ici. Cl. Bernard s'était contenté d'exprimer brièvement les idées générales qui en forment le squelette, nous priant de rassembler tous les matériaux historiques. Les imperfections de détail, ou les inexactitudes, s'il y en a, nous seront donc entièrement imputables, ainsi que les citations qui pourraient avoir été mal à propos confondues dans le texte. (DASTRE.)

périmentation. Ni les recherches spéciales, ni les vues générales, ne suffisent isolément à constituer aucune science : c'est par leur alliance, par leur union, qu'elle se fonde et se développe.

L'homme de recherches entraîné à la poursuite d'un problème particulier n'a pas à se préoccuper, autant que dure son effort, du problème général de la science. Ses investigations se concentrent sur un point limité ; et pendant qu'il s'occupe à sa tâche dans un coin de l'édifice que la science contemporaine élève avec tant de rapidité, il n'est pas nécessaire qu'il embrasse le plan de cet édifice auquel collaborent tant d'autres études que les siennes. Cependant c'est à réaliser ce plan qu'il travaille d'une manière consciente ou inconsciente, comme maçon ou comme architecte.

Il n'y a donc rien de plus profitable pour un esprit philosophique et généralisateur que de chercher à pénétrer ce dessein qui se réalise par suite de l'évolution naturelle et fatale de la science. C'est ce que nous essayerons de faire ici-même. De telles tentatives offrent le double avantage de satisfaire à un besoin de l'intelligence et de contribuer à l'avancement de la science. On va d'une marche plus sûre et plus rapide quand on connaît bien la route que l'on suit et le but que l'on se propose d'atteindre.

La physiologie, ou science de la vie, fait connaître et explique les phénomènes propres aux êtres vivants. C'est là son objet.

Quelle est sa place parmi les autres sciences?

La division des sciences n'est pas inscrite profondément dans la nature ; créée par l'esprit humain, elle n'a rien d'absolu ; et de fait, elle varie avec l'état de nos connaissances et le progrès de nos idées. Il n'y a dans la nature que des phénomènes régis par des lois. Le monde n'est pas distribué d'un manière rigoureuse en différents domaines qu'on appellerait physique, chimie, astronomie, physiologie, etc. Il nous offre simplement le spectacle de phénomènes infiniment nombreux que nous interprétons, que nous classons de différentes façons, et que nous rapportons à quelqu'une de ces branches de connaissances, dont notre intelligence bornée a dû faire des catégories pour mieux les embrasser.

Mais, au fond, sur quoi l'esprit humain se fonde-t-il pour établir ces catégories? On a dit, à la vérité, que la distinction des sciences est établie sur la diversité des objets : l'astronomie, la géologie, la physique et la chimie se partageant les corps bruts ; la zoologie, la botanique, la physiologie, revendiquant les corps vivants. Mais il est aisé de voir que le caractère par lequel nous établissons la différence de nature des objets est bien plus une création de notre esprit qu'une réalité extérieure. La distinction, outre qu'elle est arbitraire, est le plus souvent fort peu nette, ou même inapplicable.

Il nous faut reconnaître, plutôt, que ce qui caractérise une science, *c'est le problème qu'elle poursuit.* Comme nous l'avons dit précédemment, il arrive que ce problème, ce but, échappent au savant plongé dans une recherche particulière. Il n'en a pas moins de réalité : il domine l'ensemble comme les détails des faits. Il se pose de lui-même ; il va seul et fatalement.

Nous devons donc nous demander quel est le problème
que poursuit consciemment ou sans s'en rendre compte
le physiologiste, si ce problème est identique à celui des
autres sciences ou s'il en diffère.

Le but de toute science peut se caractériser en deux
mots : *prévoir* et *agir*. Voilà, en définitive, pourquoi
l'homme s'acharne à la recherche pénible des vérités
scientifiques. Seul de tous les êtres de la création il pré-
voit : il sait sa fin, il connaît la fatalité de sa mort. Et
quand il se trouve en présence de la nature il obéit à la
loi supérieure de son intelligence, en cherchant à prévoir ou à maîtriser les phénomènes qui éclatent autour
de lui. La *prévision* et l'*action*, voilà la fonction de
l'homme en présence de la nature.

L'homme tend à son but par tous les moyens ; il
s'adresse à tout ce qu'il croit pouvoir l'en rapprocher,
et en définitive à la science, comme à l'instrument le
plus sûr qu'il ait à sa portée. L'homme a cru d'abord à
la magie, à la sorcellerie ; plus tard, il a demandé à
l'empirisme la puissance et la domination. Et après avoir
ainsi tâtonné dans les ténèbres de l'ignorance, il s'adresse
enfin, mieux éclairé, à la science pour en obtenir la satisfaction de son éternel appétit.

Ainsi, par les sciences physico-chimiques, l'homme
marche à la conquête de la nature brute, de la nature
morte. Déjà ses progrès ont été si éclatants, qu'il ne
peut pas douter du résultat final. C'est par la science que
l'homme moderne se loge, se vêtit, se nourrit, s'éclaire,
et communique avec le monde et avec ses semblables.

Il n'hésite pas à croire que sa domination s'étendra, dans un lointain avenir, sinon sur tous les phénomènes de la nature brute, au moins sur tous ceux qui sont à sa portée. Les phénomènes astronomiques défieront toujours l'intervention de l'homme, placés qu'ils sont en dehors de sa main. La prévision est alors, comme l'a dit Laplace, la limite extrême de la puissance et le terme du progrès. Quant aux sciences terrestres, dont l'objet peut être atteint, elles ne sont pas autre chose que l'exercice rationnel de la domination de l'homme sur la nature.

En est-il de la physiologie comme de ces autres sciences? La science qui étudie les phénomènes de la vie peut-elle prétendre à les maîtriser? se propose-t-elle de subjuguer la nature vivante, comme a été soumise la nature morte? Nous n'hésitons pas à répondre affirmativement. Partout le problème est le même; il ne sera épuisé que lorsque l'action rationnelle et scientifique de l'homme sera couronnée de succès.

Voilà le but qui sans cesse a été poursuivi par tous les moyens, empiriques lorsqu'ils ne pouvaient être encore rationnels. Qu'ont fait et que font chaque jour les médecins, sinon d'essayer de modifier et de diriger les phénomènes de l'être vivant? Cette tentative d'action est ce qu'elle peut être, étant donnée l'ignorance où nous sommes encore plongés : elle est grossière, incertaine, empirique; mais elle peut devenir et deviendra scientifique, c'est-à-dire raisonnée et certaine.

L'antiquité n'a pas pensé ainsi sur cette question fondamentale; et peut-être, par ce côté, bien des modernes

sont des anciens. Hippocrate a semblé croire que la
prévision et la prédiction marquaient les bornes de
l'ambition permise au médecin. La médecine était pour
Aristote une science d'observation ; c'était dire que son
efficacité était bornée à la prédiction. Les sciences qui
n'aboutissent qu'à prévoir les phénomènes sont généralement les sciences d'observation ; celles, au contraire,
qui aboutissent à l'action réelle sont dites des sciences
expérimentales. C'est dans le but, dans le terme accessible, que réside la distinction des deux ordres de
sciences plutôt que dans les procédés ; les procédés d'expérimentation confinent tellement aux procédés d'observation que la séparation en est impossible. L'expérimentation n'est qu'un degré plus avancé de l'observation,
poussée plus loin au moyen d'artifices particuliers. Son
efficacité est plus grande. Lorsque l'expérimentateur est
arrivé à déterminer la condition élémentaire d'un phénomène, il le fait apparaître, le supprime ou le modifie,
tandis que la seule observation du résultat phénoménal
n'a qu'une application pour ainsi dire prophylactique ;
elle permet uniquement d'éviter ou de rechercher les
phénomènes qu'elle a su prévoir. Or, la physiologie ne
s'arrête pas à la prévision : elle vise l'action ; elle poursuit les causes ou mieux les conditions des phénomènes
de la vie, afin d'arriver à ce terme dernier qui est de les
provoquer, de les interdire, de les modifier expérimentalement. Elle ne se préoccupe que secondairement des
formes changeantes et diversifiées des phénomènes
vitaux ; elle s'attache plutôt aux mécanismes par lesquels
ils s'exécutent. Elle est dans l'étude des corps vivants l'ana-

logue de la physique et de la chimie dans l'étude des corps bruts. Comme la chimie descend dans l'analyse élémentaire des corps minéraux, la physiologie descend dans les éléments anatomiques des organismes. Les lois morphologiques des corps vivants sont d'un autre domaine; leur étude appartient au zoologiste, comme la morphologie des corps bruts appartient au minéralogiste.

Il résulte de tout ce qui précède cette conclusion, que la physiologie tend au même but que les sciences physico-chimiques, c'est-à-dire qu'elle doit prévoir et agir; la nature de son problème ne la sépare point de toutes les autres. Nous ajouterons que la nature de ses moyens achève de l'en rapprocher.

Pour agir sur un phénomène, le provoquer ou l'empêcher, il faut intervenir dans la cause, avons-nous dit. Le premier point est donc de connaître cette cause.

L'opinion que les manifestations de la vie étaient inaccessibles à l'homme de science découlait précisément de la conception qui avait cours sur la cause des phénomènes vitaux et qui la soustrayait au monde phénoménal pour la placer avec tous les êtres de raison, les puissances occultes et mystérieuses du monde métaphysique. Or, l'action matérielle s'arrête impuissante devant ces entités immatérielles qui n'ont ni lieu ni substance. Notre conception des phénomènes vitaux nous les montre au contraire comme saisissables dans leur cause, et légitime nos tentatives pour les maîtriser.

D'une manière générale, comment devons-nous

entendre les *causes* des phénomènes de la nature, sur lesquelles nous devons porter la main ?

Le mot *cause* est obscur en lui-même ; emprunté à la langue métaphysique, il porte le cachet de l'arbitraire et de la personnalité. Le sens dans lequel nous l'employons doit être précis, puisque notre conception doit être traduite en acte.

On a fait observer que le mot *cause* a été employé avec une multitude d'acceptions philosophiques différentes ; il aurait, au dire de M. Clifford, quarante-huit sens dans Aristote et soixante-quatre dans Platon. Quand on rentre dans le domaine des sciences physiques, on ne trouve pas en apparence une confusion aussi grande, et l'on voit que l'on a anciennement reconnu deux ordres de causes aux phénomènes de la nature : les *causes premières* et les *causes secondes*.

Les causes premières ne peuvent pas nous préoccuper ; elles n'ont point d'accès dans les sciences. Newton a fait remarquer avec raison que « l'homme qui cherche les » causes premières prouve qu'il n'est pas un homme » de science. »

Quant aux *causes secondes*, leur nom est mal choisi ; M. Chevreul fait observer qu'elles seraient mieux appelées *causes immédiates*. Un phénomène quelconque se rattache à un ensemble d'autres phénomènes antérieurs qui le précèdent immédiatement, et qui, à ce titre, sont les *causes immédiates*. Cependant on ne saurait admettre en principe que, même dans une série de phénomènes enchaînés et harmonisés, le phénomène qui précède constamment soit la cause qui engendre le phénomène qui suit immédiatement. Ce qui caractérise le lien de cause à effet, ce ne peut être seulement la succession, c'est la réciprocité. La cause qui agit entraîne nécessairement le phénomène; mais si la cause cesse d'agir, le phénomène doit cesser d'apparaître. Il ne suffit donc pas que deux phénomènes se suivent, fût-ce constamment, pour qu'ils soient liés par un rapport de cause à effet. Car, je le répète, cette conception n'est pas justifiée par l'observation.

Dans les phénomènes physiologiques en particulier, où tout est cependant si harmoniquement enchaîné, on constate qu'en général les phénomènes se succèdent suivant un ordre et vers un but; mais ils restent cependant autonomes sans s'engendrer les uns les autres. Je dirai, en outre, que si nous voulons attacher au mot *cause* le sens d'une origine quelconque, il ne saurait s'appliquer aux phénomènes de la nature que nous observons, parce que, en réalité, nous n'assistons à l'origine de rien; nous ne constatons que des mutations, des transformations de phénomènes dans des conditions déterminées. Prises dans le sens métaphysique, toutes les causes nous échappent, de quelque nom qu'on les désigne, de causes premières, secondes ou immédiates. Aussi ai-je substitué au nom de *cause immédiate* celui de « *conditions déterminées* » d'un phénomène, qui me semble plus exact. En effet, un phénomène a ses conditions déterminées, son *déterminisme* propre, indépendamment du phénomène qui le précède ou de celui qui le suit. De plus, j'ajouterai que ces conditions déterminées par l'expérience ne sauraient être elles-mêmes envisagées comme des *causes*. C'est là un point capital sur lequel nous avons toujours insisté. Je me borne ici à conclure que les phénomènes de la vie ayant leurs *conditions déterminées* ou leur *déterminisme* comme ceux de la nature brute, c'est sur ces conditions déterminées que devra porter l'action du physiologiste. Il faudra donc, avant tout, fixer ce déterminisme expérimental. C'est là que nous plaçons le but pratique de la physiologie et la condition de son progrès.

En résumé, si l'on pense que pour agir sur un phénomène il faut porter la main sur sa *cause*, il ne saurait être question des *causes premières* ou métaphysiques, pas même des *causes immédiates*. Ces causes elles-mêmes nous échappent, nous ne connaissons que les *conditions déterminées* d'un phénomène. Le *déterminisme* d'un phénomène est l'ensemble de ses conditions matérielles, c'est-à-dire l'ensemble de circonstances qui entraînent son apparition. Ces conditions sont évidemment accessibles, car elles sont toutes matérielles.

C'est qu'en effet il n'y a d'action possible que *sur* et *par* la matière. Le monde ne nous présente pas d'exception à cette loi. Toute manifestation phénoménale a des conditions matérielles qui, sans l'engendrer, la provoquent et la rendent manifeste. Nous avons exprimé ailleurs (1) la même idée par la phrase suivante : *La matière manifeste des phénomènes qu'elle n'engendre pas.* Il n'y a donc pas de place ici pour des idées matérialistes ou spiritualistes qui n'ont rien à faire avec la science. Ce

(1) Cl. Bernard, *La science expérimentale. Problème de la physiologie générale*, 2ᵉ édition, Paris, 1879.

qui est démontré, c'est que la matière, telle que nous la connaissons, ne saurait en rien nous dévoiler la *nature* des phénomènes; mais qu'elle seule peut nous expliquer leur *manifestation*. Ce sont uniquement ces conditions matérielles relatives à la manifestation phénoménale que nous appelons les *conditions déterminées* du phénomène. Or, ce n'est qu'en modifiant matériellement ces conditions que nous modifions le phénomène. Croire à autre chose, c'est commettre une erreur de fait et de doctrine, c'est être dupe de métaphores et prendre au réel un langage figuré. On entend dire, en effet, souvent que le physicien a agi sur l'électricité ou la lumière ; que le médecin a agi sur la vie, sur la santé, la fièvre ou la maladie. Ce sont là des façons de parler. La vie, la lumière, l'électricité, la santé, la maladie, la fièvre, sont des êtres abstraits, qu'une substance médicamenteuse ou un agent quelconque ne saurait atteindre; mais il y a des conditions matérielles de la production de l'électricité, de la santé, de la maladie, qu'on peut atteindre et modifier.

Tout phénomène a un déterminisme rigoureux, et jamais ce déterminisme ne peut être autre chose qu'un déterminisme physico-chimique, c'est-à-dire un ensemble de conditions déterminées sur lesquelles on peut agir matériellement par le moyen des instruments généraux que nous fournit la nature.

Cette conception que nous nous formons du but de toute science expérimentale et de ses moyens d'action est applicable, non-seulement à la physique et à la chimie, mais encore à la physiologie.

Dès lors, la barrière qui a séparé jusqu'ici la science des corps vivants de celle des corps bruts doit tomber. Le problème et les moyens étant les mêmes, la distinction n'a plus de raison d'être.

Cette vérité est toute nouvelle en physiologie. Les anciens n'ont point compris que les phénomènes de la vie ne pouvaient être atteints que dans les conditions matérielles qui les manifestent, mais qui n'en sont pas réellement la cause. Imbus de l'idée que les phénomènes vitaux avaient la matière pour cause réelle (matérialistes), ou bien qu'ils obéissaient à des puissances extra-matérielles (vitalistes, spiritualistes), ils ont dû croire et ils ont cru que le rôle de l'homme était celui d'un simple spectateur et non d'un acteur. La matérialité ou l'immatérialité de la force vitale soustrayait la vie à l'action de l'homme tout aussi sûrement que la distance lui soustrait les forces et les phénomènes astronomiques.

Ainsi la réduction des phénomènes vitaux à une causalité matérielle ou à une condition de manifestation extra-matérielle est une double erreur. L'appréciation du rôle de la physiologie et la déclaration de son impuissance étaient le résultat de conceptions fausses relativement aux manifestations vitales.

C'est pourquoi l'histoire des conceptions de la vie qui ont eu cours à diverses époques ne sera pas pour nous une simple curiosité d'érudition. Chacune de ces conceptions exprimées ou latentes domine la marche de la science et en explique l'évolution.

Il y a donc un grand intérêt à rechercher, dans leur ordre historique, les opinions qui se sont produites sur la nature des phénomènes qui s'accomplissent dans les êtres vivants. Nous comprendrons mieux la justesse et la fécondité de la conception nouvelle que nous arrivons à nous faire des phénomènes vitaux, conception qui légitime le but que nous assignons à la physiologie, la conquête de la nature vivante.

§ 1. — ANTIQUITÉ.

Le plus ancien des philosophes et le plus universel des savants dont nous trouvions la trace est le sage célèbre de Samos, Pythagore, qui vécut dans le vi⁰ siècle qui a précédé l'ère chrétienne, de l'année 580 à 510. Les doctrines propagées par l'école de Crotone qu'il avait fondée dans l'Italie se perpétuèrent jusqu'à Platon et Aristote.

Les deux points principaux de ses systèmes, l'harmonie des nombres et la métempsycose, appartiennent à un ordre de considérations que nous n'aurions nul profit à aborder. Ce qui nous intéresse plus directement, c'est de savoir que Pythagore a pratiqué la médecine, art jusqu'alors réservé aux héros et aux prêtres ; qu'il a créé l'hygiène et médité sur la constitution du corps de l'homme et son développement. Pythagore a dû se faire une idée de la vie, et ses conceptions marquent la naissance et les premiers pas de la médecine et de la physiologie. Pythagore subordonnait la matière et les manifestations dont elle est le théâtre à une puissance supérieure, immatérielle, active, passagère et mortelle. C'est la *Psyché*. A celle-ci vient se joindre chez l'homme un principe intelligent qui survit à l'organisme et passe de corps en corps par la métempsycose, à savoir, l'*âme universelle*, le νόυς.

Peut-être pourrait-on retrouver là (s'il est possible de juger à travers tant de distance et avec si peu de lumière) les premiers délinéaments de cette doctrine vitaliste que nous verrons bien plus tard soumettre l'être vivant à deux principes supérieurs, la *force vitale* et l'âme.

Seulement, Pythagore complétait cette notion en l'étendant au monde inanimé. L'univers, ou *macrocosme*, a, lui aussi, une vie, une Psyché qui dirige ses phénomènes, et une âme universelle, ou νόυς, qui les comprend.

L'édifice animal est un microcosme, image et partie du monde général, ou macrocosme, dans lequel il a été jeté.

Il est certainement fort curieux de voir les pythagoriciens parler du νόυς et de la *Psyché* comme les premiers vitalistes feront plus tard de l'âme et de la force vitale. Le sang nourrit la Psyché dont les veines et les nerfs sont les liens. L'union est intime, quoique passagère, entre cette sorte de vapeur inaltérable, qui est la Psyché, et les matières altérables, chair, nerfs et os, qui sont le corps.

Une telle conception physiologique au sommet de laquelle planait une puissance supérieure, inaccessible, devait conduire à une thérapeutique de même ordre. Les pythagoriciens employaient bien pour agir sur l'être vivant quelques moyens matériels, les topiques, les emplâtres. Mais leurs ressources principales étaient

surnaturelles, comme le principe auquel elles s'adres-
saient. C'étaient les vertus magiques des plantes, les
incantations, les conjurations, les harmonies de la
musique.

Nous voyons ainsi pour la première fois la conception
des phénomènes de la vie entraîner par une conséquence
logique la manière d'agir sur eux.

Empédocle, qui florissait vers l'an 440, avait reçu les
leçons des pythagoriciens. Comme eux, il paraît avoir
employé les incantations magiques en guise de procédés
thérapeutiques. C'est, raconte la Fable, à la suite de la
guérison merveilleuse d'une femme abandonnée des
médecins, que, enflé d'orgueil, il voulut faire croire à
son apothéose en se précipitant dans l'Etna.

Mais, en même temps que se produisait cette doctrine
spiritualiste qui expliquait les faits de vie par l'activité
d'agents extérieurs à la substance vivante, une doctrine
opposée se dressait dès la plus haute antiquité en face
de la première, et tentait de tout réduire au jeu de forces
physiques, générales.

Héraclite d'Éphèse, qui vivait 500 ans avant l'ère
actuelle, avait déjà judicieusement observé que la nature
de l'âme est « une chose si profonde qu'on n'en peut
» rien définir, quelque route que l'on suive pour parve-
» nir à la connaître ». La considération de l'âme doit
donc rester étrangère à un système de physique universelle.

Démocrite (459-360), chef d'une célèbre école, voulait
tout expliquer par les causes secondes, par la matière

et ses lois, en rejetant les causes premières. Un tel
principe, s'il n'avait visé que les phénomènes matériels,
serait irréprochable, c'est celui même que nous défen-
dons encore aujourd'hui.

Ainsi les philosophes d'Ionie, Thalès, Héraclite, Anaxagore et Démocrite, cherchaient le principe des choses
dans la nature sensible. Les phénomènes n'étaient pour
eux que le résultat de combinaisons mécaniques. L'explication du monde, l'explication de la vie, étaient toutes
physiques.

On voit Épicure (341 ans avant J.-C.) professer que
toute connaissance vient des sens, que toute existence se
réduit à la matière, et que la connaissance de la matière
et de ses diverses formes contient l'explication de tous
les phénomènes.

Sous l'action de l'école philosophique dont nous parlons, l'esprit scientifique des Grecs commençait à sortir
de son long et pénible enfantement. Héraclite, Démocrite, Anaxagore et Leucippe, séparant la science naissante de la philosophie, se préoccupaient de savoir *comment se produisent les phénomènes, et non pourquoi ils se
produisent.* Ils tendaient à substituer la poursuite des
causes dites secondes à la vaine recherche des causes
premières.

C'est contre ces tendances que protestait Socrate, et
que Platon, son disciple, lutta avec trop de succès
(430 ans avant J.-C.). — La science physiologique, pas
plus qu'aucune autre, n'a rien à faire avec les doctrines
platoniciennes, car celles-ci ont repoussé la science. Mais

précisément par cela même elles ont exercé une influence défavorable sur ses développements, influence dont il faut tenir compte, au moins en la signalant. Le puissant génie de Platon embrassa dans une conception à priori « le cercle des connaissances divines et humaines ». Affamé de la noble ambition de pénétrer les « suprêmes mystères », l'essence et le principe dernier des choses, il devait dédaigner la recherche laborieuse, mais féconde, des réalités phénoménales et en détourner ses concitoyens. Il leur répétait que l'insuffisance des causes efficientes entraîne l'indignité de leur poursuite.

Ainsi, Platon ne descendit point des hauteurs de la métaphysique à la considération du monde sensible et phénoménal. Pour lui, les phénomènes sensibles ne sont que des apparences, et « comme des ombres projetées » par la clarté d'un grand feu sur les parois d'une ca- » verne ». La science (comme nous l'entendons aujourd'hui) n'est que la connaissance des ombres, et la philosophie a précisément pour objet d'arracher l'homme à ces occupations vaines pour le tourner vers le monde de la pensée, plus réel que celui des sensations.

Pour Platon, le principe de la vie réside dans une âme corporelle dont les dieux auraient arbitrairement disposé les attributs dans les diverses parties de l'organisme. « Plus près de la tête, dit-il, entre le diaphragme et le cou, les dieux placèrent la partie virile et courageuse de l'âme, sa partie belliqueuse... Pour la partie de l'âme qui demande des aliments, des breuvages et tout ce que la nature de notre corps rend nécessaire, elle a été mise dans l'intervalle qui sépare le diaphragme et le nombril..., et voyant qu'elle ne comprenait jamais la raison..., les dieux formèrent le foie et le placèrent dans la demeure de la passion... Ils firent le foie compacte, lisse, brillant, doux et amer à la fois, afin que la pensée qui jaillit de l'intelligence soit portée sur cette surface comme sur un miroir qui reçoit les empreintes des objets et sur lesquels on peut en voir l'image (1). »

Ainsi, il faut signaler, à côté de la haute portée morale de la philosophie platonicienne, une insuffisance ou une mauvaise direction scientifique contre laquelle nous avons encore à lutter de nos jours. Nous protestons contre les explications des phénomènes vitaux, quand elles sont rattachées à l'influence d'une cause première qu'on personnifie, et nous réhabilitons la recherche des causes prochaines, des conditions efficientes et déterminantes où réside pour nous le secret des choses. Hippocrate, Aristote et les successeurs de Platon, tout en restant imbus des mêmes idées philosophiques, ne dédaignèrent point de se rapprocher de la nature et de l'étudier.

Le point de vue philosophique est allié chez Hippocrate (415 ans avant J.-C.) à des connaissances physiologiques positives. Le célèbre médecin de Cos appartenait à cette famille des Asclépiades qui conservait comme un héritage, depuis la plus haute antiquité, la science et l'art de guérir (2). Mais au lieu de la pratiquer dans les temples et les lieux réservés, en s'appuyant sur

---

(1) Platon, *le Timée*, traduction de Cousin.
(2) Hippocrate, *Œuvres complètes*, trad. E. Littré. Paris, 1839-1869, 10 vol. in-8.

le témoignage des inscriptions votives, il la ramena à l'observation en la transportant sur son terrain véritable, c'est-à-dire au lit du malade. Il fut ainsi le premier clinicien.

On dit qu'Hippocrate ne disséqua point de cadavre humain ; comme Démocrite, il ne disséqua que quelques animaux. Il connut peu de choses en anatomie : il possédait cependant quelques notions d'ostéologie, et sa physiologie se réduisait à des vues tout à fait théoriques sur la respiration, la digestion et la génération. Il observait les maladies et en constituait en quelque sorte l'histoire naturelle. Sa médecine, basée sur la méthode d'observation, était donc nécessairement empirique. Il admettait l'action de certaines influences, telles que le froid, le chaud, le sec, l'humide ; mais il n'embarrassa point la marche de la science d'hypothèses systématiques, et il garda la prudence commandée par l'état précaire des connaissances de son temps.

Relativement à la conception de la vie, Hippocrate paraît avoir pensé que les phénomènes morbides, tout aussi bien que les phénomènes physiologiques, avaient une cause divine tellement inaccessible, que les superstitions et les incantations magiques elles-mêmes ne pouvaient l'influencer. Il secoua donc le joug des jongleurs qui s'étaient immiscés dans la médecine. A leurs tentatives inutiles il substitua la diététique, traitement qui consiste à laisser se produire ou à favoriser l'action de la nature : c'est la méthode d'expectation. Les faits vitaux échappant à l'action de l'homme, on ne peut que les prédire et non les dévier de leur route. C'est là le

caractère principal de la médecine d'Hippocrate. Il
développa la séméiotique et le pronostic des maladies.
Sa thérapeutique était à peu près uniquement expectante
et basée sur l'hygiène : elle s'accorde ainsi avec sa conception de la vie, principe inaccessible dont nous ne
pouvons qu'observer la marche et les effets.

Aristote, l'un des génies les plus complets qu'ait offerts
l'humanité, vient clore cette série de philosophes qui
ont adopté une explication idéaliste des phénomènes
vitaux. Il était né à Stagyre (aujourd'hui Stavro), l'an
384 avant l'ère chrétienne, au moment où la Grèce
était arrivée à l'apogée de sa vie intellectuelle. Disciple
de Platon, son génie avait suivi une direction quelque
peu opposée à celle de son maître. Tandis que Platon
avait employé la méthode géométrique et cherché dans
les idées à priori le principe de toute connaissance,
Aristote s'appuie sur l'observation et l'expérience pour
arriver à la connaissance à posteriori des choses. Comme
on l'a dit : « Platon écrivait sa pensée, Aristote écrivait
les faits. » Il n'a voulu traiter que des faits sensibles,
laissant en dehors de la science les faits psychiques :
il comprenait qu'il faut apprendre et non inventer la
vérité.

Aristote avait divisé les objets qui sont à la surface
de la terre en deux grandes séries (*psuchia* et *apsuchia*),
les êtres organisés et les êtres inorganiques. « La vie,
» dit-il (1), est la cause et le principe des corps vivants.
» Elle est la cause d'où découle le mouvement. C'est

(1) Aristote, Περὶ Ψυχῆς.

» aussi pour elle que tout le reste se fait ; car tous les
» corps naturels, tant des animaux que des plantes, sont
» les instruments de la vie. »

La vie (*anima*) d'Aristote est tout analogue au *principe vital* des vitalistes, et non à l'âme des animistes, qui était pour lui l'intellect ou le *mens*. La haute raison et les tendances expérimentales de ce grand philosophe ne permettent pas de penser qu'en ces matières il ait affirmé ce qui ne peut être affirmé : il est vitaliste, c'est-à-dire qu'il a peut-être attribué l'activité à une force qu'il appelait *la vie* ; mais rien ne prouve qu'il soit allé plus loin ou peut-être même qu'il soit allé jusque-là.

Ses vues sur les êtres vivants sont empreintes d'une grande justesse et d'une véritable profondeur, comme le prouve ce passage sur la gradation des êtres : « Le
» passage des êtres non animés à ceux qui le sont, dit-
» il, se fait peu à peu dans la nature ; la continuité des
» gradations contient les limites qui séparent les deux
» classes et soustrait à l'œil le point qui les divise.
» Après les êtres inanimés viennent les plantes, dont les
» unes semblent participer à la vie plus que les autres.
» Des plantes aux animaux, le passage n'est pas subit ;
» on trouve dans la mer des corps dont on doute si ce
» sont des animaux ou des végétaux. Cette dégradation
» a également lieu pour les fonctions vitales, pour la
» faculté de se reproduire et de se nourrir. »

En résumé, et pour s'en tenir à l'interprétation des faits vitaux, qui sont l'objet de notre attention, on voit qu'Aristote paraît être le créateur du vitalisme. L'*anima*, la Psyché, le principe vital, telle est la cause de la vie :

ce principe est placé dans le corps vivant comme le
pilote sur le vaisseau. C'est une partie irraisonnable,
commune et végétative, cause de la nutrition et de
l'accroissement, existant à des degrés de complication
différents chez les plantes et chez les animaux.

L'anatomie sortit des mains d'Aristote presque complétement constituée. Nous voyons après lui apparaître
une école anatomique nombreuse où la dissection et
quelquefois la vivisection sont en honneur. Les médecins
anatomistes se multiplient : ce sont Praxagoras, Hérophile, Érasistrate, Rufus d'Éphèse, Quintus et d'autres :
Galien est le représentant le plus illustre de cette école,
et celui dont l'influence s'est continuée le plus longtemps
dans la postérité.

Hérophile, né en Chalcédoine, attiré à Alexandrie par
les Ptolémées, y ouvrit une école médicale où l'anatomie
formait la base de l'enseignement. Il y exposait les
méthodes de dissection, les instruments et leur usage,
dont il avait la connaissance la plus complète, selon
Galien. Celse (1) et Tertullien l'accusent d'avoir expérimenté sur des criminels que les rois d'Égypte lui
livraient vivants ; en tout cas, il est certain qu'il disséqua
des cadavres humains et non pas seulement des animaux.
Entré dans cette voie pratique, il n'est pas étonnant
qu'il y ait marché de découverte en découverte : il
connut bien l'ostéologie ; il distingua anatomiquement
les artères des veines, étudia les glandes et les décrivit ;

____

(1) Celse, *De la médecine*, trad. par Fouquier et F. S. Ratier. Paris, 1828.

c'est lui qui nomma le duodénum. Il fournit une description satisfaisante des organes de la génération et en comprit assez bien les fonctions pour donner aux ovaires le nom de « testicules femelles ».

Ses connaissances en physiologie étaient beaucoup moins étendues, puisqu'il ignorait la circulation et n'avait pas d'idées exactes sur la respiration. Cependant il connaissait le rôle des nerfs comme conducteurs des sensations et de la volonté, rôle établi par son contemporain et son rival, Érasistrate de Cos, petit-fils d'Aristote à ce que l'on croit. Hérophile plaçait dans le cerveau le siége de l'âme pensante, et plus particulièrement dans le quatrième ventricule, d'où elle présidait aux fonctions du corps.

En médecine, il attribuait toutes les maladies à l'altération des humeurs. On voit que le cercle des connaissances médicales s'était singulièrement élargi en se séparant de la philosophie. Hérophile forme avec Érasistrate, Quintus, Rufus (1) et un grand nombre d'autres médecins, le cortége des précurseurs de Galien.

Galien naquit vers l'an 131 avant Jésus-Christ, à Pergame, capitale du royaume de Pont, ville favorable à la science, où les Eumènes et les Attales avaient rassemblé une célèbre bibliothèque, et où la médecine était en honneur. Il commença à s'instruire auprès des disciples d'un médecin nommé Quintus, très-réputé et qui méritait de l'être par sa profonde science en anatomie, et le

(1) Rufus, *Œuvres complètes*, traduites par Ch. Daremberg et Ruelle. Paris, 1879.

goût qu'il en sut inspirer à Galien et à un grand nombre
de médecins de son temps.

Il commença la pratique de la chirurgie en soignant
les plaies des gladiateurs, et pendant longtemps il exerça
son art dans Rome même, où il avait été appelé comme
médecin des empereurs. Il avait acquis dans les écoles
de Pergame et d'Alexandrie, et étendu par ses voyages,
une érudition très-vaste fortifiée de nombreuses observations personnelles. Les résultats en ont été consignés
dans une collection d'ouvrages formant une immense
encyclopédie à l'usage des médecins et des hommes
préoccupés de la science générale de la nature ; la plus
grande partie a été perdue.

On peut regarder Galien (1) comme le premier des
véritables expérimentateurs en physiologie : il essayait
de retrouver sur les animaux vivants les preuves des
inductions que l'on pouvait tirer de la dissection des
animaux morts. A travers un grand nombre d'erreurs
et de théories fausses, ses ouvrages contiennent tant de
faits exacts et une direction scientifique si excellente,
qu'ils ont longtemps formé la seule partie sérieuse de la
médecine de ses successeurs à travers le moyen âge
jusqu'à la Renaissance.

Nous n'avons pas à retracer ici les théories médicales
de Galien ; nous dirons seulement que pour lui les
forces immédiates et fondamentales de la vie étaient les
esprits animaux, qu'il plaçait dans le système nerveux,
les *esprits naturels*, qu'il plaçait dans le foie, et qui, incor-

(1) Galien, *Œuvres anatomiques, physiologiques et médicales*, trad. par
Ch. Daremberg. Paris, 1854-1857, 2 vol. in-8.

porés dans le sang, venaient se confondre dans le cœur avec les *esprits vitaux*, autre puissance directrice des facultés ducorps.

Nous venons de constater, dans ce rapide examen, l'existence du triple courant qui entraînera pendant longtemps les esprits. Les uns, les idéalistes ou spiritualistes, Pythagore, Socrate, Platon, Aristote lui-même, cherchent au delà du monde sensible l'explication des phénomènes sensibles ; les autres, au contraire, les philosophes d'Ionie, Thalès, Héraclite, Anaxagore, Démocrite, Épicure, rapportent à la matière les phénomènes matériels ; enfin, à côté de ces philosophes, un certain nombre d'hommes dont la tendance est plus active que spéculative s'occupent, à un point de vue spécial, des phénomènes de la vie, sans paraître se préoccuper de leurs causes : tels sont Hippocrate, Praxagoras, Hérophile, Érasistrate, Rufus et Galien.

Nous trouverons dans le moyen âge et les temps modernes les mêmes tendances. Seulement, tandis que les vues spéculatives dominent dans les temps anciens, dans la science naissante elles s'affaibliront, et nous les verrons s'éteindre progressivement en nous rapprochant des temps actuels.

§ II. — MOYEN AGE.

Les théories proposées au moyen âge pour l'explication des phénomènes vitaux sont le reflet des théories anciennes. Les unes, les plus nombreuses, prennent pour point de départ la spiritualité de la vie ; les autres, plus rares, rapprochent les phénomènes vitaux de tous les autres phénomènes matériels de la nature. Enfin, nous voyons les expérimentateurs plus nombreux et plus éclairés, parce que les sciences physiques, qui n'existaient pas dans l'antiquité, ont déjà accompli d'importants progrès.

A la première conception se rattachent les *doctrines de l'Archéisme, des Médiateurs plastiques, de l'Ame directrice, des Natures plastiques, de l'Animisme, du Vitalisme*, qui ont eu cours depuis le moyen âge jusqu'à notre temps. Les unes et les autres ont ce trait commun de placer la cause des phénomènes vitaux hors de la matière vivante ; elles se distinguent en ce que les unes subordonnent toutes les manifestations vitales à l'âme, tandis que les autres font dépendre ces mêmes phénomènes de puissances spirituelles d'ordre inférieur. La première de ces tendances s'exprimera plus tard le plus clairement dans Stahl ; la seconde a eu pour représentant le plus net Van Helmont.

Il importe au physiologiste d'établir une distinction entre ces deux groupes de doctrines, animiste et vitaliste. — En confondant avec l'âme raisonnable le principe immatériel qui gouverne le corps, les doctrines animistes placent la vie hors de la main de l'homme. Ce sont des conceptions philosophiques qui planent de trop haut et de trop loin sur la réalité pour être suggestives et initiatrices de progrès. Bien loin d'être d'aucun secours à la physiologie, elles sont plutôt faites pour arrêter sa marche et pour l'immobiliser.

D'autre part, les doctrines vitalistes ou archéistes, en plaçant les manifestations de la vie sous la dépendance d'un principe moins élevé en dignité, moins éloigné du monde sensible, ont pu s'accorder plus facilement avec l'esprit de recherche et avec le progrès scientifique.

Nous n'avons pas l'intention de nous arrêter à tous les hommes qui ont rempli le moyen âge. Le mouvement scientifique était alors presque nul et se bornait à commenter les fragments informes que l'on possédait sur l'antiquité. Les Arabes même ont peu ajouté, au moins dans la science de la vie, à ce qu'ils avaient reçu des Grecs; mais en communiquant aux peuples de l'Occident les ouvrages de l'antiquité et le peu de connaissances acquises par eux-mêmes dans l'anatomie, la géographie et la navigation, ils provoquèrent une sorte de renaissance que les croisades développèrent encore, mais dont le fruit le plus clair fut la reconstitution de l'antiquité.

Albert le Grand (1193-1280) est un des personnages qui exercèrent sur leur temps la plus grande influence(1). Il naquit à Lavingen en Souabe, de la famille des comtes de Bollstœdt. Après avoir étudié dans les diverses écoles de France, d'Allemagne et d'Italie, il se fit moine, ce qui était le seul moyen de suivre son goût pour la science. Il professa avec éclat dans toute l'Europe et eut pour disciple saint Thomas d'Aquin. Il a été considéré comme l'un des hommes les plus extraordinaires de

(1) Voy. F. A. Pouchet, *Histoire des sciences naturelles au moyen âge, ou Albert le Grand et son époque.* Paris, 1853. — Carus, *Histoire de la zoologie,* trad. par M. Schneider. Paris, 1879.

son siècle à cause de l'étendue et de la variété de ses connaissances.

Quant à son œuvre, elle montre plus d'érudition que d'invention personnelle. Il avait pris pour modèle Aristote et s'était proposé de le commenter et de l'étendre; il rassembla dans ce but les connaissances transmises par ses prédécesseurs et répandues de son temps.

Mais quoiqu'il ait professé que « la science naturelle ne consiste pas seulement à accepter, à recevoir des récits, des histoires, mais à rechercher des causes », il a peu mis en pratique ce précepte. Il a embrassé dans son encyclopédie les sciences naturelles, la zoologie, la botanique, la minéralogie; et tout en agrandissant le domaine des faits connus il n'a guère pris d'autre soin que de le dérouler dans un ordre conforme à ses vues. Albert le Grand s'est peu préoccupé de l'explication des phénomènes vitaux dont il trouvait la raison suffisante dans les causes providentielles. Il est cependant curieux de voir que dans son traité de la physionomie il ait pensé à déterminer les facultés de l'âme d'après les organes extérieurs du crâne; on trouverait là en quelque sorte le germe de la théorie de Gall et de Spurzheim.

Basile Valentin (1394) avait admis l'existence d'un principe général, l'archée, qui gouvernait l'univers tout entier. Son disciple Paracelse (1493-1541) multiplia le nombre de ces principes immatériels qui gouvernent les divers organes du corps, le cerveau, le cœur, la tête, le foie, etc., et tous les objets naturels. Il donna à ces génies les noms d'*esprits olympiques*, et il les subordonna à *l'archée* qui est l'esprit de la vie, le grand régulateur des phénomènes vitaux.

Mais le représentant le plus célèbre de cette doctrine des causes immatérielles et occultes fut Van Helmont (1577-1644).

Van Helmont (1) est l'une des figures les plus singulières que nous offre l'histoire de la science. Esprit observateur et mystique tout à la fois, doué d'une sagacité pénétrante et d'un véritable sens expérimental, et à côté de cela, livré en proie à une imagination sans mesure, ses œuvres nous présentent un étonnant mélange de vérités profondes et de rêveries fantastiques.

Les explications qu'il a imaginées pour les phénomènes de la nature vivante ou inanimée appartiennent malheureusement à cette dernière catégorie. Il crée toute une hiérarchie de principes immatériels intermédiaires entre les corps et l'âme intelligente et raisonnable. Van Helmont répugnait à admettre une action directe d'un agent immatériel comme l'âme sur la matière inerte : il y avait pour lui un tel abîme de distance entre l'âme et le corps, qu'il ne pouvait concevoir un commerce direct entre eux. Il crut probablement combler cet abîme en plaçant des agents intermédiaires, sans s'apercevoir qu'il ne faisait que déplacer la difficulté, sans la diminuer.

De même, dans une sorte de désir analogue de combler l'intervalle entre la matière céleste et la matière sublunaire, il n'avait pas hésité à imaginer une substance

(1) Voy. Ch. Daremberg, *Histoire des sciences médicales*. Paris, 1870.

nouvelle, le *magnale*, qu'il douait de propriétés arbitraires.

Quoi qu'il en soit, à la tête de cette série hiérarchique, Van Helmont place l'âme raisonnable et immortelle confondue en Dieu. Au second rang il place l'âme sensitive et mortelle. Celle-ci a pour ministre un agent incorporel, l'*archée principal (aura vitalis)*, qui préside à toutes les fonctions des corps animés, comme une sorte de principe vital. Chez les plantes il reconnaissait l'archée principal, sorte de force végétative appelée le *fas*. Chez les animaux supérieurs, l'archée principal résidait à l'orifice de l'estomac, d'où son nom «*janitor stomachi* ». De là il commande à une multitude d'autres archées subalternes, intelligents, actifs et mortels, les *blas*, préposés à tous les actes et à toutes les fonctions, placés dans chaque viscère, dans chaque organe ou dans chaque objet comme « un ouvrier, un vulcain, une *aura* cachée ou principe recteur qui constitue le noyau spirituel de l'objet » .

On a voulu voir dans cette bizarre conception le prélude et le premier début de la doctrine des propriétés vitales, qui, depuis le commencement de notre siècle, représente l'effort de l'esprit systématique dans le domaine de la physiologie. Les *blas* de Van Helmont sont placés dans chaque partie et ils en expliquent le jeu, comme pour d'autres physiologistes les propriétés immanentes qu'ils attribuent aux parties.

Van Helmont est un homme de transition. Placé sur la limite du xviᵉ et du xviiᵉ siècle, son génie est sur la frontière du mysticisme et de la science. Si par sa croyance aux rêves, aux superstitions, aux influences astrologiques, à la démonologie, il se rattache aux visionnaires et illuministes, d'autre part ses recherches chimiques, ses expériences, ses vues médicales, le classent parmi les savants dont l'influence a été la plus féconde.

Il introduit dans la chimie l'étude des *gaz* : c'est lui, du reste, qui le premier emploie le mot dans l'acception actuelle. Il reconnaît que l'action de la chaleur sur l'eau est de la transformer en vapeur de même constitution, poids pour poids ; et pour établir ce résultat, il se sert de la balance. Deux siècles plus tard, Lavoisier emploiera la même méthode et le même instrument pour établir ce même résultat que l'eau ne change point de nature par l'action de la chaleur. Van Helmont étudie la production des flammes et il en donne la définition qu'on attribue à tort à Newton ou à Davy : « La flamme est un gaz qui brûle. »

C'est lui, comme nous l'avons dit, qui a attiré l'attention sur cette classe de corps, les gaz, dont l'étude à la fin du siècle dernier a été le point de départ de la chimie moderne. Il a connu l'acide sulfureux, le gaz chlorhydrique et surtout l'acide carbonique qu'il appelle plus particulièrement gaz sylvestre. Il constate la production de ce gaz par la combustion du charbon ; il le retrouve sortant des cuves en fermentation ; il le reconnaît dans les mines et les cavernes et dans le produit effervescent des calcaires attaqués par les acides. Van Helmont mériterait, suivant certains auteurs, d'être considéré comme le précurseur de Lavoisier, parce que deux siècles plus tôt il a indiqué l'emploi de cet instrument si précieux pour l'étude des transformations de la matière, la balance.

En médecine, on doit à Van Helmont un grand nombre d'observations très-judicieuses, très-pénétrantes.

En physiologie humaine, il a étudié la fonction de digestion, et envisagé les transformations digestives comme le résultat des fermentations dues à des sucs particuliers parmi lesquels il a distingué le suc gastrique par son acidité.

La physiologie botanique est redevable à Van Helmont d'une expérience importante, aussi judicieusement conçue qu'habilement exécutée, qui exerça une grande influence sur les recherches de ses successeurs.

Nous avons rapporté cette expérience dans la partie de ce livre où nous avons étudié les phénomènes de la respiration végétale (voy. page 160).

Le système de Van Helmont pour l'explication des phénomènes vitaux n'exerça pas une influence prolongée ; seuls les résultats scientifiques furent durables. D'ailleurs Van Helmont mourait au moment où les doctrines galéniennes qu'il avait combattues allaient disparaître devant les découvertes de Césalpin, de Fabrice d'Acquapendente, de Harvey et de toute la brillante école d'Italie.

Chez les docteurs du moyen âge ou même chez les savants laïques, les conceptions spiritualistes de la vie devaient seules se rencontrer. C'est la tendance prépondérante ; les conceptions matérialistes n'ont point de représentants, et les entreprises de l'esprit scientifique sont tout à fait timides, et en tout cas mélangées d'idées à priori sur la spiritualité des manifestations vitales.

§ III. — TEMPS MODERNES.

La période des temps modernes commence à la Renaissance et s'ouvre, pour la physiologie, avec Vésale et Harvey. Nous entrons avec eux dans cette voie féconde de la philosophie des faits, où les vues spéculatives n'ont qu'une place tout à fait subordonnée, après avoir occupé une place dominante.

André Vésale naquit à Bruxelles, l'une des villes qui alors étaient les plus riches et les plus éclairées de l'Europe, d'une famille où l'exercice de la médecine était héréditaire. Successivement il étudia à Montpellier et à Paris sous Sylvius et Fernel; il s'adonna à l'anatomie où il acquit bientôt une véritable supériorité. Sa réputation s'étendit tellement, que le sénat de Venise l'appela à Padoue pour y faire ses démonstrations d'anatomie, qu'il répéta dans plusieurs autres villes, à Bologne et à Pise.

Vésale accumulait ainsi les matériaux de la grande *Anatomie* qu'il publia en 1544, et qui fit une révolution dans la science, car pour la première fois il ébranlait l'antique autorité de Galien en établissant qu'il avait disséqué, non des hommes, mais des singes, et en relevant les erreurs de celui qui jusqu'alors était resté l'oracle de la médecine. Avec lui l'anatomie cesse d'être une branche accessoire des sciences médicales pour devenir et pour longtemps une science fondamentale et indépendante, entrée la première dans la voie de l'investigation et de la recherche. On se rendra compte de l'importance de la révolution accomplie par Vésale en se rappelant l'hostilité formidable qu'il eut à combattre. Les partisans idolâtres de Galien, lorsqu'ils ne pouvaient plus contester ses erreurs, affirmaient ou « que le texte » de ses ouvrages avait été corrompu, ou même que le » corps de l'homme n'était plus conformé comme au » temps du médecin de Pergame ».

Mais Vésale ne fut pas seulement anatomiste. Il pratiqua des vivisections dans le but de montrer le rôle des os, de déterminer la fonction des muscles, dont il fit connaître la contraction ; de connaître la fonction de la moelle épinière, dont la section détermine la paralysie des parties sous-jacentes ; il a pratiqué le premier sur un cochon venant d'expirer la respiration artificielle ; il a montré que les poumons suivent les mouvements du thorax. C'est la physiologie *de usu partium* de Galien, mais poussée beaucoup plus loin.

L'impulsion donnée par Vésale, continuée par ses élèves, Fallope, Eustache, ne devait plus s'arrêter.

Le progrès accompli par Vésale devait entraîner la physiologie dans la voie de l'expérimentation, où Harvey assura immédiatement sa marche, et d'où elle n'est plus sortie depuis lors.

Guillaume Harvey naquit, le 2 avril 1578, à Folkstone, en Angleterre. Il parcourut l'Europe et se rendit à Padoue dont l'université avait la palme sur toutes les autres pour l'enseignement de l'anatomie. En 1613, il jetait les bases de sa renommée en enseignant l'anatomie au Collége des médecins à Londres. Il avait tiré de ses études en Italie et de son commerce avec Fabrice d'Acquapendente et Césalpin des idées plus exactes sur les organes de la circulation. Quelques expériences décisives confirmèrent les vues qu'il avait pu tirer des observations de ses prédécesseurs. De 1619 à 1628 il enseigna la théorie véritable de la circulation du sang, et il clôt ses leçons par la publication de son célèbre ouvrage sur le mouvement du cœur et du sang des animaux.

Il aborda un autre problème non moins intéressant de la physiologie, celui de la *génération*, qu'il étudia avec de grands détails. C'est à Harvey qu'est dû le célèbre aphorisme : *Omne vivum ex ovo*. Cet aphorisme sert de légende au dessin ingénieux qui est placé au frontispice de son ouvrage, et qui représente Jupiter tenant dans ses mains les deux moitiés d'un œuf d'où sortent les principaux types de l'animalité, à savoir : une araignée, une sauterelle, un papillon, un poisson, un serpent, un crocodile, un oiseau, un daim et un enfant.

Ses recherches sur la génération sont le point de départ de celles de Regnier, de de Graaf, de Nicolas Stenon, de Jean Swammerdamm, de Gaspard Bartholin et de Malpighi. La recherche physiologique est désormais constituée ; une pléiade d'observateurs, d'expérimentateurs, vont travailler non-seulement à la connaissance des phénomènes de la vie, mais indirectement à l'établissement d'une conception élevée que les vues philosophiques à priori avaient été impuissantes à imaginer.

Cependant l'esprit systématique n'a pas complétement abdiqué, et divers systèmes d'une importance

moindre que celui de Van Helmont semblaient s'inspirer pourtant de la même pensée. Ils subordonnaient les
phénomènes à des principes en quelque sorte intelligents et conscients de leur action. L'*âme directrice* que
Kepler donnait aux planètes pour les conduire dans
l'espace « suivant des courbes savantes, sans heurter les
» astres qui fournissent d'autres carrières, sans troubler
» l'harmonie réglée par le divin géomètre », appartient
évidemment à cet ordre de créations imaginaires.

C'est encore à la même tendance d'esprit qu'obéissaient Cudworth lorsqu'il imaginait un *médiateur plastique*, et les philosophes et médecins qui supposaient
des principes particuliers, *natures plastiques*, présidant
aux fonctions des organes.

Ces idées se répandaient dans le monde médical
lorsque le célèbre médecin et chimiste G. E. Stahl vint
les réformer en créant l'*animisme*, expression la plus
outrée de la spiritualité de la vie. Son but était d'abord
de réagir contre les disciples de Descartes, contre ceux
qui voulaient expliquer les manifestations vitales par les
propriétés mécaniques ou chimiques de la matière
vivante en les séparant complétement du monde de
l'âme. En cela, et dans cette première période, il était
vitaliste, puisqu'il arrachait aux forces générales de la
nature les faits vitaux dont il faisait un domaine à part.
Ces faits, il les place sous la dépendance d'une force
immatérielle et intelligente. On peut l'appeler la vie.
Voilà le *vitalisme*. Dans une seconde phase il va plus
loin : ce principe immatériel, intelligent et raisonnable,
il n'y a aucune raison, selon lui, de le distinguer de

l'âme, qui a des attributs identiques. Stahl confond donc la vie ou la force vitale avec l'âme, et voilà l'*animisme*.

Stahl (1660-1734) est donc le créateur de l'animisme. Il renouvela par là et rajeunit le système platonicien.

L'*animisme* regardait l'âme comme le principe même de la vie. La vie est pour Stahl un des modes de fonctionnement de l'âme ; c'est son « *acte vivifique* ». L'âme immortelle, force intelligente et raisonnable, gouverne la substance corporelle, la met en mouvement et la dirige avec intelligence vers un but poursuivi. Ses organes sont les instruments faits pour elle. L'âme agit directement et sans intermédiaire sur eux. Elle fait circuler le sang, battre le cœur, sécréter les glandes, contracter les muscles et s'exécuter toutes les fonctions. C'est l'*âme architectonique* qui est l'artisan et le constructeur du corps : *Homo factus est anima vivens.*

Les idées de Stahl ont passé chez un grand nombre de ses successeurs ; mais leur écho a été en s'affaiblissant rapidement. L'école de Montpellier, qui en France a soutenu avec éclat les idées stahliennes, a répudié aussitôt une partie de l'héritage du maître. Elle n'est pas restée animiste, elle est devenue *vitaliste*.

Le vitalisme consiste, comme l'on sait, dans la séparation absolue des phénomènes physiologiques d'avec les phénomènes du monde inorganique. Au lieu d'obéir aux forces aveugles de la matière, ceux-ci sont les *effets immédiats* d'une force spéciale sans analogue en dehors du corps vivant.

C'est Barthez (1734) qui créa la doctrine vitaliste, ou du moins qui lui donna son véritable nom ; car on pour-

rait trouver ses origines bien avant cette époque. Barthez admet l'existence d'un principe unique, le principe
vital, distinct de l'âme et du corps, capable de régir tous
les actes de la vie. Quant à la nature de ce principe :
force, âme, archée, être, mode ou substance, elle est
impossible et inutile à déterminer d'après la prudente
restriction établie par Barthez lui-même. Cette force
vitale est inaccessible ; elle échappe et s'évanouit lorsqu'on veut la saisir. Cependant, en approfondissant les
écrits de Barthez, on ne tarde pas à se convaincre que
cette puissance est une force suprême (avec tout le vague
que comporte cette expression de force en dehors de la
mécanique) qui régit des forces subalternes : les unes
motrices (forces de resserrement, d'élongation, de situation fixe, tonique); les autres *sensitives :* sensibilité sans
perception, sensibilité avec perception.

Bordeu (1722-1776) éclaircit cette notion très-
obscure dans Barthez, en considérant « le corps vivant
» non comme une masse froide et inanimée, mais comme
» une substance vivifiée par un esprit recteur qui domine
» sur toutes les fonctions, et les fait pour ainsi dire sor-
» tir de leur existence passive et corporelle ».

Si l'on voulait comprendre le lien réel qui unit toutes
ces conceptions et caractérise leur illusion commune, il
faudrait dire que toutes ont cherché l'explication métaphysique des phénomènes vitaux, et non pas leur explication immédiate, et que toutes se sont adressées à des
principes extérieurs au corps vivant, et non à la constitution et aux propriétés de cette matière vivante.

A côté des conceptions spiritualistes précédentes se sont également produites des doctrines opposées.

On peut dire que la doctrine matérialiste, à cette époque, consiste à regarder les phénomènes de la vie comme un résultat plus compliqué des forces de la mécanique, de la physique et de la chimie, c'est-à-dire comme l'expression la plus élevée des forces générales de la nature.

Le germe de cette conception se trouve, comme nous l'avons dit, dans les Grecs Héraclite, Anaxagore, Démocrite et Épicure ; et quoiqu'elle ait été considérée comme le fait de l'école matérialiste, elle a été acceptée par des philosophes décidément spiritualistes, tels que Descartes, Leibniz et toute l'école cartésienne.

Descartes (1596-1650) sépare nettement le monde métaphysique du monde matériel, l'âme du corps. L'âme est définie par son attribut, la pensée ; la matière est définie par l'étendue. L'étendue et la pensée n'ont aucun rapport, aucun point de contact. Les corps vivants, le corps humain, sont des mécanismes dans le jeu desquels n'intervient aucun principe supérieur et intelligent. Ce sont des machines montées, formées de rouages, de ressorts, de leviers, de pressoirs, de cribles, de tuyaux, de soupapes fonctionnant suivant les lois de l'hydrostatique et de la mécanique. Quant à l'âme, étrangère à ce qui se passe, elle assiste en simple spectatrice à ce qui se fait dans le corps.

Un animal sans âme n'en est pas moins un être vivant ; c'est une machine qui n'a aucune fin de son existence : les actes s'y accomplissent sans but ni intention.

Descartes considérait que la science a pour but définitif l'action. « ... Connaissant la force et les actions du » feu, de l'eau, de l'air, des astres, des cieux et de tous » les autres corps qui nous environnent..., nous les pour- » rions employer à tous les usages auxquels ils sont » propres, et ainsi nous rendre maîtres et possesseurs de » la nature. »

La conception cartésienne de l'organisation vitale permettait d'étendre cette domination jusque sur les phénomènes vitaux, puisque ceux-ci obéissaient aux forces physiques. «Je m'assure, dit Descartes, que (en connais- » naissant mieux la médecine) on se pourrait exempter » d'une infinité de maladies, tant du corps que de » l'esprit, et même aussi peut-être de l'affaiblissement » de la vieillesse. »

Descartes avait toujours été préoccupé de l'étude des sciences de la vie. Il avait fait de l'anatomie une étude assez profonde, disséquant des cadavres et expérimentant sur lui-même. Il a laissé un *Traité sur l'homme, sur la formation du fœtus, sur la fièvre*. On retrouve dans ses ouvrages les explications mécaniques des fonctions de l'homme et des animaux, qu'il considère comme des suites de la disposition des organes.

Nous signalerons, en passant, Spinoza (1632-1677), qui a été l'adversaire et le contradicteur philosophique de Descartes et de Bacon, à qui il reprochait de s'être trop éloignés de la recherche de la cause première et de la connaissance de l'origine des choses. Lui-même, s'enfonçant dans les régions inaccessibles de l'infini et de l'absolu, embrassant le monde, Dieu et l'homme, des hauteurs de la métaphysique la plus générale, a construit un système géométrique procédant par axiomes, propositions, théorèmes, scolies, lemmes, au moyen desquels il descendait par la voie déductive jusqu'à l'objet de nos recherches. Un tel système est trop éloigné du monde scientifique pour en avoir reçu aucune influence ou en avoir exercé aucune sur lui. Combattant Descartes dans le domaine métaphysique, dans la recherche de l'immanent et de l'universel, Spinoza semble au contraire s'accorder avec le cartésianisme dans le domaine des causes transitives, dans l'explication des phénomènes matériels. En relation avec les fondateurs de la Société royale de Londres, les expérimentateurs Oldenburgh, Robert Boyle, Spinoza s'était acquis la réputation d'un physicien versé dans les choses de l'optique. Il savait tailler les verres et les lentilles ; il était au courant des découvertes anatomiques de son époque. Il avait les idées les plus justes sur beaucoup de questions à propos desquelles les savants de son temps commettaient les plus grossières erreurs de doctrine.

Il a surtout combattu la doctrine des causes finales. Il considérait les choses en elles-mêmes et non comme des moyens ; il s'élève contre ceux (1) qui considèrent l'économie du corps humain comme soumise directement à l'action d'une cause divine ou surnaturelle qui en a formé les parties avec une industrie prévoyante, et qui

____

(1) Spinoza, *Éthique*, p. 44.

en règle les phénomènes au lieu d'invoquer les lois nécessaires et de rejeter la cause première au delà des limites accessibles. Les idées spinozites étaient donc, en somme, favorables et conformes au développement de la science, au-dessus de laquelle elles planaient cependant de trop haut pour agir sur elles.

Leibniz (1646-1716) a coopéré à la marche et au progrès de la physiologie et de la médecine par ses doctrines, et aussi par son action sur quelques-uns des médecins célèbres du temps.

« On a considéré, dit F. Papillon, la doctrine de Leibniz comme une sorte de réaction contre l'automatisme de Descartes. Mais au point de vue du physiologiste, les idées du philosophe de Hanovre ont la plus étroite analogie avec celles de Descartes : leur conception de la vie est équivalente, sinon au point de vue métaphysique, au moins au point de vue du naturaliste. »

Leibniz sépare, en effet, l'âme du corps et leur refuse toute action réciproque. Le corps se développe mécaniquement ; seulement l'origine de ce développement, que Descartes n'avait pas soulevée, Leibniz ne craint point de l'aborder hardiment. Les corps sont organisés par la main de Dieu, préorganisés de toute éternité ; ils ne font que dérouler les conséquences des lois ou de l'ordre qui leur ont été primordialement assignés : *Semel, jussit, semper paret.* « Le commerce de l'âme et du corps » ne consiste pas dans un échange d'actions réciproques, » mais dans une simple harmonie préétablie dès la » création. »

Il dit ailleurs : « Les corps ne changent pas les lois
» métaphysiques des âmes, comme les âmes ne
» changent point non plus les lois physico-mécaniques
» des corps. Les âmes s'accordent avec les corps en
» vertu de l'harmonie préétablie, et nullement par une
» influence physique mutuelle. Il n'y a rien, sauf l'union
» métaphysique de l'âme et de son corps, qui les fait
» composer *unum per se*, un animal, un être vivant. »

Il y a donc entre Descartes et Leibniz cette ressemblance saillante, que l'un et l'autre font développer les
manifestations corporelles indépendamment de l'intervention actuelle du principe spirituel, de l'âme. Descartes ne fait pas mention de la nature du lien qui peut
les unir. Leibniz considère ce lien comme purement
métaphysique, consistant dans l'*harmonie préétablie*.

Mais la différence entre les conceptions de Leibniz et
de Descartes est placée plus profondément : elle gît dans
leurs conceptions si différentes de la *matière*. Descartes
avait défini la matière par l'étendue qui est son seul
attribut. Leibniz n'arrête pas son esprit à la considération de cette *matière nue* ou première « qui est pure-
» ment passive et ne consiste que dans l'étendue. » Il
considère les corps de la nature, non comme cette
matière nue, mais comme *matière revêtue*, ou seconde,
formée par l'union indissoluble de la première avec un
principe d'activité, inséparable. Ce principe actif qui
existe dans chaque monade matérielle, *entéléchie iné-
tendue qui est principe de mouvement*, se manifeste par
l'ensemble des propriétés physico-chimiques ou mécaniques. Cette activité, cette âme, est principe de vie par

sa seule présence par suite d'une correspondance indestructible, et non par une action efficace.

Ainsi, rien n'est sans vie. Dans le monde, l'énergie vitale est partout en balance avec l'étendue géométrique. « Il n'y a rien d'inculte, de stérile, de mort » dans l'univers; point de chaos, point de confusion, » qu'en apparence.

» On voit par là que chaque corps vivant a une entéléchie dominante, mais les membres de ce corps vivant sont eux-mêmes pleins d'êtres vivants, plantes, » animaux, dont chacun a encore son entéléchie. »

On peut voir, à la vérité, dans de telles pensées les idées que l'esprit moderne tend à accueillir. D'autre part, des commentateurs à posteriori ont cru retrouver là une conception de l'organisme animal telle que l'anatomie générale nous l'a donnée. Ces êtres vivants élémentaires dont est formé le corps seraient les éléments anatomiques, et leur principe d'activité, leur entéléchie perceptive, ne serait autre chose que l'*irritabilité*. Les rapports de Leibniz avec Campanella et Glisson permettraient, dit-on, de supposer que cette interprétation a pu se présenter à l'esprit du grand philosophe. Mais ce qui est encore bien plus certain, c'est que l'idée de voir les germes de l'anatomie générale et de l'évolution dans la doctrine de Leibniz ne s'est point présentée à ses contemporains, et n'est peut-être qu'une extension illégitime de la propre pensée de l'auteur.

Glisson (1596-1677) fut un véritable observateur qui a laissé d'excellentes descriptions anatomiques; celle du foie, en particulier, est encore classique. Il apportait une très-grande précision dans ses recherches ; il employait la mensuration, les pesées, les injections, l'examen à la loupe. Son œuvre est donc précise tant qu'elle reste anatomique ; mais sa physiologie est une pure fantaisie, c'est un système. Cependant, dans ce système arbitraire où fourmillent les erreurs (les parties du corps étaient les unes nourries par le sang, les autres par une liqueur spermatique circulant dans les nerfs, etc.), on voit apparaître pour la première fois un mot appelé à soulever de longs débats : c'est le mot *d'irritabilité*, cause première et commune, pour Glisson, des mouvements, des sensations, de la nutrition ; cause à la fois physiologique et psychique.

Haller, plus tard, reprendra cette doctrine en la rendant plus expérimentale et la débarrassant de son caractère métaphysique.

Quant aux idées de Descartes, elles furent adoptées par un certain nombre de médecins physiologistes et devinrent le fondement d'une doctrine qui jeta un certain éclat, l'*iatromécanique*. Descartes avait posé les premiers principes et appliqué ses idées mécaniques à la structure du corps de l'homme. Ses adeptes étendirent et précisèrent les explications mécaniques des phénomènes vitaux ; et parmi les plus connus de ces iatromathématiciens il faut ranger Borelli (1608-1679), Pitcairn (1652-1713), Hales (1678-1761), Bernouilli (1700-1783). Celui dont l'influence fut prépondérante fut Boerhaave.

Pour Boerhaave (1667-1738), tous les phénomènes s'expliquent par les actions mécaniques. La sécrétion

des glandes se produisait par le mécanisme du pressoir :
le suc pancréatique s'écoulait à cause de la pression de
l'estomac sur le corps glanduleux. La chaleur animale
résultait du frottement des globules du sang contre les
parois des vaisseaux. Le principal foyer de chaleur était
le poumon, parce que cet organe, à ce que l'on pensait,
possédait les capillaires les plus étroits. Les viscères
étaient des cribles ou des filtres ; les muscles, des ressorts ; tous les organes, des instruments mécaniques.

Cette conception mécanique de la vie fut singulièrement tenace et ne céda que devant la doctrine relativement récente des *propriétés vitales*.

L'*iatrochimie* n'est, en quelque sorte, qu'une face de
l'iatromécanique. Avant même que la chimie fût constituée, à l'époque où l'on supposait et soupçonnait les
phénomènes chimiques plutôt qu'on ne les connaissait,
on avait songé à utiliser ces connaissances rudimentaires
pour l'explication des phénomènes vitaux.

Sylvius Le Boë (1492-1556) fut le premier des *chi-
miatres* ou des *humoristes*. Il créa la doctrine iatrochimique, et l'on peut dire qu'il la vit finir, malgré ses
efforts et ceux de quelques partisans, tels que Willis, qui
s'étaient rangés à ses opinions. Tous les actes vitaux,
toutes les fonctions, étaient le résultat d'actions chimiques, fermentations, distillations, acidités, alcalinités,
effervescences. La digestion était une fermentation ; l'absorption, une volatilisation ; le fluide nerveux (esprits
vitaux) était le résultat de la distillation du sang dans le
cerveau.

Cette doctrine était nécessairement humorale, c'est-à-dire qu'elle attribuait toute importance aux liquides qui baignent le corps ou qui y circulent, au détriment des parties solides, considérées comme de simples instruments destinés à contenir les premiers. Ainsi le voulait l'ancien axiome des alchimistes, que les corps ne réagissent pas à moins d'être liquides : *Corpora non agunt nisi soluta.*

Ces deux doctrines iatrochimique et iatromécanique, qui contenaient en somme une grande part de vérité, périrent par leur exclusivisme et l'exagération de leur principe. C'est seulement de notre temps que devait être reprise sérieusement cette conception de la vie considérée comme un résultat plus savant des lois de la chimie et de la physique générales. Les doctrines mécaniques et chimiques succombèrent d'ailleurs sous l'effort d'une doctrine plus satisfaisante et plus conforme aux progrès de la physiologie, la doctrine des propriétés vitales.

Pendant que les écoles doctrinaires philosophaient encore, la méthode expérimentale se dégageait lentement de la méthode à priori ou logique.

Vésale poursuit ses recherches anatomiques; il n'aperçoit point dans la cloison interventriculaire les orifices décrits par Galien. Cette observation s'ajoutant à celles de Fabrice d'Acquapendente sur les valvules des veines, prépare la découverte de la circulation du sang par Guillaume Harvey (1628). Nous voici arrivés à l'époque de la renaissance des sciences. Alors les découvertes se pressent, les observateurs surgissent de toutes parts ; la recherche jusque-là sacrifiée à la spé-

culation prend le pas sur elle. Après Vésale, Fabrice
d'Acquapendente, Servet, Césalpin, Harvey, nous trouvons Regnier de Graef, Aselli, Pecquet. Aselli découvre
les chylifères en 1627. J. Pecquet, de Rouen (1647),
connaît le confluent de ces vaisseaux et le canal thoracique. Rudbeck et Bartholin font connaître le système
lymphatique général et le raccordent aux chylifères.
Stenon (1638-1686) décrit les glandes, les lymphatiques, les muscles; il complète les observations de
Fabrice d'Acquapendente sur le développement du fœtus.
Enfin Malpighi (1628-1694), Ruysch (1638-1727),
Leeuwenhœk (1632-1723), créent l'anatomie de texture
et amassent patiemment les matériaux de notre anatomie moderne.

Nous sommes conduits ainsi jusqu'au moment où
le génie expérimental apparaît dans tout son éclat,
c'est-à-dire jusqu'au siècle dernier, au temps de
Haller, de Spallanzani, de Fontana, de Priestley, de
Lavoisier.

Si nous voulions résumer cette période déjà brillante
de l'histoire de la physiologie, comme aux époques précédentes nous verrions les philosophes et les hommes de
science tendre chacun par des procédés différents à la
connaissance des phénomènes de la vie : les uns, par la
spéculation pure, recherchent la cause supérieure sans
pouvoir l'atteindre, tantôt dans une force spirituelle
(spiritualistes), Stahl, Barthez, Bordeu (animistes, vitalistes), tantôt dans la matière (matérialistes, mécaniciens,
iatrochimistes.) Mais à côté de ces esprits spéculatifs
nous trouvons les expérimentateurs, les investigateurs,

Vésale, Harvey, les anatomistes italiens et hollandais qui, sans se préoccuper de ces conceptions supérieures, en apparence au moins, ont fourni aux modernes les meilleurs éléments pour les juger.

De l'examen auquel nous venons de nous livrer se dégage un résultat sur lequel il importe d'insister immédiatement. Ce n'est point aux efforts des deux partis philosophiques en lutte, ni aux matérialistes, ni aux spiritualistes, que revient l'honneur des grands progrès accomplis par la science. C'est surtout un troisième groupe d'hommes, plutôt investigateurs que philosophes, qui ont réellement fondé la science en découvrant les faits qui en forment les véritables bases. Le génie lui-même ne suffit point à suppléer les connaissances précises : les vues spéculatives ne peuvent tenir lieu des faits. Si, comme nous le disions au début, l'alliance de la recherche et de la généralisation est indispensable à la constitution de la science, il faut cependant reconnaître que dans ce résultat l'esprit scientifique d'investigation a de beaucoup la plus grande part, et qu'il est singulièrement plus fécond que l'esprit spéculatif.

§ IV. — LA PHYSIOLOGIE A L'ÉPOQUE ACTUELLE.

La période scientifique que nous désignons sous le nom d'*époque actuelle* commence à la fin du siècle dernier. Jusque-là nous avons constaté les trois courants entre lesquels a été, en quelque sorte, ballottée la physiologie naissante. L'un la poussait à la recherche des causes finales, métaphysiques ; l'autre à la recherche des causes immédiates efficientes ; le troisième restait en dehors des causes. Il faut dire que les deux premières doctrines ont été portées à l'extrême, et qu'elles ont abouti à l'erreur : l'une en plaçant les phénomènes vivants directement sous la dépendance d'entités imaginaires, l'autre en n'y voyant que l'application directe et brutale de la mécanique et de la chimie.

L'histoire chronologique de ces doctrines nous a permis de les comparer au point de vue de leur efficacité. La première nous est apparue dans toute sa stérile activité ; l'autre, quoique n'étant pas l'expression exacte de la vérité, a été cependant plus féconde et progressive. L'avantage resterait donc à celle-ci, qui d'ailleurs correspond toujours à quelque avancement de la science positive. Après Descartes et Leibniz, on avait accepté ce principe qu'il n'y a pas deux mécaniques, l'une pour les corps vivants et l'autre pour les corps bruts. Après les découvertes de Lavoisier et Laplace sur la respiration, on dut admettre qu'il n'y avait pas non plus deux chimies. Le fond de cette opinion est vrai ; l'exagération a consisté, ainsi que nous l'avons expliqué, à identifier jusqu'aux procédés de la mécanique et de la chimie vitale avec ceux des laboratoires qui ont des conditions évidemment différentes.

L'observation que nous faisons relativement aux deux tendances scientifiques, Bacon l'avait déjà faite pour son temps, et il avait observé que la recherche des causes premières a plus nui à la science que la recherche des causes physiques, et, par conséquent, que la philosophie de Platon avait fait plus de tort à la science que celle d'Épicure.

Celle, du reste, des deux doctrines qui a constamment perdu du terrain est la doctrine de la spiritualité de la vie. D'*animiste* elle est devenue *vitaliste* avec l'école de Montpellier ; elle s'est encore assourdie avec Bichat en donnant naissance à la *doctrine des propriétés vitales*.

D'autre part, la doctrine de la matérialité des phénomènes vitaux, tout en conservant son principe, devra s'atténuer, comme nous l'avons vu plus haut, en reconnaissant une différence de procédés physico-chimiques entre la nature vivante et la nature inanimée.

Ainsi, la lutte déjà si vieille entre les deux théories ne tourne en réalité au triomphe définitif d'aucune d'elles. Les progrès des sciences ont toujours ce résultat d'affaiblir graduellement les premières conceptions systématiques exclusives nées de notre ignorance. L'inconnu fait seul leur force ; à mesure qu'il se dissipe, les théories opposées disparaissent et laissent la place à la vérité scientifique, qui doit toujours être le fruit de l'observation et de l'investigation des phénomènes de la nature. Ce sont donc les expérimentateurs et les investigateurs qui ont cultivé la science en se tenant en dehors des vues philosophiques spéculatives, ce sont ces hommes qui ont été les véritables instruments du progrès scientifique. C'est leur phalange que nous allons voir marcher maintenant d'une manière presque exclusive à la conquête de la nature vivante. Ce triomphe définitif de l'esprit scientifique d'observation et d'expérimentation sur l'esprit spéculatif a été, comme on le voit, l'œuvre du temps et d'une lutte opiniâtre. Ce n'est que devant l'évidence mille fois renouvelée que l'esprit de système a désarmé, laissant à la méthode moderne la possession du terrain qu'elle seule peut féconder.

Nous avons dit que la *doctrine des propriétés vitales* est le dernier effort et l'expression la plus adoucie du vitalisme. C'est une doctrine de transition et de transaction qu'il faut rejeter sous la forme que lui a donnée Bichat, et accepter en la modifiant, comme j'aurai l'occasion de vous l'indiquer en exposant plus loin mes vues personnelles à ce sujet.

Il nous faut néanmoins examiner cette doctrine des propriétés vitales, depuis son origine jusqu'à son point culminant marqué par Bichat et à partir de lui. L'idée fondamentale de cette doctrine est d'expliquer les manifestations vitales par les propriétés mêmes de la matière des tissus ou des organes.

Mais ces propriétés ont été considérées à deux points de vue.

Bordeu, Haller, Bichat et avec lui un grand nombre de physiologistes ont regardé les propriétés vitales comme absolument distinctes des propriétés physico-chimiques, et même comme étant en lutte avec celles-ci. S'ils n'en font point des principes immatériels, des entités sans substance, des causes, ils les regardent comme des modes d'activité que ne possède point la matière inerte. Elles sont inhérentes à la substance par laquelle et dans laquelle elles se manifestent; disparaissent quand les molécules écartées ont perdu leur arrangement organique ; elles dérivent de l'arrangement ou d'une cause inconnue et inaccessible.

Certains auteurs ont cependant voulu rapprocher les propriétés vitales des forces physico-chimiques.

Voyons comment ces idées différentes ont été exprimées dans la science.

Remontons pour un instant à Bordeu (1742). Bordeu distinguait une seule propriété vitale qui, d'ailleurs, les comprenait toutes. C'était la *sensibilité générale*. Il faut comprendre ce mot, non point dans l'acception moderne mais dans le sens où son auteur l'employait. Bordeu désignait par là ce que l'on appelait de son temps les *irritations*, les *excitations*, l'*irritabilité* que Glisson (1634-1677), professeur à l'université de Cambridge, avait le premier signalée en l'attribuant à toutes les « fibres animales musculaires ou autres », c'est-à-dire à toute la matière organisée indistinctement.

Dans l'esprit de Bordeu, la sensibilité générale comprenait tout cela : *excitations*, *irritations*, *irritabilité de Glisson* et *incitabilité de Brown*, c'est-à-dire propriété de réagir sous l'influence d'un stimulus.

L'innovation de Bordeu est d'avoir généralisé la *sensibilité* au point (comme le lui reprochait Cuvier) de donner ce nom à « toute coopération nerveuse, accom- » pagnée de mouvement, lorsque l'animal n'en avait » aucune perception. »

Outre la sensibilité générale dont le fond est le même pour toutes les parties, Bordeu imagine encore une *sensibilité propre* pour chacune d'elles : « chaque glande, » chaque nerf a son goût particulier ; chaque partie orga-

» nisée du corps vivant a sa manière d'être, d'agir, de sen-
» tir et de se mouvoir ; chacune a son *goût*, sa structure,
» sa forme intérieure et extérieure, son poids, sa
» manière de croître, de s'étendre et de se retourner
» toute particulière ; chacune concourt à sa manière et
» pour son contingent à l'ensemble de toutes les fonc-
» tions et à la *vie générale ;* chacune enfin a sa vie et
» ses fonctions distinctes de toutes les autres. »

Bordeu va jusqu'à dire que : « *chaque organe* est un
» animal dans l'animal, *animal in animali* », excès de
doctrine qui renferme un fonds de vérité, mais qui a
excité les critiques de Cuvier et plus tard de Flourens.

Telle est la façon de voir de Bordeu relativement aux
propriétés vitales ou *sensibilités particulières*. La vie
proprement dite est l'harmonie de ces propriétés partielles, la somme de ces vies particulières, ou mieux leur
consensus. Mais c'est alors, en considération de ce concert, que Bordeu fait intervenir « *l'esprit recteur* qui
» domine sur toutes les fonctions et qui s'exerce par
» un flux de mouvement réglé et mesuré qui se fait
» successivement dans chaque partie ».

C'est par là que Bordeu se rattache au vitalisme. Et
cependant, dans d'autres circonstances, au lieu d'invoquer cette force vitale rectrice, il fait intervenir la *sensibilité locale* pour fournir « la raison du *consensus* des
» organes et le secret de la solidarité qui les lie ».

Ce fut Haller qui eut l'honneur de donner une base
expérimentale à la théorie des propriétés vitales et de
l'affermir solidement. Il distingua trois propriétés :

1° La *contractilité*, qui n'est autre chose que la propriété physique que nous appelons aujourd'hui *élasticité*.

2° *L'irritabilité*, tout aussi mal dénommée. Ce nom désigne la *contractilité musculaire* des auteurs actuels.

3° La *sensibilité*.

Haller n'édifie pas sur cette base le système général de la vie ; il est expérimentateur, physiologiste prudent et non philosophe hardi. Il considère les propriétés vitales qu'il a contribué à faire connaître, comme capables d'expliquer un grand nombre de phénomènes vitaux, mais non pas de les expliquer tous.

C'est seulement au commencement de ce siècle que la doctrine des propriétés vitales prend tout son développement entre les mains de Xavier Bichat.

Le génie de Bichat n'est pas d'avoir défini ou rigoureusement compris les propriétés vitales, car il leur donne des caractères vagues et obscurs ; c'est d'avoir compris que la raison des phénomènes vitaux devait être cherchée, comme la raison des phénomènes physiques, dans les propriétés de la matière au sein de laquelle s'accomplissent ces phénomènes.

« Le rapport des propriétés comme cause avec les » phénomènes comme effets, dit-il (1), est un axiome » presque fastidieux à répéter aujourd'hui en physique » et en chimie ; si mon livre établit un axiome analogue » dans les sciences physiologiques, il aura rempli son » but. »

On croirait peut-être qu'après cela Bichat va se rapprocher des physiciens et des chimistes ? Erreur bientôt

______

(1) Bichat, *Anatomie générale*. Préface.

dissipée ! « Comme les sciences physiques et chimiques,
» dit-il, ont été perfectionnées avant les sciences physio-
» logiques, on a cru éclaircir les unes en y associant les
» autres; on les a embrouillées. C'était inévitable, car
» appliquer les sciences physiques à la physiologie c'est
» expliquer par les lois des corps inertes les phénomènes
» des corps vivants. Or voilà un principe faux. »

Ailleurs Bichat développe la même pensée en disant :
« Il y a dans la nature deux classes d'êtres, deux classes
» de propriétés, deux classes de sciences. Les êtres sont
» organiques ou inorganiques, les propriétés sont vitales
» ou non vitales, les sciences sont physiques ou physio-
» logiques. »

D'après cela on voit que Bichat oppose les phénomènes des corps inorganiques à ceux des corps organisés.
Pour lui, les propriétés vitales sont absolument opposées
aux propriétés physiques : celles-ci conservent le corps
vivant, tandis que les propriétés physiques tendent à le
détruire. « Les propriétés physiques des corps, dit-il,
» sont éternelles. A la création ces propriétés s'empa-
» rèrent de la matière qui en restera constamment
» pénétrée dans l'immense série des siècles. Les pro-
» priétés vitales sont au contraire essentiellement tem-
» poraires : la matière brute, en passant par les corps
» vivants, s'y pénètre de ces propriétés qui se trouvent
» alors unies aux propriétés physiques; mais ce n'est
» pas là une alliance durable, car il est de la nature des
» propriétés vitales de s'épuiser; le temps les use dans
» le même corps. »

Cette idée d'opposition et de contraste entre les forces

vitales et les forces physico-chimiques domine pour Bichat toute la physiologie et toute la pathologie. Les propriétés vitales se trouvent constamment en lutte avec les propriétés physiques ; le corps vivant, théâtre de cette lutte, en subit les alternatives. La maladie et la santé ne sont autre chose que les péripéties de ce combat : si les propriétés physiques triomphent définitivement, la mort en est la conséquence ; si, au contraire, les propriétés vitales reprennent leur empire, l'être vivant guérit, cicatrise ses plaies, répare ses mutilations et rentre dans l'harmonie de ses fonctions (1).

Bichat soutient encore que les propriétés physico-chimiques étant fixes, constantes, les lois des sciences qui en traitent sont également constantes et invariables : on peut les prévoir, les calculer avec certitude, dit-il. Les propriétés vitales ayant pour caractère essentiel l'instabilité, on ne peut rien prévoir, rien calculer dans leurs phénomènes. Bichat aboutit à cette conclusion : « Que des lois absolument différentes président à l'une » et l'autre classe de phénomènes. »

Les recherches contemporaines ont amplement fait justice de ces erreurs qui seraient la négation même de la science physiologique, puisqu'elles tendraient à la reléguer dans le domaine du vague et de l'incertitude. Toute science digne de ce nom est celle qui, connaissant les lois précises des phénomènes, les prédit sûrement et les maîtrise quand ils sont à sa portée.

(1) La pensée de Bichat est résumée dans la définition qu'il donne de la vie : *La vie est l'ensemble des fonctions qui résistent à la mort* ; en d'autres termes, l'ensemble des propriétés vitales qui résistent aux propriétés physiques.

Bichat admet deux propriétés vitales fondamentales : la *sensibilité* et la *contractilité*. Il en reconnaît deux ordres : la sensibilité organique, propriété inconsciente de réagir, qui est précisément ce que nous appelons aujourd'hui l'*irritabilité* et qui se manifeste par les contractilités insensibles ou sensibles ; la sensibilité animale consciente, à laquelle correspond la contractilité animale. Ces propriétés sont normales ou altérées. Le jeu régulier des fonctions dépend des propriétés vitales à l'état normal, les maladies ne sont que des altérations des propriétés vitales. Les médicaments doivent agir sur les propriétés vitales altérées pour les ramener à leur type naturel (1).

Bichat ne s'explique pas d'ailleurs sur la nature même des propriétés vitales ; il les oppose seulement aux propriétés physiques et les regarde comme causes de phénomènes vitaux, au même titre que les propriétés physiques sont causes des phénomènes physiques.

Il est des auteurs qui, profitant du vague des définitions données par Bichat, ont soutenu que ses propriétés vitales n'étaient que des propriétés physiques particulières des tissus organisés ou vivants (2).

Nous reviendrons plus loin sur cette question des propriétés vitales ; nous verrons comment il faut les considérer, et si réellement on doit les admettre ou les repousser.

On peut dire de la théorie de Bichat, contrairement à ce qui arrive pour tant d'autres, que ses applications

---

(1) Voy. *Anatomie générale*, t. I, p. XLVII.
(2) J.-B. Rousseau, *Dissertation sur les propriétés vitales*. 1822.

valent mieux que ses principes. Si l'on veut la dégager
des erreurs presque inévitables à son époque, sa conception reste une vue de génie sur laquelle s'est fondée la
physiologie moderne. Avant lui, les doctrines purement
philosophiques, tant animistes que vitalistes, planaient
de trop haut et de trop loin sur la réalité pour devenir
les initiatrices fécondes du progrès; elles n'étaient
capables que d'engourdir la science en jouant le rôle de
ces sophismes paresseux qui régnaient jadis dans l'école.
Bichat, au contraire, en décentralisant la vie, en l'in-
carnant dans les parties, et en rattachant ses manifestations aux propriétés des tissus, a encore, il est vrai,
placé les phénomènes sous la dépendance d'un principe
métaphysique, mais ce principe, moins élevé, moins
étranger au corps qu'il anime, devenait plus accessible
à l'esprit de recherche et de progrès. Bichat, en un
mot, s'est trompé, comme les vitalistes ses prédécesseurs, sur la théorie de la vie, mais il ne s'est pas
trompé sur la méthode physiologique. C'est sa gloire de
l'avoir fondée en plaçant dans les propriétés des tissus et
des organes les causes immédiates des phénomènes.

Dans notre siècle s'est produit, après Bichat, un système qui a des rapports très-étroits avec les idées de
Descartes et l'iatromécanisme. C'est le système de l'*organicisme* défendu par Rostan et son école.

Pour Rostan, il n'y a point de principe supérieur diri-
geant actuellement la matière organisée : les forces
vitales sont des entités vaines qu'il repousse.

« Le Créateur, dit-il, ne communique pas une force

qu'il ajoute à l'être organisé, ayant mis dans cet être avec l'organisation la disposition moléculaire apte à se développer. » C'est l'horloger qui a construit l'horloge, et, en la montant, lui a donné le pouvoir de parcourir les phases successives, de marquer les heures, les minutes, les secondes, les époques de la lune, les mois de l'année, tout cela pendant un temps plus ou moins long; mais ce pouvoir n'est autre que celui *qui résulte de sa structure*, ce n'est pas une propriété à part, une qualité surajoutée, c'est la *machine montée*.

La vie, c'est la *machine montée ;* les propriétés dérivent de la structure des organes. Tel est l'organicisme.

Mais la *structure* est quelque chose de vague et de non précisé. Qu'est-ce à dire que la structure est la cause des phénomènes? La propriété de structure n'est pas une propriété physico-chimique qui puisse être cause de quelque phénomène. Il faut aller plus loin. Rostan a-t-il voulu dire que c'est l'arrangement des parties avec leurs conséquences mécaniques qui fait la fonction? Alors il est iatromécanicien. D'autre part, il invoque comme raison des maladies une altération d'organe (ce qui était un grand progrès) et plus souvent encore une altération de liquide, en quoi il est humoriste ou iatrochimiste. Il est donc permis de considérer l'organicisme comme le dernier reflet des idées de Descartes, de Leibniz, de Boerhaave et de Willis.

J. Brown (1735-1788), esprit absolument systématique, a créé un système médical qui est, pour ainsi dire, le contre-pied de celui que Broussais rendit célèbre plus tard. Une seule idée juste surnage dans le chaos de ses doctrines : il affirme que l'état physiologique et l'état pathologique ne sont point essentiellement différents, que la pathologie est un cas particulier de la physiologie. La comparaison du tétanos à la contraction musculaire lui en fournit une preuve.

Nous avons poursuivi jusqu'à présent le développement des conceptions physiologiques de la vie pendant l'antiquité, le moyen âge et jusqu'aux temps modernes. Nous avons vu que de toutes les œuvres enfantées par l'esprit systématique, la critique n'a rien laissé debout. Sur ces ruines, l'esprit expérimental élève un monument dont les assises sont solidement fondées et dont le plan général peut être déjà aperçu. Il s'agit de le faire connaître maintenant. L'œuvre de la critique historique étant terminée, l'œuvre d'édification commence. Je vais donc essayer d'exposer maintenant l'ensemble des idées et des conceptions qui doivent, à mon avis, dominer aujourd'hui la science de la vie.

Ces conceptions remontent à la fin du siècle dernier, et ont leur point de départ à la fois dans les travaux physico-chimiques de Lavoisier et Laplace, et dans les travaux anatomiques de Bichat. Les premières tentatives de ces grands hommes ont été développées et étendues par les efforts de la physiologie expérimentale contemporaine.

Près de notre époque même, les tentatives de l'esprit de système ne s'étaient pas encore complétement éteintes. On l'a vu, au commencement de ce siècle, jeter, avec l'école allemande des philosophes de la nature, avec Hegel et Schelling, une dernière lueur. Depuis lors, par une sorte de réaction naturelle, l'esprit philosophique a été banni avec trop de rigueur. La pléiade des expérimentateurs et des observateurs s'est infiniment étendue. Mais à cause de cela même, il est nécessaire qu'une vue générale et philosophique vienne aujourd'hui rassembler les innombrables matériaux qui ont été réunis et dévoiler les linéaments de l'édifice qu'ils servent à élever. Il faut saisir le dessin et le plan de ce qui s'exécute pour ainsi dire aveuglément par les efforts de cette armée de travailleurs devenue si nombreuse. Les systèmes sont bien morts, et aucun effort ne pourrait les ressusciter ; mais ce qui manque peut-être, c'est une vue générale de la direction de la science. Ayant assisté depuis plus de trente ans à cette évolution, je crois utile de dire à quelles conceptions la méditation continuelle des problèmes physiologiques et la connaissance des faits m'ont conduit.

La physiologie moderne a deux racines, l'une dans l'anatomie, l'autre dans les sciences physico-chimiques. Ces deux racines portent leur sève dans un tronc unique. C'est à tort qu'on les a séparées. Si les manifestations de l'être vivant obéissent aux lois de la physique et de la chimie générale, leurs procédés d'action sont cependant essentiellement spéciaux à l'organisme et dérivent de l'arrangement anatomique. Jetons d'abord un coup d'œil rapide sur la constitution anatomique des tissus des corps vivants. Nous examinerons ensuite les phénomènes physico-chimiques spéciaux à l'organisme, et de ces deux ordres de considérations nous déduirons la nature propre des phénomènes physiologiques.

L'explication des phénomènes vitaux doit être cherchée dans la cellule. Les opinions modernes sur les phénomènes vitaux sont fondées sur l'histologie ; elles ont en réalité leur source dans les idées de Bichat. Nous avons vu qu'au commencement de ce siècle Xavier Bichat avait donné une impulsion puissante à la science physiologique, en plaçant la cause des phénomènes vitaux dans les tissus qui composent le corps. Cette tentative de *décentralisation* de la vie était le premier pas dans une voie féconde, et qui aboutit à notre conception contemporaine, à la physiologie des éléments anatomiques

Bichat avait fondé l'anatomie générale en face de l'anatomie descriptive. Il avait rangé toutes les parties du corps dans un certain nombre de classes qui constituaient les systèmes anatomiques ou les tissus. Et au lieu de faire connaître l'organisme en décrivant ses parties dans l'ordre topographique *de capite ad calcem*, il institua une méthode systématique infiniment plus philosophique, en réunissant ensemble les organes similaires où qu'ils fussent placés, et en les étudiant ensemble sous le nom de système osseux, glandulaire, nerveux, séreux, etc.

A la vérité, Galien, dans l'antiquité, avait essayé d'analyser l'organisme en parties similaires. Morgagni. beaucoup plus tard, puis Fallope (1523-1562) et Pinel enfin, le prédécesseur immédiat de Bichat, avaient ouvert la voie à celui-ci en groupant (d'après des considérations pathologiques ou anatomiques) les parties analogues. Mais c'est Bichat qui eut l'honneur impérissable d'entrer magistralement dans cette voie si timidement ouverte (1).

L'inspiration de génie de Bichat fut de saisir dans toute son étendue la portée de l'analyse anatomique. Toutefois il ne fit pas usage du microscope : ce n'est pas l'instrument qui lui suggéra l'idée, c'est l'idée qui suggéra plus tard les instruments nécessaires à sa réalisation ; il employa surtout les dissociations, macérations, et les divers procédés chimiques qui permettaient une dissection minutieuse. D'ailleurs, le microscope simple était incommode et insuffisant, et le microscope composé, l'instrument actuel, ne devait apparaître que de 1807 à 1811, grâce à van Deyl et à Frauenhofer.

Les ressources imparfaites dont disposait Bichat lui permirent pourtant de constituer la connaissance des tissus vivants. « Tous les animaux, dit-il, sont un assem-
» blage de divers organes qui, exécutant chacun une
» fonction, concourent chacun à sa manière à la con-
» servation du tout. Ce sont autant de machines parti-
» culières dans la machine générale qui constitue
» l'individu. Or, ces machines particulières sont elles-
» mêmes formées par plusieurs *tissus* de nature très-
» différente, et qui forment véritablement les éléments
» de ces organes. »

Bichat distingue vingt et une espèces de tissus, qui

(1) Voy. vol. I, p. 181.

se retrouvent avec leurs mêmes caractères dans les diverses parties d'un même animal ou dans les mêmes parties des divers animaux. De là le nom d'*anatomie générale* donné à leur étude.

A chacun de ces tissus (1) il attribue des propriétés spéciales qui sont les causes physiologiques des phénomènes que présentent ces tissus. Autant de propriétés que de tissus, autant de tissus que de propriétés. La physiologie ne devait plus être dans l'esprit de Bichat que l'étude de ces propriétés vitales, comme la physique est l'étude des propriétés physiques de la matière brute. Dans cette doctrine, la propriété vitale étant le résultat de la vie, on n'en cherchait pas l'explication. Le problème physiologique s'arrêtait à la localisation de la propriété, mais non à son explication par des interprétations physico-chimiques, ce qui est, au contraire, le but que se propose la physiologie actuelle.

Telle fut la première phase de l'évolution féconde qui a conduit la physiologie dans la voie du progrès.

Mais ce n'était là que le premier pas. La seconde phase fut rendue possible par l'invention du microscope composé, qui permit de pousser l'analyse, non plus seulement jusqu'aux tissus qui constituent les organes, mais jusqu'aux éléments figurés qui constituent ces tissus eux-mêmes. Les phénomènes vitaux transportés déjà dans les tissus ont dû être reportés dans les éléments. L'explication physiologique se déplaçait : la vie se décentralisait au delà du terme fixé par Bichat. Les propriétés

1) Voy. vol. 1, p. 182.

vitales, au lieu d'être des propriétés de tissus, devinrent des propriétés de cellules.

C'est dans notre siècle et presque de notre temps que ce mouvement s'est accompli. En 1819, Mayer s'occupe de classer les éléments des tissus; il emploie le premier le nom d'*histologie* (nom mal approprié d'ailleurs) qui a servi à désigner la science nouvelle. On se préoccupe en ce moment de connaître les éléments, de pénétrer leur origine, de retrouver leur provenance, c'est-à-dire de fixer l'*histogenèse*. Mirbel, en étudiant les végétaux, annonce qu'ils proviennent tous d'un tissu identique, le tissu cellulaire; qu'ils ont pour élément la cellule. En même temps, il attribue à cette partie élémentaire une propriété vitale qui la caractérise. Brown découvre le noyau de la cellule, partie caractéristique, et dont nous verrons plus tard l'importance. Schültze assimile les globules du sang à des cellules. Wagner montre que l'œuf lui-même est une cellule. Schwann et Schleiden apparaissent alors et coordonnent en un système les résultats acquis. Th. Schwann (1839) fit voir que tous les éléments de l'organisme, quel qu'en soit l'état actuel, ont eu pour point de départ une cellule. Schleiden fournit la même démonstration pour le règne végétal. Par là l'origine de tous les êtres vivants se trouvait ramenée à un organite simple, la cellule. Cette conception a été généralisée sous le nom de *théorie cellulaire*.

Quant à l'origine de cette cellule, par laquelle débute tout élément anatomique, on l'a interprétée de deux manières opposées. Schwann, fondateur de la théorie, admettait que les cellules peuvent se former indépendamment des cellules déjà existantes, par génération spontanée, ou mieux par une sorte de cristallisation dans un milieu approprié, le *blastème*. « Il se trouve, » dit-il, soit dans les cellules déjà existantes, soit entre » les cellules, une substance sans texture déterminée, » contenu cellulaire ou substance intercellulaire. Cette » masse ou *cystoblastème* possède, grâce à sa composi- » tion chimique et à son degré de vitalité, le pouvoir de » donner naissance à de nouvelles cellules. »

Cette théorie subsista sans contradiction jusqu'en 1852, où Remak montra que, dans le développement de l'embryon, les cellules nouvelles qui apparaissent proviennent toujours d'une cellule antérieure. En cela l'analogie est complète avec les tissus végétaux, où les éléments nouveaux ont toujours des antécédents de même forme. Virchow (1) compléta la généralisation en examinant les proliférations cellulaires dans les cas pathologiques. En opposition avec la théorie du blastème ou de la génération équivoque des cellules, se produisit la théorie cellulaire. Elle peut se formuler dans l'adage : *Omnis cellula e cellula.*

L'être vivant était donc considéré, depuis le commencement de ce siècle, comme un assemblage ou un arrangement de tissus, c'est-à-dire de parties individualisées. Cette notion anatomique ne devait pas rester stérile ; elle entraînait en effet une conclusion physiologique d'extrême conséquence. Nous devons la faire ressortir, car Bichat lui-même ne l'a pas mise en évidence,

---

(1) Virchow, *La pathologie cellulaire.* 4ᵉ édition, par I. Straus. Paris, 1874.

bien qu'elle soit *l'œuvre vive* de sa doctrine, la raison de sa puissance et de sa fécondité ultérieures. *L'organisme étant un certain arrangement des tissus, on doit conclure qu'il n'y a dans le tout rien, ni puissance, ni propriété, ni principe, qui ne soit dans quelque partie.* L'arrangement des parties peut sans doute introduire des modalités phénoménales spéciales; mais l'ensemble des tissus ne dispose pas d'autres ressources que celles qui émanent de chacun d'eux. La vie totale ne peut être que la somme des manifestations partielles, groupées, enchaînées, déroulées dans un *ordre* et dans un *degré* variables. Les manifestations vitales complexes sont faites des manifestations des tissus, comme une harmonie est faite de sons simples.

La doctrine de la décentralisation de la vie était là en principe. A la vérité, en imaginant le *trépied vital*, Bichat a méconnu ce principe qui découlait logiquement de ses idées. Mais le temps a développé le germe de vérité et dissipé l'erreur. Continuant l'œuvre de Bichat, l'analyse microscopique a tiré du tissu une unité d'ordre plus simple, *l'élément anatomique*. Le tissu est chose complexe : il est fait d'éléments anatomiques divers. C'est jusqu'à ce dernier terme qu'il faut descendre aujourd'hui. La complication du problème n'en est pas augmentée, bien au contraire. L'histologie a en effet montré que chaque tissu provient d'un élément primordial unique, la *cellule*, et que toutes les cellules descendent elles-mêmes d'une cellule primitivement unique, l'*ovule*. Tout le corps vivant, animal ou plante, ainsi que nous l'avons déjà dit, doit être conçu comme provenant de cet organite élémentaire appelé la cellule. Dans son état actuel, il doit encore être considéré comme formé de cellules modifiées de différentes manières. J'ai montré, d'autre part, que toutes les actions physiologiques morbides ou toxiques se localisent sur les cellules ou sur les éléments anatomiques auxquels tout vient toujours aboutir.

Ce que nous disions tout à l'heure des tissus est donc vrai des cellules. Il n'y a rien de plus dans l'organisme total que ce qu'il y a dans les cellules, ou dans la substance intercellulaire. L'arrangement des cellules en tissus, en organes, en appareils, en systèmes, ne peut créer aucun nouvel élément d'action : le seul résultat de cette union, de ce rapprochement harmonique, est de combiner les actions cellulaires existantes, d'en former un tout synergique et un concert. Le nœud du problème vital est donc dans la cellule, ou, d'une manière plus générale, dans l'élément anatomique qui en dérive. Le *quid proprium* de la vie réside là. C'est donc dans l'élément anatomique que nous devrons poursuivre notre problème. Tout ce qui se manifeste d'une manière complexe dans le corps vivant a son point de départ dans une manifestation plus simple de l'activité cellulaire. Pour comprendre les fonctions de l'organisme, il faut connaître celles de la cellule. La raison des phénomènes vitaux est dans cette fonction élémentaire : le moyen de les maîtriser, de les modifier, d'agir sur eux, consiste à agir sur l'activité cellulaire, comme le seul moyen de produire ou de modifier une harmonie est d'agir sur chacun des instruments concertants.

Pour tout dire en un mot, *la physiologie générale est l'étude des propriétés des éléments anatomiques, de leurs manifestations isolées et des manifestations complexes qui naissent de leur arrangement en organismes plus ou moins élevés.*

C'est pour exprimer cette pensée que j'ai appelé la physiologie actuelle qui se développe sous nos yeux la *physiologie histologique.*

LEÇON XXVI

Doctrine des propriétés vitales.
Phénomènes vitaux élémentaires et leurs conditions
physico-chimiques (1).

SOMMAIRE. — Distinction des propriétés et des phénomènes complexes. Propriétés vitales. Irritabilité. Contractilité. Sensibilité. Les propriétés vitales ne sont que des complexus de propriétés physiques.

On a successivement attribué à l'organisme entier, puis aux parties de l'organisme, appareils et organes, puis enfin aux tissus, des propriétés immanentes qui sont la raison des manifestations que l'on observe. Ces *propriétés vitales* ont été considérées à deux points de vue : pour les uns, pour Bichat en particulier, les propriétés vitales sont en opposition, en lutte complète avec les propriétés physico-chimiques ; pour les autres, elles sont tout au moins entièrement distinctes des propriétés générales de la matière.

La doctrine des propriétés vitales contenait une double erreur : l'une relative au *siége* attribué aux propriétés ; l'autre relative à la *nature* même de ces propriétés. Il importe d'abord de dissiper ces erreurs fondamentales : elles ont l'une et l'autre leur point de départ

(1) Même observation que pour la leçon précédente, voy. p. 390.

commun dans une confusion établie par les physiologistes anciens entre les *manifestations complexes* et les *manifestations simples* des êtres vivants. De là l'erreur sur la *localisation* et la *nature* des propriétés dont ils dotaient les êtres vivants. Ils n'ont pas su et ils ne pouvaient peut-être pas encore distinguer les *phénomènes vitaux* des *propriétés* qui en sont le support. Ils ont confondu le *phénomène* vital, groupement complexe, et, par conséquent, réductible, qui a véritablement quelque chose de spécial, avec la *propriété*, dont l'essence serait d'être simple, irréductible, et qui n'a rien de spécial dans la nature vivante que la nature minérale. En un mot, on pourrait dire dans ce sens qu'il n'y a point de propriétés vitales ; il y a seulement des *propriétés physiques* et des *phénomènes vitaux* qui sont des *complexus* spéciaux de ces propriétés physiques.

Les phénomènes que nous observons d'abord, non-seulement dans les êtres vivants, mais dans la nature inanimée, sont des faits d'ordre complexe. La marche suivie dans toutes les sciences consiste à décomposer ces faits complexes en faits simples qui en sont les conditions ou les causes. Et lorsque, en descendant ainsi, on est arrivé à un *fait irréductible*, au dernier degré actuellement accessible de la simplicité, ce fait est une *propriété*. Si le phénomène est complexe, s'il peut s'expliquer par un autre, il ne doit pas être confondu avec une propriété ; s'il nous apparaît, au contraire, comme irréductible, que nous ne connaissions pas d'autre phénomène qui l'explique, s'il ne s'explique que par lui-même, nous lui donnons le nom de *propriété*. Par exemple, la combustion est un phénomène ; c'est un ensemble complexe de faits : production de chaleur, de lumière, union moléculaire du carbone à l'oxygène. Mais ce dernier fait lui-même est irréductible : l'union du carbone à l'oxygène ne s'explique, actuellement au moins, par rien autre chose, et l'on dit que le carbone a la propriété de s'unir à l'oxygène. On a donné à cette propriété le nom d'*affinité* du carbone pour l'oxygène. Nous verrons plus tard que cette convention, purement linguistique, n'est pas sans entraîner quelques inconvénients. Dans l'exemple même qui nous occupe ici, il y a des personnes qui, oubliant que *la propriété n'est que le nom du fait simple*, l'érigent en un être actif responsable du phénomène et le font intervenir dans les explications. C'est ne rien dire que dire que le carbone se combine à l'oxygène *parce qu'il a de l'affinité* pour ce gaz. La création d'une propriété exprime uniquement que nous sommes acculés à un fait simple, ou considéré comme tel dans l'état actuel de la science : il signifie que nous ne connaissons pas les *causes*, ou mieux les conditions du phénomène auquel on l'applique.

Les choses se sont toujours passées de cette manière. La philosophie et l'histoire de la science nous donnent cet enseignement : *La propriété est une entité ; c'est le nom du fait* SIMPLE *irréductible ; le phénomène est le nom du fait complexe qui a pour conditions dernières les propriétés.*

Mais le progrès de la science étant continu, il arrive que le *fait simple* pour une époque est ultérieurement analysé, décomposé ; il devient un phénomène, et la propriété est reportée plus loin. C'est précisément ce qui arrive dans le cas présent. Les propriétés vitales établies par les fondateurs de la doctrine, la sensibilité, l'irritabilité, la tonicité, etc., sont pour nous des *phénomènes* complexes. Ce n'est plus la manifestation de l'*organe* vivant qui est un fait simple; ce n'est plus même la manifestation du *tissu* : c'est la manifestation de l'organisme élémentaire, de la cellule. En continuant à envisager la *propriété* dans des complexus physiologiques des organes ou des tissus, dans la sensibilité, dans la motilité, dans la faculté de génération, les partisans de la doctrine des propriétés vitales ne localisent pas la propriété où elle doit être. C'est donc là une erreur de *localisation*.

La doctrine des propriétés vitales contient une seconde erreur, erreur sur la *nature* de ces propriétés. Dans l'état actuel de la science, beaucoup de physiologistes pensent qu'il ne se manifeste nulle part ni jamais autre chose que des propriétés physico-chimiques, et que les phénomènes vitaux ou propriétés vitales sont des arrangements complexes de faits simples, ou propriétés physico-chimiques. Avec ces idées, nous ne comprenons plus l'opposition que les vitalistes ont voulu établir entre les propriétés vitales et les propriétés physico-chimiques. L'évolution naturelle de l'esprit humain et de la science a dû changer ce point de vue. Or, la doctrine des propriétés vitales a appliqué mal à propos le nom de propriété à un phénomène complexe (sensibilité, contractilité, etc.); de plus, elle a personnifié ce nom ; elle en fait une entité, un être nouveau et comme l'ouvrier des phénomènes vitaux ; enfin elle a fait de cet être fictif, imaginaire, l'*ennemi*, l'adversaire des êtres non moins imaginaires et fictifs qui sont les ouvriers des phénomènes physiques. Cette invasion des êtres métaphysiques dans le domaine de la science a eu de tous les temps les plus mauvais effets : les efforts, se tournant vers la poursuite de ces fantômes, s'éloignaient du terrain expérimental et solide et guerroyaient dans l'inanité du vide.

Après cette critique générale de la doctrine des propriétés vitales, nous devons en faire une étude particulière.

Depuis le moment où Glisson (1634-1677) professait à l'université de Cambridge et introduisait dans les explications physiologiques la première propriété vitale, l'*irritabilité*, le nombre de ces propriétés s'est tantôt étendu, tantôt restreint. Haller admit deux propriétés vitales, la *sensibilité* et l'*irritabilité*. Bordeu en distinguait une multitude (*sensibilités propres* des organes), dominées par une propriété commune à toutes, la *sensibilité générale*. Bichat reconnaissait vingt et un tissus doués de propriétés vitales se ramenant toutes cependant à deux modalités différentes, la *sensibilité*, la *contractilité*. M. Ch. Robin (1) admet cinq propriétés d'*ordre organique, biologique* ou *vital :* la *motilité*, l'*évolutilité*, la *natalité*, la *contractilité*, la *neurilité*. Broussais n'acceptait qu'une seule propriété essentielle de la substance organisée, l'*irritabilité*, entraînant comme conséquence la

____

(1) Ch. Robin, *Dictionnaire de médecine*, 14ᵉ édition. Paris, 1878, art. ORGANIQUE (*Caractères d'ordre*), p. 1181.

sensibilité, la contractilité et toutes les autres facultés secondaires. Virchow professe la même opinion : les phénomènes vitaux ont pour condition intime l'*irritabilité*, terme générique qui comprend l'*irritabilité nutritive*, l'*irritabilité formative*, et l'*irritabilité fonctionnelle*. Toutes ces propriétés vitales n'appartiendraient qu'aux êtres vivants et les distingueraient des corps bruts.

On a dit encore que les êtres vivants jouissaient seuls de la faculté ou de la propriété de *reproduction*, par laquelle ils engendrent des êtres semblables à eux-mêmes; de la propriété ou de la faculté de *rédintégration*, par laquelle ils cicatrisent leurs plaies, réparent leurs pertes de substance et tendent à se reconstituer; que seuls ils avaient des âges, une durée limitée en soi, une mort, en un mot une *évolution*. Enfin, on a pu dire qu'ils étaient caractérisés par la nutrition. Voilà autant d'assertions que nous devrons examiner, afin de les expliquer et de voir si elles caractérisent bien, d'une manière absolue, les êtres vivants.

Irritabilité. — L'*irritabilité* a été définie « l'aptitude que possèdent les corps vivants à réagir d'une certaine manière sous l'influence des excitants extérieurs ». On oppose cette propriété des corps vivants à l'inertie des corps bruts, qui ne répondraient par aucune manifestation à l'action des stimulants extérieurs : seul l'être vivant réagirait. « L'irritabilité, comme le dit Virchow, la » propriété des corps vivants qui les rend susceptibles » de passer à l'état d'activité sous l'influence des irri- » tants, c'est-à-dire des agents extérieurs. » On pourrait et l'on peut encore considérer cette faculté de réagir

comme une sorte de *sensibilité propre* de chaque particule vivante. Lorsqu'on examine attentivement cette
propriété vitale, on voit qu'elle exprime moins un fait
qu'une idée. Elle traduit au fond cette idée que la
matière vivante, comme la matière minérale, est inerte
par elle-même. C'est la proclamation du *principe de
l'inertie* appliqué à la substance organisée. En effet, dire
que la matière organisée est *irritable*, qu'elle est susceptible d'entrer en activité sous l'influence extérieure, c'est
dire qu'elle ne possède pas en elle-même de *spontanéité*
ou du moins le pouvoir de manifester cette spontanéité.
Les corps bruts sont dans le même cas : ils ne peuvent
modifier d'eux-mêmes leur état; ils ne manifestent pas
de phénomènes, à moins qu'il n'y ait quelque sollicita-
tion extérieure. Le mot *irritabilité* n'exprime pas autre
chose que cela : faculté d'agir suivant sa nature sous une
provocation étrangère.

Cette propriété de l'irritabilité serait donc tellement
générale qu'elle appartiendrait alors aux corps bruts
comme aux corps vivants. On l'emploierait par un véritable abus de mots : ce serait la propriété d'avoir des
propriétés.

Quand on agit sur un muscle ou sur un nerf, et qu'on
provoque l'activité phénoménale qui leur est propre, on
n'a pas agi sur l'*irritabilité* de ces parties, mais on
apporte la condition physico-chimique nécessaire à l'apparition des phénomènes sensibilité ou contractilité. De
même, quand l'expérimentateur refroidit un corps
liquide pour le faire cristalliser, on n'ira pas dire qu'il a
agi sur une propriété de cristallisation; il n'a fait que

déterminer la condition physico-chimique dans laquelle elle a lieu. Quand on écrase du chlorure d'azote et qu'il s'ensuit une explosion qui devient à la fois une source puissante de chaleur et de mouvement, on n'agit pas sur une propriété explosive, mais on apporte la condition physico-chimique qui détermine l'explosion.

Quant à la *sensibilité*, on ne saurait en faire une propriété simple. C'est, au contraire, un phénomène vital des plus complexes. Mais ce phénomène, essentiellement vital entre tous, ne saurait être opposé, comme nous le verrons bientôt, aux propriétés physico-chimiques qu'il suppose au contraire et qui lui sont nécessaires.

Nous en dirons autant de la *contractilité*; c'est encore là un phénomène lié d'une manière étroite à des conditions d'ordre purement physique ou chimique.

Par ses expériences sur l'irritabilité, Haller posait les premiers fondements de l'anatomie et de la physiologie générale des tissus.

Ainsi, tandis que l'irritabilité de Glisson était un fantôme décevant, l'irritabilité hallérienne était une réalité. Elle exprimait le phénomène élémentaire du muscle actif; mais alors le nom d'irritabilité ne convient plus, on dit aujourd'hui *contractilité*.

La contraction est le phénomène élémentaire que présentent certains éléments anatomiques qui changent leur forme en se raccourcissant dans un sens tandis qu'ils s'étendent dans l'autre.

La contraction se manifeste dans un petit nombre seulement d'éléments anatomiques, surtout dans la *fibre musculaire striée* et dans la *fibre-cellule lisse*. On peut en rapprocher les déformations dont sont susceptibles les leucocytes, déformations qui ont été aperçues normalement dans les vaisseaux par M. Davaine, en 1850. On a fait jouer à ces déformations des leucocytes un rôle considérable dans la théorie de l'inflammation. On a encore considéré comme éléments contractiles, c'est-à-dire présentant la contraction, la plupart des masses protoplasmiques animales ou végétales. Le protoplasme des rhizopodes (amibes, actinophrys), celui des *myxo-mycètes* (champignon de la Tannée), tous les mouvements amiboïdes, rentrent dans cette catégorie. On peut aller plus loin et dire que la *contraction* est le phénomène élémentaire des mouvements les plus complexes ou les plus simples.

Le nom de *contractilité* a été donné à ce mode d'activité de l'élément musculaire ou sarcodique qui change sa forme sous certaines influences extérieures. La contractilité, en réalité, est un *phénomène*, non une propriété irréductible. Sans doute il n'est pas actuellement possible de trouver dans la substance contractile la raison de la contraction et l'explication du mécanisme par lequel elle se produit. La dénomination de *propriété* vitale serait, à cause de cela, provisoirement acceptable pour ce phénomène qui n'est pas actuellement *réduit* à ses conditions physico-chimiques. Il n'y a même aucun autre cas où ce nom soit mieux appliqué. Et cependant il est aisé d'entrevoir que cette prétendue propriété vitale n'est qu'une entité physiologique. Le muscle, la substance contractile, se trouvent immédiatement sous la dépendance des conditions physico-chimiques : tout ce qui modifie ou altère la substance altère ou modifie dans le même sens le phénomène de la contractilité. Que la température, que l'état de la substance change et aussitôt le phénomène de contraction en subira le contre-coup. La liaison entre ce phénomène et les conditions physico-chimiques est tellement *étroite, que l'on doit considérer ce phénomène non comme une manifestation indépendante, mais au contraire comme l'expression d'un certain état physico-chimique de la matière contractile.*

Les expériences physiologiques faites sur les fibres musculaires montrent que si la température s'élève, la contractilité disparaît. Les oiseaux, par exemple, ont une température moyenne de 44 degrés ; à ce degré, les contractions musculaires sont éminemment faciles à provoquer par les influences physiologiques ou artificielles, par les excitations des nerfs musculaires, par les . irritations traumatiques, électriques, chimiques. Que la température s'élève de 4 à 5 degrés et aussitôt l'état de choses est changé. A 48-50 degrés, le muscle perd la faculté de se contracter : la matière semi-fluide qui le compose s'est transformée et a subi un commencement de coagulation.

Le froid produit un effet analogue. Lorsque l'abaissement de température est assez considérable et se produit graduellement, on voit graduellement aussi s'atténuer le phénomène de contractilité. Chez les animaux hibernants les muscles s'engourdissent comme toutes les autres parties ; ils réagissent de moins en moins énergiquement, jusqu'au point de ne plus répondre d'une façon appréciable aux stimulants habituels.

L'échauffement ou le refroidissement ne sont point les seuls procédés par lesquels on puisse influencer l'état matériel de la substance contractile. On atteint le même résultat en troublant la nutrition du muscle. L'expérience connue de Preyer en est une preuve décisive. On lie les deux membres postérieurs d'une grenouille, de manière à y empêcher le renouvellement du sang. Au bout de quelque temps l'altération du muscle devient évidente : il devient rigide, la contractilité y a disparu. C'est là une véritable coagulation, et rien ne distingue cette rigidité ischémique de la véritable rigidité cadavérique. La grenouille étant ainsi préparée on défait les ligatures pour laisser revenir le sang, en même temps que l'on introduit sous la peau de l'une des pattes une solution étendue de chlorure de sodium à 1 ou 2 p. 100, solution qui a pour effet de modifier l'état physique de la substance musculaire et de la ramener à l'état fluide. On voit bientôt la contractilité reparaître dans le membre ainsi traité, tandis que l'autre patte reste inerte. Entre les muscles des deux membres il n'y a eu qu'une seule condition différente : le chlorure de sodium a modifié d'une manière purement chimique les muscles qui ont récupéré leur contractilité.

Cette liaison si étroite entre la contractilité et les conditions physico-chimiques de la substance contractile nous semble devoir entraîner cette conclusion :

La contraction est un phénomène physique qui ne peut se manifester que dans la substance organisée du muscle ou du sarcode. Nous voulons dire par là que le phénomène n'a rien d'extra-physique ou de vital : il suffirait, pour qu'il pût se produire, de réunir dans une substance les conditions physico-chimiques de la substance contractile elle-même.

Les considérations qui précèdent nous préparent à mieux comprendre le phénomène de la sensibilité, considérée longtemps comme la propriété *vitale* ou mieux comme la propriété *animale* par excellence.

Pour nous, la sensibilité est également un *phénomène vital*, non une propriété vitale. On la rencontre chez les animaux à des degrés différents ; les plantes, d'après Bichat, présentent des phénomènes qu'on pourrait rapporter à des modalités particulières de la sensibilité.

Les manifestations de la *sensibilité* sont, en réalité, des complexus phénoménaux auxquels concourent des éléments secondaires nombreux. De là des aspects multiples dont les uns et les autres ont plus ou moins frappé les physiologistes, suivant les circonstances. Les uns y ont vu une forme de l'*irritabilité* ancienne ; les autres, une expression plus élevée de ce que l'on a appelé le pouvoir *excito-réflexe* ; d'autres l'ont caractérisée par les phénomènes *psychiques* qui chez l'homme viennent compliquer le phénomène.

Toutes ces façons de voir sont exactes ; mais il résulte de leur multiplicité même que le mot de sensibilité n'a plus de signification univoque sur laquelle tout le monde s'entende.

Nous avons essayé précédemment (1) de préciser le

(1) Voy. vol. I, p. 286.

sens de ce phénomène, ce qu'il est absolument nécessaire de tenter, avant de le considérer comme étant
d'une essence particulière qui en ferait une propriété
vitale. Nous avons vu que le phénomène psychique qui
accompagne la manifestation de la sensibilité n'est qu'un
fait accessoire et surajouté ; ce qu'il y a de vraiment
caractéristique, c'est la réaction organique à une stimulation, c'est-à-dire l'ensemble des phénomènes matériels
provoqués dans les organes par l'impression d'un agent
extérieur. Ces phénomènes matériels sont tantôt des
mouvements, tantôt des manifestations trophiques, sécrétoires ou autres.

La plus apparente de ces réactions est la réaction
motrice.

Lorsque cette réaction motrice fait défaut, nous per-
dons toute possibilité d'apprécier le phénomène de sensibilité chez les animaux. En dehors de nous, nous
n'avons de preuves de sensibilité que dans ces réactions
motrices : si nous les voyons se produire chez un animal, nous affirmons que la sensibilité est en jeu ; si elles
font défaut, nous ne pouvons plus rien affirmer. Ainsi
l'élément le plus important de la sensibilité, c'est la réaction motrice qui termine le cycle des faits matériels.

Mais, nous le répétons, ce n'est pas le seul élément. Il peut être le seul dans un certain nombre de
cas, mais non toujours ; il peut faire défaut. C'est ce qui
arrive chez l'animal empoisonné par le curare : le processus sensitif s'arrête alors à l'impression, transmission,
perception sans réaction motrice. Aucun phénomène
apparent ne la trahirait, si l'on n'avait pas recours à

des artifices. Néanmoins, dans ce cas même, on n'est pas obligé de caractériser la sensibilité par le phénomène psychique de la sensation : il y a des phénomènes matériels physiologiques, activité matérielle des nerfs, activité des cellules cérébrales, et quoique ces phénomènes ne soient point pratiquement saisissables, il suffit qu'ils existent, comme dans le cas où la réaction motrice leur succède et où des artifices appropriés les révèlent, pour nous permettre de dire que le processus sensitif a encore lieu et qu'il y a réaction.

En résumé, ce qu'il y a de particulier dans la sensibilité, c'est la réaction à la stimulation des agents physiques, ou la propriété de transmettre, en la modifiant, la stimulation produite en un point, de manière à provoquer dans chaque élément organique l'entrée en jeu de son activité propre.

C'est en se plaçant à ce point de vue général que les physiologistes, tels que Bordeu, avaient confondu la sensibilité avec l'irritabilité, ou propriété d'un élément d'agir sous une excitation extérieure suivant sa nature. De fait, il y a tous les degrés, toutes les transitions entre cette *sensibilité simple*, ou propriété de réagir, et la sensibilité la plus complexe s'accompagnant de phénomènes de conscience et de réactions motrices.

Si l'on tient compte de ces transitions, on verra que la sensibilité n'est point l'apanage exclusif de l'animalité, comme l'avaient cru à tort les anciens naturalistes (*animalia sentiunt*). Beaucoup de végétaux présentent des phénomènes de réactions motrices que l'on doit considérer, à cause de leur rapport étroit avec les stimulations extérieures, comme des manifestations de la sensibilité. Les exemples de mouvement appropriés à un but fourmillent chez les cryptogames. Les anthérozoïdes, les zoospores des algues se meuvent, se déplacent en nageant ; ils semblent être avertis de la présence des obstacles qu'ils rencontrent et qu'ils évitent. Les phanérogames présentent des exemples non moins remarquables de réaction aux excitations que l'on porte sur elles. Telles sont les légumineuses *Smithia*, *Robinia* et surtout la sensitive *Mimosa pudica* qui rapproche ses folioles et abaisse ses pétioles secondaires sur le pétiole commun lorsque l'on vient à faire agir les excitants connus de la sensibilité animale : secousses, chocs, brûlures, actions caustiques, décharges électriques.

La sensibilité animale ou végétale est-elle, comme les partisans des propriétés vitales l'ont soutenu, une propriété vitale qui serait distincte des propriétés physico-chimiques ?

Nous ne le croyons pas. Les agents qui éteignent passagèrement la sensibilité chez l'homme et chez les animaux, l'éther, le chloroforme, abolissent également les réactions de la sensibilité chez les plantes dont il vient d'être question. La sensitive qui a été exposée a l'action des vapeurs d'éther n'abaisse plus ses feuilles sous les attouchements. L'éther, le chloroforme agissent chimiquement sur les tissus sensibles, protoplasma cellulaire ou cylindraxe, en coagulant leur substance. Quand l'influence a cessé, que l'état fluide a fait retour, la sensibilité reparaît. Le froid, la chaleur, les agents chimiques et traumatiques susceptibles de modifier la

substance dite sensible, modifient parallèlement la fonction ou le phénomène. Et inversement, la fonction ou
les phénomènes ne sont jamais modifiés sans que la
substance le soit, de sorte que jamais la propriété vitale
de sensibilité n'apparaît isolée. Au fond, elle n'est qu'un
complexus de propriétés physiques. D'une façon générale, les appareils organiques ne font que manifester des
propriétés physiques qui, par leur complexité, affectent
des formes spéciales d'une expression très-élevée et que
nous appelons vitales. La circonstance de faire partie
d'un organisme ne change rien aux propriétés générales
de la matière : elle se traduit par des conditions tellement variées ou nombreuses qu'elles ne sont pas réali-
sables expérimentalement ; quelles n'existent que là, *in
situ*, en place : et c'est pour cela que le phénomène est
spécial à l'être vivant.

L'action des anesthésiques justifie les considérations
que nous avons exposées précédemment, et d'après
lesquelles la *sensibilité* n'est qu'une forme compliquée
de l'*irritabilité* prise dans le sens de l'ancienne physiologie. Tous les tissus, tous les éléments des tissus possèdent cette propriété de réagir suivant leur nature aux
stimulants étrangers. Plaçons dans une atmosphère
éthérisée le cœur d'une grenouille détaché de l'animal
et qui continue à battre. Bientôt les battements s'arrêtent pour reprendre de nouveau lorsque nous faisons
cesser l'influence de l'éther. La fibre musculaire a subi,
dans ce cas, une action tout analogue à celle qu'éprouvait naguère le tissu nerveux : elle s'est coagulée et est
devenue rigide.

Prenons encore un autre tissu, l'épithélium vibratile, qui constitue le revêtement interne de l'œsophage de la grenouille. Les cils qui surmontent les cellules se meuvent d'une manière incessante : ce mouvement est rendu apparent par le transport de substances légères qui sont charriées contre le sens de la pesanteur. Si l'on soumet la membrane à l'influence des vapeurs d'éther, le mouvement s'arrête bientôt, pour reprendre lorsque l'éther s'est dissipé.

L'éther n'agit donc pas exclusivement sur le système nerveux : il atteint chaque élément en son temps, selon le degré de la susceptibilité. Il agit tardivement, mais de la même façon, sur les cellules végétales qui sont situées dans les renflements pétiolaires de la sensitive et qui, frappées d'arrêt, ont suspendu leurs fonctions relatives aux mouvements des feuilles.

Les faits précédents légitiment notre manière de voir : la sensibilité est l'expression très-élevée des conditions ou propriétés physico-chimiques de la matière organisée du nerf. C'est un phénomène complexe résultant de propriétés simples ou de conditions d'ordre physique. Cependant, comme ces conditions ne sont réalisées et réunies que dans l'être vivant, il en résulte que le *complexus*, le phénomène, peut être appelé vital.

Les conditions physico-chimiques de la sensibilité sont réunies dans la substance organisée des nerfs, comme les conditions de la contractilité le sont dans les muscles. Quoi d'étonnant, d'après cela, que la contraction musculaire soit indépendante de la manifestation nerveuse ? Haller, dans ses immortelles expériences, avait essayé de distinguer la sensibilité du nerf de la contractilité du muscle, et moi-même j'ai pu fournir au moyen du curare la démonstration péremptoire de cette juste distinction. Cette distinction, nous le voyons maintenant, était de nécessité. La constitution moléculaire du nerf n'est point celle du muscle, celle du muscle n'est point celle d'une glande, et les activités de ces divers tissus qui traduisent les propriétés physico-chimiques de leur substance organisée doivent naturellement être distinctes et indépendantes.

D'après tout ce qui précède, que devons nous conclure?

Il nous paraît que les propriétés vitales ne sont autre chose que des complexus de propriétés physiques. La circonstance de faire partie d'un organisme et d'y occuper certaine place ne se traduit que par des conditions physico-chimiques tellement nombreuses et variées, qu'elles n'existent que là, *in situ*, en place; c'est pour cela que le phénomène est spécial à l'être vivant. Ainsi, les appareils organiques ne font que révéler les propriétés physiques qui, par leur complexité, affectent des formes spéciales (vitales) d'une expression très-élevée.

LEÇON XXVII

Vitalisme physico-chimique.

Sommaire. — § I. Division des phénomènes de la vie en phénomènes fonctionnels et en phénomènes nutritifs.
§ II. Spécialité des agents chimiques des phénomènes fonctionnels de l'organisme.
§ III. Spécialité des agents chimiques d'organisation chez les êtres vivants.

§ 1. — Division des phénomènes de la vie en phénomènes fonctionnels et en phénomènes nutritifs.

Nous arrivons maintenant à un moment où il paraît nécessaire de nous résumer. Dans la première partie de ce cours, nous avons tracé une esquisse rapide de la marche de la science physiologique depuis l'antiquité jusqu'à l'époque contemporaine. Nous avons vu comment les idées des anciens philosophes et des premiers interprètes de la science naissante, successivement modifiées, se sont ensuite évanouies, pour laisser la place à une multitude d'observations et de faits que les investigateurs de tous les temps ont péniblement rassemblés. Mais, ainsi que nous l'avons dit en commençant, la science ne doit pas être un simple répertoire de faits; son but est de connaître les lois générales des phénomènes. Nous allons tenter de fonder sur l'état actuel de nos connaissances quelques aperçus généraux, et comme une ébauche de ces lois générales plutôt entrevues que fixées.

Tous ces phénomènes de la vie se rattachent à deux groupes : ils concourent au fonctionnement de l'organisme ou à son entretien. Par son fonctionnement l'organisme s'use et se détruit, par la nutrition il se répare et dure.

La *destruction fonctionnelle* est la loi commune de tous les êtres vivants, depuis le plus simple jusqu'au plus compliqué. Cette loi veut que toute manifestation vitale ait pour condition la destruction, ou, comme l'on disait autrefois, l'*usure* de la substance où elle apparaît. Lorsque chez l'homme et chez l'animal une sécrétion a lieu, la glande s'use, se liquéfie en quelque sorte ; lorsqu'un mouvement survient, une partie du muscle se détruit : quand la sensibilité et la volonté se manifestent, les nerfs éprouvent une perte de substance appréciable ; quand la pensée s'exerce, le cerveau se consume. Les produits sécrétoires déversés dans les cavités organiques ou les déchets rejetés des profondeurs de l'économie témoignent de cette usure moléculaire.

Ces faits ne sont point nouveaux ; ils ont été soupçonnés et admis avant démonstration rigoureuse. Néanmoins il me semble qu'on n'en a pas donné une interprétation complète et qu'on n'en a pas fait sortir toutes les conséquences. Il faut, pour apprécier les faits et les comprendre, établir toutes les conditions de leur existence, en un mot, en fixer le mieux possible le déterminisme. C'est ce que, depuis longtemps déjà, dans mes travaux et dans mon enseignement j'ai essayé de faire.

Qu'est-ce que cette destruction, cette usure moléculaire qui accompagne les phénomènes vitaux? Il importe de le savoir. C'est une action chimique. On sait depuis longtemps qu'elle consiste dans une sorte d'oxydation de la matière organique; qu'elle est une combustion ou plutôt l'équivalent d'une *combustion*. Lavoisier et les chimistes qui nous ont fait connaître cet important résultat ont commis une erreur relativement au mécanisme par lequel il était obtenu. L'erreur, presque inévitable au temps de Lavoisier, fait encore loi pour beaucoup de nos contemporains : elle consiste à assimiler les oxydations et les processus chimiques qui se font dans l'organisme aux combustions directes ou aux actions chimiques qui se produisent en dehors de l'être vivant, dans nos foyers, dans nos laboratoires. Il en est tout autrement. Il n'y a peut-être pas un seul phénomène chimique dans l'organisme qui se fasse par les procédés de la chimie de laboratoire; en particulier, il n'y a peut-être pas une oxydation qui s'accomplisse par fixation directe d'oxygène. J'ai énoncé, depuis longtemps, ce principe si important de chimie physiologique, en particulier dans mon Rapport de 1867 (1). Beaucoup de publications faites depuis cette époque, soit en France, soit à l'étranger, ont conclu dans le même sens. Toutes les actions chimiques organiques que l'on connaît le mieux empruntent le secours d'agents spéciaux à l'organisme vivant, agents que nous désignons sous le nom de *ferments*. Le résultat est, sans aucun doute, le même que celui que les chi-

(1) Page 187, note 79.

mistes imaginaient ; mais le moyen est tout différent, et
le physiologiste attentif surtout aux procédés de la nature
vivante a pu accuser le chimiste de lui avoir montré le
phénomène tel qu'il aurait pu être, mais non pas tel qu'il
était. Lavoisier, en un mot, et ses successeurs ne se sont
pas trompés sur la nature des phénomènes ; mais ils se
sont trompés sur la nature des agents qui les manifestent. Nous devrons, plus loin, nous étendre sur les
circonstances particulières de ces fermentations, de ces
oyxdations, sur leurs agents spéciaux et sur leurs conditions physiologiques.

Il a régné dans la science une doctrine qui attribuait
aux végétaux seuls le pouvoir de faire la synthèse des
principes immédiats que les animaux détruisaient ensuite. Cette doctrine absolue ne pouvait pas subsister :
les phénomènes de synthèse, comme nous l'avons déjà
dit, sont seulement prédominants chez les végétaux, où
les manifestations fonctionnelles sont moins énergiques,
tandis que les phénomènes de destruction ou de dépense
vitale sont prééminents chez les animaux. Mais les deux
ordres d'actions se rencontrent dans tous les êtres vivants
et dans tous leurs éléments histologiques: ils sont la
contre-partie l'un de l'autre ; ils se conditionnent et se
complètent.

Les phénomènes de la rénovation moléculaire présentent une grande différence avec les phénomènes de la
destruction fonctionnelle. Ceux-ci, comme nous l'avons
déjà fait observer, se révèlent immédiatement à nous ;
les signes en sont évidents, ils éclatent au dehors ; ils se
traduisent d'une manière sensible par les manifestations

vitales extérieures. Le processus formatif, au contraire, s'opérant dans le silence de la vie végétative, se dérobe au regard : les phénomènes de synthèse organisatrice restent tout intérieurs et n'ont presque point d'expression qu'eux-mêmes et ne se révèlent que par l'organisation et la réparation de l'édifice vivant ; ils rassemblent, d'une manière silencieuse et cachée, les matériaux qui seront dépensés plus tard dans les manifestations bruyantes de la vie. Il est essentiel de bien remarquer cette différence caractéristique entre les deux phases du circulus nutritif, l'organisation restant latente et la désorganisation ayant pour signes sensibles tous les phénomènes de la vie. Nous sommes donc les jouets d'une apparence trompeuse quand nous appelons phénomène de vie ce qui, au fond, n'est autre chose qu'un phénomène de mort ou de destruction organique.

Il importe de ne pas perdre de vue les deux phases du travail physiologique, l'organisation et la destruction fonctionnelle. Elles se distinguent de toutes les façons : par leur expression phénoménale, par leur nature chimique, par leurs conditions, par leurs agents.

Nous rappelons, pour résumer, ce que nous avons développé dans ces leçons. A la combustion fonctionnelle correspondent toutes les manifestations saisissables de l'activité vivante. La synthèse organique, au contraire, a pour caractère distinctif d'être invisible à l'extérieur. Au silence qui se fait dans un œuf en incubation, on ne pourrait soupçonner l'activité qui s'y déploie : c'est l'être nouveau qui nous dévoilera par ses manifestations vitales les merveilles de ce travail lent et caché. Il en est de même de toutes nos fonctions; chacune a pour ainsi dire son incubation organisatrice. Quand un acte vital se produit extérieurement, ses conditions s'étaient dès longtemps rassemblées dans cette élaboration silencieuse et profonde qui prépare les causes de tous les phénomènes.

C'est une vue qu'il importe de ne pas oublier. Lorsqu'en effet on veut modifier les actions vitales, c'est dans leur évolution cachée qu'il faut les atteindre ; lorsque le phénomène éclate, il est trop tard. C'est surtout dans l'organisme vivant que rien n'arrive par un brusque hasard ; les événements les plus soudains en apparence sont lentement préparés et ont leurs causes latentes.

Au point de vue de leur nature chimique, les deux phases du travail physiologique sont exactement l'inverse l'une de l'autre : c'est l'analyse et la synthèse. Quant à leurs conditions, elles ne sont pas moins séparées : la combustion fonctionnelle peut s'accomplir *post mortem* et en dehors de l'organisme vivant ; les phénomènes de synthèse, au contraire, ne peuvent se manifester que dans le corps vivant et chacun dans un lieu spécial ; aucun artifice n'a pu, jusqu'à présent, suppléer à cette condition essentielle de l'activité des germes d'être à leur place dans l'édifice vivant.

Enfin, et c'est là le dernier trait distinctif, les agents chimiques spéciaux de ces deux ordres de phénomènes sont bien différents. D'une part, ce sont les ferments ; d'autre part, les germes et noyaux de cellules. Le noyau fait ce que le ferment détruit. C'est pour cela qu'au point de vue physiologique nous avons insisté sur la distinction à établir entre les ferments solubles et les ferments figurés. Les ferments figurés sont de véritables organismes cellulaires qui travaillent à la synthèse vitale et qui se régénèrent par action vitale ; les ferments solubles travaillent au contraire à la destruction fonctionnelle et ne semblent être eux-mêmes que des produits de destruction.

On ne devra pas oublier que ces deux groupes de phénomènes sont absolument solidaires, et que la vie exige leur exercice simultané et leur mutuel concours.

La *rénovation moléculaire de l'organisme* est la contre-partie nécessaire de la destruction fonctionnelle des organes. Chez l'animal parvenu à son développement, chez l'animal adulte, les pertes se réparent à mesure qu'elles se produisent, et l'équilibre se rétablissant dès qu'il tend à être rompu, le corps se maintient dans sa composition et dans sa forme. Ces deux opérations de destruction et de rénovation, inverses l'une de l'autre, distinctes dans leur nature, sont absolument connexes et inséparables : elles sont la condition l'une de l'autre. Les phénomènes de destruction fonctionnelle sont eux-mêmes les instigateurs et les précurseurs de la rénovation matérielle qui se dérobe à nos yeux dans l'intimité des tissus, en même temps que les combustions, les fermentations se traduisent avec éclat par les manifestations vitales extérieures : le processus formatif s'opère dans le silence de la vie végétative ; le processus de destruction, au contraire, apparaît dans les manifestations de la vie fonctionnelle. La matière organique s'oxyde, s'hydrate, se sépare des tissus vivants, les abandonne; mais, simultanément, ceux-ci attirent à eux, fixent et s'incorporent la matière inorganique du milieu ambiant. L'usure et la renaissance des parties constituantes du corps font que l'existence n'est en réalité autre chose qu'une perpétuelle alternative de *vie* et de *mort*, de composition et de décomposition, d'organisation et de désorganisation. Les dernières parties de l'organisme, les éléments anatomiques, sont le siége de ce double mouvement d'*assimilation* et de *désassimilation*, d'*organisation* et de *désorganisation*, qui, considéré dans son ensemble, prend le nom de *nutrition*. Il serait peut-être préférable de réserver le nom de *nutrition* au phénomène de synthèse organisatrice, et de donner le nom de *fonction* au phénomène de désassimilation.

Nous ne rappelons ces faits de connaissance banale que pour avoir l'occasion de développer à leur sujet quelques vues que nous croyons nouvelles et qui sont relatives aux agents chimiques qui les mettent en œuvre.

D'une manière générale, nous distinguerons donc dans le corps vivant deux grands groupes de phénomènes inverses : les phénomènes *fonctionnels* ou de dépense vitale, et les phénomènes *plastiques*, d'organisation ou d'accumulation nutritive. La vie se manifeste par ces deux ordres d'actes entièrement opposés dans leur nature : la désassimilation, qui consiste dans une oxydation ou une hydratation d'une nature particulière et qui use la matière vivante dans les organes en *fonction*; la synthèse assimilatrice ou organisatrice, qui forme des

réserves ou régénère les tissus dans les organes considérés en *repos*.

Quoique ces phénomènes se produisent simultanément dans un enchaînement qu'on ne saurait rompre,
leurs caractères analogiques les groupent et les classent
dans deux catégories que l'on doit étudier isolément.

Il n'y a pas actuellement, en physiologie, de classification universellement adoptée pour l'exposition des faits
connus : le groupement en *fonctions* commence à n'être
plus jugé convenable par les auteurs récents ; et dans
tous les cas l'ordre dans lequel on étudie ces fonctions
est très-variable. Au point de vue de la physiologie
générale, les considérations précédentes fourniraient la
base d'une classification naturelle : d'une part, on grou-
perait toutes les manifestations phénoménales *fonctionnelles* qui correspondent à une destruction du matériel
de l'organisme ; de l'autre, les phénomènes *plastiques*
qui correspondent à la constitution chimique et morphologique de ce même matériel. L'équilibre nécessaire
entre ces deux ordres de faits inverses serait assuré par
l'influence des phénomènes nerveux qui les régissent et
les modèrent. Ce serait là la troisième partie qui com-
pléterait le cycle physiologique de la vie. Une telle division serait d'accord avec les vues des physiciens
modernes, et avec l'application qu'Helmholtz a voulu
en faire à la physiologie, en considérant trois ordres de
phénomènes vitaux, selon qu'ils manifesteraient l'un ou
l'autre de ces trois ordres de forces, les *forces de tension*,
les *forces vives*, les *forces de dégagement*. Tout en restant mieux sur le terrain de la physiologie, la division

que nous proposons nous paraît préférable à la classification précédente, dont le point de vue nous semble
trop mécanique.

§ II. — Spécialité des agents chimiques des phénomènes fonctionnels de l'organisme.

Sans entrer ici dans l'examen détaillé des divers phénomènes vitaux qui entraînent la destruction de l'organisme et sa régénération, nous nous proposons
spécialement de bien établir que ces deux ordres de
manifestations vitales ont une modalité tout à fait spéciale et dépendent d'agents chimiques propres à l'organisme vivant. C'est cette doctrine que nous désignons
par le nom de *vitalisme physique.*

Il est d'autant plus nécessaire de bien fixer ce premier point, que notre but, ainsi que je l'ai souvent
répété, est tout pratique ; voulant arriver à agir sur les
phénomènes de la vie, c'est à la modalité spéciale de
leurs agents qu'il faut nous adresser, sous peine de viser
un but imaginaire.

Les phénomènes physico-chimiques des êtres vivants,
quoique soumis aux lois de la physique et de la chimie
générales, ont leurs conditions particulières qui ne sont
réalisées que là, et dont la chimie pure ne peut offrir
qu'une image plus ou moins inexacte. Il suffira, pour
mettre ce principe en lumière, de passer en revue les
différentes fonctions physiologiques en examinant seulement les points les mieux élucidés. Les explications des
phénomènes physiologiques ont toujours été ou trop

vitalistes ou trop matérialistes ; les progrès de la science ont rendu à la métaphysique les agents immatériels imaginés par les anciens ; par une exagération inverse, les chimistes modernes ont voulu donner, pour ainsi dire, la nature inanimée pour modèle rigoureux à la nature vivante ; ils ont assimilé trop complétement les phénomènes chimiques de l'économie à ceux des laboratoires.

C'est là une erreur dont nous avons trouvé l'expression et aussi le redressement en parcourant rapidement l'histoire de quelques phénomènes organiques, tels que ceux de la digestion, de la respiration, de la contraction musculaire.

Digestion. — La digestion est une fonction dont les actes essentiels sont de nature purement chimique. Les agents de ces phénomènes sont les produits de sécrétion des glandes intestinales, véritables ferments d'un ordre spécial. Leur formation est la suite d'une liquéfaction, d'une destruction de la glande. A cette destruction de l'organe correspond comme manifestation fonctionnelle : 1° l'expulsion du ferment (phénomène physique de l'excrétion), et 2° l'action chimique exercée sur les aliments par le ferment excrété qui dépense ainsi son activité. Ici le phénomène fonctionnel est donc surtout un phénomène chimique. Dans d'autres cas, nous verrons que le phénomène fonctionnel correspondant à la destruction d'un organe est surtout physique : c'est ce qui arrive pour les nerfs et plus clairement encore pour les muscles qui se contractent, la contraction est le représentant de la destruction moléculaire. Les fonctions de la vie sont ainsi tantôt des phénomènes physiques, tantôt des phénomènes chimiques diversement arrangés et harmonisés.

Pour en revenir à la digestion, nous rappellerons que dans une première phase, qui va de l'antiquité jusqu'aux premières années de ce siècle, les théories vitalistes avaient attribué à des actions tout à fait spéciales la digestion des aliments ; dans la seconde phase contemporaine, on a, tout au contraire, assimilé trop aisément les agents digestifs aux agents de la chimie minérale. Au point de vue des modifications qu'ils éprouvent par le fait de la digestion, on peut distinguer les aliments en quatre classes : les matières albuminoïdes, les matières féculentes, sucrées et grasses. Avant de passer dans le sang et de devenir utilisables, les matériaux alimentaires doivent se digérer, c'est-à-dire subir des transformations physiques et chimiques particulières. Les matières féculentes, par exemple, doivent être transformées par hydratation en sucre de glycose ; les matières grasses doivent être émulsionnées et saponifiées ; les matières albuminoïdes changées en nouveaux principes qu'on appelle peptones ; et enfin les sucres ordinaires doivent passer à l'état de sucre de glycose.

Il n'y a pas un seul de ces changements produits par la digestion qui ne puisse être réalisé en dehors de l'organisme par des agents chimiques ; mais ce que nous voulons établir, c'est que les agents qui les opèrent dans le tube digestif sont tout à fait différents des agents chimiques ordinaires : ce sont des agents spéciaux, créés par l'organisme, en un mot ce sont des ferments. Ces ferments contiennent pour ainsi dire à l'état de tension l'énergie accumulée par la destruction des glandes intestinales ; de telle sorte qu'avec le tissu même de ces glandes on peut préparer ces mêmes ferments, c'est-à-dire des sucs digestifs artificiels. Remarquons en outre que, à mesure que les cellules glandulaires sécrètent les ferments par altération ou destruction organique, un autre processus réparateur ou de synthèse cellulaire s'opère dans l'organe. Les deux phénomènes de destruction et de synthèse organique sont liés d'une manière si intime, que lorsque la glande cesse de fonctionner, c'est-à-dire de se détruire, l'acte régénérateur cesse également. C'est ainsi qu'on voit les organes glandulaires digestifs s'amoindrir, s'atrophier, chez certains animaux engourdis ou plongés dans l'état d'hibernation qui suspend la fonction digestive.

Entrons plus profondément dans les phénomènes, et prouvons ce que nous avons avancé, en passant aux exemples particuliers.

a. *Substances féculentes.* — Les substances féculentes jouent un rôle considérable dans l'alimentation. Or, l'amidon ou fécule n'est pas, sous sa forme actuelle, en état d'être utilisé par l'organisme ; il doit être transformé en une substance soluble et susceptible de prendre part aux échanges nutritifs, la glycose. La digestion des matières féculentes consiste précisément dans ce changement de l'amidon en sucre de glycose.

La transformation de l'amidon en glycose se fait par hydratation chimique : l'amidon passe par une série de modifications encore mal connues, parmi lesquelles on distingue la *dextrine*, substance isomérique soluble qui est le lien entre l'amidon et le sucre, car en continuant l'action la substance s'hydrate davantage et passe à la glycose.

La saccharification de l'amidon est facile à réaliser dans les laboratoires scientifiques ou industriels. L'industrie, qui utilise en grand cette réaction, n'a que le choix entre les procédés. Les acides étendus, l'acide chlorhydrique, l'acide sulfurique, opèrent cette transformation en dextrine et en sucre. L'action prolongée de l'eau bouillante, la vapeur d'eau surchauffée entraînent le même effet.

Aucun de ces procédés n'est pourtant mis en usage par l'organisme; aucun, du reste, n'était applicable. Ils sont ou trop lents ou trop énergiques; ils font intervenir des agents dont la causticité aurait été incompatible avec la délicatesse des tissus. Cependant le rôle saccharificateur des acides étant connu, et sachant, d'autre part, que l'amidon ingéré rencontre dans l'estomac un suc acide, il était possible de supposer, et l'on avait supposé que c'était par le suc gastrique que l'amidon se digérait.

Cependant il n'en est rien; le procédé physiologique est tout différent : il est spécial. Il consiste dans l'action d'un ferment soluble, la diastase. Dès l'entrée du tube digestif, ce ferment se rencontre dans la salive mixte, c'est la diastase salivaire. L'action exercée par ce ferment est infiniment moins énergique que celle d'un agent analogue existant dans le suc pancréatique. La digestion des féculents incombe à peu près exclusivement à ce dernier liquide : l'effet de la diastase pancréatique est immédiat, presque instantané, quand l'amidon est préalablement hydraté.

Ces mêmes ferments glycosiques qui se rencontrent dans la salive, dans le suc pancréatique, se retrouvent dans tous les points de l'économie où l'amidon animal, le glycogène, doit être utilisé. Ainsi en est-il dans le foie, où la réserve de glycogène, à chaque instant convertie en sucre par un ferment diastasique, est versée dans le courant sanguin. C'est sans doute par le même mécanisme que la matière glycogène qui existe dans le corps de l'embryon ou dans ses annexes est saccharifiée pour servir aux mutations chimiques du développement.

Les ferments diastasiques, c'est-à-dire capables de saccharifier l'amidon, se rencontrent aussi dans les végétaux. Toutes les parties d'un végétal, toutes les cellules ont contenu, à un moment donné de leur existence, de l'amidon destiné à être mis en œuvre à l'état de sucre. Souvent même l'amidon s'accumule sous forme de réserve dans certains organes de la plante, en vue de son alimentation future. Ainsi en est-il dans les graines, dans les jeunes tiges, dans les tubercules. Lorsque la graine entre en germination, lorsque le bourgeon se développe en bois ou en fleur, lorsque la tige s'accroît ou s'élève, la plante digère véritablement son amidon. Cette saccharification se fait encore par le même agent, le ferment glycosique ou diastase; c'est en 1833 que MM. Payen et Persoz isolèrent ce ferment dans l'orge germée.

Ces ferments glycosiques sont-ils identiques malgré la

diversité de leur origine? La séparation et l'analyse de ces substances présentent trop de difficultés pour qu'on ait la démonstration de leur identité, mais elle est infiniment vraisemblable.

En résumé, la saccharification de l'amidon est une opération qui présente la plus grande généralité. Elle est commune à tous les êtres vivants; elle a lieu dans la germination, dans la végétation, dans le développement embryonnaire, dans la digestion alimentaire. D'autre part, elle constitue une opération chimique et industrielle réalisée en dehors des êtres vivants par des procédés de chimie minérale.

Mais quoique dans la saccharification de l'amidon en dehors ou au dedans de l'organisme le point de départ soit le même, l'aboutissant le même encore, on voit combien le procédé de la nature vivante diffère du procédé inorganique. Dans l'un comme dans l'autre cas, cependant, il s'agit d'un phénomène purement chimique, d'un processus d'hydratation : les moyens seuls diffèrent, quoique soumis aux mêmes forces générales physico-chimiques.

b. *Substances sucrées*. — Le sucre ordinaire, ou sucre de canne, remplit un rôle important dans la nutrition des plantes; il intervient pour une forte proportion dans le régime alimentaire de l'homme et des animaux frugivores. Il est parfaitement soluble et miscible au sang; mais il ne possède des qualités alibiles qui lui permettront de participer aux échanges nutritifs qu'à la condition de subir une modification dans sa nature intime. Sous sa forme actuelle, il est comme une matière inerte ou indifférente qui circulerait impunément dans le sang sans que les éléments anatomiques puissent jamais le détourner et se l'approprier. J'en ai fourni la preuve en injectant dans les veines une solution de sucre de canne que je retrouvais intacte dans l'excrétion urinaire.

La modification que le sucre de canne subit est une transformation qui le fait passer par hydratation à l'état de glycose, ou mieux à l'état de *sucre interverti*, mélange de deux glycoses lévogyre et dextrogyre.

C'est dans l'intestin grêle que se produit cette action, elle est due à un ferment contenu dans le suc intestinal, que j'ai préparé et isolé sous le nom de *ferment inversif*.

Ce ferment existe non-seulement dans l'intestin qui digère, mais dans tous les points et dans toutes les circonstances où la saccharose doit être utilisée pour la nutrition des plantes ou des animaux. La betterave qui monte en graine transforme le sucre entreposé dans sa racine et le digère véritablement de la même manière que fait chez les animaux le suc intestinal. Ainsi animaux et plantes emploient le même agent au même usage. M. Berthelot a montré que l'infusion de levûre contenait le même principe; elle y remplit le même rôle que dans le tube digestif des animaux. La levûre ne peut pas plus utiliser directement le sucre de canne que l'homme lui-même; il faut qu'elle le transforme, qu'elle le digère, et cela se fait de la même manière, par interversion, et par le même agent, le ferment inversif.

D'autre part, l'interversion du sucre peut se produire en dehors de l'être vivant. On sait que la seule action mécanique de la pulvérisation a ce résultat; on l'obtient encore bien mieux par l'ébullition avec des liqueurs acidifiées par l'acide chlorhydrique et par l'acide sulfurique, et c'est de cette manière que M. Dubrunfaut a pour la première fois découvert le phénomène de l'interversion.

Voilà donc deux circonstances appartenant, l'une au règne minéral, l'autre au règne animal et végétal, dans lesquelles le sucre est interverti. On pouvait supposer, à priori, que les procédés seraient les mêmes dans les deux cas, puisque le sucre rencontre dans l'estomac l'acide qui précisément peut l'intervertir. Il n'en est rien. Le procédé de la nature vivante lui est spécial; il diffère du procédé du règne minéral. Mais l'identité dès résultats, malgré la diversité des mécanismes, nous révèle que la nature intime du phénomène est identique; il ne contient rien qui appartienne à la force vitale ou à quelque autre influence de cet ordre; il est sous la domination des forces naturelles physico-chimiques.

c. *Substances grasses.* — Les matières grasses participent, sous diverses formes, à l'entretien de l'économie animale. Introduites dans le tube digestif, elles doivent, pour être mises en situation de remplir leur rôle, subir deux espèces de modifications, dont l'une est le prélude de l'autre: une modification physique, l'*émulsion ;* une transformation chimique, la *saponification,* ou dédoublement par hydratation en acides gras et glycérine.

Ces transformations s'opèrent, comme je l'ai prouvé, dans le duodénum par l'intervention du suc pancréatique. Il y a dans la sécrétion du pancréas un principe actif, le *ferment émulsif,* qui par son contact produit

sur les graisses l'infinie division mécanique qu'on appelle
émulsion, puis les rend très-rapidement acides par saponification. Le même phénomène se produit non-seulement dans le tube digestif des animaux, mais dans
toutes les circonstances où les graisses entrent dans le
mouvement nutritif, en particulier dans les graines oléagineuses au moment de la germination.

D'autre part, la saponification s'accomplit en dehors
de l'être vivant. C'est une opération chimique qui est la
base d'une des industries les plus importantes. Mais
tandis que dans les laboratoires scientifiques ou industriels la saponification est réalisée par l'action des alcalis,
des bases, de la vapeur d'eau surchauffée, le procédé
est tout différent chez les êtres vivants : c'est un ferment
soluble, le ferment *émulsif*, qui remplit la même fonction. L'action du suc pancréatique et celle des agents
chimiques extérieurs sont les mêmes. Dans les deux cas
il y a séparation de glycérine et d'acides gras.

d. *Substances albuminoïdes*. — La digestion des substances albuminoïdes est la moins bien connue. Cette
ignorance tient surtout à la difficulté de préciser exactement la constitution chimique des albuminoïdes qui
sont le point de départ, et celle des peptones qui sont le
résultat de cette digestion. Quoi qu'il en soit, on sait que
la peptisation des substances protéiques s'accomplit en
deux temps : d'abord dans l'estomac, sous l'influence du
suc gastrique; ensuite dans l'intestin, sous l'influence du
suc pancréatique et peut-être du suc intestinal. Mais,
au point de vue physiologique, on peut dire que la digestion stomacale est une opération très-incomplète, préli-

minaire en quelque sorte de la digestion pancréatique. Tous les aliments albuminoïdes, qu'ils aient ou non subi un commencement de digestion dans l'estomac, qu'ils n'aient pas été attaqués, ou qu'ayant, au contraire, été dissous ils aient été précipités de nouveau, se présentent en définitive à l'état insoluble devant le suc pancréatique chargé de les digérer.

Quoi qu'il en soit, les transformations des albuminoïdes sont encore ici accomplies par des ferments spéciaux, la *pepsine*, découverte par Schwann dans le suc gastrique, en 1836, et le ferment *albuminosique* du pancréas qui a été l'objet de différents travaux dans ces derniers temps. Parmi les dernières tentatives exécutées en vue de séparer les trois ferments du pancréas, nous citerons celles de M. Paschutin, qui enlèveraient le ferment albuminosique en traitant la macération du pancréas par l'iodure de potassium, le ferment glycosique par l'arséniate de potasse, et le ferment émulsif par le sesquicarbonate de soude. Kühne a séparé le ferment albuminosique du pancréas sous le nom de *trypsine*.

Pour en revenir aux substances albuminoïdes, on peut admettre que leur peptisation par les ferments albuminosiques consiste, comme les autres fermentations digestives, en une hydratation avec dédoublement; on pourrait espérer la réaliser, selon M. Schützenberger, en dehors de la vie, par des procédés purement chimiques.

En résumé, arrivé au terme de cette série d'exemples, nous voyons ressortir nettement le principe que nous voulions mettre en lumière, à savoir, que les phéno-

mènes dont l'organisme est le théâtre, sont des phénomènes chimiques soumis aux mêmes lois que ceux qui
se réalisent en dehors de la vie, mais exécutés par des
agents spéciaux. Ces agents sont des *ferments solubles* :
ils président à toutes les oxydations et hydratations de
l'organisme. Leur rôle dans les manifestations de la vie
est d'une importance capitale : ils constituent ce qu'il y
a de particulier dans les procédés de la nature vivante,
puisque le fond des phénomènes est le même que dans
la nature inorganique. Ce n'est pas trop s'avancer que
de dire qu'ils contiennent en définitive le secret de la
vie.

Ces principes solubles, non organisés, incristallisables,
offrent ce caractère remarquable : « la grandeur de
l'effet comparée à la masse très-petite de l'agent actif ».
Cependant cette puissance n'est pas indéfinie. La nature
de ces ferments solubles est aujourd'hui encore entou-
rée des plus grandes obscurités. Ce ne sont pas des matières albuminoïdes en voie de décomposition, comme
on l'a avancé. J'ai démontré que les ferments diastasiques et inversifs peuvent être séparés des matières
putrescibles, qu'ils résistent même à la putréfaction, et
qu'ils offrent beaucoup d'autres caractères qui obligent
à les considérer comme des agents chimiques tout à fait
spéciaux.

Quoi qu'il en soit, ces agents spéciaux, ces ferments
solubles appartiennent à la physiologie et non à la chimie : ils différencient les réactions du laboratoire des
réactions de l'organisme; mais l'identité des résultats
obtenus par ces agents différents prouve bien que les

uns et les autres viennent, en dernière analyse, se confondre dans un effet commun, en réalisant par des voies
différentes les conditions de mécanique moléculaire qui
caractérisent les réactions. A ce dernier degré, il n'y a
plus rien de spécial, il n'y a plus de barrière entre la
chimie des corps bruts et des corps organisés; tout se
confond dans la mécanique atomique. Tous les phénomènes sont des mouvements. Mais il n'y a pas nécessité
ni possibilité de descendre à ce dernier degré de l'analyse phénoménale, et l'on doit se borner à bien connaître
ce qui est encore bien loin de ce terme où toutes les différences se fondent, c'est-à-dire à bien connaître les procédés spéciaux de la vie.

Les ferments solubles dont nous parlons ici ne doivent
pas être assimilés aux ferments figurés, levûre de bière,
mycoderma aceti, etc., qui opèrent les fermentations
alcoolique, acétique, etc., si bien étudiées par M. Pasteur.
Au point de vue physiologique, il n'y a nulle analogie.
Les ferments figurés sont des organismes complets :
comme tous les organismes, comme tous les éléments
anatomiques, ils présentent les deux ordres de phénomènes de destruction fonctionnelle et de synthèse organisatrice. Ils se multiplient, se perpétuent, se nourrissent
en même temps qu'ils se détruisent. Ce sont des êtres
vivants au même titre que tous les autres, y compris les
plus élevés. Leurs manifestations fonctionnelles doivent
donc également s'accomplir par l'action de ferments
solubles. Et de fait, il existe dans la levûre un ferment
inversif qui change le sucre ordinaire en glycose par un
véritable phénomène de digestion tout analogue à celui

par lequel ce sucre se digère dans l'intestin des animaux supérieurs.

Certains observateurs, parmi lesquels M. Béchamp, ont cru pouvoir attribuer l'activité de ces ferments dits solubles à des granulations moléculaires appelées *mycrozymas*.

Respiration. — Les phénomènes de la respiration nous ont présenté une nouvelle application des principes dont nous poursuivons la démonstration. L'exemple est peut-être encore plus net, car on a longtemps invoqué la respiration comme le type des phénomènes les plus exclusivement chimiques.

Lavoisier avait considéré la respiration comme une fixation directe d'oxygène sur le carbone du sang : c'était pour lui une combustion identique à celle qui s'accomplit dans nos foyers. Le principe de cette explication est vrai : c'est une découverte capitale dans l'histoire de la physiologie que celle qui montre la chaleur animale ayant la même source que celle de nos foyers, une source purement chimique. Mais si ce point fondamental a été bien établi par Lavoisier et Laplace, les circonstances qui provoquent le phénomène leur ont échappé. On sait aujourd'hui que la combustion respiratoire s'accomplit, non pas dans le poumon, mais dans tous les tissus, avec une intensité proportionnelle à l'activité de leur fonctionnement. En second lieu (et c'est là le résultat qui doit retenir particulièrement notre attention), la respiration des tissus n'est pas une combustion directe, ce n'est pas une fixation directe d'oxygène sur les matériaux du sang ou de la substance azotée des tissus. Nous devons admettre, au coutraire, que cette combustion fonctionnelle est une oxydation indirecte accomplie par des agents chimiques spéciaux de la nature des ferments.

En effet, les matières albuminoïdes examinées en dehors de l'organisme n'ont aucune tendance à s'unir à l'oxygène. Leur oxydation opérée dans les laboratoires exige des conditions de température ou d'agents chimiques dont l'énergie serait incompatible avec la délicatesse des tissus. C'est une raison pour que ces oxydations, que déjà nous savons n'être pas directes, se fassent par des procédés spéciaux. Mais lors même que les procédés de laboratoire ne présenteraient pas cette causticité destructive, ce ne serait pas la preuve que les procédés de la nature en fussent une copie exacte. Nous avons vu que, même dans les cas de ce genre, le mécanisme vital diffère du mécanisme artificiel.

C'était par oubli de ces principes que, ne pouvant expliquer la fixation directe de l'oxygène par les albuminoïdes, on avait admis que dans le sang l'oxygène existait à l'état d'ozone. On s'appuyait pour cela sur une expérience de Schœnbein. Ce chimiste ayant reconnu que l'ozone bleuissait le papier de gaïac, et que d'autre part le sang produisait la même coloration, avait conclu que l'hémoglobine fixait l'oxygène à l'état d'ozone. Mais Hoppe-Seyler, Pflüger, Pokrowsky et tout récemment Asmuth ont démontré que cette conclusion était inexacte et que le sang ne contient pas d'ozone à l'état normal. La réaction qui se produit en dehors de l'organisme serait due, d'après Hoppe-Seyler, à la décom-

position très-rapide de l'hémoglobine en hémochromo-
gène ; le même chimiste a établi que la combinaison facilement destructible, l'oxyhémoglobine, n'agit point à la
façon de l'ozone, mais que l'oxygène s'en échappe à
l'état d'oxygène ordinaire, indifférent. En tout état de
cause, on ne peut pas plus invoquer la fixation directe
de l'ozone que celle de l'oxygène, et la théorie de l'oxydation indirecte par agents spéciaux, si conforme à tous
les résultats acquis, en reçoit une nouvelle vérification.
La formation de l'urée par l'oxydation directe des matières albuminoïdes ne saurait plus être soutenue, car
Frankel a démontré expérimentalement que l'urée augmente dans l'asphyxie.

Maintenant, en quoi consiste, d'une manière générale,
cette respiration, cette oxydation indirecte des tissus, qui
correspond à leur *activité* fonctionnelle et qui serait produite par des agents spéciaux ? Dans l'ignorance de faits
précis qui puissent servir de base à l'explication, on a
produit des hypothèses plus ou moins vraisemblables.
Pflüger admet que les albuminoïdes subissent un dédoublement par hydratation, lequel donne lieu au dégagement d'acide carbonique. Cette hypothèse est fondée
sur des vues théoriques relativement à la constitution
des matières albuminoïdes, et sur des faits d'expérience
relativement à la manière indirecte dont elles s'oxydent.

Anciennement, Mitscherlich avait déjà songé à identifier les phénomènes de l'organisme vivant à des putréfactions. Plus récemment, M. Hoppe-Seyler a repris
avec plus de précision cette vue de Mitscherlich : après
avoir fait ressortir tous les arguments qui écartent l'idée

d'une fixation directe d'oxygène ou d'ozone sur les tissus, il propose une hypothèse nouvelle. D'après cette hypothèse, les substances organiques vivantes seraient susceptibles d'éprouver sous l'action de l'eau les mêmes transformations et dédoublements qui se produisent dans la fermentation putride.

Sans vouloir poser en principe l'identité absolue des phénomènes chimiques de la vie avec les phénomènes de la putréfaction, M. Hoppe-Seyler pense néanmoins qu'aucune analogie n'est aussi profonde que celle qui existe entre ces deux ordres de phénomènes, et que les processus que l'on a coutume de rapporter à des énergies vitales mystérieuses se continuent également après la mort. Les phénomènes chimiques des putréfactions sont originairement provoqués, dit l'auteur, par le dégagement de l'hydrogène à l'état naissant : toutes les réductions qui sont produites par les putréfactions le sont également par l'hydrogène naissant, et inversement toutes celles qui échappent à l'un des agents échappent aussi à l'autre. Mais lorsque la putréfaction s'accomplit au contact de l'air, le fait originaire, la production d'hydrogène s'efface : elle est masquée par la fixation d'oxygène rendue possible du moment où l'hydrogène est mis en liberté. La putréfaction est en réalité caractérisée par le transport de l'oxygène d'une partie vers l'autre de la molécule organique complexe : le groupe carboné se trouve suroxydé et donne lieu à l'apparition d'acide carbonique ; le groupe hydrogéné se trouve désoxydé, et alors il y a dégagement d'hydrogène libre, ou formation de composés plus riches en hydrogène. Ainsi l'oxydation qui apparaît aurait pour cause originelle la destruction de la molécule complexe par l'hydrogène à l'état naissant.

Sans vouloir juger ces idées théoriques, que l'expérience n'a point encore sanctionnées, nous dirons qu'elles ne correspondent qu'à une partie seulement des phénomènes de l'organisme, à savoir, les phénomènes de destruction fonctionnelle, et qu'elles laissent en dehors les phénomènes nutritifs ou de synthèse organique.

Magendie avait autrefois exécuté, avec le concours de Gay-Lussac, une expérience intéressante. Ils prenaient du sang extrait d'un animal et défibriné : le sang était disposé dans un appareil qui permettait de le faire traverser par un courant d'hydrogène longtemps prolongé. On déplaçait ainsi les gaz, l'oxygène, l'acide carbonique. Au bout de quelques heures, en analysant l'atmosphère gazeuse avec toutes les précautions qu'on pouvait attendre d'un expérimentateur aussi consommé, Gay-Lussac y trouva une grande quantité d'acide carbonique, qui s'était évidemment formé sans le concours direct de l'oxygène. Pflüger a répété l'expérience de William Edwards, qui consiste à faire vivre et fonctionner des grenouilles dans une atmosphère d'azote pur, pendant une durée de sept heures, alors qu'il n'y avait plus un atome d'oxygène libre dans les liquides de l'organisme. Jusqu'aux derniers moments de la vie, il y avait pourtant production d'acide carbonique, qui ne cessait qu'avec les manifestations vitales. Les importantes recherches de Schützenberger sur les albuminoïdes donneront peut-être l'explication de ces phénomènes sur lesquels on a plus disserté qu'expérimenté. Dès à présent, cependant, les résultats obtenus permettent de comprendre à la manière de toutes les fermentations, c'est-à-dire par dédoublement et hydratation, la production d'acide carbonique qui résulte de la combustion vitale.

La plus importante de ces sortes de combustions qui engendrent la chaleur animale s'accomplit dans les muscles pendant leur fonctionnement. Examinons en quoi consistent les phénomènes qui se produisent pendant la contraction musculaire.

Contraction musculaire. — Lavoisier (1789) avait montré que le travail musculaire accélère les combustions organiques, en comparant la consommation d'oxygène faite par le même homme, d'abord au repos, puis accomplissant un travail. Le même résultat s'est présenté avec une netteté frappante chez certains animaux qui se prêtent facilement à l'expérience : tels les bourdons observés par Newport (1836) et la grenouille tétanisée observée par Valentin.

Le fait de la plus grande combustion accompagnant la manifestation de la contraction musculaire était donc hors de doute. Mais de quelle nature était l'oxydation qui se produit alors? Cette question a donné lieu à une discussion scientifique intéressante. Sczelkow a montré que le sang veineux qui sort d'un muscle contracté ne contient pas plus d'azote libre que le sang artériel qui y aborde; d'autre part, le sang veineux ne paraît pas contenir sensiblement plus d'azote combiné (urée, sels ammonicaux) au sortir du muscle contracté qu'au sortir du muscle en repos; c'est ainsi, au moins, que doivent être interprétées les expériences de Voit et Pettenkofer. Dès lors, la production des déchets azotés n'étant pas en rapport avec la production des déchets carbonés, on a été porté à conclure que la substance qui brûlait pendant le travail musculaire n'était pas la substance même du muscle, mais une substance riche en carbone et dénuée d'azote, une substance hydrocarbonée.

Cette conclusion n'est pas légitime, et par conséquent ne sont pas légitimes davantage les conséquences très-importantes qu'on en a voulu tirer. Nous touchons ici à la source d'une erreur capitale et très-répandue, qui intéresse les fondements mêmes de la science physiologique, et que je me propose d'examiner avec quelque détail.

Je ne veux pas considérer si les résultats précédents sont aussi bien établis qu'on paraît le croire. Voit et Pettenkofer ont interprété leurs nombres précisément d'une manière contraire à la conclusion qu'on en tire en dehors d'eux. Parkes en Angleterre (1867), Ritter en France (1872), ont constaté à la suite du travail musculaire une excrétion d'urée notablement supérieure à l'excrétion du muscle en repos. Néanmoins, comme le déchet d'azote reste encore trop au-dessous du déchet d'acide carbonique pour que ces deux substances expriment la destruction directe du muscle, nous admettons que l'énoncé précité rend compte du sens du phénomène, sinon quantitativement au moins qualitativement. En un mot, nous acceptons que le travail musculaire entraîne l'élimination de beaucoup de carbone oxydé et de peu d'azote. Mais nous faisons remarquer que ce fait d'expérience a été mal interprété et qu'on en a forcé les conséquences.

Le muscle, a-t-on dit, ne brûle point sa propre substance ; il brûle des matières combustibles hydrocarbonées. Il est donc entièrement comparable à une machine à vapeur qui ne se détruit pas elle-même, qui ne consomme ni le cuivre ni le fer de sa charpente, mais qui brûle simplement le charbon qu'on lui fournit et le transforme en travail mécanique et en chaleur.

Voilà l'origine de cette conception de l'organisme considéré comme une machine à vapeur chauffée par le soleil, conception due aux physiciens, introduite en physiologie par Fick, et reproduite par presque tous les auteurs contemporains. Cette conception ne serre pas les faits d'assez près ; elle est trop lointaine. Nous voyons ici les physiciens et les chimistes donner des explications hypothétiques qui nous montrent les choses, non point telles qu'elles sont, mais seulement telles qu'elles pourraient être. Le muscle, en effet, ne doit pas être considéré comme une machine thermique ordinaire ; c'est une machine qui non-seulement brûle son combustible, mais renouvelle sa charpente, une machine, qui se détruit et se refait à chaque instant.

La théorie ne nous semble pas devoir être admise pour deux raisons : elle suppose gratuitement que l'édifice moléculaire du muscle est immobile, réfractaire comme les parois d'un foyer. Or, les résultats acquis n'exigent pas cette interprétation, que d'autre part toutes les considérations physiologiques repoussent. En second lieu, cette théorie considère les phénomènes chimiques de la contraction musculaire comme une oxydation directe ; l'expérience contredit ce résultat.

Quels sont les faits ? Ils se réduisent à un seul, à savoir, que la substance azotée du muscle n'est pas éliminée, tandis qu'une grande quantité de substances hydrocarbonées sont rejetées à l'état d'acide carbonique, d'acide lactique, d'eau. On ne trouve pas plus d'azote en nature dans le sang qui revient du muscle en travail, comme l'a montré Sczelkow ; on n'y trouve pas plus d'urée, comme l'a montré Voit. D'autre part, on ne rencontre pas dans le muscle actif notablement moins d'albumine (J. Ranke, Nawrocki), et quant aux corps dérivés par oxydation des albuminoïdes, la créatine, l'hypoxanthine, etc., ce n'est pas nécessairement après le travail qu'ils sont le plus abondants dans le muscle. Le fait de la conservation de l'azote dans le muscle est donc bien acquis.

Mais de ce que la substance azotée n'est pas éliminée, cela veut-il dire qu'elle ne subisse pas de changements, qu'elle soit immobile, réfractaire comme le fer et le cuivre qui forment la charpente d'une machine à vapeur ? Rien n'autorise une telle conclusion. Tout ce que l'on sait d'ailleurs oblige à admettre que l'édifice moléculaire du muscle se détruit et se reconstitue en utilisant immédiatement les matériaux azotés de sa démolition. Cette explication, qui rend aussi bien compte que la précédente de la conservation de l'azote, est seule en accord avec cette grande loi physiologique que nous avons posée au début, et qui nous montre l'organisme comme le théâtre de destructions et de synthèses perpétuellement enchaînées. Au lieu de l'immobilité, il règne dans tous les éléments anatomiques un incessant mouvement de rénovation ; l'oxydation destructive est le signal instigateur et la condition de la synthèse régénératrice. Cette manière d'être caractérise pour nous les procédés vitaux et les différencie des procédés physicochimiques de la nature inorganique.

Nous avons dit au début que les oxydations auxquelles incombe un si grand rôle physiologique ne se faisaient jamais dans l'organisme par fixation directe d'oxygène ; qu'au contraire elles empruntaient le ministère d'agents spéciaux, les ferments. Le phénomène de la contraction musculaire que nous étudions en ce moment nous en fournit un exemple frappant. Un muscle en activité produit une quantité d'acide carbonique supérieure à la quantité d'oxygène absorbée dans le même temps. Ainsi la consommation d'oxygène n'est pas en rapport direct avec la production d'acide carbonique. C'est ce que Pettenkofer et Voit ont établi pour le muscle maintenu en place, et L. Hermann pour le muscle séparé de l'animal. Il y a plus : on sait que même en l'absence de tout renouvellement d'oxygène dans des gaz inertes et dans le vide, le muscle peut se contracter assez longtemps et entrer en rigidité. Si pendant l'activité le muscle rend plus d'oxygène combiné qu'il n'en reçoit, au contraire, pendant le repos, d'après Sczelkow et Ludwig, il en prend plus qu'il n'en rend : il en accumule une réserve. Les faits établissent donc bien clairement que l'on n'a point affaire ici à une fixation directe et extemporanée d'oxygène sur la substance du muscle. Le phénomène est beaucoup plus complexe. Il consiste en des dédoublements chimiques moins simples que ne l'avaient pensé les chimistes depuis le temps de Lavoisier jusqu'au moment où MM. Regnault et Reiset exécutèrent leurs belles expériences.

De quelle nature sont ces actions chimiques complexes? C'est ce que l'on ignore encore. On a imaginé qu'une substance essentielle du muscle, l'*inogène*, pouvait se dédoubler par oxydation en *acide carbonique, acide sarcolactique* et *myosine*, avec dégagement de chaleur et production de travail mécanique. La myosine resterait dans le muscle et, d'après Trube, agirait continuellement à la manière d'un ferment, prenant l'oxygène au sang pour le porter sur l'inogène qui, en se décomposant, mettrait en évidence le produit d'oxydation. Ce n'est là qu'une hypothèse. Mais, sans lui accorder d'autre valeur, nous devons être attentifs seulement à la tendance qu'elle manifeste et qui consiste à substituer à l'ancienne théorie des oxydations directes, la seule théorie aujourd'hui acceptable des oxydations organiques par fermentations. De sorte que le phénomène de la contraction musculaire qui produit le plus de chaleur, et qui était considéré comme un fait de combustion directe, doit au contraire être rangé sous la loi que nous avons posée, en disant que les phénomènes équivalents aux phénomènes de combustion directe dans l'organisme se produisent à l'aide d'agents et de procédés spéciaux à l'organisme et qu'on ne trouve pas en dehors de lui.

A mesure que l'élément musculaire se détruit, il se

reconstitue au moyen de ceux de ses matériaux qui n'ont pas été éliminés, ainsi qu'au moyen de l'oxygène et des autres substances fournies par le sang. Il y a une véritable restitution par synthèse, un phénomène plastique régénérateur. Cette synthèse reconstituante est, quoi qu'on en ait dit, dans un rapport étroit avec la combustion destructive et fonctionnelle. La nutrition est la plus énergique dans le muscle le plus actif. Il y a donc dans le muscle, comme partout, comme dans tous les autres organes et dans tous les éléments anatomiques, ces deux groupes de phénomènes inverses dont nous avons parlé en commençant : un phénomène d'usure de la matière vivante, phénomène de dépense vitale auquel correspondent les manifestations fonctionnelles visibles, contraction, production de chaleur, travail mécanique ; et, à côté de cela, un phénomène inverse de synthèse assimilatrice qui s'opère dans le silence de la vie végétative et ne se révèle que par son résultat qui est l'organisation et la réparation du muscle. Nous n'avons ici nullement l'intention d'entrer dans le détail des faits ; nous n'en examinons que ce qui est nécessaire pour légitimer les principes énoncés. Ce n'est pas à une étude monographique de la contraction musculaire que nous nous livrons en ce moment : c'est à la démonstration dans un cas particulier des lois dont nous retrouvons l'application dans tout le domaine de la physiologie.

Nous pouvons maintenant comprendre quelle part de vérité contient, au point de vue physiologique, la *loi de la circulation matérielle* entre les deux règnes organiques animal et végétal. Dans leur célèbre statique chimique des êtres organisés, MM. Dumas et Boussingault l'ont énoncée de la manière suivante : « L'oxygène enlevé par » les animaux est restitué par les végétaux. Les premiers » consomment de l'oxygène ; les seconds produisent de » l'oxygène. — Les premiers brûlent du carbone ; les » seconds produisent du carbone. — Les premiers » exhalent de l'acide carbonique ; les seconds fixent de » l'acide carbonique. » Cette loi, qui sous la forme précédente exprime avec vérité le mécanisme d'une des plus grandes harmonies de la nature, est une loi cosmique et non une loi physiologique. Appliquée en physiologie, elle n'explique pas les phénomènes individuels : elle exprime comment l'ensemble des animaux et l'ensemble des plantes se comportent en définitive par rapport au milieu ambiant. La loi établit la balance entre la somme de tous les phénomènes de la vie animale et de la vie végétale : elle n'est point l'expression de ce qui se passe en particulier dans un animal ou une plante donnés. C'est ce que l'on n'a pas suffisamment compris. Appliquant à chaque manifestation des êtres vivants cette loi qui ne concerne que l'ensemble des deux règnes, on a dit que l'animal était un appareil de *combustion*, d'*oxydation*, d'*analyse*, tandis que la plante était un appareil de *réduction*, de *formation*, de *synthèse*. De là les hypothèses qui avaient cours, il y a une trentaine d'années, relativement à la formation de principes immédiats dévolue aux végétaux, tandis que leur destruction était réservée aux animaux ; de là encore la théorie de la nutrition directe par l'alimentation considérée comme la mise en place de matériaux élaborés uniquement par le règne végétal ; de là enfin nombre d'autres conceptions que l'expérience a renversées et que nous n'avons pas à rappeler ici.

C'était là une fausse direction que suivait la physiologie. Les faits précédemment exposés comportent une interprétation différente. Nous voyons que, dans chaque animal, dans chacune de ses parties, dans l'élément musculaire par exemple, il se produit à la fois des phénomènes de combustion et de réduction, d'analyse et de synthèse, enchaînés les uns aux autres. La circulation matérielle se fait non pas seulement entre les deux règnes, mais dans chaque organisme élémentaire ; la matière y suit une double pente : d'une part elle remonte l'un des versants et s'organise ; puis elle descend l'autre versant et fait retour au monde minéral. Chez l'animal, par suite des conditions particulières de son alimentation, l'organisation, la synthèse des matériaux, est déjà commencée ; aussi le rôle, non pas unique, mais prédominant de l'animal, consiste-t-il à oxyder et à détruire les matériaux qui lui sont fournis presque complétement préparés. Si, pour employer la comparaison des mécaniciens, les phénomènes de la vie doivent être assimilés à l'élévation ou à la chute d'un poids, nous dirons que l'élévation et la chute se font dans chaque élément organique vivant, animal ou végétal, avec cette particularité que l'élément animal trouvant son poids (potentiel) déjà monté à un certain niveau a moins à l'élever qu'à le laisser descendre. L'inverse a lieu pour la plante. En un mot, des deux versants, celui de la descente est prépondérant chez l'animal ; celui de la montée chez le végétal. Mais chez tous les êtres il y a deux espèces de faits, et c'est là une loi générale de la vie.

Nous avons dit que les phénomènes de destruction organique avaient pour expression même les manifestations vitales. On peut regarder comme un axiome physiologique la proposition suivante :

Toute manifestation vitale dans l'être vivant est nécessairement liée à une destruction organique.

Ce ne serait pas assez dire que d'affirmer que partout la destruction physico-chimique est *liée* à l'activité fonctionnelle. Celle-ci est à la fois la mesure et l'expression phénoménale de celle-là. La contraction du muscle est avec sa combustion dans le même rapport où est tout phénomène physique avec ses conditions matérielles. Il n'y a là rien d'extra-physique ou de proprement vital. A la vérité, aucune autre combustion que celle du muscle ne s'accompagne du phénomène de la contraction. C'est en cela que la contraction est un phénomène vital, et non parce qu'elle serait l'expression de quelque force ou de quelque agent d'une essence particulière et plus mystérieuse que toutes celles de la nature physique. Il faut pour la manifestation de la contraction, les circonstances physiques et chimiques réalisées dans le muscle vivant, comme il faut pour le jeu d'une machine, d'une horloge, les conditions matérielles qui y sont réalisées. Mais, dans l'un comme dans l'autre cas, la manifestation est au même titre le résultat de ces conditions physico-chimiques. C'est dans ce sens que nous disons que dans les manifestations physiologiques la modalité est spéciale, vitale, puisqu'elle tient à la constitution de l'organisme vivant, mais les conditions en sont purement physico-chimiques.

Il n'y a donc pas à s'étonner que la loi qui régit ces phénomènes soit la même qui régit l'apparition des phénomènes physiques. L'apparition d'un phénomène est liée à la disparition d'un autre ; la destruction n'est qu'un changement de forme, une transfiguration. Fick et Wislicenus, Hirn, Helmholtz, ont prouvé que le travail du muscle était exactement représenté par la combustion qu'il subit. Ainsi le veut le grand principe de la *corrélation des forces physiques* ou de la *conservation de l'énergie*.

Les manifestations vitales présentent une forme très-particulière et très-compliquée, parce que les rouages organiques sont eux-mêmes des machines très-complexes ; mais tous les ressorts en sont physiques ou chimiques.

Ce que nous avons dit des phénomènes de destruction qui se produisent dans le muscle en activité se retrouve, nous le savons déjà, pendant le fonctionnement de tous les autres organes, glandes, nerfs, cerveau.

Lavoisier avait compris, comme on pouvait le faire de son temps, le rapport qui existe entre les expressions phénoménales les plus complexes et les changements physico-chimiques qui en sont les conditions. Il ne désespérait pas qu'on arriverait un jour « à évaluer ce qu'il » y a de mécanique dans le travail du philosophe qui » réfléchit, de l'homme de lettres qui écrit, du musicien

» qui compose. Ces effets, considérés comme purement
» moraux, ont quelque chose de physique et de matériel
» qui permet, sous ce rapport. de les comparer avec
» les efforts que fait l'homme de peine. »

Le *substratum* physique et matériel, c'est ce que nous appelons les *conditions du phénomène.* Il n'y a que cela de matériel dans le phénomène, car l'expression combinée et arrangée est métaphysique et vitale. Des physiologistes ont montré que les impressions sensorielles ou douloureuses et que les manifestations cérébrales s'accompagnent d'un échauffement appréciable, résultat de destruction ou d'oxydation du tissu nerveux. Cette destruction du tissu pendant le travail cérébral se traduit encore par l'augmentation de l'excrétion d'urée (Byasson, 1868), de l'acide carbonique, et par les modifications que subit l'élimination des phosphates (Byasson, Mosler, Hodges Wood).

Le système nerveux préside à ces phénomènes fonctionnels. Chez les êtres élevés en organisation, la manifestation vitale et par conséquent la combustion destructive qui en est la condition sont régies par l'appareil nerveux. On peut montrer que les fonctions des appareils nerveux sont réductibles à ces deux grandes divisions : le système de la destruction fonctionnelle ou de la dépense vitale, et le système de la synthèse organisatrice ou de l'accumulation vitale.

§ III. — SPÉCIALITÉ DES AGENTS CHIMIQUES D'ORGANISATION
DANS LES ÊTRES VIVANTS.

La synthèse organisatrice est à deux degrés. Elle comprend : 1° la synthèse des principes immédiats, et 2° la synthèse formative ou organisatrice des tissus eux-mêmes, qui crée les éléments. Tantôt elle assimile la substance ambiante pour en former des produits organiques destinés à être détruits dans une seconde période, tantôt elle forme directement les éléments des tissus.

L'acte synthétique par lequel s'entretient ainsi l'organisme est, au fond, de la même nature que celui par lequel il se répare lorsqu'il a subi quelque mutilation, ou encore par lequel il se multiplie et se reproduit. Synthèse organique, génération, régénération, rédintégration, cicatrisation, sont des aspects divers d'un phénomène identique ; ce sont des manifestations variées d'un même agent, le *germe* proprement dit, ou les *noyaux de cellules*, germes secondaires qui sont des émanations de celui-ci et qui se trouvent répandus dans toutes les parties élémentaires du corps vivant.

Les phénomènes de synthèse des principes immédiats, longtemps attribués aux seuls végétaux, appartiennent aux animaux qui, eux aussi, élaborent les produits qu'ils devront dépenser. J'en ai donné un exemple décisif en faisant connaître la formation des principes sucrés dans l'organisme. Les phénomènes de synthèse chimique, si compliqués soient-ils, ne relèvent évidemment que des forces chimiques générales. Ce qui le prouve, c'est qu'on a pu en reproduire quelques-uns déjà en dehors de l'être vivant, à la vérité par des procédés différents.

Nous ne sommes plus au temps où Gerhardt exprimait l'état de la science en prononçant ces paroles : « Le chi- » miste fait tout l'opposé de la nature vivante : il brûle, » détruit, opère par analyse ; la force vitale seule opère » par synthèse, elle reconstruit l'édifice abattu par les » forces chimiques. »

Nous sommes également loin du temps où MM. Dumas et Boussingault, dans leur belle statique chimique des êtres vivants, attribuaient exclusivement aux végétaux la formation des principes immédiats, et aux animaux exclusivement leur destruction. Peu à peu, depuis 1843, la science a montré que cette distinction n'était pas rigoureuse ; les auteurs eux-mêmes ont suivi ce progrès et ne nient plus aujourd'hui la formation des mêmes principes immédiats dans les animaux et végétaux, seulement ils relèguent la différence de ces deux espèces d'êtres dans la fonction chlorophyllienne, propre aux végétaux, qui leur permet de puiser dans la radiation solaire l'énergie qui préside à leurs synthèses, tandis que les animaux ne la tirent que de la chaleur produite par les combustions qui s'accomplissent en eux, c'est-à-dire indirectement des produits végétaux.

Le chimiste est arrivé aujourd'hui à reproduire arti-ficiellement un grand nombre de principes immédiats ou des huiles essentielles qui sont naturellement l'apa-nage du règne animal ou végétal. On a fait la synthèse de beaucoup d'alcools ; M. Berthelot a réalisé celle d'un grand nombre de produits des êtres vivants, l'acide formique, les corps gras, etc. L'état des connaissances chimiques n'est pas suffisamment avancé pour qu'on ait été très-loin dans cette voie qui ne fait que s'ouvrir. Néanmoins, ce que l'on a déjà fait suffit à prouver que les principes immédiats se forment par des procédés purement chimiques. Les matières calcaires que l'on rencontre dans les os des vertébrés, dans les coquilles des mollusques, dans les œufs des oiseaux, sont bien certainement formées selon les lois de la chimie ordinaire pendant l'évolution de l'embryon. De même pour les matières amylacées qui se développent dans les animaux ou apparaissent dans les parties vertes des plantes, probablement par l'union du carbone et de l'eau sous l'influence du soleil. Pour les matières albuminoïdes, les difficultés sont plus grandes, les procédés de synthèse plus obscurs ; mais ils ne peuvent évidemment point être d'une autre essence.

J'ai fourni moi-même une démonstration des principes qui précèdent, en faisant connaître l'évolution d'une des substances les plus intéressantes de l'économie vivante, la matière *glycogène*. J'ai montré comment elle se forme et comment elle se détruit, au moins dans un cas particulier, celui de la vie embryonnaire.

La matière glycogène apparaît, se multiplie et s'accroît dans les parties en développement par un phénomène qui est une véritable synthèse. L'agent de cette synthèse est tout à fait spécial : c'est une cellule ; une cellule vivante animale ou végétale est seule capable de la former, puisque les procédés chimiques artificiels n'ont point encore réussi à la produire. Cette cellule, capable de faire la synthèse du glycogène, est très-diversement placée, tantôt dans le foie, dans le blastoderme ou dans l'amnios; mais il est vraisemblable que partout elle forme la matière amylacée par le même procédé. Les matériaux au moyen desquels la cellule construit l'amidon végétal ou animal proviennent du dehors, c'est-à-dire de l'alimentation. Mais sous quel état lui sont-ils fournis? La cellule est-elle condamnée, comme le voulait l'ancienne théorie de l'*utilisation directe* des aliments, à former la matière glycogène aux dépens des substances similaires, c'est-à-dire des féculents? L'expérience montre qu'il n'en est pas ainsi; que si l'ingestion du sucre exagère la production du glycogène, des substances différentes et très-variées sont dans le même cas. Ceci nous oblige à admettre que la cellule glycogène (et ceci est vrai de toutes les cellules) n'opère pas sur des principes complexes, mais sur des matériaux déjà très-décomposés qui lui sont offerts à un degré de simplicité assez avancé. Dès lors, ce qu'il y a d'essentiel dans cette synthèse nutritive et vitale, ce n'est pas la matière première, l'*aliment,* comme l'ont professé toutes les théories chimiques, c'est l'*agent de la formation, cellule glycogénésique avec sa propriété spéciale.*

Le rôle de l'aliment est donc subordonné à celui de la cellule qui doit l'utiliser. L'indépendance de l'organisme relativement au régime alimentaire, la fixité de la composition du sang et des tissus, exigent qu'il en soit ainsi. Il importe donc moins qu'on ne l'a cru de fournir à la cellule glycogénésique de l'amidon, du sucre ou

des substances analogues capables de coopérer directement à la formation du nouveau produit. Cette action
réelle, sans doute, de l'aliment est primée par une autre
action plus essentielle qui est d'intervenir comme *excitant de l'activité nutritive de la cellule.*

Cet exemple, sur lequel nous avons insisté parce
qu'il est un des plus complétement connus, nous montre
sur le vif l'évolution chimique d'un principe immédiat :
sa formation synthétique par l'action d'un agent cellulaire particulier ; puis sa destruction par oxydation ou
par des actions équivalentes.

Nous avons dit que les phénomènes de synthèse organique présentaient deux degrés : la formation des principes immédiats, ou *synthèse chimique*, et la formation
des éléments eux-mêmes, ou *synthèse morphologique*. Il
ne s'agit pas seulement, par exemple, de former le carbonate et le phosphate de chaux des os, il faut que ces
corps soient disposés dans le moule de l'os. Il ne suffit
pas que les matières soient réunies synthétiquement en
principes complexes, il faut qu'elles soient appropriées à
l'édification morphologique de l'être vivant. En un mot,
les phénomènes de synthèse chimique sont arrangés,
développés, suivant un ordre particulier ; ils s'enchaînent et se succèdent, selon un plan vital, en vue de ce
résultat qui est l'organisation et l'accroissement de l'être
végétal ou animal.

Cette phase synthétique de la nutrition, ces phénomènes d'organisation, génération, régénération, rédintégration, ne s'accomplissent que grâce à l'activité d'une
cellule, d'un germe. Sans pouvoir atteindre plus loin,

sans savoir comment la cellule vivante préside à ce genre de phénomènes, nous devons provisoirement accepter ce résultat comme une loi. C'est toujours une cellule vivante qui attire les matériaux ambiants pour les synthétiser en principes immédiats ; c'est la cellule qui est seule capable de concourir à l'accroissement, à la rédintégration d'un tissu, à la régénération d'un être nouveau en se segmentant et proliférant de quelque manière. Mais la cellule même est le théâtre d'autres phénomènes que ceux d'organisation : elle présente la contre-partie de ceux-ci, à savoir les phénomènes de destruction qui correspondent à la combustion fonctionnelle. Ces derniers n'ont pas besoin de la cellule pour s'opérer, la cellule n'est pas l'agent nécessaire de leur production. Pour eux l'agent est, comme nous l'avons vu, un ferment. La cellule vivante n'est nécessaire que pour la première phase, la genèse synthétique du produit immédiat ou du tissu ; mais la combustion destructive peut se faire sans elle ou avec elle, c'est-à-dire pendant la vie comme après la mort. Les preuves à ce sujet abondent. Il nous suffira de citer l'exemple de la matière glycogène : rien ne peut suppléer pour sa production la cellule vivante ; au contraire, la destruction est un phénomène chimique qui n'exige pas nécessairement l'intervention de l'agent cellulaire vivant, et qui peut se continuer après la mort ou en dehors de l'économie.

En résumé, dans l'organisme, les phénomènes de destruction ont des agents spéciaux, des ferments ; les phénomènes d'organisation ont des agents spéciaux, les *cellules* : la cellule primordiale, ovule ou *germe*, et les cellules secondaires nées de celle-ci par segmentation. Mais est-ce la cellule tout entière sans acception de parties qui est indispensable, ou bien n'est-ce que l'un des éléments de cette cellule ? Il semble que la cellule qui a perdu son *noyau* soit stérilisée au point de vue de la génération, c'est-à-dire de la synthèse morphologique, et qu'elle le soit aussi au point de vue de la synthèse chimique, car elle cesse de produire des principes immédiats, et ne peut guère qu'oxyder et détruire ceux qui s'y étaient accumulés par une élaboration antérieure du noyau. Il semble donc que le *noyau* soit le *germe* de nutrition de la cellule ; il attire autour de lui et élabore les matériaux nutritifs. Lorsque des phénomènes de rédintégration naturels ou artificiels surviennent, lorsque, par exemple, un nerf coupé se régénère et reprend ses fonctions, ce sont les noyaux cellulaires qui, à l'instar du germe primordial dont ils dérivent, se divisent, se multiplient, pour reconstituer chez l'adulte les tissus nouveaux en répétant identiquement les procédés de la formation embryonnaire.

Ce rôle attribué au noyau de cellule n'est naturellement pas entièrement démontré ; mais il est dans le sens des faits, il n'est contredit par aucun histologiste. Le protoplasma circumnucléaire, d'autre part, renfermerait tous les produits de l'élaboration synthétique du noyau, c'est-à-dire les principes immédiats destinés à se détruire et s'oxyder (1).

(1) Max Schultze, à propos de l'organe lumineux du *Lampyris*, fait remarquer que le protoplasma, capable de noircir par l'acide osmique, possède la plus forte affinité pour l'oxygène. C'est même à cette oxydation du protoplasma que serait due la phosphorescence.

Parmi les agents de la chimie vivante, nous devons considérer comme le plus puissant et le plus merveilleux sans contredit l'ovule, la cellule primordiale qui contient le germe, principe organisateur de tout le corps. C'est de lui que sortent les germes secondaires, noyaux de cellules, qui continuent son rôle.

Arrivés au terme de nos études, nous voyons qu'elles nous imposent une conclusion très-générale, fruit de l'expérience, c'est, à savoir, qu'entre les deux écoles qui font des phénomènes vitaux quelque chose d'absolument distinct des phénomènes physico-chimiques ou quelque chose de tout à fait identique à eux, il y a place pour une troisième doctrine, celle du *vitalisme physique*, qui tient compte de ce qu'il y a de spécial dans les manifestations de la vie et de ce qu'il y a de conforme à l'action des forces générales : l'élément ultime du phénomène est physique ; l'arrangement est vital.

APPENDICE

I

Des corps biréfringents de l'œuf (1).

Le vitellus de l'œuf des oiseaux, des reptiles, des poissons osseux et probablement de beaucoup d'autres animaux, renferme des corpuscules microscopiques, nommés *corps polarisants*, dont la nature et les propriétés ont, depuis quelques années, fixé l'attention des physiologistes. Ces corpuscules, le plus souvent sphériques, présentent de la façon la plus nette les caractères optiques de l'amidon végétal; examinés au microscope polarisant, les nicols étant à l'extinction, ils laissent apercevoir une croix brillante se détachant sur le fond obscur de la préparation, et se déplaçant à mesure que l'on fait tourner l'analyseur.

M. Dareste, en 1866, aperçut le premier ces granules biréfringents dans le jaune de l'œuf de la poule. Il n'hésita pas à les considérer comme un véritable amidon animal ne différant à aucun titre de l'amidon des plantes : il fondait son hypothèse de l'identité des deux substances sur l'identité prétendue de leurs caractères chimiques et physiques. Les expériences de l'auteur furent présentées à l'Académie des sciences dans une série de notes ou de lectures publiées

---

(1) Note relative aux pages 97 et 138.

dans les *Comptes rendus* de 1866 à 1872 (1). Dans le mémoire qu'il lisait à l'Académie des sciences, le 26 juin 1871, M. Dareste distinguait l'apparition successive, pendant l'évolution de l'œuf, de plusieurs générations toutes semblables de granules amylacés.

Ces générations étaient au nombre de quatre :

1° La première génération avait pour siége l'ovaire : elle était formée par des granulations accolées à la surface interne de la membrane de l'ovule.

2° La seconde génération apparaîtrait dans les globules vitellins : elle comprend les granulations les plus volumineuses (diamètre 25 μ).

3° La troisième génération se produirait pendant l'incubation dans les cellules du feuillet muqueux du blastoderme, et plus tard dans les cellules des appendices vitellins.

4° Enfin, la quatrième génération correspondrait à l'apparition dans le foie de granules extrêmement petits.

Dans les dernières communications, M. Dareste signalait l'existence de ces mêmes granulations caractéristiques dans la sécrétion fécondante des animaux, ou plus exactement dans les cellules qui tapissent la paroi interne des canaux séminifères des oiseaux.

Parmi les reptiles, la tortue d'eau douce donna lieu à une généralisation encore plus étendue : les mêmes corpuscules se retrouvèrent en effet dans l'œuf, dans la vésicule ombilicale, dans le foie, dans les capsules surrénales.

La généralité du fait en élargissait la portée et en agrandissait la signification. Sur ce point du moins l'auteur ne se méprenait pas, et il avait raison de faire ressortir les conséquences qu'eût entraînées sa découverte si elle eût été exacte. C'était d'abord une relation nouvelle entre la physiologie des animaux et celle des plantes : une analogie

---

(1) Dareste, *Comptes rendus de l'Académie des sciences*, 31 déc. 1866, — 1ᵉʳ juin 1868, — 26 juin 1871, — 8 janvier 1872, — 15 janvier 1872.

inattendue, d'une part entre les éléments femelles de la reproduction dans les deux règnes, œuf et graine ; d'autre part entre les éléments mâles, pollen et spermatozoïdes. Enfin, ces résultats venaient modifier la théorie générale de la glycogénie : la présence de l'amidon dans les testicules et dans les capsules surrénales apportait un argument aux anatomistes qui avaient prétendu sans preuves que la production amylacée chez l'animal adulte au lieu d'être localisée dans le foie était diffuse dans les organes.

La généalogie des corps amylacés, imaginée par M. Dareste, ne contredisait pas moins les notions que l'on possédait sur l'évolution du glycogène dans l'organisme fœtal.

Mais cette découverte qui prétendait introduire tant d'idées nouvelles et contredire tant d'idées acquises, n'avait aucun fondement ; en dehors de ce fait unique de l'existence des corpuscules polarisants, pas un autre parmi tous ceux que l'auteur avançait n'avait la moindre réalité.

M. Cl. Bernard a prouvé qu'il n'y a ni glycogène, ni amidon en quantité appréciable dans l'œuf de poule, non plus que dans les testicules ou les capsules surrénales des animaux adultes. Pour ce qui concerne plus spécialement l'œuf de poule, la question était facile à décider par les moyens chimiques.

On ne peut retirer ni du blanc ni du jaune de l'œuf, en employant la coction ou les traitements convenables, aucune substance amylacée capable de se transformer en dextrine et en glycose. Pour apprécier la valeur des procédés mis en œuvre, on peut faire la contre-épreuve : on peut ajouter une très-petite quantité d'amidon au jaune d'œuf, et s'assurer qu'on le retrouve facilement : on le décèlerait donc s'il y en avait à l'état normal.

Avant la fécondation il n'existe dans l'œuf qu'un seul foyer de matière glycogénique d'une étendue infime : c'est la cicatricule qui, comme le germe de l'œuf d'insecte, renferme quelques granulations de glycogène. On peut dire qu'il n'y a en somme qu'une seule cellule glycogénique; en dehors de ce foyer primitif si restreint, on n'en retrouve nulle part ailleurs.

Pendant l'incubation, les cellules spéciales qui contiennent la matière glycogène se multiplient et s'accroissent à partir de la cicatricule. Chez le poulet, au huitième jour du développement, la membrane blastodermique contient des proportions considérables de glygogène. Mais ces granulations n'ont aucun rapport avec les corpuscules décrits par M. Dareste, disséminés dans tout le vitellus et préexistant à l'incubation.

Après ces observations de Cl. Bernard le doute n'était plus possible : les corpuscules biréfringents, quelquefois si abondants au milieu du vitellus, n'étaient point de l'amidon; leur nature restait à déterminer. On savait ce qu'ils n'étaient pas, on ne savait pas ce qu'ils étaient. M. Ranvier pensa que ces corps pouvaient être de la leucine; quelques histologistes partagèrent cette manière de voir.

M. Balbiani arriva aux mêmes conclusions; il retrouva des corps analogues aux corps polarisants de l'œuf non-seulement dans le foie, mais dans d'autres tissus embryonnaires, et il reconnut que les caractères de ces éléments les distinguaient parfaitement de la matière glycogène.

J'ai repris ce problème en 1874 et je me suis proposé de fixer la nature chimique et les propriétés de ces corps polarisants.

Manière d'obtenir les corps polarisants de l'œuf. — Les œufs frais contiennent une quantité variable, mais le plus souvent très-minime, de ces *corpuscules biréfringents*. On peut faire un assez grand nombre de préparations microscopiques sans en rencontrer un seul. Si, d'autre part, on veut bien réfléchir aux dimensions microscopiques de ces éléments dont le diamètre moyen est de $15\,\mu$, on comprendra sur quelle faible proportion de la substance inconnue on avait le droit de compter après qu'on aurait réussi à l'isoler.

D'ailleurs l'isolement de ces corpuscules qu'on ne pouvait apercevoir qu'à l'aide du microscope était impossible à éaliser mécaniquement, et l'emploi des moyens chimiques semblait interdit par cette considération que les substances qui faisaient disparaître les corpuscules, dissolvaient en même temps quelques-uns des matériaux constituants de l'œuf.

Le premier résultat à atteindre était d'obtenir la substance en quantité notable. Il était possible que la matière des corps polarisants ne fût pas aussi rare qu'elle paraissait l'être ; il était même possible qu'elle fût abondamment répartie dans l'œuf, mais sous un état physique tel, qu'elle ne pût se manifester optiquement dans la lumière polarisée. Si l'on remonte aux conditions physiques de ces manifestations lumineuses, on trouve des observations de Brewster, de Sénarmont et de Valentin (de Berne), qui autorisent des suppositions de ce genre.

Ces observations et d'autres de même nature m'engagèrent à recourir à la dessiccation lente pour essayer de rendre plus apparents les corps biréfringents de l'œuf. L'artifice eut un plein succès.

L'œuf desséché dans l'étuve à 45 degrés devient pulvérulent dans la partie centrale qui correspond au vitellus, et huileux à la périphérie : l'huile pénètre et colore la partie albumineuse ; si l'on prend une petite portion du jaune, qu'on la dissocie sur la plaque de verre dans une goutte de glycérine, on peut, en examinant la préparation avec le microscope polarisant, apercevoir un très-grand nombre de *corpuscules polarisants*. Ces corps sont ceux mêmes qu'a observés M. Dareste et qui font l'objet du débat, car en suivant les progrès de la dessiccation, on voit le nombre des corps augmenter sans que les autres caractères éprouvent de modifications ; ceux qui sont nouvellement formés ne diffèrent en rien de ceux qui existaient au début, dans l'état frais.

Les mêmes faits ont été constatés sur des œufs de tortue et des œufs de caméléon.

Des expériences directes m'ont fourni plus tard la contre-épreuve de l'observation précédente. Si l'on prend la lécithine (mélangée de cérébrine) qui forme la substance des corps biréfringents et qu'on l'agite avec de l'eau albumineuse, la substance gonfle et perd en partie ses caractères optiques ; elle les recouvre lorsque l'eau s'est évaporée.

L'influence de la dessiccation sur l'apparition des corps polarisants était mise ainsi en pleine évidence. C'est vraisemblablement cette condition physique et non pas une condition physiologique, comme l'avait cru M. Dareste, qui présidait aux oscillations observées durant le cours du développement dans la proportion des corps polarisants. On sait que l'œuf de poule subit, du commencement à la fin de l'incubation, une perte d'eau, et l'on comprend en conséquence le fait de l'augmentation parallèle des corps biréfringents dans la vésicule ombilicale du fœtus. Au moment de l'éclosion et dans les jours qui suivent, elle ne renferme pas autre chose. Quant au foie de l'embryon ou du jeune animal, il nous a toujours présenté des corpuscules extrêmement volumineux et ne ressemblant en rien aux véritables granulations glycogéniques. Ajoutons que la présence de ces corpuscules n'a rien d'inattendu pour les physiologistes, qui savent que l'on a, depuis quelques années, signalé et même dosé la lécithine dans la sécrétion du foie.

En résumé, la dessiccation nous fournissait un excellent moyen d'obtenir en quantité suffisante la matière à examiner ; mais en même temps qu'elle mettait ce moyen entre nos mains, elle nous apprenait à nous en passer. Sachant, en effet, que les corps biréfringents ne sont qu'un état physique particulier d'une substance qui existe abondamment dans l'œuf, on pouvait rechercher directement cette substance sous son état diffus, sans se restreindre à ses concrétions biréfringentes.

C'est là ce que je fis de concert avec M. Morat.

Examen successif des différentes substances contenue dans l'œuf. — Tout d'abord, nous écartâmes l'hypothèse que les corps polarisants de l'œuf pourraient être de la leucine. Outre que les rapports de cette substance avec l'albumine et les albuminoïdes, dont elle est un produit de dédoublement ou de destruction, rendaient peu vraisemblable son existence dans l'œuf frais, une autre raison excluait à priori cette substance, à savoir, l'abondance des corps polarisants dans l'œuf desséché. Une telle proportion de leucine n'aurait pas échappé aux chimistes qui, pour faire l'analyse de l'œuf, commencent précisément par le soumettre à la dessiccation. Or aucune analyse n'en fait mention.

Cependant, en raison du peu d'autorité qu'ont pour nous les raisonnements à priori, nous voulûmes soumettre à l'épreuve expérimentale l'hypothèse de la nature leucique des corps de l'œuf. Nous préparâmes de la leucine en assez grande quantité et aussi pure que possible; nous l'avons obtenue sous les deux états, en boules et en lames cristallines, cette dernière forme correspondant au maximum de pureté. Dans un cas ni dans l'autre nous n'avons reconnu de propriété optique comparable à celle des corps biréfringents de l'œuf; le plus souvent, lorsque la leucine est en boules, elle est opaque pour la lumière transmise. Le résultat est tout aussi négatif avec les composés leuciques, par exemple le chlorhydrate.

Les corps analogues à la leucine, les amides de la série grasse, furent soumis aussi à l'examen. La tyrosine fut préparée et examinée dans la lumière polarisée. Quoique biréfringente, comme la leucine, elle n'offre pas le caractère de la croix.

Corps gras et dérivés. — La cholestérine, puis les corps gras et leurs dérivés furent ensuite soumis à l'épreuve. L'oléine, la margarine, la stéarine, la palmitine et la cétine dissoutes n'ont pas donné lieu à des observations qui soient à mentionner, au moins pour le but que nous poursuivons en ce moment.

Les acides gras méritent d'être signalés. L'acide margarique et, à un moindre degré, les acides oléique et stéarique forment des groupements microscopiques de cristaux divergeant à partir d'un point central, et souvent d'une façon très-régulière. Ces boules cristallines réalisent les conditions physiques nécessaires à la production des croix de polarisation, à savoir, la disposition de particules biréfringentes symétriquement distribuées autour d'un point ou d'un axe. De fait, on voit apparaître la croix de polarisation, mais elle présente une constitution qui rend impossible la confusion avec les corps de l'œuf. Les branches de la croix, au lieu de former un champ uniformément brillant, sont sillonnées de traits radiés obscurs ; en un mot, on distingue parfaitement les houppes d'aiguilles cristallines dont le groupement a produit le phénomène. L'aspect est assez caractérisé pour qu'on puisse le faire servir, dans l'analyse chimique qualitative, à la reconnaissance des acides gras. Mais il y a des combinaisons des acides gras qui présentent des phénomènes tout aussi distinctement que les corpuscules de l'œuf : le savon d'oléate de soude est dans ce cas. Que l'on neutralise l'acide oléique ou que l'on saponifie l'oléine pure avec la soude, on obtient une masse glutineuse qui, dissociée dans la glycérine et examinée au microscope polarisant, fournit des croix très-nettement dessinées.

On peut dès lors se demander si les corps biréfringents de l'œuf sont formés par un savon de ce genre, par exemple par l'oléate de soude. L'abondance des corps gras de l'œuf permet une telle supposition. Le jaune ou vitellus contient en effet, en moyenne, d'après les analyses de Gobley (1), une proportion de 21,30 pour 100 de marga-

---

(1) Gobley, *Journal de pharmacie et de chimie* [3], t XII, p. 12.

rine et d'oléine ; d'autre part il contient aussi une petite proportion de soude plus ou moins énergiquement engagée dans des combinaisons. Les éléments du composé polarisant existent donc, et l'on est fondé à rechercher si le composé lui-même n'existerait pas, et s'il ne formerait pas précisément la matière des corpuscules polarisants.

L'expérience répond négativement. Les analyses de l'œuf ont bien fourni une proportion considérable de margarine et d'oléine, mais jamais d'acides gras libres ou de savons. Gobley a particulièrement insisté sur ce point, qui était capital pour ses recherches. En second lieu, les bases alcalines ne sont pas libres, mais combinées à des acides énergiques, chlorhydrique, sulfurique ; de plus, leur quantité est extrêmement faible en comparaison des corps gras à saponifier, et insignifiante en comparaison des corps polarisants à la constitution desquels elles devraient participer.

A la vérité, certains traitements et l'incubation elle-même peuvent faire apparaître dans l'œuf une proportion notable d'acides gras, stéarique, margarique et phospho-glycérique. Mais c'est par la destruction d'une combinaison naturelle, la lécithine, dans laquelle ces corps sont engagés et d'où ils sortent sans être neutralisés. Cette lécithine, véritable savon de choline, est, d'ailleurs, susceptible de fournir par elle-même, comme nous le verrons, les corpuscules biréfringents les plus remarquables.

La conclusion de ces faits et de la longue discussion à laquelle nous venons de nous livrer est que les corps gras, ne peuvent, pas plus que l'amidon ou la leucine, être invoqués pour expliquer les corps polarisants de l'œuf. Certains savons, les oléates entre autres, conviendraient parfaitement à en rendre compte ; nous pensons même que quelques corpuscules polarisants peuvent avoir cette composition, mais dans les conditions normales c'est le très-petit nombre. La grande masse des corpuscules, sinon la totalité, est formée d'une autre matière dont nous devons poursuivre la détermination.

Parmi les matériaux de l'œuf, il ne reste plus que deux groupes à examiner : d'abord les matières albuminoïdes, qui donnent lieu à des observations intéressantes ; en second lieu les matières grasses phosphorées, lécithine et cérébrine, qui contiendront la solution du problème.

Matières albuminoïdes. — Le jaune d'œuf renferme une variété d'albumine qui a reçu le nom de *vitelline*, une petite quantité d'albumine véritable et des traces de caséine. La vitelline seule est en proportion suffisante pour être dosée : le jaune d'œuf de poule en contient 15,76 pour 100 (moyenne), d'après Gobley ; l'œuf de carpe en renferme 14 pour 100 ; les œufs de Tortue contiennent une substance identique (*paravitelline*).

Toutes ces substances sont certainement biréfringentes. Biot a découvert, comme l'on sait, que l'albumine était lévogyre, et depuis lors plusieurs auteurs ont mesuré son pouvoir rotatoire. Néanmoins, lorsque ces substances sont pures, elles ne présentent pas des groupements tels, qu'elles puissent manifester la croix de polarisation : la dessiccation ne détermine pas des figures régulières.

Les conditions changent dès que les albumines sont unies aux bases ou aux sels alcalino-terreux. M. Harting (d'Utrecht) (1) a observé qu'en mélangeant suivant des procédés particuliers le carbonate de chaux à l'albumine, on obtenait des corpuscules ou *calcosphérites*, qui seraient formés de la combinaison des deux substances (*calcoglobuline*) ; ces corps présentent des zones concentriques, et manifestent de la façon la plus nette la croix de polarisation. La gélatine, le sang, ont donné matière à des observations de même nature. De notre côté, et avant d'avoir connaissance des travaux de M. Harting, nous avions obtenu

----

(1) Harting, *Recherches de morphologie synthétique*. Amsterdam, 1872.

des résultats analogues. M. Morat et moi nous mélangeâmes un jour à une masse de vitellus quelques centimètres cubes d'une solution concentrée de baryte ; le lendemain, il y avait dans la profondeur et surtout à la surface du mélange, un nombre immense de corpuscules polarisants plus petits que ceux de l'œuf et de forme moins régulièrement sphérique. L'albumine d'œuf bien pure, traitée de la même manière, nous a donné des corps d'une régularité parfaite présentant les croix avec les anneaux isochromatiques et les couleurs de la polarisation lamellaire. La vitelline, la sérine se comportent comme l'albumine. Toutes les substances albuminoïdes ou collagènes (gélatine, osséine), mélangées à la solution de baryte, se recouvrent d'une pellicule exclusivement formée de ces sphérules polarisantes. D'autres bases que la baryte et la chaux, d'autres sels que les carbonates, présentent, au degré près, les mêmes phénomènes.

En résumé, nous avons vu que le plus grand nombre, sinon la totalité, des principes azotés de l'organisme peuvent, sous l'influence des sels alcalino-terreux, fournir des corpuscules biréfringents.

Arrivés à ce point de notre recherche, nous voyons que notre problème a complétement changé de face. La question est pour ainsi dire renversée : il semblait difficile au début de trouver une substance de l'œuf qui offrît le phénomène de la croix ; maintenant au contraire, il serait difficile d'en trouver une qui ne le présentât point. L'embarras est de choisir parmi ces matières celle qui entre véritablement dans la composition des corpuscules décrits, et d'éliminer les autres.

Un moyen précieux d'élimination se présente. Les composés alcalino-terreux de la vitelline et des autres albuminoïdes sont insolubles dans l'alcool et dans l'éther, et ce fait suffit à lui seul à les distinguer des granulations de l'œuf. On arrive ainsi, dans cette recherche de la nature des corps de l'œuf, à n'avoir plus de ressource que dans les corps gras phosphorés.

Mais avant de les examiner, il importe d'expliquer les causes de l'erreur où sont tombés les auteurs qui ont confondu les corpuscules vitellins avec l'amidon.

Le fondement de cette méprise, c'est la supposition formellement exprimée, d'ailleurs, que les caractères optiques de l'amidon « n'ont, jusqu'à présent, été constatés que dans » cette substance parmi les substances non cristallines ». On connaît, au contraire, un très-grand nombre de corps dans ce cas; les histologistes et les zoologistes connaissaient les belles préparations des croix que l'on obtient avec la cornée ou le cristallin des poissons, avec les coupes transversales des os, etc. D'ailleurs, Valentin (de Berne) a donné un catalogue très-étendu de ces substances (1).

Nous comprenons moins le résultat de « l'opération décisive (2) » qui a consisté à transformer ce prétendu amidon en glycose; peut-être faut-il incriminer la complication même de cette opération. En effet, pour isoler les corpuscules, M. Dareste lave le vitellus à l'éther, rapidement « afin d'éviter la coagulation de la vitelline »; puis lavage à l'eau; puis traitement par l'acide acétique « pendant trois mois »; après ces trois mois, le dépôt est lavé, bouilli, séparé par décantation et non par filtration « pour éviter la matière saccharifiable des filtres de papier ». Telle est la substance qui, après traitement convenable, a réduit « sensiblement » la liqueur de Fehling. La réduction opérée dans des circonstances si particulières s'expliquerait par trop de raisons, sans invoquer l'amidon,

(1) Valentin, *Die Untersuchungen der Pflanzen- und der Thiergewebe in polarisirtem Lichte*. Leipzig, 1861.
(2) Dareste, *Comptes rendus de l'Académie des sciences*, 1ᵉʳ juin 1868.

pour que l'on soit dispensé de la considérer comme décisive.

La croix de polarisation est une particularité physique pouvant appartenir à trop de substances pour en caractériser aucune. Elle indique une structure, non une nature déterminée : c'est la preuve (la substance étant biréfringente) de la disposition moléculaire symétrique autour d'un axe ou d'un point, et non pas seulement d'une disposition en couches concentriques, comme semblent le croire quelques micrographes. Un corps monoréfringent composé de couches concentriques ne donnerait pas ce caractère. Néanmoins, malgré ces restrictions, lorsqu'on sait d'avance quelques conditions plus particulières de son apparition, cet attribut peut fournir des renseignements utiles à l'analyse ; il donne des indications de la même nature, sinon de la même valeur, que les formes cristallines.

Corps gras phosphorés de l'œuf. — Les substances qu'il nous reste à passer en revue sont la *lécithine* et la *cérébrine*, qui existent en proportions notables dans les œufs. Le jaune d'œuf de poule desséché renferme environ 20 pour 100 de lécithine et un peu moins de 1 pour 100 de cérébrine ; à l'état frais, les proportions trouvées par Gobley sont les suivantes :

Œuf de poule, vitellus....	Lécithine.. .	8.43 p. 100
	Cérébrine....	0.30 —
Œuf de carpe............	Lécithine....	3.04 —
	Cérébrine....	0.20 —

Nous dirons quelques mots de ces deux substances :

La cérébrine (matière grasse blanche, cérébrote de Couerbe, acide cérébrique de Fremy) se présente en grains blancs ou en plaques cireuses. Sa composition, d'après Gobley, serait exprimée par les nombres suivants : $C = 66,85$, $H = 10,82$, $Az = 2,29$, $O = 20,04$. Elle ne contiendrait point de soufre ; le phosphore n'y existerait qu'à l'état de traces ou comme impureté provenant d'une petite quantité de lécithine qui est toujours mélangée à la cérébrine.

Elle est soluble à chaud dans l'alcool à 85 degrés; elle se précipite à froid. Ce caractère lui est commun avec la lécithine, dont elle se distingue d'ailleurs en ce que sa combustion ne donne pas un charbon acide, et, en second lieu, en ce qu'elle n'est point soluble dans l'éther et les huiles volatiles.

La cérébine est en petite quantité dans l'œuf (3 millièmes). De plus, elle est très-fortement retenue par la lécithine. Elle ne pourrait entrer dans la constitution des corpuscules biréfringents que comme élément accessoire de la lécithine. Nous sommes donc amené à envisager maintenant cette dernière substance.

La lécithine (de λέκιθος, jaune d'œuf) a été découverte et nommée par Gobley en 1846. Cette substance, extrêmement remarquable par ses propriétés chimiques, ne l'est pas moins par ses propriétés physiologiques. Chimiquement, c'est un savon de choline, c'est-à-dire une combinaison entre la base appelée *choline*, d'une part, et, d'autre part, l'acide phosphoglycérique et les acides gras oléique, margarique, stéarique. Cette substance est susceptible de se saponifier comme les corps gras et dans les mêmes circonstances, en donnant les acides gras, la glycérine et la choline. Cette dernière est une substance azotée découverte en 1861 par Strecker dans la bile, et identique à la *névrine* signalée par Liebreich en 1866 dans le cerveau ; Bayer, en 1867, a fixé sa composition, et Würtz, bientôt après, l'a reproduite par synthèse.

Il ne serait pas opportun de retracer ici l'histoire chimique de la lécithine. Cette substance de l'organisme, à la fois azotée et phosphorée, est comme un trait d'union entre les deux groupes de corps que les physiologistes désignent par les noms d'*éléments plastiques* et *éléments respiratoires*. Outre cette considération, son abondance et sa diffusion dans l'organisme peuvent faire préjuger son importance. Elle existe dans le vitellus de l'œuf chez les ovipares; elle constitue 5 pour 100 du poids du cerveau; on la retrouve comme élément constituant des nerfs; elle existe dans le sang, la bile, dans un grand nombre de produits normaux et pathologiques, dans le lait (Bouchardat), dans le sperme, dans la laitance des carpes, chez les méduses, les astéries, les actinies, les oursins.

M. Morat et moi avons préparé la lécithine par le procédé de Gobley, soit au moyen de l'œuf de poule, soit au moyen du cerveau. La lécithine obtenue au moyen de l'œuf de poule retient toujours avec opiniâtreté une petite quantité de cérébrine et de phosphates de chaux et de magnésie. La lécithine se gonfle par l'action de l'eau, est soluble à chaud dans l'alcool à 85 degrés, d'où elle se précipite par le refroidissement; elle est également soluble dans l'éther (variété dipalmitique) et dans les huiles volatiles. Les recherches de Hoppe-Seyler, Strecker, Petrowski et Diakonow, tendent à faire admettre l'existence de plusieurs variétés de lécithine : la *lécithine dioléique*, $C^{44}H^{86}AzPhO^9$, qui se dépose par l'action prolongée d'un froid de 15 degrés sur la solution alcoolique du jaune d'œuf déjà épuisé par l'éther; la *lécithine distéarique*, $C^{44}H^{90}AzPhO^9$, qu'on obtient par évaporation du résidu précédent; la *lécithine dipalmitique*, $C^{40}H^{82}AzPhO^9$, qui est la plus soluble dans l'éther. Nous devons à l'obligeance de M. Ch. Tellier, directeur de l'usine frigorifique d'Auteuil, d'avoir pu préparer des quantités convenables de ces produits.

Les lécithines sortent toujours de leurs dissolutions alcooliques et éthérées à l'état de dépôt floconneux, amorphe en apparence, mais en réalité formé de sphéroïdes à structure très-régulière et présentant le caractère optique de la croix. Lorsqu'on les examine dans la glycérine avec le microscope polarisant, les nicols étant à l'extinction, on voit la surface entière du champ parsemée de croix brillantes. On peut redissoudre la substance ; toujours en se déposant elle reprendra la propriété optique si remarquable que nous signalons.

Cette observation nouvelle fournit un moyen commode de constater, dans beaucoup de cas, l'existence de la lécithine, sans être obligé de recourir à l'analyse élémentaire, toujours pénible et souvent impossible lorsque l'on dispose de trop faibles quantités de substance pour pouvoir la purifier. La détermination optique devra être complétée par la constatation du caractère de solubilité. Outre la lécithine, nous ne connaissons pas actuellement d'autre corps que l'oléate de soude qui donne la croix de polarisation et soit soluble dans l'alcool chaud et dans l'éther. En tous cas, une troisième épreuve, aussi facile que les précédentes, pourra donner la certitude : on brûlera la substance sur une lame de platine, et l'on constatera la présence, dans le cas de la lécithine, d'un charbon rendu acide par l'acide phosphorique.

J'ai employé ces règles pour la détermination de la lécithine dans la dégénérescence graisseuse (empoisonnement par le phosphore, etc.), dans la résorption des pelotes de tissu adipeux à la suite de l'inanition prolongée. Enfin, elles m'ont permis de m'assurer de la présence de la lécithine dans les graines oléagineuses en germination. A ce moment en effet la quantité de cette substance, assez minime jusque là, s'accroît considérablement. Ces résultats ont été exposés devant la Société de biologie en 1876. Ils tendraient à faire de la lécithine une des formes transitoires de l'évolution physiologique des matières azotées passant aux matières grasses (engraissement), ou des matières grasses passant aux matières azotées.

La structure des corpuscules lécithiques, dont la régularité est attestée par l'apparition de la croix de polarisation, mérite de fixer l'attention ; comme elle se produit en dehors de toute activité vitale toutes les fois que la sub-

stance se dépose de ses solutions, elle prouve que les matières organiques peuvent prendre, sous la seule influence
des forces moléculaires, des formes très-régulières et
presque aussi remarquables que les formes cristallines
proprement dites, ou solides géométriques à faces planes.

M. Harting, de son côté, a réalisé artificiellement un
grand nombre de formes régulières (calcosphérites, otoli-
thes, mammilles de la coque de l'œuf des oiseaux) qu'on
pouvait croire le résultat de l'activité cellulaire animale.
Le même auteur a réalisé des corps analogues aux scléro-
dermites des alcyonaires, aux coccolithes, discolithes et
cyatholithes décrits par Huxley, O. Schmidt et Carter.

En présence de ces faits n'y a-t-il pas lieu de se demander
si le règne végétal n'offrirait pas des cas analogues, et si
la structure du grain d'amidon, par exemple, au lieu de
supposer une activité cellulaire ou vitale, ne serait pas
simplement un groupe moléculaire de la matière amylacée.

Si nous jetons maintenant un regard en arrière, nous
voyons que, de toutes les substances de l'œuf, une seule?
la lécithine (la cérébrine étant exclue à cause de sa faible
proportion : 3 millièmes), présente tous les caractères des
corps biréfringents de l'œuf, caractères physiques et caractères optiques ; de sorte qu'en raisonnant par voie d'exclusion, c'est à elles qu'appartiennent les corps décrits par
M. Dareste, que l'on aperçoit primitivement dans le vitellus.

L'examen direct viendra donner le dernier sceau à notre
démonstration. Si l'on isole toutes les substances qui, par
leur mélange, constituent le vitellus, et qu'on les observe
comparativement dans la lumière polarisée, la lécithine
seule fournira les croix de polarisation.

Le traitement que nous faisons subir à la matière du
jaune diffère peu de celui qu'ont mis en usage les chimistes
Gobley, Hoppe-Seyler, Diakonow, pour leurs analyses.
Voici en quoi il consiste : Étant donnés plusieurs vitellus,
on les lave à l'éther jusqu'à ce que la liqueur cesse de se

colorer. On a ainsi deux parts : une solution éthérée A, un résidu B. La solution éthérée A, soumise à l'évaporation, laisse séparer deux matières : l'une, *a*, visqueuse et consistante ; l'autre, *b*, huileuse et liquide, surnagée par des cristaux de cholestérine. On rend la séparation aussi complète que possible en décantant d'abord, puis en filtrant à chaud à travers une toile très-fine, enfin en comprimant la matière à travers plusieurs doubles de papier à filtre. On a, en résumé, par ces opérations, l'huile d'œuf *b*, formée de margarine et d'oléine et la cholestérine, et, d'autre part, la matière visqueuse *a*, presque exclusivement formée de lécithine. A la matière visqueuse se trouvent incorporées cependant la cérébrine, des matières colorantes, et quelques substances que l'on peut extraire par l'alcool à froid (matières extractives).

Le résidu B est traité par l'alcool à chaud qui enlève les lécithines dioléique et distéarique, puis par l'eau qui enlève les sels solubles, puis par l'eau légèrement aiguisée d'acide chlorhydrique qui enlève les phosphates. La vitelline reste comme résidu.

Tous ces produits, retirés du vitellus par les dissolvants sont examinés dans la lumière polarisée. Les lécithines seules manifestent le caractère de la croix de polarisation.

De cette double série d'épreuves et de contre-épreuves ressort, avec clarté, la conclusion que les corpuscules biréfringents des œufs des oiseaux, des reptiles et des poissons sont formés non d'amidon animal, non plus que de leucine, mais de lécithine.

A. D.

II

Sur la lactose (1).

Il y a une observation à faire relativement à la transformation digestive de la lactose. En 1874, Cl. Bernard m'avait conseillé comme sujet de travail une étude physiologique de la lactose. Il avait fait remarquer anciennement que la lactose ne manquait jamais chez les chiennes à jeun ou nourries exclusivement avec de la viande, et qu'en conséquence la lactose était comme la glycose un produit immédiat fabriqué par l'organisme animal. Je fus chargé, pendant l'été de 1874, de rechercher l'influence que l'alimentation pouvait exercer sur la production du sucre de lait. Ces expériences ont été résumées dans les *Leçons sur le diabète et la glycogenèse animale*, p. 169 et suivantes :

1° Il y a de la lactose dans le lait des chiennes nourries exclusivement à la viande et à l'eau.

2° Le régime lacto-sucré augmente considérablement la proportion de lactose.

Après avoir consigné ces faits dans son cours, Cl. Bernard m'abandonna le sujet, m'indiquant lui-même qu'il y avait lieu de reprendre l'étude des transformations digestives de la lactose.

J'ai communiqué beaucoup plus tard à la Société philomathique les premiers résultats de mes recherches. J'ai fait pour la lactose ce qui avait été fait par Miahle et Cl. Bernard pour l'albumine et la saccharose. Injectant

(1) Note relative à la page 122.

une solution titrée de lactose dans le sang de la jugulaire chez un chien, j'ai recherché la substance dans les urines, et à l'exception d'une petite quantité, je l'y ai retrouvée poids pour poids. En sorte que la nécessité d'une transformation digestive devenait évidente.

M. de Sinety, antérieurement à toute publication de ma part, avait fait une observation intéressante et qui permettait de conclure dans le même sens : il avait vu le sucre de lait apparaître dans l'urine quand on supprime l'évacuation lactée.

La transformation nécessaire de la lactose m'a paru être réalisée non par le suc pancréatique, mais par le suc intestinal.

A. D.

III

**Réserve phosphatique chez le fœtus des ruminants,
des jumentés et des porcins (1).**

On trouve dans l'épaisseur du stroma du chorion chez les
ruminants un réseau de plaques blanchâtres dont l'existence n'avait pas suffisamment fixé l'attention des physiologistes. Cependant, leur nature, leur évolution, leur abondance même leur assignent un rôle important dans les
phénomènes de la vie fœtale.

Nature. — Pour apprécier la nature et la situation de
ces productions, il importe de les étudier sur un fœtus de
mouton arrivé à la période moyenne de son développement,
de la douzième à la dix-septième semaine, alors que la
longueur de l'embryon varie entre 16 et 32 centimètres. A
ce moment le réseau des plaques choriales a atteint le
point culminant de son évolution : elles sont dans leur
plein épanouissement ; elles ne vont point tarder à entrer
dans la période de régression ; chez le fœtus à terme on
n'en retrouvera plus de traces.

Ces plaques choriales, au premier abord, semblent su-
perficielles. Ce n'est là qu'une apparence. On s'assure facilement qu'elles n'ont aucun rapport avec l'épithélium
superficiel : on peut enlever celui-ci en balayant la surface
du chorion avec le pinceau, après l'avoir laissé séjourner
dans un liquide dissociateur, tel que l'alcool. Le réseau
des plaques, loin d'être altéré par cette préparation, appa-

raît plus clairement. Il est distribué dans l'épaisseur du tissu conjonctif qui forme le stroma de la membrane.

La matière de ces plaques est disposée en amas granuleux. Les particules dont elles sont composées n'affectent pas de formes régulières; leur volume est aussi variable que leur configuration.

Pour en fixer la nature nous avons eu recours aux différents réactifs micro-chimiques. Ni l'alcool, ni l'éther, ni l'eau, ni la glycérine ne les attaquent; l'action de ces diverses substances ne paraît pas en diminuer sensiblement le volume ou en altérer la forme. Cette épreuve exclut les corps gras, l'urée, et tous les sels solubles. L'acide chlorhydrique les fait immédiatement disparaître sans résidu et sans effervescence; par là se trouvent exclus également l'acide urique, les urates et les carbonates.

Ces dépôts sont formés de phosphates terreux et presque exclusivement de phosphate de chaux.

Voici sur quels caractères nous fondons notre assertion :

La membrane choriale étant isolée, séparée de l'allantoïde, débarrassée par le raclage ou par l'action du pinceau de son épithélium superficiel, est étalée et tendue sur un cadre. Elle est lavée dans un courant d'eau longtemps continué; on la laisse séjourner dans l'alcool et dans l'éther, si l'on croit nécessaire de la débarrasser plus complétement de la petite proportion de substances étrangères que ces deux menstrues peuvent entraîner.

La membrane bien lavée est alors mise en contact, à froid, avec une petite quantité d'acide chlorhydrique fort. La substance des plaques est dissoute; elles disparaissent presque immédiatement. Le liquide est recueilli; on y ajoute l'eau aiguisée d'acide chlorhydrique qui sert à compléter le lavage.

On filtre afin de séparer la petite quantité de débris organiques qui peuvent avoir été entraînés.

C'est sur cette solution filtrée que va désormais porter la recherche.

On sature le liquide avec de l'ammoniaque. Dès que la neutralisation est obtenue, on voit se former dans la liqueur un dépôt floconneux qui se rassemble, par le repos, au fond du vase. On recueille ce dépôt sur un filtre ; on le lave de manière à le débarrasser complétement de l'ammoniaque en excès. On le dessèche, et l'on obtient ainsi une poudre blanche en quantité suffisante pour se prêter aux vérifications chimiques. Un fœtus de mouton de 28 centimètres nous a fourni plus d'un gramme de substance.

On prend une petite quantité de la substance solide, on la dissout dans l'acide chlorhydrique en quantité aussi faible que possible.

La potasse, la soude, l'ammoniaque, donnent des flocons d'un précipité gélatineux qui ne se redissout point dans un excès d'alcali (phosphate de chaux).

On ajoute un excès d'acétate de soude dans la solution chlorhydrique ; on verse ensuite une très-petite quantité de perchlorure de fer. On obtient un précipité jaunâtre gélatineux (phosphate de peroxyde de fer) qui disparaît si l'on ajoute du perchlorure de fer en excès ou de l'ammoniaque.

Toutes ces réactions appartiennent au phosphate tribasique de chaux.

Enfin, et cette fois la réaction est caractéristique des phosphates, on prend une petite quantité de la poudre blanchâtre obtenue, on la dissout dans l'acide azotique, on ajoute quelques centimètres cubes d'une solution de molybdate d'ammoniaque dans l'acide azotique. Il se produit immédiatement une coloration d'un jaune vif qui va s'accentuant et qui s'accompagne d'un dépôt pulvérulent si l'on chauffe le tube à réaction à la flamme de la lampe à alcool.

L'existence de la chaux est mise en évidence de la manière suivante : On prend la solution chlorhydrique de la substance, on ajoute un excès d'acétate de soude, on verse de l'oxalate de potasse et l'on observe un précipité blanc cristallin d'oxalate de chaux, présentant la forme octaédrique caractéristique.

Les épreuves précédentes nous permettent de conclure que le dépôt des plaques choriales est principalement constitué par du phosphate de chaux tribasique, c'est-à-dire par le phosphate des os. On y trouve également une petite quantité de phosphate de magnésie. En effet, lorsque dans la liqueur précédente on a ajouté l'oxalate de potasse goutte à goutte, de manière à ne pas en introduire un excès, et qu'on a séparé l'oxalate de chaux sur un filtre, l'ammoniaque versée dans le filtratum donne encore un léger trouble.

En somme, la matière des plaques choriales est la matière même des os, sauf le carbonate de chaux qui n'y existe pas ou qui s'y trouve en faibles proportions. Cette particularité ne diminue point la valeur de notre conclusion. Nous rappellerons, en effet, ce que Milne Edwards (1) a écrit à propos de la constitution des os :

« Ce sel (le carbonate de chaux) ne paraît remplir qu'un
» rôle très-secondaire dans la constitution des os. Il est
» en faible proportion chez les jeunes individus, ainsi que
» dans les parties osseuses de nouvelle formation, et il de-
» vient plus abondant avec les progrès de l'âge ; la quantité
» relative en est aussi plus grande dans les os spongieux
» que dans le tissu osseux compacte. Il y a même quelques
» raisons de croire que le carbonate calcaire est un produit
» excrémentitiel provenant de la décomposition du phos-
» phate basique de chaux par l'acide carbonique des li-
» quides de l'économie animale, plutôt qu'une des parties
» constitutives essentielles du tissu osseux. »

(1) Milne Edwards, *Leçons sur la physiologie et l'anatomie comparée*, 1874, t. X, p. 257.

Distribution. — La substance osseuse, ou du moins phosphatée, n'est jamais contenue dans les éléments cellulaires de la membrane ; elle est déposée dans les interstices des éléments, entre les fibres qui s'écartent pour loger ces amas granuleux. Cette disposition se constate facilement sur une coupe mince du chorion simplement durci dans l'alcool : les grains sont rassemblés en groupes, qui, sur la coupe, présentent une disposition elliptique allongée. Les éléments cellulaires appliqués sur les faisceaux du tissu conjonctif n'offrent jamais avec les amas granuleux que des rapports de contact. Cette observation est d'accord avec ce que l'on sait des dépôts de phosphate qui se produisent dans le tissu ostéoïde des mammifères et le transforment en tissu osseux. Les éléments cellulaires, les cellules étoilées, sont toujours respectés par le dépôt calcique : celui-ci n'envahit que la substance fondamentale.

L'arrangement en réseau que présentent de bonne heure ces plaques blanchâtres sur la membrane choriale étalée est une particularité de leur histoire dont nous avons dû chercher l'explication. Doit-on attribuer à quelque condition de l'appareil circulatoire cette configuration si spéciale du dépôt ? Il ne nous a point paru qu'il en fût ainsi. En examinant une membrane choriale injectée où les plaques sont à un degré convenable de développement, on s'assure facilement que le réseau des taches blanchâtres ne correspond nullement au réseau sanguin artériel ou veineux.

Nous nous sommes demandé s'il n'y aurait pas alors dans le tissu conjonctif un système de lacunes ou de canaux particuliers analogues à des lymphatiques et préparés d'avance pour le dépôt des phosphates terreux. Nous devons dire que ni les coupes faites sur la membrane durcie, ni les tentatives d'injections interstitielles n'autorisent cette supposition. Il s'agit là, sans doute, d'un simple dépôt effectué, sans appareil particulier, entre les éléments fibreux du chorion.

Évolution des plaques. — Nous avons dit que les plaques choriales ne présentaient pas un égal développement à toutes les périodes de la vie fœtale. Rares au début, absentes à la fin, c'est à une période intermédiaire, mais déjà voisine de la naissance, que leur production atteint son point culminant. Elles présentent, en conséquence, une évolution liée de quelque manière à l'accroissement de l'embryon ; la connaissance de ce rapport projetterait sans doute une certaine lumière sur des phénomènes obscurs de la nutrition de l'embryon.

Le premier rudiment des plaques choriales se montre aussitôt qu'apparaissent sur le chorion les vestiges des futurs cotylédons fœtaux. Les embryons du mouton peuvent avoir alors une longueur de 10 à 30 millimètres ; leur âge est de quatre à six semaines. A ce moment on voit se dessiner nettement sur la surface du chorion des espaces circulaires distingués des parties voisines par un dépôt de granulations blanchâtres légèrement saillantes, régulièrement allongées, entre lesquelles courent des vaisseaux sanguins nombreux et bien développés. Ces masses granuleuses ont été observées par des anatomistes, mais sans qu'ils en connussent la nature ou la signification. Panizza (1), parlant de l'emplacement des futurs cotylédons fœtaux de la vache, s'exprime ainsi : « En ces points, le chorion devient plus » opaque et parsemé de petites saillies ou granulations » blanchâtres et molles plus ou moins développées, selon » l'âge de l'embryon. Observés à la loupe, ces espaces se » montrent plus ou moins allongés et transparents ; ils » sont les rudiments des cotylédons du fœtus. » Pour nous, ces concrétions blanchâtres ne sont autre chose que les premiers débuts de la formation des plaques choriales ; en suivant pas à pas leurs modifications on en acquiert la

---

(1) Panizza, *Sopra l'utero gravido di alcuni Mammiferi*, p. 13. Milano, 1866.

preuve. On remarquera, sans aucun doute, ce rapport singulier topographique et chronologique entre l'apparition des dépôts phosphatés et celle des villosités des cotylédons.

Lorsque les cotylédons sont plus avancés en organisation on voit les granulations phosphatées former autour de leur base une auréole ou une couronne, dont les éléments radiaires se continuent avec un réseau de même nature caché par la masse cotylédonaire. Plus tard, le développement exubérant du cotylédon dissimule le dépôt du chorion sous-jacent ; mais il suffit de soulever le pédicule pour apercevoir le dépôt disposé tout autour du point d'implantation et semblant se perdre dans la substance même du placenta. Mais déjà à ce moment le réseau n'est plus limité aux cotylédons ou à leur voisinage : rayonnant de ces centres, il a envahi les intervalles qui les séparent. On aperçoit ses travées, ses lacunes et ses mailles dans la plus grande partie de la surface du chorion. Ses caractères sont fixés : au degré près, le dépôt chorial est déjà ce qu'il sera plus tard.

Le plus grand développement du réseau phosphaté correspond à peu près à la sixième période de la vie embryonnaire, de la quatorzième à la dix-septième semaine. Arrivée à ce summum, la production décline très-rapidement : en peu de jours elle diminue ; il n'en reste plus de traces au terme de la gestation. Il est intéressant de noter que ce dépôt des matières osseuses disparaît du chorion au moment même où le travail d'ossification devient le plus actif dans le squelette de l'embryon, et où, par conséquent, ces matières peuvent trouver leur emploi.

Rôle physiologique. — L'étude précédente nous montre que les plaques choriales constituent une sorte de réserve où s'accumulent les substances phosphatées, en attendant le moment de leur utilisation dans l'organisme fœtal. On peut croire que dans le fait de la disparition de ces substances du chorion et de leur apparition simultanée dans l'appareil squelettique il n'y a pas seulement une simple coïncidence. Nous sommes bien plutôt tenté d'y voir une corrélation nécessaire, et comme la preuve du déplacement de la substance d'abord accumulée dans le chorion et ensuite déposée dans le tissu osseux.

Baër (1), parlant de la membrane du chorion, s'exprime en ces termes : « Elle correspond, dit-il, à la tunique corti- » cale ou testacée, ou membrane de la coquille des oiseaux. » Il faudrait aller plus loin, et dire qu'elle correspond en outre à la coquille même qui entoure l'œuf de ces animaux, et lui constitue non-seulement un moyen de protection, mais encore une réserve de substances nécessaires au développement (2).

On pourrait rapprocher le phénomène que nous signalons ici de celui qui s'observe chez les écrevisses au moment de la mue. On trouve à cette époque, d'abord dans la paroi, puis dans la cavité de l'estomac de ces animaux, des masses dures improprement appelées *yeux d'écrevisses :* ces masses sont de nature calcaire (carbonate et phosphate) ; elles disparaissent rapidement à mesure que la nouvelle carapace se consolide et se calcifie.

Mais le phénomène est plus général encore. Depuis quelques années, dans ses belles études sur la nutrition, Cl. Bernard a insisté sur le *rôle des réserves*. Il a montré que les matériaux qui doivent servir à des échanges nutritifs ra-

---

(1) Baer, *Epistola de ovi mammalium et hominis genesi*, p. 6. Lipsiæ, 1827.

(2) Prévost et Morin (*Journ. de pharm.*, 1846) admettent que pendant l'incubation le poids de la coquille et celui de la membrane restent constants et par conséquent que leur rôle se borne à celui d'enveloppes. Mais d'autres auteurs, à l'avis desquels nous nous rangeons, ont observé que le poids de la coquille de l'œuf de poule diminue pendant l'incubation. Le transport de phosphates que cette diminution semble indiquer serait facile à concevoir, si l'on se rappelle que ces phosphates terreux sont solubles dans les liquides chargés d'acide carbonique : le sang qui vient de respirer dans les vaisseaux allantoïdiens au contact de la coquille étant chargé d'acide carbonique, se trouve en effet dans les conditions convenables pour opérer ce transport.

pides s'entreposent, s'emmagasinent pour ainsi dire dans certains organes pour être disponibles au moment convenable. Pendant les périodes les plus actives du développement, chez les plantes comme chez les animaux, le même fait se produit; sa généralité l'élève donc au rang d'une loi importante. Ainsi en est-il pour la graisse, pour le sucre de canne, pour la matière glycogène, pour l'amidon, qui sont accumulés et mis en réserve pendant une période d'élaboration ou de préparation organique. Plus tard, l'économie puise dans les réserves qu'elle s'est ménagées, lorsqu'elle est obligée de fournir à un travail énergique ou à des dépenses qui ne seraient point compensées par des recettes équivalentes, comme cela arrive au moment du développement des organes embryonnaires, au moment de la mue chez les animaux, pendant l'hibernation, au moment de la germination des graines, au moment de la floraison et de la fructification des plantes bisannuelles ou dicarpiennes.

D'après ce que nous venons de voir, il faudrait ajouter à la liste des substances susceptibles d'être entreposées, en vue d'une utilisation ultérieure, les matériaux de l'ossification chez les ruminants.

Stroma et plaques choriales des pachydermes. — Les détails que nous venons de fournir ont été observés sur le fœtus des ruminants : mouton et veau. Les mêmes faits se représentent presque sans modification chez les pachydermes. On retrouve dans le chorion du porc les mêmes dépôts calcaires que dans celui des ruminants : ils subissent la même évolution. Les différences sont relatives à des détails sans importance. L'aspect du dépôt chorial est plus irrégulier; les mailles et les lacunes du réseau sont moins bien limitées. Les granulations sont plus volumineuses; elles forment une couche située plus profondément dans l'épaisseur du chorion; elles s'amassent même souvent aux limites de la membrane choriale dans le tissu conjonctif interposé à l'allantoïde; elles y forment des dépôts épais quelquefois de 1 et 2 millimètres, sous forme de traînées blanchâtres à la lumière réfléchie, opaques pour les rayons transmis. Dans quelques circonstances, la matière phosphatée se réunit en masse limitée, englobée par un amas de la substance muqueuse conjonctive sous-jacente du chorion. De cette manière se trouvent constitués des corps indépendants que l'on peut appeler *hippomanes*, par analogie avec ceux que l'on désigne sous ce nom chez le fœtus des espèces bovine et chevaline.

A. D.

Fig. 19

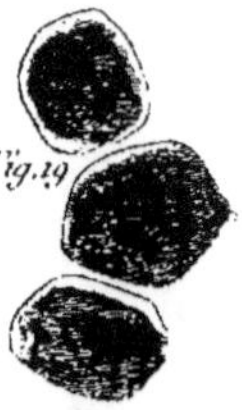

Fig. 20

Fig. 21

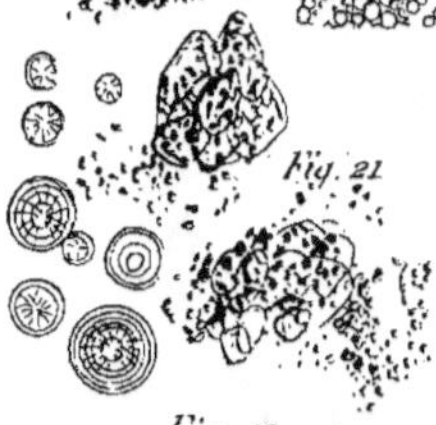

Fig. 17

Fig.

Fig.

P. Lackerbauer, del.

Glycogenèse dans l'œuf et dans l'embryon de l'oiseau.

Librairie J. B. Baillière et Fils, Paris.

Imp. Gény Gros, Paris.

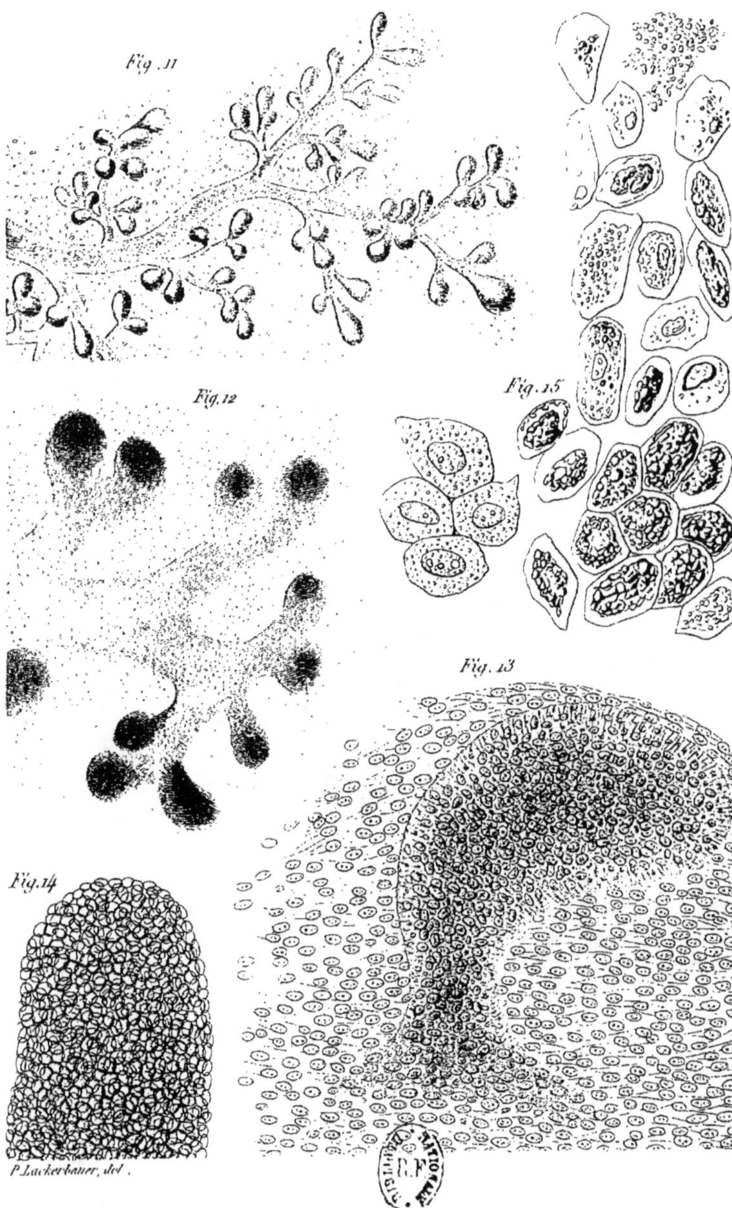

Glycogénèse dans les glandes du fœtus.

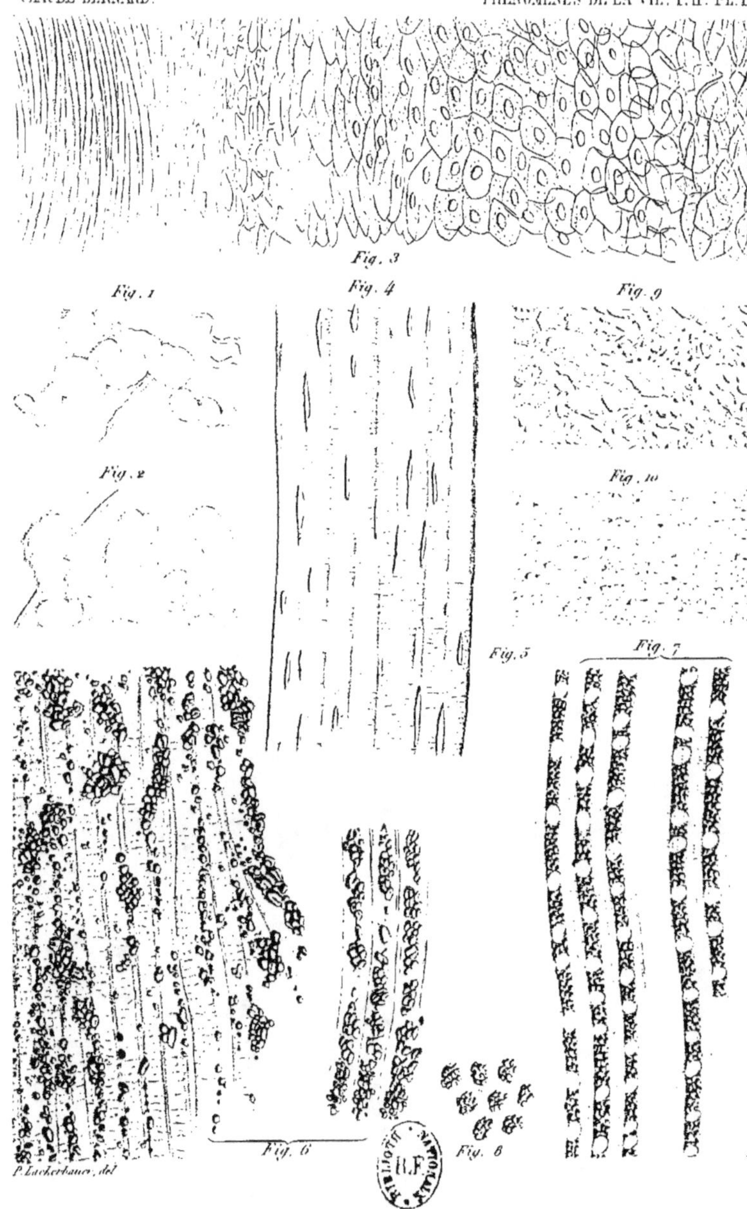

Glycogenèse dans les annexes et les muscles du fœtus.

Librairie J. B. Baillière et Fils, Paris.

Imp. Génestal Paris

EXPLICATION DES PLANCHES

DU TOME DEUXIÈME

PLANCHE I. — *Glycogenèse dans les annexes et les muscles du fœtus.*

FIG. 1. — Plaque de l'amnios (grandeur naturelle).
FIG. 2. — Idem.
FIG. 3. — Corne d'une griffe d'un fœtus de chat.
FIG. 4. — Muscles d'un fœtus.
FIG. 5. — Idem.
FIG. 6. — Muscles masséter d'un veau presque à terme.
FIG. 7. — Muscles d'un fœtus de chat de 7 centimètres.
FIG. 8. — Idem. Coupe transversale.
FIG. 9 et FIG. 10. — Plaques phosphatiques du chorion (Dastre).

PLANCHE II. — *Glycogenèse dans les glandes du fœtus.*

FIG. 11. — Poumon d'un fœtus de vache de 5 centimètres.
FIG. 12. — Bronche d'un fœtus humain de 8 centimètres.
FIG. 13. — Extrémités des bronches et tissu pulmonaire d'un fœtus de mouton de 7 centimètres.
FIG. 14. — Villosités de l'intestin. Idem.
FIG. 15. — Épithélium de l'estomac d'un veau prêt à naître.

PLANCHE III. — *Glycogenèse dans l'œuf et dans l'embryon de l'oiseau.*

FIG. 16. — Vaisseaux de la membrane vitelline d'un fœtus de poulet de treize jours.
FIG. 17. — Amas glycogéniques autour de ces vaisseaux (grossissement plus fort).
FIG. 18. — Idem.
FIG. 19. — Cellules du jaune traitées par l'acide acétique iodé.
FIG. 20. — Cellules du jaune examinées dans la masse vitelline.
FIG. 21. — Cellules du jaune. Corps biréfringents de l'œuf.

TABLE DES MATIÈRES
DU TOME DEUXIÈME

LEÇON II

L'AMIDON DANS LES DEUX RÈGNES.

LEÇON III

LA GLYCOGENÈSE CHEZ LES MAMMIFÈRES PENDANT LA VIE EMBRYONNAIRE. LA GLYCOGENÈSE CHEZ LES OISEAUX.

LEÇON IV

LA GLYCOGENÈSE CHEZ LES VERTÉBRÉS A SANG FROID.

LEÇON V

LA GLYCOGENÈSE CHEZ LES INVERTÉBRÉS.

LEÇON VI

ORIGINE DE LA GLYCOSE DANS LES ANIMAUX ET LES VÉGÉTAUX.

LEÇON XVI

FONCTION CHLOROPHYLLIENNE.

TROISIÈME PARTIE

LA DIGESTION — LA NUTRITION

LEÇON XVII

DES PRÉLIMINAIRES DE LA NUTRITION.

LEÇON XVIII

HISTOIRE DES THÉORIES DE LA DIGESTION.

LEÇON XIX

LES ALIMENTS.

LEÇON XX

DIGESTION OPÉRÉE DANS LES PREMIÈRES VOIES DIGESTIVES JUSQU'A L'INTESTIN GRÊLE.

LEÇON XXI

LA DIGESTION INTESTINALE.

LEÇON XXII

UNITÉ DES PRINCIPES ALIMENTAIRES ET DES AGENTS DIGESTIFS DANS LES ANIMAUX ET DANS LES VÉGÉTAUX.

LEÇON XXIII

FERMENTS DIGESTIFS.

LEÇON XXIV

SECONDE DIGESTION. — NUTRITION.

QUATRIÈME PARTIE

LE VITALISME PHYSICO-CHIMIQUE

LEÇON XXV

ORIGINE DE LA PHYSIOLOGIE GÉNÉRALE.

LEÇON XXVI

DOCTRINE DES PROPRIÉTÉS VITALES. — PHÉNOMÈNES VITAUX ÉLÉMENTAIRES ET LEURS CONDITIONS PHYSICO-CHIMIQUES.

LEÇON XXVII

VITALISME PHYSICO-CHIMIQUE.

APPENDICE

ERRATUM

TITRES COURANTS :

Page 19 : hydrocarbonés *lire* : hydrocarbonées
—   38 : éliminayon *lire* : élimination
—   43 : le la glycose *lire* : de la glycose
—   72 : glycogène dans l'embryon cutané *lire* : dans l'appareil cutané
—   88 : fonctions glycogénésiques *lire* : fonction glycogénésique
— 128 : alimentation de la gélatine *lire* : alimentation à la gélatine
— 219 : vitalisme de Bighat *lire* : vitalisme de Bichat
— 223 : la respiration, phénomène fonctionnel *lire* : la respiration, phénomène fonctionnel
— 225 : distinction de l'irritabilité *lire* : distinction de la sensibilité et de l'irritabilité
— 283 : leçon XIX *lire* : leçon XX.
— 289 : acidité du sac de l'estomac *lire* : acidité du suc de l'estomac
— 342 : ferment interversif *lire* : ferment inversif de la levûre
— 380 : le sucre est un accident du foie *lire* : le sucre est un excitant du foie.

TEXTE :

Page 1, ligne 10 : profondes ; et *lire* : profondes et
— 21, ligne 8 du sommaire : Person *lire* : Persoz
— 65, légende de la figure : *e*. Partie fœtale *lire* : *c*. Partie fœtale
— 70, dernière ligne : Paris, 1871 *lire* : Paris, 1876
— 71, ligne 21 : glycogenèse dans les corps *lire* : glycogenèse dans le corps
— 78, ligne 13 : fig. 3, 4 et 5 *lire* : 4 et 5
— 161, ligne 28 : ecclésiastique anglais et philosophe *lire* : ecclésiastique et philosophe anglais
— 259 : Histoire des théories chimiques de la digestion *lire* : Leçon XVIII. Histoire des théories de la digestion

FIN DU TOME II ET DERNIER.

PARIS. — IMPRIMERIE DE E. MARTINET, RUE MIGNON, 2

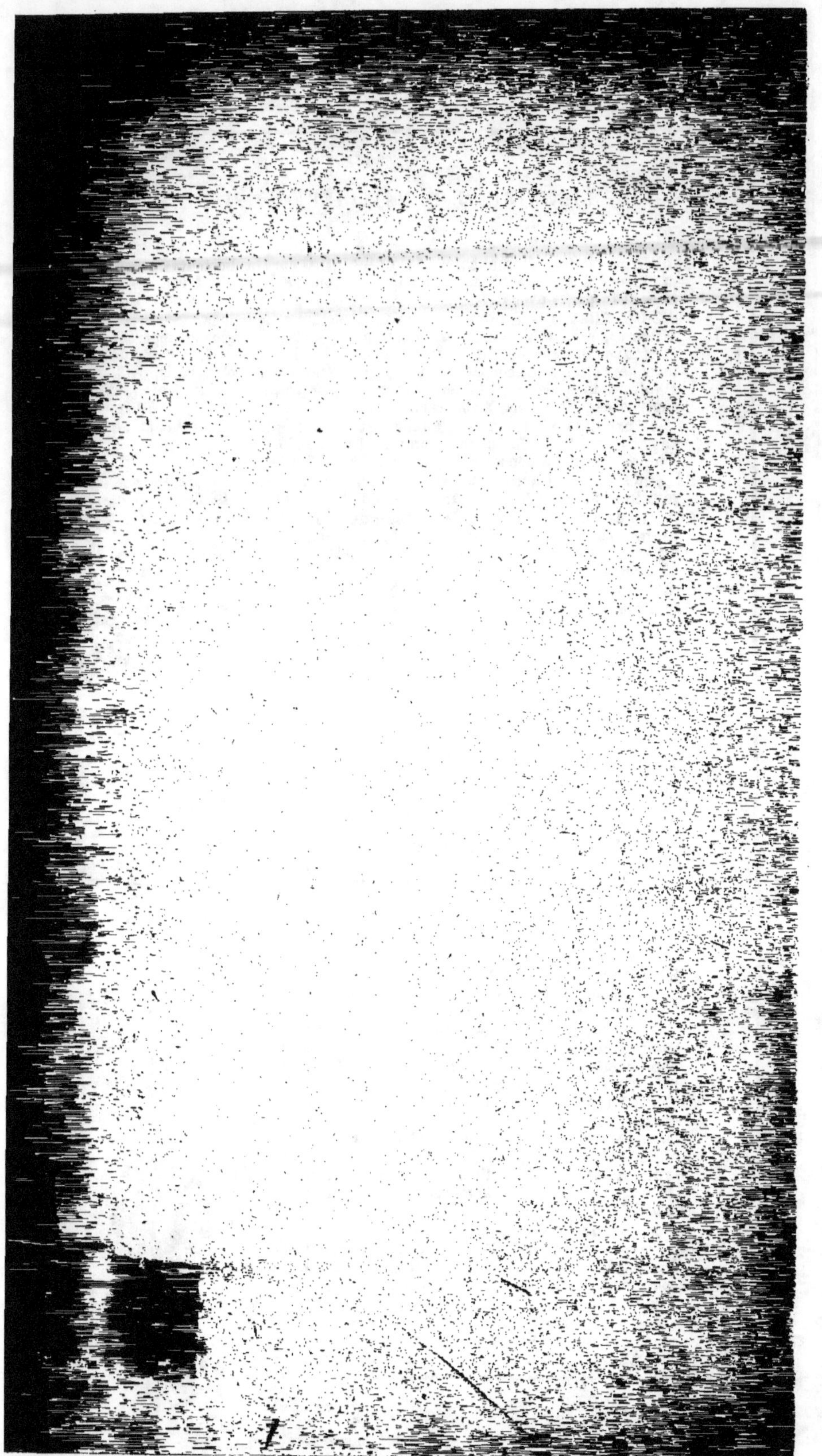

4

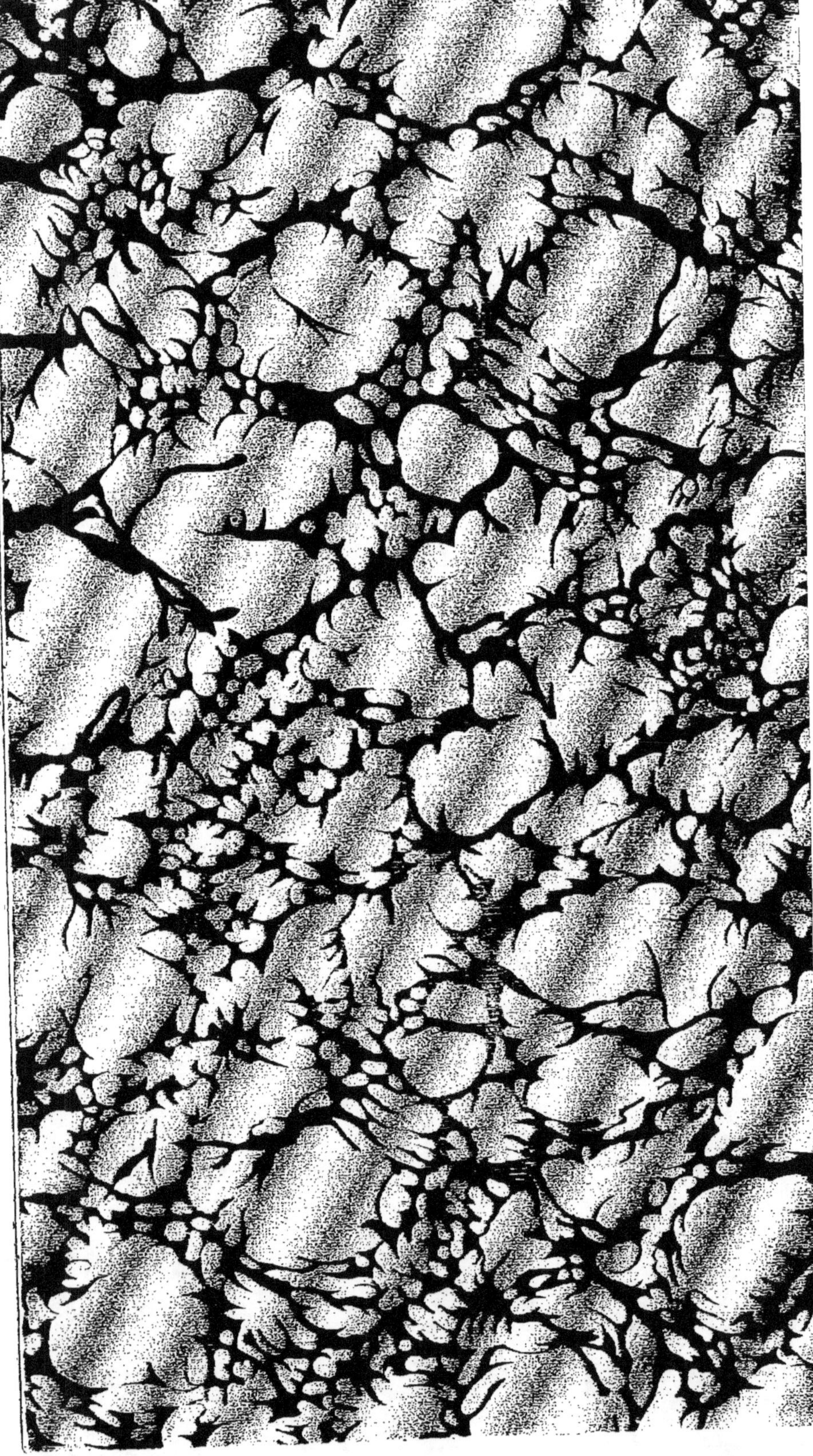

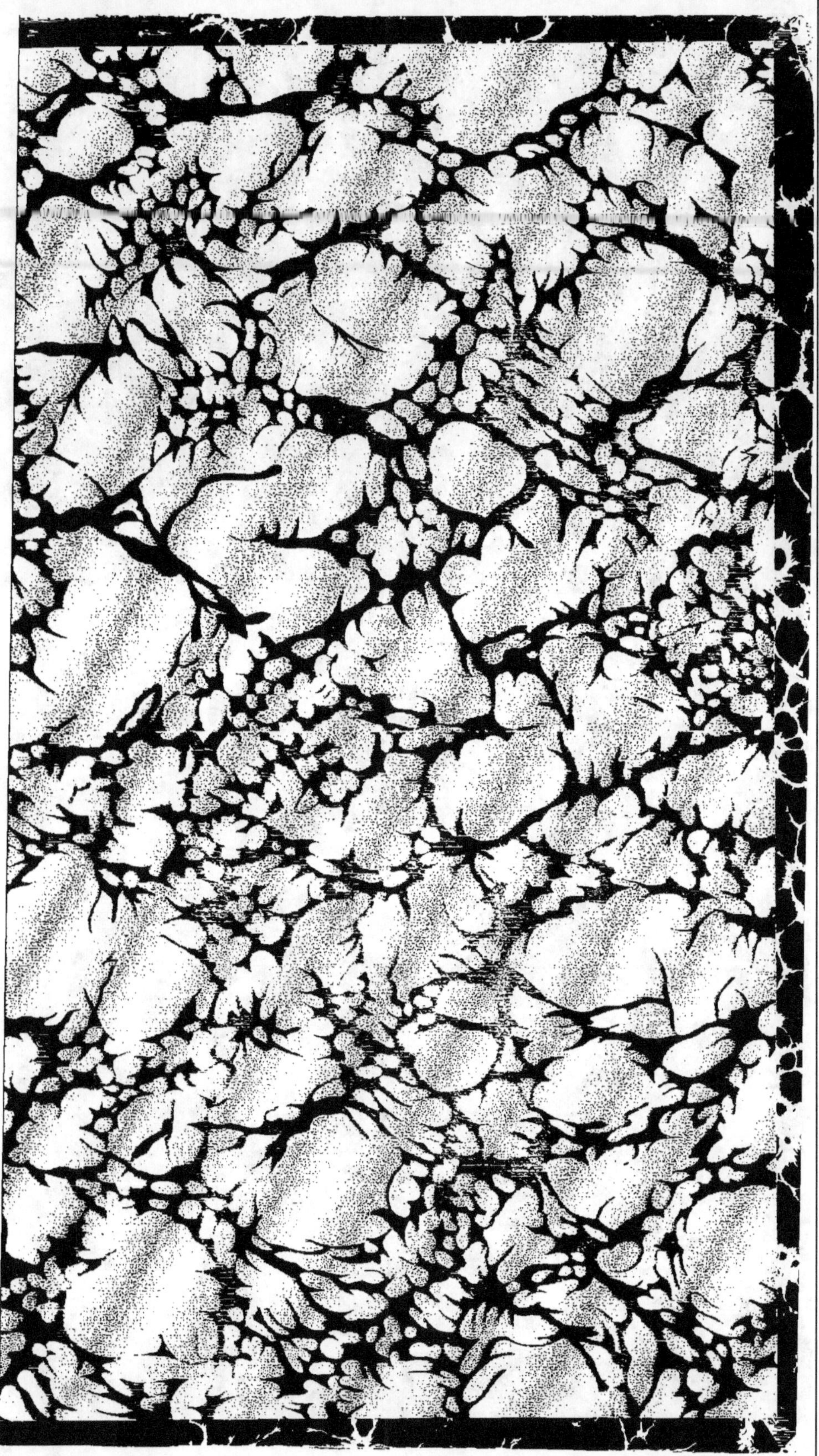

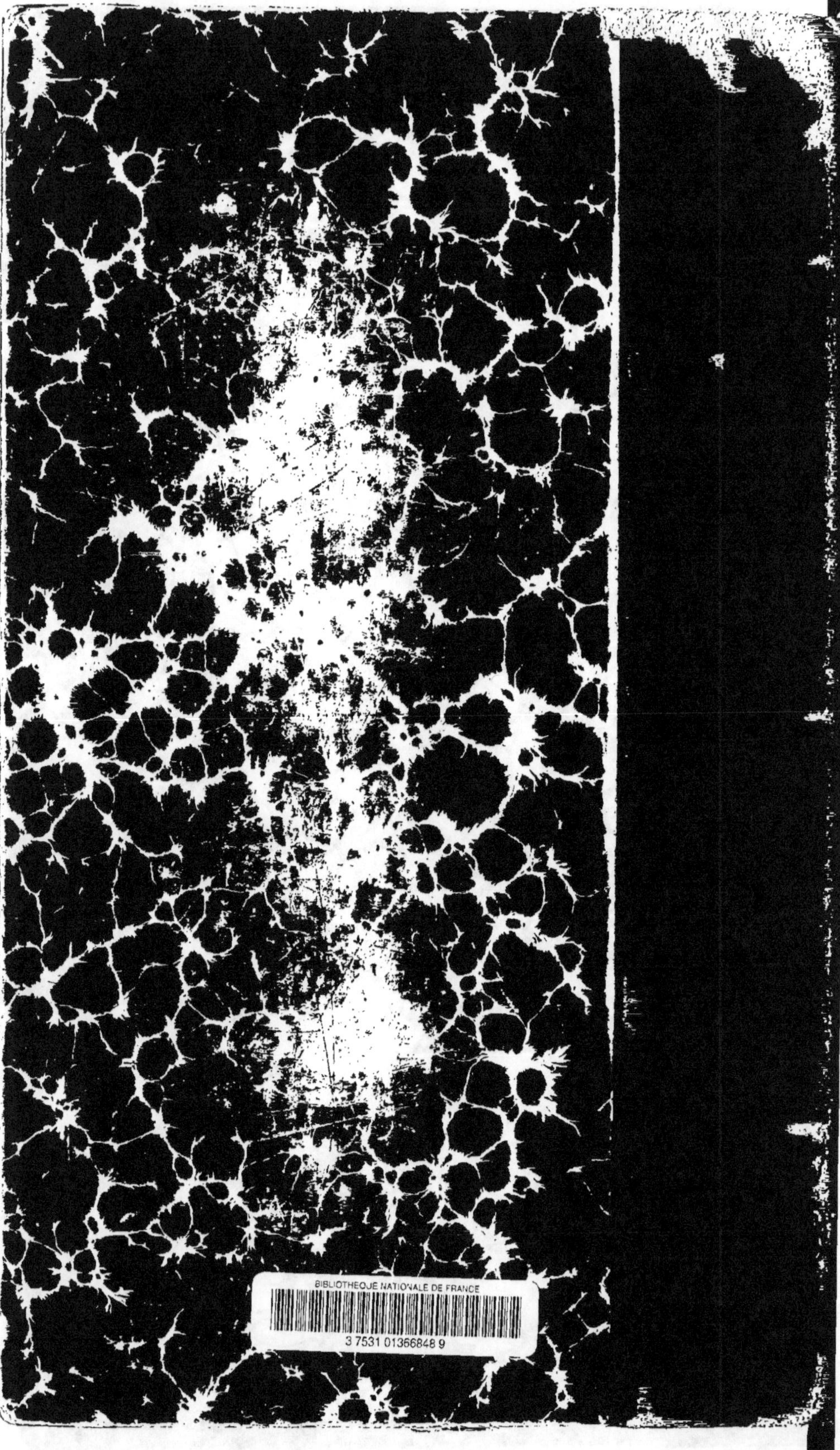

BIBLIOTHEQUE NATIONALE DE FRANCE
3 7531 013668848 9